"十二五"国家科技支撑计划项目"农林气象灾害监测预警
与防控关键技术研究（2011BAD32B00）"资助

Study on Key Technologies of Monitoring and
Early Warning，Prevention for Agro-meteorological
and Forest Disasters

农林气象灾害监测预警
与防控关键技术研究

王春乙等　著

科学出版社
北　京

内 容 简 介

本书是"十二五"国家科技支撑计划项目"农林气象灾害监测预警与防控关键技术研究"的研究成果。主要阐述了农林气象灾害监测预警与防控关键技术国内外相关研究进展和发展趋势及其主要研究内容与研究方案；在此基础上，全面系统地介绍了重大农业气象灾害的立体监测与动态评估技术、预测预警技术、防控与管理技术、风险评估与管理关键技术及森林火灾风险评价与防范技术的最新研究方法、技术与成果，经过凝练、整理和编辑，充分反映了农林气象灾害监测预警与防控关键技术研究的最新进展和系统性研究成果。

本书可供从事农业气象灾害领域工作的研究人员、管理人员、业务人员阅读和参考，也可以供政府减灾管理部门的技术官员、保险工程技术人员参考使用，还可作为高等院校相关专业的教学参考书。

图书在版编目(CIP)数据

农林气象灾害监测预警与防控关键技术研究 / 王春乙等著 . —北京：科学出版社，2015. 11

ISBN 978-7-03-046231-2

I. ①农… II. ①王… III. ①农业气象灾害–监测预报–研究 ②农业气象灾害–灾害防治–研究 IV. ①S42

中国版本图书馆 CIP 数据核字（2015）第 264662 号

责任编辑：霍志国 / 责任校对：张小霞 赵桂芬
责任印制：徐晓晨 / 封面设计：铭轩堂

科学出版社 出版
北京东黄城根北街 16 号
邮政编码：100717
http://www.sciencep.com

北京教图印刷有限公司 印刷
科学出版社发行 各地新华书店经销

*

2015 年 11 月第 一 版 开本：720×1000 B5
2015 年 11 月第一次印刷 印张：27 3/4 插页：5
字数：570 000

定价：**138.00 元**
（如有印装质量问题，我社负责调换）

撰写专家组

序

　　自然灾害是人类社会面临的共同挑战。受特殊的天气气候条件、自然地理环境、人口密度与分布、经济发展阶段、科技发展水平、综合管理应对能力等诸多因素影响，我国是世界上发生自然灾害最为严重的国家之一，灾害种类多、分布地域广、发生频率高、造成损失重。在各种自然灾害中，约 70% 为气象灾害，而因气象灾害造成的损失中，农林业气象灾害占 60% 以上，在我国主要包括干旱、洪涝、低温冷害、霜冻、冰雹、热害（含干热风）、森林火灾等。农业是气候影响最敏感的领域之一，如何采取有效措施，减轻气象灾害给我国农业带来的经济损失，已成为各地气象部门重点关注和研究的问题。农业是是一个高风险产业，而气象灾害则是农业生产最主要的风险源。受全球气候变化因素的影响，气象灾害对农业影响的风险也进一步加剧，已引起国际社会的普遍关注，对风险的评估分析和预测研究越来越引起各国科技界和决策部门的重视。

　　进入 21 世纪以来，以增暖为主要特征的全球气候变化对我国农林业气象灾害的发生与灾变规律产生了显著的影响，导致我国极端天气气候事件不断增加、生态环境逐渐恶化和作物遗传多样性不断下降，我国农林业生产面临更大的自然风险。灾害性天气及其衍生和次生灾害对我国农业、林业和农民生命财产造成了非常大的危害。气候变暖不仅影响农林气象灾害致灾因子变化以及灾害形成的各个环节，而且还会影响形成农林业气象灾害风险的孕灾环境、致灾因子、承灾体和防灾减灾能力等诸多因素，从而致使我国农林气象灾害面临更多的不确定因素，包括灾害的突发性、持续性、严重性、多发性、关联度等方面，造成粮食作物产量降低、林业资源损失严重，对农林业可持续发展和国家粮食安全构成严重威胁。因此，开展农林气象灾害研究是一项很有价值的工作，对我国农业高产稳产、保障粮食与林业资源安全意义重大。

　　面对气候变化背景下农林气象灾害造成的种种影响，提高防灾减灾工作的科学性依然任重道远，需持续围绕农业生产中灾害发生的新情况、新问题，不断拓展和深化研究，特别是要加强对农林气象灾害监测预警与防控关键技术的研究，围绕灾害风险管理、农业干旱、低温灾害、干热风及森林火灾等的立体监测、动态预警、科学防御、精准评估与区划等环节，解决气象农林气象防灾减灾工作中迫切需要解决的重大科学和关键技术问题。为此，国家科技部在"九五"和

"十五"期间,设立了"农业气象灾害防御技术研究"的国家科技攻关项目,在"十一五"国家科技支撑计划中,设置了"农业重大气象灾害监测预警与调控技术研究"重点项目,联合多部门、多学科开展综合协作攻关研究。"十二五"期间,不断扩大研究范围和加大支持力度,在"十二五"国家科技支撑计划中,又设置了"农林气象灾害监测预警与防控关键技术研究"的重点项目,由中国气象局牵头,农业部、国家林业局和东北师范大学参加,王春乙研究员担任项目首席科学家,组织全国 30 个科研、教学、企事业单位协作开展研究和成果转化工作。该项目针对我国干旱、干热风、低温灾害、森林火灾等农林气象灾害,以农林业综合防灾减灾为目标,围绕气象灾害的实时监测、预测预警、风险评估与防控等方面进行攻关研究,攻克灾害监测、长中短期综合预测预警、风险动态评估、新型减灾生化调控制剂研制、综合减灾调控技术集成、扑火危险性评价及扑救技术等一批关键技术,经过五年的研究与技术开发,在农业气象灾害立体监测与动态评估技术、预测预警技术、防控与管理技术、风险评价与管理技术及森林火灾风险评价与防范技术等方面取得一批具有创新性和推广应用价值的研究成果,大量研究成果已在业务服务中得到应用和推广,发挥了很好的作用,将显著提高我国农林业综合防灾减灾的科技支撑能力,实现农林气象灾害监测预警业务服务与配套防控减灾生产应用,最大限度地减轻灾害造成的危害,对促进我国农林业可持续发展、保障国家粮食安全和生态安全以及新农村建设目标的实现等意义重大。

本书是围绕"十二五"国家科技支撑计划项目"农林气象灾害监测预警与防控关键技术研究",中国气象科学研究院、中国农业科学院、中国林业科学研究院、东北师范大学等多部门通力合作研究的最新成果,全书集成了重大农业气象灾害立体监测与动态评估技术、预测预警技术、防控与管理技术、风险评价与管理关键技术及森林火灾风险评价与防范技术研究成果,经过凝练、整理和编辑,充分反映了农林气象灾害监测预警与防控关键技术研究的最新进展和系统性研究成果,理念先进,技术可行,资料翔实,内容丰富,包含了许多原创性的成果,是迄今有关农林气象灾害监测预警与防控技术研究领域最全面和系统的一部专著。研究成果可为有关部门实施防灾减灾措施提供决策依据,显著提高重大农林气象灾害的监测预警、防控能力和风险管理能力,使灾害监测预警的时效性、准确率和灾害的调控能力得到进一步加强,灾害影响评估和风险管理水平得到明显提升,显著减轻农林气象灾害对农林业生产造成的损失。我相信该书的出版将大大推动我国农林气象灾害监测预警与防控技术研究的科技进步,对进一步拓宽气象部门的业务服务领域，提升气象为农林服务水平也都具有显著的推动作用，同时也为进一步开展农林气象灾害研究和防御提供理论基础和实用技术。为此，我谨向为该书出版做出贡献的科技工作者和出版人员表示衷心的感谢。同时，也预祝该书的编著者们在今后的研究工作中取得更好、更丰硕的成果。

中国气象局党组成员、副局长

2015 年 9 月 23 日

前　言

　　自然灾害是人类社会面临的共同挑战。我国是世界上自然灾害最为严重的国家之一，灾害种类多、分布地域广、发生频率高、造成损失重。我国 70% 以上的城市、50% 以上的人口分布在气象、地震、海洋等自然灾害严重的地区。我国自然灾害中有 70% 为气象灾害，由于农业生产基础设施薄弱，抗灾能力差，靠天吃饭的局面没有根本改变，致使每年因各种气象灾害造成的农作物受灾面积达 5000 万 hm² 以上，影响人口 4 亿人次，经济损失 2000 多亿元。同时，我国又是一个森林火灾频发的国家，受气候和人为因素的影响，近年来森林火灾随着全球气候变化有上升的趋势，特大和重大森林火灾频繁发生。火灾对森林资源和生态环境的破坏十分严重，扑救森林火灾具有极高的危险性。我国每年森林火灾和由扑救造成的人员伤亡时有发生，形势十分严峻。尤其是近年来，全球气候变暖、生态环境的恶化导致农作物的脆弱性日趋加剧。进入 21 世纪以来，以增暖为主要特征的全球气候变化对我国农林气象灾害的发生与灾变规律产生了显著的影响，导致我国极端天气气候事件不断增加、生态环境逐渐恶化和作物遗传多样性不断下降，我国农林业生产面临更大的自然风险。气候变化导致灾害性天气频发，它是触发农林气象灾害的主要因素之一，灾害性天气及其衍生和次生灾害对我国农业、林业造成了非常大的损失。气候变化不仅影响农林气象灾害致灾因子变化及灾害形成的各个环节，而且还影响形成农林业气象灾害风险的孕灾环境、致灾因子、承灾体和防灾减灾能力等多个因素，从而致使我国农林气象灾害在突发性、不确定性，以及灾害的持续性及强度等方面表现出更多的异常现象，气象灾害呈现出频率高、强度大、危害日益严重的态势，主要粮食作物产量损失增加、林业资源损失严重，已对农林业可持续发展和国家粮食安全构成严重威胁。因此，开展农业气象灾害研究是一项长期而艰巨的工作，是我国农业高产稳产和粮食安全的基本保证。持续开展农林气象灾害的监测预警和防控技术研究，意义重大，十分紧迫。

　　"九五"和"十五"期间，国家科技部分别设立了"农业气象灾害防御技术研究"和"农林重大病虫害和农业气象灾害的预警及控制技术研究"的国家科技攻关项目，在"十一五"国家科技支撑计划中，设置了"农业重大气象灾害监测预警与调控技术研究"重点项目，联合多部门、多学科开展综合协作攻关研究。"十二五"期间，不断扩大研究范围和加大支持力度，在"十二五"国家科技支撑计划中，又设置了"农林气象灾害监测预警与防控关键技术研究"的重点项目，该项目由中国气象局牵头，农业部、国家林业局和东北师范大学参加，全国 30 个科研、教学、企事业单位协作开展研究和成果转化工作。设置的 5 个课题是：①重大农业气象灾害立体监测与动态评估技术研究；②重大农业气象灾害预测预警关键技术研究；③重大农业气象灾害防控与管理技术研究与示范；④重大农业气象灾害风险评价与管理关键技术研究；⑤森林火灾风险评价与防范关键技术研究。主要任务针对干旱、低温灾害、干热风、森林火灾等农林气象灾害，研制基于地面观测、卫星遥感、作物模型耦合的立体、实时监测和损失动态评估技术与业务平台；构建基于区域气候模式、作物模型、数值天气预报产品释用及"3S"（remote sensing，RS；geography information system，GIS；global positioning system，GPS）技术的预测预警技术和业务平台；研制提高作物出苗率和增强作物抗逆性的化控制剂，构建低温灾害的精准监测与综合诊断技术和防灾减灾技术体系；研制多灾种、多尺度、多属性的风险评价技术软件与区划模型，构建综合风险管理对策体系；研制复杂地形植被、多元气象要素和特殊火环境下的森林火灾风险评估、监测预警、森林可燃物调控、扑火危险性评价及扑救技术，构建风险防范技术对策和应急指挥系统；建设研究试验示范、业务转化基地，进行成果推广应用。

经过全体科研人员五年的研究与技术开发，在农业气象灾害的立体监测与动态评估技术、预测预警技术、防控与管理技术、风险评价与管理关键技术及森林火灾风险评价与防范技术等方面取得了一系列科研成果和重大进展。

本书系统地介绍了"十二五"国家科技支撑计划项目"农林气象灾害监测预警与防控关键技术研究"的最新研究成果，供相互交流和借鉴。本书的出版，也将为进一步开展农林气象灾害监测、预测、预警和防御提供理论基础和实用技术。

由于研究的阶段性和各课题进展的不平衡，对一些问题的认识尚有待于反复实践和不断深入，本书疏漏之处和缺点错误在所难免，敬请有关专家和广大读者批评指正，以便进一步完善。

王春乙

2015 年 10 月 10 日

目　　录

彩图

Contents

Color pictures

第1章 绪 论

1.1 研究目的和意义

自然灾害是人类社会面临的共同挑战。我国是世界上自然灾害最为严重的国家之一，灾害种类多、分布地域广、发生频率高、造成损失重。其中，我国70%以上的城市、50%以上的人口分布在气象、地震、海洋等自然灾害严重的地区。我国自然灾害中70%为气象灾害，由于我国农业生产基础设施薄弱，抗灾能力差，靠天吃饭的局面没有根本改变，致使我国每年因各种气象灾害造成的农作物受灾面积达5000万hm^2以上，影响人口达4亿人次，经济损失达2000多亿元。尤其是近年来，全球气候变暖、生态环境的恶化导致农作物的脆弱性日趋加剧。近年来，严重的农业干旱、洪涝、低温灾害、干热风及森林火灾等农林气象灾害频繁发生，已对我国粮食安全和农业可持续发展构成严重威胁。

农业干旱是我国最主要的农业气象灾害，并且发生频率高、致灾范围广、持续时间长、损失影响大，我国平均每年农业干旱面积在2000～3000km^2，粮食损失高达250亿～300亿kg。在全球气候变化背景下，近年来我国农业干旱发生更为频繁，其中，2008年冬到2009年春的华北特大农业干旱及2009年秋到2010年春西南特大农业干旱，持续时间之长、影响地域之广为历史所罕见，引起了中央和各级政府的高度关注。目前，农业干旱已经成为我国农业持续稳定发展的严重障碍。

农业低温灾害是导致农作物减产的重要因素之一，受农业布局和种植结构的调整等因素影响，低温灾害的潜在影响有增加的趋势。受气候变暖的影响，部分地区盲目追求晚熟高产的品种，以及种植边界地不断扩展，增加了低温冷害和霜冻危害的潜在威胁。特别是进入21世纪以来，虽然气候总体在变暖，但低温冷害的频率却比20世纪80～90年代有明显的增多趋势。我国东北农作物主产区近10年冷害发生频率几乎是20世纪的2倍，黄淮海小麦霜冻害也有上升的趋势，低温灾害对北方果树的影响不断发生。我国南方水稻产区的春季低温也出现增加趋势，严重威胁我国的粮食安全。上述种种情况表明，在气候变化的影响下，低温灾害出现了新的特点，如不确定性和突发现象明显增多。

我国是一个森林火灾频发的国家，火灾对森林资源和生态环境的破坏十分严重，扑救森林火灾具有极高的危险性。受气候和人为因素的影响，近年来森林火灾随着全球气候变化有上升的趋势，特大和重大森林火灾频繁发生。我国南北方森林火灾和人员伤亡不断，形势严峻，森林火灾已被列为国家十三个重大公共安全灾害应急处置之一，急需开展复杂气象条件下的森林火灾预测预报和风险防控技术研究。

风险评价和管理是防灾减灾工作的重要内容，近年来由于对农业气象灾害发生的预防和准备工作不足，农业减灾工作常常处于被动应对状态，且耗费了大量的人力物力，而减灾效果却不明显，进而导致灾害损失加重的事例屡见不鲜。因此，借助遥感、GIS 等现代化科技手段、灾害风险评价和风险管理理论，研究农业气象灾害风险孕育机制、评价方法与技术体系，建立农业气象灾害综合风险防范与应急管理体系，对农业气象灾害实行风险管理，因地制宜地采取相应的避险减灾对策，已成为一项十分紧迫的任务。

农业生产的系统开放性、生产过程的不可逆性、生产环境的不可控性，决定了农业生产对天气气候条件的高度依赖。因此，开展农业气象灾害研究是一项长期而艰巨的工作，是我国农业高产稳产和粮食安全的基本保证。持续开展农林气象灾害的监测预警和防控技术研究，意义重大，十分紧迫。

本书设计内容紧密结合《国家中长期科学和技术发展规划纲要》。在《国家中长期科学和技术发展规划纲要 (2006～2020 年)》"农业"重点领域的"农林生态安全与现代林业"优先主题中明确提出要重点研究开发"森林与草原火灾、农林病虫害特别是外来生物入侵等生态灾害及气象灾害的监测与防治技术"。《国家粮食安全中长期规划纲要 (2008～2020 年)》中明确提出，要"健全农业气象灾害监测预警服务体系，提高农业气象灾害预测和监测水平"，"增加农业气象灾害监测预警设施的投入"。2009 年 4 月 9 日国家出台的《全国新增 1000 亿斤①粮食生产能力规划 (2009～2020 年)》，明确提出我国农业靠天吃饭的总体局面仍然没有改变，农业干旱、洪涝、低温灾害、森林火灾等气象灾害频发给农业生产造成的损失较为明显。科技部等九部委共同制定并组织实施的《农业及粮食科技发展规划 (2009～2020 年)》中明确指出，开展区域旱涝灾害防控技术集成示范，加强区域旱、涝、低温、冷害等灾害监测、预测预警和防控技术，以及高效避灾减灾种植制度，逐步形成配套的防灾减灾技术模式。《国家气象灾害防御规划 (2009～2020 年)》，对气象灾害防御的针对性、及时性和有效性提出了更高要求，尤其是如何科学防灾、依法防灾，最大限度地减少灾害造成的人员伤亡和经济损失。《林业科学和技术发展中长期规划 (2006～2020 年)》林业科技

---

① 1 斤 = 0.5kg

发展重点领域中森林防灾减灾领域重点中包括"森林火灾监测与扑救技术"。因此，研究内容与多个国家和部门的《规划纲要》紧密相关。

同时，在实施一批农业及粮食发展科技工程中把"农林防灾减灾科技工程"作为十五大工程之一，要求围绕减少重大自然灾害损失，增强农业及粮食抗灾能力的科技需求，重点开展农业干旱、洪涝、低温灾害、干热风及森林火灾等重大气象灾害的成灾机理、监测、预警、评估及控制技术研究，在东北、华北和长江中下游三大平原等粮食主产区建立重大农业气象灾害预警及防控体系；强化相关制剂及产品的研制开发，有效减轻各种灾害对粮食生产造成的损失。到 2020 年，粮食主产区因灾损失率降低到 8% 以下，为重大农业气象灾害预警及防控提供技术支撑。

农林气象灾害监测预警与防控关键技术研究是提升国家农业防灾减灾能力建设的重要组成部分，是具体落实《国务院关于加快气象事业发展的若干意见》和《中共中央国务院关于加快林业发展的决定》的重要举措，是紧密结合"气象灾害监测预警与应急工程"和《应对气候变化林业行动计划》的重要科技支撑，更是气象、农业、林业部门开展防灾减灾工作的迫切需求。因此，开展农林气象灾害监测预警与防控关键技术研究，完善农业防灾减灾体系建设，减轻气象灾害对农业生产的不利影响，保障农业高产稳产和农民增收，是我国社会主义新农村建设的重要保障。

农林气象灾害监测预警与防控关键技术研究将：建立我国重大农林气象灾害立体监测体系，并开发动态预警和灾损评估服务系统；研制我国农业干旱和农业低温灾害的减灾管理关键技术，并提出科学的防御对策；研发一套具有自主知识产权的重大农林气象灾害静态和动态风险评估技术软件；初步研究和建立以气象指数为基础的公平合理的分级保险标准，为我国开展农业保险理赔和防灾减灾提供科学依据。通过研究将显著提高重大农林气象灾害的监测预警能力，使灾害监测预警的时效性、准确率和灾害的调控能力得到进一步加强，可显著减轻农林气象灾害对农业生产的影响，对促进我国农业经济的可持续发展和社会主义新农村建设都具有很强的科技支撑作用。特别是对农林气象灾害的监测、预警、灾损评估和风险管理水平的提高具有重要促进作用。

1.2　国内外相关研究进展和展望

1.2.1　农林气象灾害监测预警与防控关键技术研究的现状与进展

1）农林气象灾害监测技术研究及技术体系建设取得积极进展

基于"3S"技术和地面监测相结合，构建了农林气象灾害动态监测系统，从宏观和微观角度来全面监测农林气象灾害的发生、发展；建立和完善了卫星遥感监测系统，开展干旱、洪涝、冷害、森林火灾等灾害的动态监测，逐步建立集"3S"于一体的高时空分辨率的灾害监测系统。目前，"3S"技术已经广泛地应用在洪涝、干旱、寒害及热害等常见农业气象灾害监测中，已经建立了较为完善地能够实时监测全国大部分区域气象状况的灾害监测系统。在干旱监测方面，我国从早期的利用水文站、农机站进行传统监测发展到现在利用不同分辨率的遥感影像资料对不同区域、不同气候状态下的土壤含水量等指标进行大范围的监测。在洪涝灾害监测方面，我国已经取得了较大的成效，可以根据不同的时间与空间尺度进行相应地监测与评估。在 1998 年通过利用 GIS 技术与高分辨率的遥感卫星对长江流域进行了快速、大范围的洪涝灾害监测。马玉平等（2005）对华北地区冬小麦的生长状况进行了模拟，建立并且开发了基于 ArcGIS Engine 的冬小麦的干旱识别和预测模型并且利用北京和济南等地区的历史数据进行了验证，验证结果表明该模型精度满足冬小麦对水分的需求性与敏感性的预测。中国气象局沈阳大气环境研究所基于 ArcGIS Engine 建立了农田土壤含水量的预报模型，该模型通过依托水分平衡方程和农田实际蒸散量模型对遥感数据、空间数据、气候数据和土壤含水量等数据进行分析，能够准确预报辽宁省不同地市的土壤含水量（冯锐等，2010）。孙云（2014）利用 GIS 开发技术建立了山东小麦气象灾害预警系统。张乐平（2014）基于 WebGIS 技术设计了陕西省冷冻害和干旱的监测系统。林瑞森等（2012）利用 GIS 技术设计与实现了福州市农作物低温灾害监测预警服务系统。莫建飞等（2013）基于 GIS 结构和 GIS 组件开发技术，利用不同作物，不同生育期的农业气象灾害监测指标与灾害评估模型，研发了广西主要农业气象灾害监测预警系统，实现了不同作物的灾害监测、预警与评估产品的快速制作，并进行了业务试验与应用。孙玲美（2013）依托"3S"技术实现了多源数据综合分析特色林果农业气象灾害监测预警系统的设计。美国农业部对外农业服务局（FAS）早期以 GIS 为基础，结合卫星观测数据、气象数据，以及田间统计数据对农作物的长势和产量进行决策分析。FAS 通过监测全球农业生产和世界农产品提供准确的全球农业生产数据以达到及时客观监测农作物的生长状况。欧洲联合委员会通过利用遥感技术监测世界范围的食品安全问题建立了 MARS FOODSEC 农业监测预警系统。此监测系统通过建立农作物生长模型，利用卫星观测数据和气象数据，通过相似性分析、回归分析和专家分析方法建立农作物生长模型对降雨量、辐射量、温度及水满意指数进行统计分析，将数据与过去同期值进行对比分析。FOODSEC 通过提供粮食产量的统计信息，为欧盟建立了食品安全政策标准，有效地避免了粮食的短缺等问题。联合国为应对全球范围内的食品安全危机建立了食品监测的供给和需求体系——全球粮食和农业信息及预警系统（GIEWS）。全球粮食和农业信息及预警系统监测体系的工作原理是根据样本地块农产品的情况来估测整个农产品的长势状况。Zerger 和 Smith（2003）建立并检验和评价了基于 GIS 的飓风灾害应急管理决策支持系统。

2）农林气象灾害预警技术研究取得长足进步

农林气象灾害预警技术的进步体现在：农林气象灾害数理统计预报方法进一步发展；作物生长模型、气候模式与"3S"技术相结合研究进一步发展，农林气象模式与气候模式结合的农林气象灾害预警技术初步尝试；GIS 和网络等高新技术在农林气象灾害预警中开始应用。目前，农林气象灾害预警研究由最初的统计模式逐步深化为数值模式集成研究，并在此基础上研制了作物主要发育期农业干旱、低温冷害等农业气象灾害预警模型，提高了农林气象灾害预警技术及其业务服务水平。闫娜（2009）利用 MODIS 陆地产品 LST、NDVI 及 EVI 对陕西省旱情进行了监测。刘晓静（2013）利用作物生长模拟模型与多源遥感数据结合对辽西北玉米干旱灾害风险进行了预警研究。王连喜等（2003）利用遥感地面反演地面温度法对作物低温冷害进行了监测。黎贞发等（2013）利用物联网（the internet of things，IOT）技术，集成开发了一套包括日光温室小气候与生态环境监测网络、数据实时采集与无线传输、低温灾害监测与预警发布、远程加温控制于一体的技术方法。该方法通过构建具有统一入口的分布式信息管理系统，实现对不同传感器生产厂家设备的兼容及多个监测站的组网；以嵌入式 GIS 组件库作为开发平台，使数据接收软件有较强的空间显示与分析功能。基于对典型日光温室小气候观测数据与作物生长临界指标，利用逐步回归及神经网络建模，获得土维护和砖维护结构日光温室低温预警指标。利用手机短信、电子显示屏、网站等多媒体发布低温预警服务，并采用远程智能控制方式实现对温室定时加温。美国的 CERES 小麦模型中先确定耐寒指数和低温引起的叶片死亡系数，然后根据冬季实际低温模拟小麦的停止生长和死亡等现象（王雨，2007）。Hoogenboom 等（2001）结合农作物生长模型，通过地面上的监测网络，对小麦的春化作用及越冬过程进行模拟。

3）农林气象灾害影响评估技术逐步完善

农林气象灾害影响评估技术的完善体现在：开展了农林气象灾害影响机理研究；初步建立了覆盖全国的农林气象灾害灾情统计体系；完善了农林气象灾害影响评估指标体系和评估模型；提出了不同农林气象灾害灾情评估与等级划分技术。农林气象灾害风险评估技术体系初步形成。探讨了农林气象灾害风险分析的理论、概念、方法和模型；初步构建了农林气象灾害风险分析、跟踪评估、灾后评估、应变对策的技术体系；建立了主要农林气象灾害风险评估技术体系；实现了区域灾害致灾强度、灾损、抗灾能力风险的量化评估与业务应用，其中，在灾害致灾信息提取及其风险量化表征、风险估算、风险评估模型构建及其参数的区域化等方面取得了重要进展。目前，农林气象灾害风险评估技术向定量化、动态化方向发展，认识了农林气象灾害风险的形成机制，建立了农林气象灾害风险评估体系框架，构建了风险评估理论模型，而且农林气象灾害风险研究关注的灾害和作物类型不断增多。农林气象灾害风险评估，是评估农林气象灾害事件发生的可能性及其导致农业产量损失、品质降低及最终经济损失的可能性大小的过程，是一种专业性的气象灾害风险评估（王春乙等，2010）。目前，国内外关于灾害风险形成机制的理论主要有"二因子说"、"三因子说"和"四因子说"（张继权等，2006，2012a，2012b，2013；张继权和李宁，2007）。中国的农林气象灾害风险研究起步较晚，起步于 20 世纪 90 年代，大致可分为三个阶段：第一阶段，以农林气象灾害风险分析技术、方法探索为主的研究起步阶段；第二阶段，以灾害影响评估的风险化、数量化技术、方法为主的研究发展阶段；第三阶段，以认识农林气象灾害风险的形成机制、风险评价技术向综合化、定量化、动态化和标准化方向发展的研究快速发展阶段。第一阶段的成果主要有，在农林生态地区法的基础上建立了华南果树生长风险分析模型（杜鹏等，1995；杜鹏和李世金，1997），这是中国较早的将风险分析方法应用于农业气象灾害研究；李世奎等（1999）以风险分析技术为核心，探讨了农业气象灾害风险分析的理论、概念、方法和模型。第二阶段的主要成果有基于地面、遥感两种信息源，建立了主要农业气象灾害风险评估技术体系，实现了区域灾害致灾强度、灾损、抗灾能力风险的量化评估与业务应用。其中，在灾害致灾信息提取及其风险量化表征、风险估算、风险评估模型构建及其参数的区域化等方面取得了重要进展（霍治国等，2003；杜尧东等，2003；刘锦銮等，2003；马树庆等，2003；王素艳等，2003，2005；薛昌颖等，2003a，2003b，2005；袭祝香等，2003；植石群等，2003；李世奎等，2004；王春乙等，2005）。第三阶段，部分成果有基于作物模型的农业气象灾害动态风险评价（王春乙，2007；王春乙等，2010；Zhang et al.，2011；Liu et al.，2013；Zhang et al.，2013），基于多灾种的农业气象灾害风险综合评价取得重要进展（蔡菁菁等，2013）。国外学者在风险分析研究方面多侧重于经济领域，对具体的某一种农林气象灾害风险分析的研究还不多见。农林气象灾害风险评估的理论基础是自然灾害风险分析与风险评估原理。与自然灾害风险评价相比，农业气象灾害风险评估研究起步相对较晚。国际上的研究始于 20 世纪 80 年代后期，主要集中在建立评估方法体系方面，研究对象多为果树等经济作物。例如，Nullet 等（1988）提出了一种应用于农业发展计划的季节性农业干旱风险分析方法；美国学者 Snyder 等（2005）在《Frost protection: fundamentals, practice and economics》一书中对霜冻发生的可能性做了风险评价。日本学者曾对冷害给出过比较权威的定义，并对低温冷害的时空分布特征、经济损失进行研究，并进行了产量损失风险的定量计算；Eduardo 等（2006）构建了一个定量评价樱桃霜冻风险的综合方法，主要用于估计霜冻防控系统在减灾方面的潜在影响；White 等（2009）通过研究蓝莓树生理指标与气象干旱指数、土壤水分之间的关系，构建了评价蓝莓树气候生产力和干旱风险的定量方法；Nivolianitov 等（2004）提出了基于风速等主要气象观测数据的风险评价方法，用于定量评价气象因素对防灾设施的潜在影响。近年来，针对农作物的农业气象灾害风险评估研究成果不断出现，尤以农业干旱灾害风险评估居多。例如，Wilhite（2000）最早在干旱研究当中引入了风险概念，提出了干旱风险管理的概念，用以表征干旱严重情况和潜在损失；Keating 和 Meinke（1998）及 Agnew（2000）选取降水、蒸发等气候指标和作物模拟模型，并进行了相应的干旱风险评估研究；Hong 和 Wilhite（2004a，2004b）构建了针对玉米和大豆作物的旱灾风险评估模型，可实时评估干旱造成的作物产量的潜在损失情况；Richter 和 Semenov（2005）利用作物模拟模型提出了一种可用于评估与预测气候变化对冬小麦产量和干旱风险影响的数学方法；Schindler 等（2007）提出了旱田农业干旱风险评估方法；Todisco 等（2009）选取土壤缺水指数、作物减产率、脆弱性等指标构建了农业干旱经济风险评估（ADERA）模型，用于评估农业干旱脆弱性和风险程度。20 世纪 80 年代以来，人们对灾害形成中致灾因子与承灾体的脆弱性的相互作用予以关注，尤其是脆弱性研究逐步受到重视。脆弱性主要用来描述相关系统及其组成要素易于受到影响和破坏，并缺乏抗拒干扰、恢复的能力（Birkman，2007）。

　　4）农业灾害综合防御技术研究取得显著成果

　　农业灾害综合防御技术研究取得的成果体现在：开发出了作物生长的水、土环境调控工程技术的防灾、抗灾新途径；提出了涝渍兼治工程技术；发展了作物生长环境集成调控防灾新技术，如华北农业干旱监测识别与节水抗旱应变防御技术，西北抑蒸集水集成抗旱技术，冷害、霜冻作物播期判别、品种搭配及生化调控防御技术等；研制了增雨、防雹空–地实时识别催化调控技术，对农业气象灾害防御技术新理论发展具有重要推动作用（王春乙和郑昌玲，2007）。集成创建了塬面、塬坡、沟道、川道集雨节灌的发展新模式（李怀有等，2001），粮食作物高效生产综合节水技术，大幅度提高了干旱半干旱地区节水农业生产潜力（邵新胜等，2012），大力开发了立体农业防止水土流失技术，不断增加了土地承载能力，提高了耕地资源的利用效率及单位面积的粮食产量；强化了平衡施肥与养分管理研究，推广了测土配方施肥、根际养分活化与调控技术、秸秆还田有效利用和快速腐解技术，提高了农业节肥减排能力。针对不同灾害、不同地区、不同的作物，利用不同的技术手段和指标，引进、筛选和培育出一大批抗逆性强和适用性广的新品种。在北方干旱与半干旱地区，研究了作物抗旱节水生理性状及其遗传特性，建立了抗旱节水型和水分高效利用型主要农作物品种鉴定筛选指标体系及鉴选技术（景蕊莲，2007），育成抗旱稳产型、节水高产型及旱水兼用型等不同类型抗旱节水小麦新品种 33 个，水分利用效率大幅度提高。培育的节水抗旱稻新品种节水在 50% 以上，不需长期淹水，基本无甲烷排放，大幅度减少碳排放。气候变化必然会改变作物品种布局和耕作栽培制度。中国农业科学家重点选育培育了一批抗旱、抗寒、抗盐碱、抗台风等农作物新品种，提高了品种的多样性，增强了农业适应极端天气气候事件的能力（于亚军等，2010；石纪成等，2004；韩秉进等，2009）。同时，采取新的防灾减灾耕作栽培技术手段，如保护性耕作（张艳君，2012）、精准施肥（崔海信等，2011）、地膜和大棚温室栽培（王永强等，2010）、节水农业（陈萌山，2011）等新技术以适应气候变化，趋利避害防灾减灾。例如，中国黄淮地区近年来形成了适应气候变暖的冬小麦晚种和夏玉米晚收的双晚耕作栽培技术（江添茂，2005）；东北地区推广的水稻大棚育秧抗低温技术（叶俊生，2013）、玉米坐水种抗旱技术（王智辉等，2005）、玉米膜下滴灌高产技术（于久全，2012）；甘肃的双垄全膜覆盖集雨沟播玉米高产技术（李胜克和牛建彪，2011）；新疆的膜下滴灌棉花高产栽培技术等（贺军勇和刘伟，2011；陈金梅等，2008）。这些技术在减少灾害损失和充分挖掘自然资源高产潜力，保障中国粮食九连增方面发挥了重要作用（陈兆波等，2013）。

5）森林火灾监测预警与综合防控关键技术取得长足的进步

森林火灾监测预警与综合防控关键技术的进步体现在：系统研究了利用卫星遥感监测森林火灾，并进行有效识别和监测预警的技术，以及在不同复杂条件下扑火技术和机具设备。曾文英（2003）利用"3S"技术设计与实现了森林防火监测预警系统。欧洲很多国家还基于无线传感网技术对森林火灾进行预测、探测，由于其监测系统与通信系统都比较完善，一旦发生火灾，信息能够迅速传到监测中心，让监测中心能及时发现，并指挥消防队员快速出击，赶往火灾现场。德国使用 FIRE. WATCH 森林火灾自动预警系统，正常监测半径可以达到 10km，但是这种森林火灾自动预警系统成本很高。张新（2011）基于无线传感网对火焰探测器模块进行了研究，对火灾的预警做了简单设计。周晓琳（2011）采用了一种三加一多模式传感数传方法，降低了火灾的报错率。张军国（2009）开发性能良好的传感器节点对森林火灾进行监测。刘足江（2013）对森林火灾监测系统中多传感器数据融合进行了研究，将多元信号结论融合在一起进行判断，以及通过有效的算法提高融合后的准确度。基于遥感数据的林火监测研究有赵彬等（2010）利用 NOAA/AVHRR 数据对吉林省东部的森林火灾进行的火点信息提取与分析，并分析了 NOAA/AVHRR 应用于林火遥感监测的可行性和不足。Justice

等（1996）提出了基于上下文思想的林火遥感识别方法，即考虑火点与其周围背景环境的不同，而不是绝对的一个阈值。这种火点识别方法就是根据检测点与周围像元的对比来进行火灾识别，这比一般的固定阈值识别法更具有适宜性。Flasse 和 Ceccato（1996）将此方法进行了改进，他们将背景像元的范围进行了扩大并放宽了潜在火点的阈值范围，而 Fujiwara 等（2001）针对 Flasse 的方法可能出现的错误判断提出了人工判断的依据。覃先林和易浩若（2004）基于 MODIS 数据的各波段特征，采用亮温–植被指数法，建立了基于 EOS/MODIS 数据的林火识别模型。周小成和汪小钦（2006）针对我国境内 9 起森林火灾，提出了改进的 EOS/MODIS 林火热点识别算法。但是，肖利（2008）利用该算法对 2005 年 5 月 17 日四川木里地区的森林火灾进行分析，却未能发现火点。因此，EOS/MODIS 火点识别算法针对不同地区还需要进行验证和分析，并进行适当改动以适应不同地区的地域条件和气候特点等。周利霞等（2008）利用 EOS/MODIS 数据 22 通道和 31 通道亮温构建了一个火点指数 FPI 并利用 NDVI 对其火点提取精度进行修正，提高火点精度和提取速度。唐中实等（2008）利用了 EOS/MODIS 近红外、中红外及热红外 4 个波段，提出了以 7 通道为主的高温判别法和非高温火点综合阈值判别法，并通过 2006 年重庆森林火灾监测实践证明该方法的可行性。王轩和张贵（2011）基于物联网技术结构对森林火灾进行了监测。

1.2.2　农林气象灾害监测预警与防控关键技术研究存在的问题

农林气象灾害监测预警与防控关键技术研究存在如下问题。

（1）农林气象灾害防灾减灾科技性基础仍然薄弱。某些农林气象灾害及灾害链的孕灾环境、形成机理和演变规律尚不清楚，综合监测现代化水平、预警和评估精度及时效性有待提高，数据和信息共享平台建设有待加强。

（2）农林气象灾害综合防灾减灾关键技术研发与推广不够。重大气象灾害防、抗、避、减技术和措施一体化的农林防灾减灾技术体系需要完善，具有自主知识产权的防灾减灾产品、仪器和装备研发不足，防灾减灾关键技术研究、集成示范与推广应用不够，以企业为主体、政产学研用相结合的防灾减灾技术创新体系尚未形成，农林气象灾害保险技术在防灾减灾中的作用需进一步增强。

（3）农林气象灾害风险评估体系有待完善。农林气象灾害风险评估的基础理论和应用方法研究仍相当薄弱，灾害风险评估缺乏科学系统的指标体系，灾害风险调查、评估与相关标准有待完善，对致灾因子的危险性、承灾体的脆弱性和防灾减灾能力等方面的研究比较薄弱，尚缺乏适合我国国情的农林气象灾害风险评估模型体系，基于全生育期的单灾种风险、多灾种综合风险动态评估技术方法等研究有待进一步突破。

（4）防灾减灾科技支撑平台建设亟待加强。我国现有的农林气象防灾减灾科技基础条件平台依然不能满足综合防灾减灾的需要，防灾减灾科技资源共享和跨部门协作机制不够完善，重大农林气象灾害风险防范科技支撑能力有待提高。

（5）气候变化对农林气象灾害影响研究需要加强。目前全球气候变化对农林生产的研究主要集中于研究大气成分变化对农作物微观方面的影响，气候变暖在宏观上对作物产量、作物分布等方面的影响，以及农林可能采取的适应措施等。但是气候模式、气候变化情景与气候变化风险的结合程度不够。

1.2.3　农林气象灾害监测预警与防控关键技术研究的发展趋势与展望

防灾减灾战略需要做出重大调整。由减轻灾害转向灾害风险管理，实现从目前被动的灾后管理模式向灾前预警、灾时应急和灾后救援三个阶段一体化的灾害综合风险管理与防控模式的转变，由单一减灾转向综合防灾减灾，由区域减灾转向全球联合减灾，大力提高公众对灾害风险的认识。强化自然灾害的预测预报，关注巨灾灾害链的形成过程，重视灾害发生的机理和规律研究，加强灾害预防措施、防灾减灾应急预案和防灾减灾规划的科技支撑能力建设。大力建设灾害监测预警系统，利用空间信息科学技术，建设灾害预测预警系统，实现监测手段现代化、预警方法科学化、规范化和信息传输网络化，大力建设灾害风险信息共享平台，有力支撑防灾减灾工作的开展。加强灾害评估技术方法的研究，应用计算机、遥感、工程等技术方法，建立灾害损失与风险评估模型，通过灾害模拟分析人员伤亡、财产损失和生态环境影响，制定评估标准规范，建设完善的灾害及灾害风险评估系统。提高灾害应急救援与响应能力，重视灾害应急救援设备、现场指挥通信、后勤保障装备、救援物资调度等关键技术研发，提高灾害响应中的避灾、救灾、恢复、重建、适应等科技保障能力。

要进一步强化农林气象灾害的预测预报研究。关注农林气象灾害链的形成过程，重视灾害发生的机理和规律研究，加强早期识别、预测预报、风险评估等方面的科技支撑能力建设。

需要构建农林气象灾害立体监测与动态评估技术。加强基于天基、空基和地基多元信息的农林气象灾害立体监测技术，以及基于地面观测、卫星遥感和作物模型相结合的灾害损失动态评估技术的研究。

急需构建农林气象灾害实时预警技术。研制基于作物生长模型、区域气候模式、"3S"高新技术和数值天气预报产品的长、中、短期相结合的农林气象灾害实时无隙预警技术。

农林气象灾害影响评估还需要进一步精确化。农林气象灾害影响评估的基础理论和应用方法研究需进一步加强，在灾情监测与识别方面形成配套体系，基于"3S"技术的农林气象灾害影响动态评估技术体系将成为未来研究发展及其业务应用的重点，农林气象灾害影响的评估技术将向定量化、动态化和精细化方向发展，实现农林自然灾害影响由定性描述向定量表达的重要突破。

仍需加强灾害风险综合评估技术研究。未来随着农林业可持续发展、农林业防灾减灾的迫切需求，农林气象灾害风险评估的基础理论和技术方法、灾害风险动态评估技术、多灾种综合风险评估技术、气候变化背景下灾害风险变化评估研究等将得到加强，农林气象灾害风险评估技术将向精细化、动态化方向发展。基于"3S"技术的农林气象灾害风险动态评估、多灾种综合风险评估技术将成为未来研究发展及其业务应用的重点。

需要特别关注气候变化背景下农林气象灾害风险变化评估研究。以增暖为主要特征的全球气候变化已对农林气象灾害的发生与灾变规律产生了显著影响，就农林气象灾害风险而言，气候变暖不仅影响农林气象灾害致灾因子变化及灾害形成的各个环节，而且还影响形成农林气象灾害风险的孕灾环境、致灾因子、承灾体和防灾减灾能力等多个因素；使农林气象灾害风险影响因素变得更加复杂多样。应对气候变化背景下农林气象灾害风险的变化已成为灾害风险管理的新特征和新挑战。未来农林应对气候变化研究发展方向主要有：培育适应气候变化的农林作物新品种；调整农业结构和模式以积极适应气候变化；加强应对极端天气气候事件和趋利避害科技对策研究；广泛参与气候变化国际合作。总之，揭示气候变化背景下农林气象灾害风险的时空新变化及其规律性，开展灾害风险变化评估研究将成为未来研究的重点。

1.3　研究内容和研究方案

1.3.1　研究内容

针对干旱、低温灾害、干热风、森林火灾等农林气象灾害，应研制基于地面观测、卫星遥感、作物模型耦合的立体、实时监测和损失动态评估技术与业务平台；构建基于区域气候模式、作物模型、数值天气预报产品释用及"3S"技术的预测预警技术和业务平台；研制提高出苗率和增强作物抗逆性的化控制剂，构建低温灾害的精准监测与综合诊断技术和防灾减灾技术体系；研制多灾种、多尺度、多属性的风险评价技术软件与区划模型，构建综合风险管理对策体系；研制复杂地形植被、多元气象要素和特殊火环境下的森林火灾风险评估、监测预警、森林可燃物调控、扑火危险评价及扑救技术，构建风险防范技术对策和应急指挥系统；建设研究试验示范、业务转化基地，进行成果推广应用。

1）重大农业气象灾害立体监测与动态评估技术研究

以西南农业干旱、南方双季稻低温灾害、黄淮海小麦干热风等重大农业气象灾害为研究对象，研制基于地面观测、卫星遥感和作物模型相结合的灾害立体、实时监测技术和损失动态评估技术与业务平台。主要研究内容如下。

（1）西南农业干旱的立体监测与动态评估技术研究。完善和研发西南农业干旱的致灾气象指标和灾害等级指标；揭示灾害发生发展的时空变化规律；研制基于地面观测、卫星遥感和作物模型相结合的灾害立体、实时监测技术和灾害损失动态评估技术；研发省区级灾害监测与评估业务平台，并开展业务试验示范和应用。

（2）南方双季稻低温灾害的立体监测与动态评估技术研究。完善和研发南方双季稻低温灾害的致灾气象指标和灾害等级；揭示灾害发生发展的时空变化规律；研制基于地面观测、卫星遥感和作物模型相结合的灾害立体、实时监测技术和灾害损失动态评估技术。

（3）黄淮海小麦干热风的立体监测与动态评估技术研究。完善和研发黄淮海小麦干热风的致灾气象指标和灾害等级指标；揭示灾害发生发展的时空变化规律；研制基于地面观测、卫星遥感和作物模型相结合的灾害立体、实时监测技术和灾害损失动态评估技术；研发省区级灾害监测与评估业务平台，并开展业务试验示范和应用。

2）重大农业气象灾害预测预警关键技术研究

以小麦、水稻等主要粮食作物为研究对象，针对北方农业干旱、南方低温灾害、北方干热风等重大农业气象灾害，研究构建农业干旱、低温、干热风灾害的预测预警指标、精细预警、中长期预测技术与模型，研发省级农业气象灾害预测预警业务平台。主要研究内容如下。

（1）重大农业气象灾害预测预警指标体系研究。针对我国北方小麦干旱、南方双季稻低温和北方小麦干热风灾害，从农业气象灾害的致灾规律和气象环境成因入手，基于天气气候、大气环流、海温、品种、种植和栽培方式等的变化，采用历史灾情反演、地理分期播种试验、人工控制模拟致灾试验等相结合的方法，补充研究构建重大农业气象灾害预测预警指标，基于历史灾害发生与灾害预测预警指标时空吻合性、差异性分析，建立灾害预测预警指标。

（2）重大农业气象灾害中长期预测技术研究。基于大气环流、海温及前期天气气候资料等，探寻农业气象灾害发生发展的关键预测信号因子，研究北方小麦干旱、南方双季稻低温、北方小麦干热风等农业气象灾害的旬、月尺度的中长期预测技术；改进现有的作物生长模式，并与区域气候模式进行嵌套，研究适用于旬、月尺度的中长期农业气象灾害预测预报技术；建立基于区域气候模式–作物生长模式的北方冬小麦干旱预测模型，以及南方水稻低温灾害模型统计预测模型。

（3）重大农业气象灾害动态无隙预警技术研究。以区域农业气象灾害发生主要时期为研究重点，以未来 1~3 天为预警尺度，基于长年代历史资料，动态分析未来 1~3 天历史农业气象灾害发生与前期、预警时段气象条件，以及与地理、地形条件的相关关系，结合田间气象条件分析，研制基于数值天气预报产品和 GIS 技术的农业气象灾害动态预警技术方法、模型及其区域化技术，构建 1~3 天的农业气象灾害动态预警模型，在此基础上建立起农业气象灾害区域动态无隙预警技术体系。

（4）重大农业气象灾害预测预警业务平台研发。基于实时气象业务平台，利用"3S"集成应用技术，研发省级重大农业气象灾害预测预警业务平台，包括数据管理、预测预报、产品制作发布等子系统和系统总体集成研发，开发重大农业气象灾害预测预警的信息采集、加工处理、诊断分析、模型构建、产品制作、产品发布等功能，根据农业气象业务服务的特点和需求，建立面向服务对象的省级重大农业气象灾害监测预警平台，并进行农业气象业务应用推广。

3）重大农业气象灾害防控与管理技术研究与示范

以我国北方地区为重点研究区域，针对严重威胁我国北方农作物稳产、高产的干旱、低温等重大农业气象灾害，开展干旱和低温灾害防控与管理关键技术研究；重点研制提高出苗率和增强作物抗逆性的化控制剂，以及低温灾害的精准监测和综合诊断技术；在集成现有农业减灾技术的基础上，构建农业综合防灾减灾术体系；最终形成重大农业气象灾害防范、调控管理技术体系。主要研究内容如下。

（1）农业干旱防控关键技术研究。从干旱信号诊断与利用、作物与土壤水分蒸腾蒸发控制、土壤水分蓄积与保持、农作物水分高效利用、节水化学制剂等多方面，研究干旱防控技术，并进行技术的有机集成，最大程度抵御干旱对农作物生长发育的影响，为粮食稳产提供技术支撑。

（2）农业低温冷害防控关键技术研究。基于气候变化背景条件下低温灾害（通常分零上低温和零下低温）发生的规律特点，深入研究低温灾害影响指标体系和诊断方法，开发便携移动式远程监控装置，将实时动态监控数据与专家经验和农艺知识融合，建立主要低温灾害监测防控与诊断管理系统。

4）重大农业气象灾害风险评价与管理关键技术研究

以我国东北、华北、长江中下游主要粮食产区干旱、洪涝、低温灾害等重大农业气象灾害为研究对象，基于多种技术集成的风险分析方法，研制农业气象灾害多灾种、多尺度、多属性的风险评价与区划模型；编制主要粮食产区的农业气象灾害风险图谱；构建区域综合农业气象灾害风险管理模型；制定以"灾害风险管理"为核心的农业气象灾害综合管理技术对策体系。主要研究内容如下。

（1）重大农业气象灾害风险形成机理和概念框架研究。从土壤–农作物–大气系统出发，利用作物生长模式、作物种植模式和区域气候模式预测技术，结合野外田间实验、定点观测试验和实验室测试分析，研究作物不同生育期温度和水分等异常气象要素胁迫对作物生理关键指标的影响；研究农业气象灾害的发生、程度、作物种类及其所处发育阶段和生长状况及其与农业气象灾害风险的关系；利用农业社会经济统计资料，研究不同类型承灾体暴露性、脆弱性、管理措施、区域和农业系统的防灾减灾能力（恢复力），以及社会经济水平等人文复合要素在农业气象灾害风险中的致险概率和损失特征，构建重大农业气象灾害风险形成机理和概念框架。

（2）重大农业气象灾害风险评价与风险图谱绘制技术。研究静态风险和动态风险的耦合机制，提出基于静态风险和动态风险耦合的农业气象灾害风险快速评估新方法。

以旬为周期，以作物不同生长阶段为主线，从土壤–农作物–大气系统出发，利用作物生长模式、作物种植模式和区域气候模式预测技术，结合野外田间实验、作物生理监测、定点观测试验和实验室测试分析，研究不同作物生理生态特征（如光合作用、灌浆速度、相对生长率、产量要素等）和作物不同生育期的温度和水分等异常气象要素的关系，筛选作物气象灾害动态风险因子，构建风险评价指标体系；通过解决作物生长模型区域化，区域气象、气候模式与作物生长模型和灾害风险评估模型嵌套等关键技术，建立区域气象、气候模式与作物生长模型和灾害风险评估模型相结合的新一代作物全过程的重大农业气象灾害动态风险评估体系。

以农业区为评价单元，以年为周期，建立基于风险形成机制的重大农业气象灾害静态风险评估技术。从气象灾害风险形成的四因素，即致灾因子的危险性、承灾体暴露性、承灾体脆弱性、防灾减灾能力（恢复力）入手，利用格网技术、GIS 技术、自然灾害风险评估技术、AHP 等复合研究方法，分别建立重大农业气象灾害危险性模型、暴露性模型、脆弱性模型、防灾减灾能力（恢复力）模型；在以上研究基础上，研究重大农业气象灾害风险四个关键因子之间耦合关系、量化方法，最终形成多要素重大农业气象灾害风险评估的综合模型；确定重大农业气象灾害风险表征方法；研究重大农业气象灾害风险等级划分方法和标准。在此基础上，利用 GIS 技术、风险表征技术和图谱技术，编制全国主要粮食产区的农业气象灾害风险图谱（危险性图、暴露性图、脆弱性图、防灾减灾能力图、综合风险图）。

（3）区域综合农业气象灾害风险评估与区划技术研究。根据区域农业气象灾害发生时农业生产、社会经济和生态环境等方面的综合因素，依据系统工程、模糊数学、灰色系统、现代综合评价等复合下的数学分析方法，建立区域综合农业气象灾害风险评估模型。

根据区域综合农业气象灾害风险评估结果，利用非线性数学方法确定区域综合农业气象灾害风险区划的阈值，并结合农业气象灾害影响评估，确定风险规划区的风险表征，绘制综合农业气象灾害风险区划图。

（4）区域综合农业气象灾害风险管理技术对策研制。基于 GIS 综合平台，结合当前农业生产、社会经济和生态环境等国家综合数据库，利用统计学和作物模型模拟，设置不同区域农业气象灾害单一灾种发生和多灾种并发两种情景，评估农业气象灾害对生产、经济和环境的影响，开发供灾害管理所有阶段使用的区域综合农业气象灾害风险管理模型，预测和追踪区域综合农业气象灾害对生产、社会和环境的影响，为政府防灾减灾提供决策。

利用以上研究结果，考虑现有和未来农业资源、耕作方式、农技水平变化、区域综合农业气象灾害风险结果等因素，利用 GIS、系统优化、系统工程管理等技术，制定我国以"灾害风险管理"为核心的区域农业气象灾害综合管理对策。

建立作物各主要生育期主要气象灾害与作物减产率的关系模型，在数学计算和统计分析的基础上，构建农业保险中适用的气象指数形式和标准，结合农业保险风险区域划分，制定作物不同风险等级的保险标准，初步开发可操作的气象指数保险产品，并与保险公司和政府合作，开展示范应用。

5）森林火灾风险评价与防范关键技术研究

针对我国森林火灾频发、损失大、人员伤亡多的现状与需求，围绕森林火灾风险评估与防范关键技术问题，建立试验示范区，开展复杂地形植被条件、多变气象条件、特殊火环境下的森林火灾风险评估、森林火灾风险预测、扑火人员危险评价及扑救技术，以及不同区域的森林火灾综合防控技术和森林火灾风险防范技术与对策研究，提出不同区域及高山林区森林火灾的防控技术，构建森林火灾危险辨识及应急指挥系统，为森林防火部门和防火人员提供决策支持。主要研究内容如下。

（1）森林可燃物调控及火灾损失评估技术研究。依据森林类型、树种组成、地域等要素和地面调查数据，分析可燃物特征，划分森林可燃物类型。研究在一定气象条件下，采用人工技术减少森林可燃物积累，进行火烧防火线、清理采伐剩余物等森林可燃物管理技术；利用生物措施建立林火阻隔带，利用抗火树种，改造防火林带的技术和开设阻隔带的方法。通过火灾案例分析、野外调查，建立火灾损失评估模型和方法。

（2）高山林区森林火灾监测预警及防控技术研究。针对森林火灾多发的高山林区，综合考虑气候变化背景、森林火灾时空分布、森林可燃物状况和火源危险性，进行森林火灾监测预警技术研究，构建森林火灾发生预测模型，建立监测预警指标体系，开发扑火队员装备，研发森林火灾扑救辅助决策指挥系统，提出高山林区森林火灾监测预警及防控技术。

（3）森林火灾风险评估与防范技术对策研究。利用气象资料、森林可燃物参数，结合地面调查、观测和火烧试验，研究气象、地形和可燃物条件下的森林火灾风险评估方法，建立森林火灾风险评估模型，对森林火灾风险源进行评价分析，研究特殊火行为环境下的扑火队员应急反应、逃生和解围技术构建森林火灾风险预测预报模型库，开发森林火灾风险预测预报软件系统，提出森林火灾风险评估技术与防范对策。

1.3.2　研究方案

在研究方法与技术路线上注重理论与实际相结合，野外定点观测和室内模拟分析结合，定性与定量相结合，宏观与微观相结合，国内与国外相结合，历史统计推断、现状关系分析与未来预测研究相结合；利用气象与气候学、水文学、土壤学、地貌学、灾害学、大气学、地理学、环境学、农学等多学科的综合知识；采用灾害系统和风险评价与管理的理论和方法，借助"3S"技术、统计分析、大田调查、人工控制实验、机理模型模拟、野外观测与模拟试验、案例分析方法等，提出了总体学术思路和技术路线（图1-1和图1-2）。

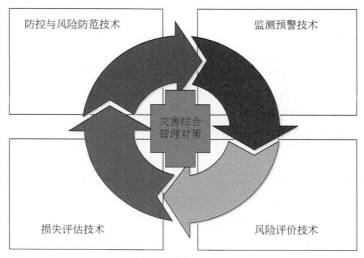

图 1-1　总体学术思路

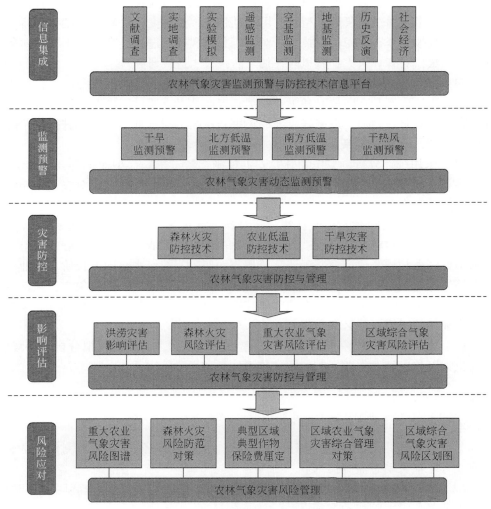

图 1-2 总体研究技术路线框图

（1）利用先进技术手段获取多圈层农业气象灾害信息，建立相关数据库，并在此基础上分析不同地域不同作物农业气象灾害综合指标体系；以农业生产和农作物为对象，将土壤、作物、大气一体化，应用"3S"技术集成、数值天气预报、作物生长模拟等多种高新技术手段和方法，研制基于地基、空基、天基和植被下垫面多源信息的农业气象灾害立体监测和动态预警技术方法。

（2）通过样地调查，结合遥感反演和植被分布数据，建立火险期可燃物状况遥感反演模型。通过气象数据构建火天气指数，进行森林火灾风险评估。通过基础地理数据，结合火灾历史数据和构建的森林火灾风险评价指标建立森林火灾风险预测技术。通过火蔓延模型对火场蔓延趋势、火强度和火蔓延速度等火行为指标进行模拟，基于空间信息技术，对基础数据和模型进行整合，基于面向对象的开发方法，对森林火灾扑救风险评估与防范技术进行研究。

（3）在灾害防控技术与制剂方面，筛选适宜的抗逆原材料及助剂，突破不同材料使用的比例及不同材料和不同助剂相容性技术，通过室内与大田试验和验证，完善灾害防控制剂；以突破单项的灾害防控技术与制剂为核心，进行技术的集成与组装，形成灾害综合防控技术。

（4）采用统计分析、大田调查、人工控制实验、机理模型模拟等技术方法，研究重大气象灾害对农业影响的评价方法，建立我国重大气象灾害对农业影响评估指标体系与模型。

（5）结合案例库和大量的观测分析资料，从灾害风险组成的四个因子（危险性、暴露性、脆弱性及防灾减灾能力）入手建立重大农业气象灾害静态风险评价的指标体系和耦合模型；基于遥感监测与地面监测的作物不同生长阶段农业气象灾害风险识别与模拟模型，建立作物不同生长阶段的重大农业气象灾害风险指标体系与模型；研究确定重大农业气象灾害风险综合等级划分方法与标准，绘制重大农业气象灾害风险区划图谱。

（6）基于区域气候模式、遥感、地理信息等技术，以数值模拟分析为手段，构建重大气象灾害对农业影响的评估技术体系和风险管理系统。

1.3.3　研究创新点

本书创新点主要体现在以下几个方面。

（1）基于卫星遥感、航空遥感、地面气象和农业气象等多源观测信息的重大农业气象灾害动态监测技术。

（2）基于作物生长模式、区域气候模式、统计模式和遥感等高新技术相结合的农业气象灾害无隙动态预报。

（3）基于不同天气、地形、可燃物和火行为条件下的扑火风险评估技术。

（4）高效新型抗灾制剂的配方研制。

（5）基于作物生育过程的重大农业气象灾害风险评价技术。

参 考 文 献

蔡菁菁，王春乙，张继权. 2013. 东北地区玉米不同生长阶段干旱冷害危险性评价. 气象学报，71（5）：976-986.

陈金梅，陈金都，潘新武，等. 2008. 新疆乌苏市棉花加压滴灌高产栽培技术. 中国棉花，35（10）：34-35.

陈萌山 . 2011. 把加快发展节水农业作为建设现代农业的重大战略举措 . 农业经济问题, (2):
    4-7.

陈兆波, 董文, 霍治国, 等 . 2013. 中国农业应对气候变化关键技术研究进展及发展方向 .
    46 (15): 3097-3104.

崔海信, 姜建芳, 刘琪 . 2011. 论植物营养智能化递释系统与精准施肥 . 植物营养与肥料学报,
    17 (2): 494-499.

杜鹏, 李世奎, 温福光, 等 . 1995. 珠江三角洲主要热带果树农业气象灾害风险分析 . 应用气
    象学报, 6 (增刊): 27-32.

杜鹏, 李世奎 . 1997. 农业气象灾害风险评价模型及应用 . 气象学报, 55 (1): 95-102.

杜尧东, 毛慧勤, 刘锦銮 . 2003. 华南地区寒害概率分布模型研究 . 自然灾害学报, 12 (2):
    103-107.

冯锐, 纪瑞鹏, 武晋雯, 等 . 2010. 基于 ArcGIS Engine 的干旱监测预测系统 . 中国农学通报,
    26 (20): 366-372.

韩秉进, 刘晓冰, 陈宜军, 等 . 2009. 松嫩平原西部引种抗干旱耐盐碱作物新品种试验研究 .
    农业系统科学与综合研究, 25 (4): 463-464.

贺军勇, 刘伟 . 2011. 新疆哈密市棉花膜下滴灌高产栽培技术 . 中国种业, (10): 75-76.

霍治国, 李世奎, 王素艳 . 2003. 主要农业气象灾害风险评估技术及其应用研究 . 自然资源学
    报, 18 (6): 693-695.

江添茂 . 2005. 双晚免耕栽培技术效果及方法要点 . 福建稻麦科技, 23 (2): 15-16.

景蕊莲 . 2007. 作物抗旱节水研究进展 . 中国农业科技导报, 9 (1): 1-5.

黎贞发, 王铁, 宫志宏, 等 . 2013. 基于物联网的日光温室低温灾害监测预警技术及应用 . 农
    业工程学报, 29 (4): 229-236.

李怀有, 赵安成, 白文媛, 等 . 2001. 高塬沟壑区集雨节灌发展模式与对策 . 节水灌溉, (3):
    24-26.

李胜克, 牛建彪 . 2011. 旱作玉米双垄全膜集雨沟播技术的创新与应用实践 . 甘肃农业, (1):
    94-96.

李世奎, 霍治国, 王道龙, 等 . 1999. 中国农业灾害风险评价与对策 . 北京: 气象出版社 .

李世奎, 霍治国, 王素艳, 等 . 2004. 农业气象灾害风险评估体系及模型研究 . 自然灾害学报,
    13 (1): 77-87.

林瑞森, 张立新, 杨开甲 . 2012. 福州市农作物低温灾害监测预警服务系统设计与应用 . 中国
    农学通报, 28 (29): 305-309.

刘锦銮, 杜尧东, 毛慧勤 . 2003. 华南地区荔枝寒害风险分析与区划 . 自然灾害学报,
    12 (3):126-130.

刘足江 . 2013. 基于森林火灾监测系统中多传感器数据融合的研究 . 昆明: 昆明理工大学硕士
    学位论文 .

马树庆, 袭祝香, 王琪 . 2003. 中国东北地区玉米低温冷害风险评估研究 . 自然灾害学报,
    12 (3):137-141.

马玉平, 王石立, 张黎, 等 . 2005. 基于遥感信息的华北冬小麦区域生长模型及模拟研究 . 气

象学报，63（2）：204-214.

莫建飞，钟仕全，陈燕丽，等．2013．广西主要农业气象灾害监测预警系统的开发与应用．自然灾害学报，22（2）：150-157.

邵新胜，梁哲军，赵海祯，等．2012．山西省作物高产高效综合生产技术研究．山西农业科学，40（1）：1-3.

石纪成，唐丙坤，王秀中，等．2004．春季寒潮对早稻盘育抛秧的为害特点及防御研究．中国种业，（3）：34-35.

孙玲美．2013．特色林果农业气象灾害监测预警系统中的数据处理研究．南京：南京信息工程大学硕士学位论文．

孙云．2014．基于 GIS 的山东小麦气象灾害预警系统研究．泰安：山东农业大学硕士学位论文．

覃先林，易浩若．2004 基于 MODIS 数据的林火识别方法研究．火灾科学，2004，13（2）：83-89.

唐中实，王海葳，赵红蕊，等．2008．基于 MODIS 的重庆森林火灾监测与应用．国土资源遥感，3（77）：52-55.

王春乙，王石立，霍治国，等．2005．近 10 年来中国主要农业气象灾害监测预警与评估技术研究进展．气象学报，63（5）：659-668.

王春乙，张雪芬，赵艳霞．2010．农业气象灾害影响评估与风险评价．北京：气象出版社．

王春乙，郑昌玲．2007．农业气象灾害影响评估和防御技术研究进展．气象研究与应用，28（1）：1-5.

王春乙．2007．重大农业气象灾害研究进展．北京：气象出版社．

王连喜，秦其明，张晓煜．2003 水稻低温冷害遥感监测技术与方法进展．气象，29（10）：3-7.

王素艳，霍治国，李世奎，等．2003．干旱对北方冬小麦产量影响的风险评估．自然灾害学报，12（3）：118-125.

王素艳，霍治国，李世奎，等．2005．北方冬小麦干旱灾损风险区划．作物学报，31（3）：267-274.

王轩，张贵．2011．基于物联网技术结构的森林火灾监测研究．现代农业科技，（5）：26-27.

王永强，陈亚辉，于洪军．2010．芹菜病虫害防治技术．西北园艺：蔬菜专刊，（3）：39-40.

王雨．2007．黑龙江省水稻低温冷害发生规律研究．北京：中国农业科学院硕士学位论文．

王智辉，王松英，王志宝，等．2005．绿色草原牧场玉米催芽坐水种技术探讨．现代化农业，（2）：16.

袭祝香，马树庆，王琪．2003．东北区低温冷害风险评估及区划．自然灾害学报，12（2）：98-102.

肖利．2008.EOS/MODIS 在川渝地区森林火灾监测中的应用研究．成都：西南交通大学硕士学位论文．

薛昌颖，霍治国，李世奎，等．2003a.华北北部冬小麦干旱和产量灾损的风险评估．自然灾害学报，12（1）：131-139.

薛昌颖，霍治国，李世奎，等.2003b.灌溉降低华北冬小麦干旱减产的风险评估研究.自然灾害学报，12（3）：131-136.

薛昌颖，霍治国，李世奎，等.2005.北方冬小麦产量损失风险类型的地理分布.应用生态学报，16（4）：620-625.

闫娜.2009.基于MODIS陆地产品LST和NDVI及EVI的陕西旱情监测.西安：陕西师范大学硕士学位论文.

叶俊生.2013.水稻大棚机械化育秧技术.现代农业科技，（1）：37-39.

于久全.2012.玉米膜下滴灌高产栽培技术规程.现代农业，（10）：46-47.

于亚军，夏新莉，尹伟伦.2010.沙棘优良抗旱品种离体再生体系的建立和优化.北京林业大学学报，32（2）：52-56.

曾文英.2003.森林防火监测预警系统的设计与实现.南昌：江西师范大学硕士学位论文.

张继权，岗田宪夫，多多纳裕一.2006.综合自然灾害风险管理-全面整合的模式与中国的战略选择.自然灾害学报，15（1）：29-37.

张继权，李宁.2007.主要气象灾害风险评价与管理的数量化方法及其应用.北京：北京师范大学出版社.

张继权，刘兴朋，刘布春.2013.农业灾害风险管理//郑大玮，李茂松，霍治国.农业灾害与减灾对策.北京：中国农业大学出版社.

张继权，刘兴朋，严登华.2012b.综合灾害风险管理导论.北京：北京大学出版社.

张继权，严登华，王春乙，等.2012a.辽西北地区农业干旱灾害风险评价与风险区划研究.防灾减灾工程学报，32（3）：300-306.

张军国.2009.面向森林火灾监测的无线传感器网络技术的研究.北京：北京林业大学博士学位论文.

张乐平.2014.基于WebGIS的陕西省冷冻害干旱监测系统的设计与实现.杭州：浙江大学硕士学位论文.

张新.2011.森林火灾实时监测系统火焰探测模块的研究.北京：北京林业大学硕士学位论文.

张艳君.2012.黑背山小流域保护性耕作防治坡耕地水土流失效应的研究.水土保持通报，32（1）：103-105.

赵彬，赵文吉，潘军，等.2010.NOAA-AVHRR数据在吉林省东部林火信息提取中的应用.国土资源遥感，83（1）：76-80.

植石群，刘锦銮，杜尧东，等.2003.广东省香蕉寒害风险分析.自然灾害学报，12（2）：113-116.

周利霞，高光明，邱东升，等.2008.基于MODIS数据的火点监测指数方法研究.火灾科学，17（2）：77-82.

周小成，汪小钦.2006.EOS/MODIS数据林火识别算法的验证和改进.遥感技术与应用，21（3）：206-211.

周晓琳.2011.基于神经网络的多传感器数据融合火灾预警系统研究.长春：长春理工大学硕士学位论文.

Agnew C T. 2000. Using the SPI to identify drought. Drought Network News, 12 (1): 6-12.

Birkmann J. 2007. Risk and vulnerability indicators at different scales, applicability, usefulness and policy implications. Environ Hazards, 7 (1): 20-31.

Eduardo D C, De Ridder, N Pablo L P, et al. 2006. A method for assessing forst damage risk in sweet cheery orchards of South Patagonia. Agricultural and Forest Meteorology, 141 (2): 235-243.

Flasse S P, Ceccato P. 1996. A contextual algorithm for AVHRR fire detection. International Journal of Remote Sensing, 17 (2): 419-424.

Fujiwara K, Kudoh J I, Siberian. 2001. Forest fire detection using NOAA/AVHRR. Geoscience and Remote Sensing Symposium, (4): 1687-1689.

Gerrit Hoogenboom, 苏高利, 邓芳萍. 2001. 农业气象学在作物生产模拟及其应用中的作用. 浙江气象科技, 22 (4): 43-47.

Hong Wu, Wilhite C A. 2004a. An operational agricultural drought risk assessment model for Nebraska, USA. Natural Hazards, 33 (1): 1-21.

Justice C O, Kendall J D, Dowty P R, et al. 1996. Satellite remote sensing of fires during the SAFARI campaign using NOAA advanced very high resolution radiometer data. Journal of Geophysical Research: Atmospheres (1984-2012), 101 (19).

Keating B A, Meinke H. 1998. Assessing exceptional drought with a cropping systems simulator, a case study for grain production in Northeast Australia. Agriculture System, 57 (3): 315-332.

Liu X J, Zhang J Q, Ma D L, et al. 2013. Dynamic risk assessment of drought disaster for maize based on integrating multi- sources data in the region of the northwest of Liaoning Province, China. Nat Hazards, 65 (3): 1393-1409.

Nivolianitou Z S, Synodinous B M, Aneziris O N. 2004. Important meterorological data for use in risk assessment. J Loss Prevent Proc Industr, 17 (6): 419-429.

Nullet D, Giambelluca T W. 1988. Risk analysis of seasonal agricultural drought on low Pacific islands. Agri Forest Meteor, 42 (2-3): 229-239.

Richter G M, Semenov M A. 2005. Modelling impacts of climate change on wheat yields in England and Wales, assessing drought risks. Agricultural Systems, 84 (1): 77-97.

Schindle U, Steidl J, Muller L, et al. 2007. Drought risk to agricultural land in Northeast Central Germany. J Plant Nutr Soil Sci, 170 (3): 357-362.

Snyder R L, de Melo-Abteu J P. 2005. Frost protection, fundamental, practices, and economics// Enviroment and Nature Resources series 10, Volume 1, Rome, FAo: 78.

Todisco F, Vergni L, Mannocchi F. 2009. Operative approach to agricultural drought risk management. J Irrig Drain Eng, 135 (5): 654-664.

White D A, Stuart Crombie, Kinal J, et al. 2009. Managing productivity and drought risk in Eucalyptus globulus plantations in south- western Australia. Forest Ecology and Management, 259 (1):33-44.

Wilhite D A. 2000. Drought as a natural hazard, concepts and definitions // Wilhite D A. Drought, a global assessment. London, Routledge Publishers: 3-18.

Zerger A, Smith D I. 2003. Impediments to using GIS for real-time disaster decision support. Computers, Environment and Urban Systems, 27 (2): 123-141.

Zhang J Q, Zhang Q, Yan D H, et al. 2011. A study on dynamic risk assessment of maize drought disaster in northwestern Liaoning province, China. Beyond Experience in Risk Analysis and Crisis, 5: 196-206.

Zhang Q, Zhang J Q, Yan D H, et al. 2013. Dynamic risk prediction based on discriminant analysis for maize drought disaster. Nat Hazards, 65 (3): 1275-1284.

第 2 章　重大农业气象灾害的立体监测
与动态评估技术

2.1　灾害时空变化规律分析

2.1.1　南方双季稻低温灾害

水稻在中国主要分布在秦岭—淮河一线以南的大部分低海拔地区，其中，以长江流域和珠江流域的稻米生产最为集中，从一季稻到三季稻都有种植。随着中国南方气候增暖和极端气候事件频发，水稻生产受到多种农业气象灾害的威胁，如幼穗分化期的低温冷害或高温热害、抽穗开花期的低温寡照和寒露风等。下面重点分析南方双季稻的低温灾害。

2.1.1.1　研究区概况

南方稻区地处中国东南部，总面积约 $125×10^4$ km^2，是世界最大的水稻生产区之一。目前，南方双季稻生产主要集中在湖北、安徽、浙江、湖南、江西、福建、广东、广西和海南等 9 省（区）。这 9 个省（区）双季稻播种面积和产量之和占全国双季稻总播种面积和产量的比例均达到了 99% 以上。图 2-1 显示了种植水稻的 9 个省份的海拔高度及研究中使用的气象站分布。

长江中下游稻区是南方稻区中种植面积最大，也是受到低温灾害影响最为严重的主产区之一。该区域属于亚热带季风气候区，无霜期为 210 ~ 270 天，≥10℃积温为 4500 ~ 6500℃ · d。

2.1.1.2　资料和方法

1）研究资料

从中国气象科学数据共享服务网（http：//cdc. cma. gov. cn）获取了南方稻区气象观测站 1951 ~ 2011 年的逐日气象观测资料，包括最低温度、最高温度、日照时数、相对湿度、风速和降水量。采用常规气候统计方法对气象数据进行缺测订正和整理（孙卫国，2008）。

2）低温冷害指标和分析方法

根据南方水稻冷害辨识指标（陆魁东等，2011），早稻 5 月低温定义为连续

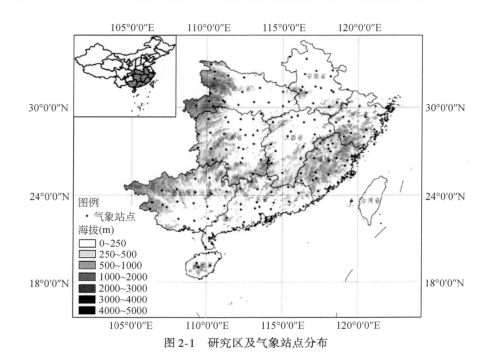

图 2-1　研究区及气象站点分布

5 天日平均气温≤20℃，寒露风为水稻抽穗开花期连续 3 天日平均气温≤20℃。依据该套指标对南方 9 省 190 个气象站点 1951～2011 年历年的数据进行了统计，计算了各研究时段冷害发生的次数，每次冷害持续天数，每次冷害中每日<20℃的量值，并将每个气象站点历史平均每次冷害持续日数和每次冷害的平均日降温幅度的历史平均值相乘作为次冷害平均强度。

$$\overline{S_{t_j}} = \frac{\sum\limits_{i=1}^{t_j} d_{ji}}{t_j} \times \frac{\sum\limits_{i=1}^{t_j} \left[\sum\limits_{k=1}^{d_{ji}} (C_p - \overline{T}_{jik})/d_{ji} \right]}{t_j} \tag{2.1}$$

式中，t_j 是 j 站点冷害发生的次数；d_{ji} 是 j 站点的第 i 次冷害发生持续的天数；C_p 是冷害温度阈值，这里取值为 20；$\overline{T}_{jik}$ 是 j 站点的第 i 次冷害发生时第 k 天的日平均温度。

将站点历史冷害发生次数与统计年代序列长度相除得到冷害的年发生频次。

$$f_j = \frac{t_j}{Y_j} \tag{2.2}$$

式中，Y_j 是 j 站点统计的年代序列长度，每个气象站因建站时间和数据缺失，这个值都会有一些变化，因此需要对每个站分别确定该值。

将以上得到的次冷害平均强度与冷害的年发生频率相乘得年冷害平均强度。

$$\overline{S_{Y_j}} = \overline{S_{t_j}} \times f_j \qquad\qquad (2.3)$$

式中，$\overline{S_{Y_j}}$ 是 j 站点年冷害平均强度。按照冷害是否发生来判断冷害年，如果一年有 1 次以上的冷害发生，那么该年即判断为冷害年，计数为 1，通过对每一个气象站进行统计获取历史上发生冷害的年份，将该值与统计的年代序列长度相除，得到冷害年的频率。

$$P_j = \frac{n_j}{Y_j} \qquad\qquad (2.4)$$

式中，P_j 是 j 站点冷害年的频率；n_j 是 j 站点历史上发生冷害的年份。

将以上得到的冷害频次、冷害单次强度、冷害年频率和冷害年强度进行空间插值得到空间分布图。

除此以外，以长江中下游稻区为例，根据该稻区水稻生产特点，选取早稻播种—移栽期（3 月下旬至 4 月底）、晚稻幼穗分化—抽穗开花后 20 天（8 月下旬至 9 月底）为研究时段。参考《中国灾害性天气气候图集》中的低温冷害定义方法，将早稻研究阶段内连续 3 天或以上日平均气温≤12℃记为 1 次低温冷害过程（陈斐等，2013），晚稻研究阶段内连续 3 天或以上日平均气温≤22℃记为 1 次低温冷害过程（中国气象局，2007）。根据低温冷害过程的持续日数，将冷害强度分为轻度、中度、重度 3 个等级，等级划分标准为 3 ~ 4 天为轻度，5 ~ 6 天为中度，≥7 天为重度（帅细强等，2010）。另外，定义各站每年总冷害频次为该年 3 个等级冷害频次的总和。

对上述低温冷害指标的计算结果进行统计分析。应用线性趋势分析方法（施能等，1995），统计了不同时段和不同等级冷害频次等要素的时间变化趋势，并对趋势进行显著性检验。另外，选用 Morlet 连续小波分析方法，分析了 50 年早晚稻不同等级低温冷害频次的周期特性，绘制了小波系数图和小波方差谱图。对小波方差谱，利用 $\alpha = 0.05$ 红噪声标准谱作为背景谱进行显著性检验。当检验线低于小波方差曲线时，表明该区段对应的周期特征通过了 0.05 显著性水平检验。

2.1.1.3　时空分布规律

1）双季早稻低温冷害时空分布特征

图 2-2 ~ 图 2-5 分别显示了 9 省双季早稻低温冷害频次、单次强度、冷害年发生概率和低温冷害年强度的时空分布。可以看出，长江中下游稻区多省早稻 5 月期间平均每年出现至少 1 次连续 5 天日平均气温≤20℃的低温天气，对早稻幼穗发育和抽穗开花不利。其中，湖南中西部和湖北西部地区出现局地严重低温的概率较大，表明该地区"五月寒"危害水稻生产的概率较大。从单次强度和年

强度的空间分布来看，主要集中在安徽西南部和浙北及两湖的高海拔地区，强度能够超过 200 ℃ · d。

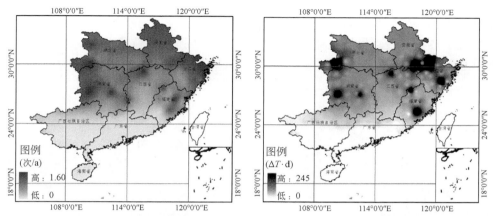

图 2-2　南方 9 省双季早稻低温冷害频次分布　图 2-3　南方 9 省双季早稻低温冷害单次强度

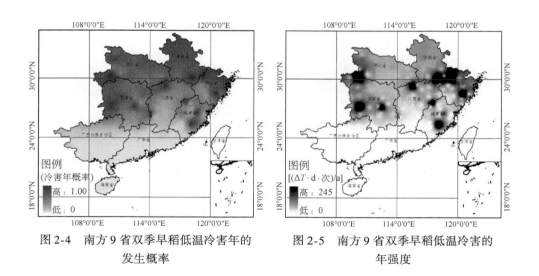

图 2-4　南方 9 省双季早稻低温冷害年的　　图 2-5　南方 9 省双季早稻低温冷害的
　　　　　发生概率　　　　　　　　　　　　　　　　年强度

图 2.6 显示了双季早稻 50 年不同等级低温冷害平均发生频次的空间分布。可以看出：①总冷害发生频次为 0.4 ~ 2.2 次/a，多发区位于东北部的安徽和浙江，依次向西向南递减，在江西达到最少，安徽与江西平均相差 1.1 次/a ［图 2-6 （a）］。②从不同冷害等级来看 ［图 2-6 （b） ~ （d）］，全区轻度冷害普遍偏多（集中在 0.6 ~ 0.9 次/a），空间差异较小，中度冷害普遍偏少（最多仅 0.5 次/a），重度冷害除安徽和浙江部分地区的发生频次在 0.7 次/a 以上外，其

余省份和地区基本都在 0.5 次/a 以下，呈东北—西南分布。从各省不同等级冷害的发生比例来看，安徽的重度冷害发生最频繁，所占比例最大（44%）；江西轻度冷害比例最大（57.3%），重度比例最小（18.8%）。③处于研究区东北部的春季低温冷害发生频率高、程度重，主要由于其纬度相对偏高，且地处沿海，春季回温较内陆稍慢。另外，春季多连阴雨天气，也是其低温发生较多的一个重要原因。

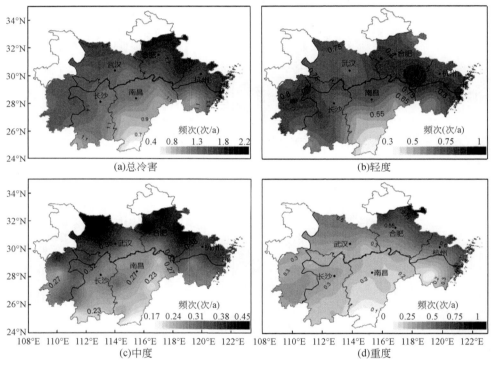

图 2-6　长江中下游双季早稻低温冷害的空间分布

　　绘制了 50 年双季早稻不同等级低温冷害发生频次的气候倾向率分布图（图 2-7）。由图可见，全区有 37 站（占该地区总台站数的 61%）总冷害的减少趋势通过了 $\alpha = 0.05$ 显著性水平检验，气候倾向率为 -0.41 ~ -0.15 次/10a，平均为 -0.23 次/10a，最低值为 -0.4 次/10a 出现在浙江东部，即该地双季早稻低温冷害发生总频次每 10 年减少约 0.5 次；全区没有呈显著增加趋势的台站；冷害变化趋势不显著的台站占 39%。由图 2-7（b）~（d）可见，轻度冷害有 7 站呈显著减少趋势，分布在安徽、浙江和湖南，气候倾向率为 -0.26 ~ -0.17 次/10a；中度冷害显著减少的有 24 站，各省均有分布，气候倾向率为 -0.19 ~ -0.08

次/10a；重度冷害仅 2 站显著减少，位于浙江地区，气候倾向率为 -0.16 ～ -0.12 次/10a。以上分析说明，近 50 年来各省双季早稻低温冷害都呈现出不同程度的显著减少趋势，以中度冷害减少范围最广。

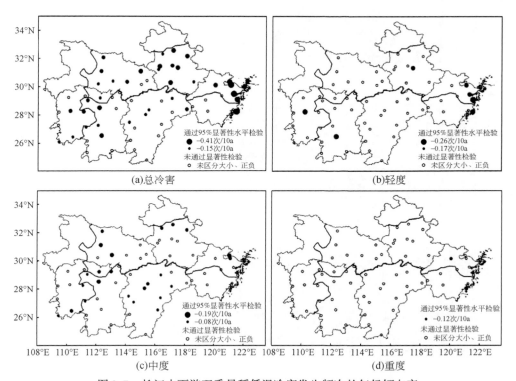

图 2-7　长江中下游双季早稻低温冷害发生频次的气候倾向率

图 2-8（a）～（b）为总冷害发生频次的小波系数与方差分布图。由图可知，总冷害存在 3 年、6 年、8 年的年际和 15 年、25 年以上的年代际周期振荡特征，除 1990 年以后出现的 6 年尺度的周期信号表现为时域局部化特征外，其余 4 个尺度都具有全域性。3 年小尺度周期信号在 1993 年以后振荡强度明显增强，2002 年后又开始减弱，8 年尺度周期信号的振荡中心发生了两次偏移，振荡尺度先从 6 年逐渐增大到 8 年，2000 年后又与新形成的 6 年尺度融合，振荡能量也有所减弱；15 年和 25 年以上大尺度上，周期振荡稳定且能量较强，25 年以上尺度上存在多—少—多—少的 2 次循环交替振荡，对应着 20 世纪 60 年代和 80 年代的冷害多发期与 70 年代、90 年代及 2000 年以后的冷害少发期。由图 2-8（b）可以看出，25 年以上尺度在全时域上的平均振荡能量最强，3 年尺度的高频振荡能量最弱。几个主要振荡周期尺度中，仅 3 年尺度的周期信号通过显著性检验。

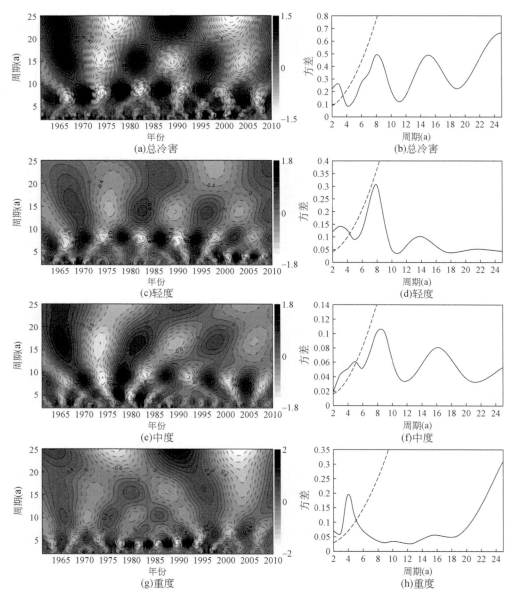

图 2-8　长江中下游双季早稻低温冷害发生频次的小波变换系数

（a）、（c）、（e）、（g）和方差（b）、（d）、（f）、（h）

从不同等级冷害来看［图2-8（c）～（h）］，轻度低温冷害具有3年、8年的年际和14年的年代际振荡周期，振荡中心都很稳定，其中，3年尺度上的振荡在 1970 年以前和 2000 年以后表现比较明显，8 年尺度的周期信号最强，分布于整个时域，2000 年以后强度有所减弱，14 年尺度的周期信号也是全时域分布，全时域平均状况下通过显著性检验的为 3 年小尺度。中度低温冷害存在 4 个分布于整个研究时段的周期尺度振荡，年际尺度变化主要表现在 3 ~ 5 年、8 年尺度的周期振荡，3 ~ 5 年尺度的振荡中心由 1985 年以前的 5 年尺度逐渐减小为 3 年，8 年尺度的振荡中心也发生了 8 年—10 年—8 年的偏移，其周期信号表现最强；年代际尺度变化主要表现在 16 年、25 年以上尺度的周期振荡，16 年尺度振荡强度仅次于 8 年尺度，振荡中心未发生偏移，25 年以上尺度与前述中度低温冷害的年代波动情况吻合，因而可预测未来发生趋势。另外，其全时域平均仅 3 ~ 5 年尺度比较显著。重度低温冷害在 4 ~ 5 年的年际和 10 年、16 年、25 年以上的年代际尺度上振荡明显，4 ~ 5 年尺度的显著周期信号具有全域性，1995 年以后振荡尺度由 4 年偏移至 5 年，10 年尺度的周期信号在 1995 年以前比较明显，16 年尺度振荡能量很弱，周期信号在 2000 年后消失，25 年以上尺度振荡能量最强，全时域分布，2 次完整的交替振荡后出现新的振荡中心，可预测未来重度低温冷害将会进入多发期。

2）双季晚稻低温冷害时空分布特征

图 2-9 ~ 图 2-16 分别显示了 9 省双季晚稻抽穗开花期间寒露风频次、单次强度、冷害年发生概率和低温冷害年强度的时空分布。可以看出，长江中下游稻区多省晚稻抽穗期寒露风平均每年出现至少 1 次连续 5 天日平均气温≤20℃的低温天气。其中，湖南中西部、湖北西北部和安徽北部地区出现局地严重低温的概率较大，表明该地区寒露风危害水稻生产的概率较大。从单次强度和年强度的空间分布来看，主要集中在安徽西南部和浙北及两湖的高海拔地区，强度超过 150℃·d。与长江中下游稻区相比，南方 4 省寒露风的频次要小，最大为 1.17 次/a，主要

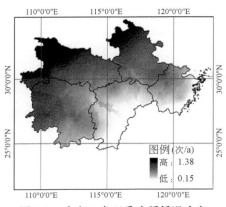

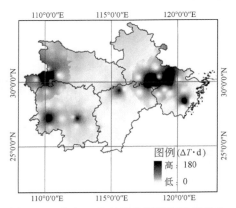

图 2-9　南方 5 省双季晚稻低温冷害
频次分布

图 2-10　南方 5 省双季晚稻低温冷害单次
强度分布

集中在福建省和广西的西北部。从单次强度分布看，福建大部分地区出现超过100 ℃·d 的冷害强度，对晚稻产量危害较大。

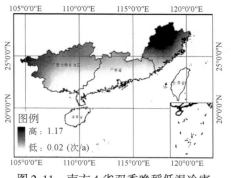

图 2-11　南方 4 省双季晚稻低温冷害
频次分布

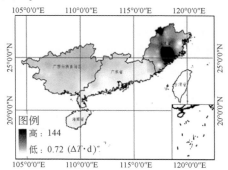

图 2-12　南方 4 省双季晚稻低温冷害单次
强度分布

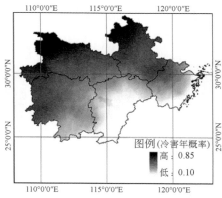

图 2-13　南方 5 省双季晚稻低温冷害年的
发生概率

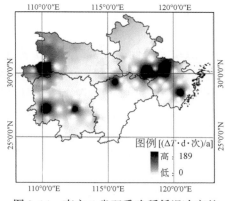

图 2-14　南方 5 省双季晚稻低温冷害的
年强度

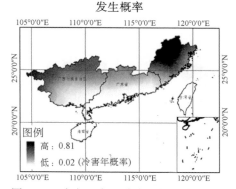

图 2-15　南方 4 省双季晚稻低温冷害年的
发生概率

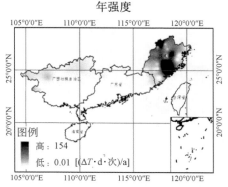

图 2-16　南方 4 省双季晚稻低温冷害的
年强度

以长江中下游稻区为例,该区域双季晚稻低温冷害50年平均发生频次具有以下空间分布特征(图2-17):①总冷害发生频次为0.4~2.4次/a,除湖南西部地区外,基本呈南北分布,高值中心位于湖北枣阳,低值中心位于江西赣州。②不同等级冷害均与总冷害空间分布大体类似,而在发生频次上,以轻度冷害最为频繁,为0.25~1.15次/a,重度稍多于中度,分别为0.05~0.95次/a和0.04~0.64次/a。从各省不同等级冷害的发生比例看,安徽重度冷害发生比例最大(44%);湖北和安徽轻度冷害比例最大(50%以上),重度比例最小。③与早稻不同的是,晚稻低温冷害分布受海陆分布影响较小,而更多地受纬度和地形地势的影响。

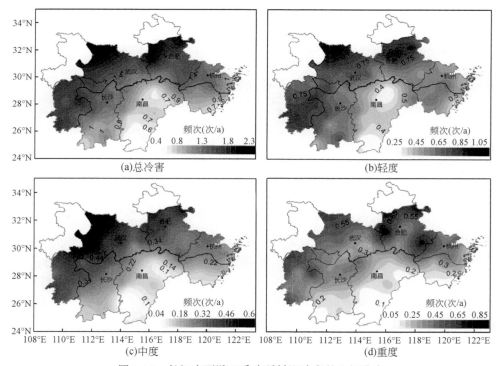

图2-17　长江中下游双季晚稻低温冷害的空间分布

由图2-18可以看出,有20站的低温冷害总数变化显著,呈减少趋势(α=0.05),多分布在研究区北部,气候倾向率为-0.3~-0.13次/10a。各等级冷害变化趋势显著的台站较少,主要分布于浙江和安徽,有6站轻度冷害呈显著减少趋势,气候倾向率为-0.24~-0.14次/10a;仅1站中度冷害呈显著增加趋势,气候倾向率为0.15次/10a;有4站重度冷害显著减少,气候倾向率为-0.17~-0.11次/10a。上述表明,近50年来大部分研究区双季晚稻低温冷害变化趋势不显著，变化显著的台站以减少为主。

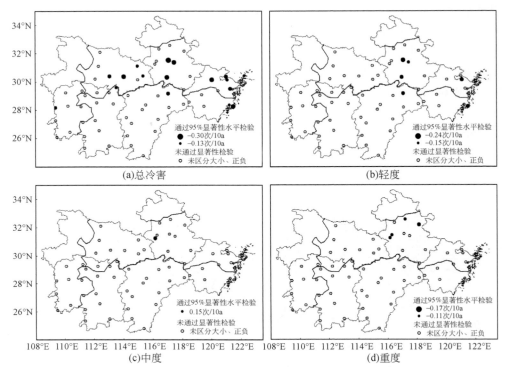

图 2-18　长江中下游双季晚稻低温冷害发生频次的气候倾向率

　　长江中下游双季晚稻低温总冷害主要存在 3 年、7 年的年际和 12 年的年代际周期振荡特征，3 年小尺度周期信号在 2005 年以后消失，7 年尺度振荡能量最强，振荡中心在 1985 年以后向 6 年尺度偏移，能量也开始减弱，2007 年后与 12 年尺度发生合并，12 年大尺度周期信号较弱，常与小尺度发生合并，基本表现为全时域分布，振荡中心在 2009 年偏移到 10 年尺度。3 个尺度中，3 年和 7 年尺度的周期信号通过显著性检验 [图 2-19（a）、（b）]。

　　从不同等级冷害来看 [图 2-19（c）~（h）]，轻度低温冷害具有 3 年、6 年的年际和 12 年、18 年的年代际振荡周期，其中，3 年尺度上的振荡在 1997 年以后消失，6 年尺度的周期信号全时域分布，2003 年以后向 4 年偏移，12 年尺度信号最稳定，分布于全时域，18 年尺度能量最强，2000 年后与 12 年尺度合并。中度低温冷害主要存在 3 年、6 年、15 年 3 个分布于整个研究时段的周期，信号振荡中心都很稳定，以 6 年尺度能量最强。重度低温冷害在 3 年、7 年的年际和 16 年的年代际尺度上振荡明显，均具有全域性，7 年尺度的能量在 1994 年后减弱，16 年尺度的振荡中心由 13 年逐渐上移，1980 年后稳定在 16 年。以上各等级冷害均未出现稳定的 25 年以上大尺度周期信号，且全时域平均状况下通过显著性检验的都只有 3 年尺度。

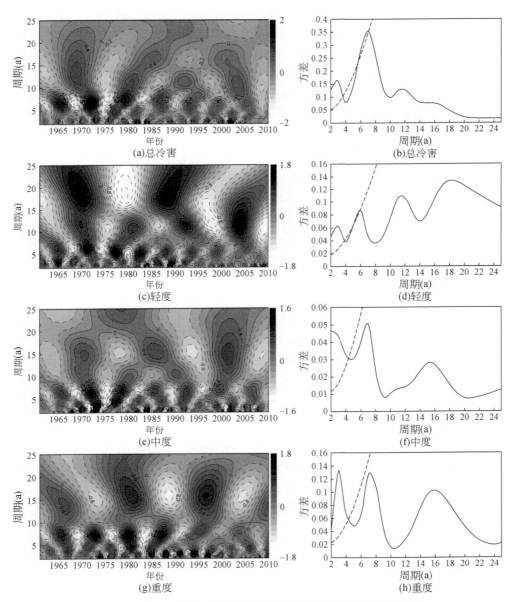

图 2-19　长江中下游双季晚稻低温冷害发生频次的小波变换系数

（a）、（c）、（e）、（g）和方差（b）、（d）、（f）、（h）

　　综上所述，南方稻区双季稻低温冷害主要发生在长江中下游稻区，且集中在安徽、湖北和湖南三省。早稻低温冷害主要发生在生长早期，但"5月寒"是两湖地区的主要低温天气。晚稻低温冷害主要发生在8~10月，以寒露风等其他低温过程为主。以长江中下游稻区为例，双季早稻低温冷害以轻度为主，重度次之，中度最少，全区东北部较西南部冷害偏多、程度偏重。早稻低温冷害具有年际和年代际波动特征，以20世纪60年代最多，21世纪初最少；50年来主要呈显著减少趋势，以中度冷害的减少为主；存在明显的年际和年代际周期波动特征，3~5年尺度周期信号显著，通过了α = 0.05红噪声显著性检验。通过对大尺度的分析可预测，2007年后春季总冷害和重度冷害会进入多发期，而中度冷害为少发期。双季晚稻低温冷害也以轻度为主，中度最少。受纬度和地形影响，空间分布大致呈南北分布。年际和年代际波动较大，以20世纪80年代发生次数最多，60年代最少。近50年来大部分晚稻低温冷害变化趋势不显著，有少量台站呈显著减少趋势，各等级冷害中以轻度冷害的减少为主。周期波动信号不如早稻低温冷害稳定，能量也较弱，20年以上的大尺度上没有出现周期波动，信号显著的有3年和7年尺度。

2.1.2　西南农业（玉米）干旱

　　干旱灾害是限制西南地区农业持续稳定发展的主要农业气象灾害之一（朱钟麟等，2006；马建华，2010）。西南地区水利工程设施有限，几乎每年都会出现水库、池塘干涸，河流水位明显下降，部分河流断流等现象，加之区内降水时空分布与农作物生长季节不相匹配，造成该区域作物极易发生季节性干旱（王维等，2010）。

　　研究干旱时空分布特征首先要选择干旱指标，干旱指标不同，空间分布特征会有很大差异。目前，西南地区针对玉米干旱指标的研究成果主要有标准化降水蒸散指数（许玲燕等，2013）、水分盈亏指数（张玉芳等，2013）、相对湿润度指数（王明田等，2012）等。本节主要基于农业干旱参考指数（刘宗元等，2014），分析西南地区玉米干旱时空变化规律。

2.1.2.1　研究区概况

　　西南地区玉米种植地段主要是山区、半山区坡地，属雨养旱作农业。根据西南区域地理特点、农业气候特征及农作物相似性，将研究区玉米细分为七个子区域（以县级为划分单元），玉米种植区分区及站点分布情况见图2-20。Ⅰ区为重庆中部、西部、东北部，以及四川广安地区；Ⅱ区为四川盆地中部、东部、南部及贵州中部、北部；Ⅲ区为四川盆地西部及贵州西部、南部和东部；Ⅳ区为四川盆地边缘山区及四川西部；Ⅴ区为云南西北部、中部、东北部和四川南部；Ⅵ区为云南西部、南部、东南部；Ⅶ区为非种植地。

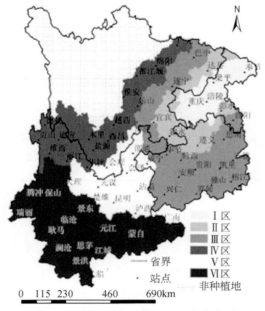

图 2-20 研究区分区及气象站点分布图

2.1.2.2 数据和方法

1）数据及来源

研究数据主要包括云南、贵州、四川、重庆等 4 省市 60 个站点 1960～2010 年平均气温、降水、日照时数、风速、空气相对湿度、水汽压等气象数据，均为日值，来源于中国气象局。同期玉米发育期资料主要有播种、出苗、拔节、抽雄、成熟等，来源于各省市农业气象观测站。

2）研究方法

基于农业干旱参考指数（agricultural reference index for drought，ARID）计算西南地区玉米干旱时空分布规律。ARID 指数是由 Woli 等于 2012 年提出的一个量化作物缺水状况的通用指标，该指数综合考虑了土壤–作物–大气系统，由作物水分亏缺量和作物需水量之比发展而来，适用于生长在排水良好的土壤中并且完全覆盖土壤表面的作物（Woli et al.，2012）。ARID 是以天为时间尺度进行干旱监测和评估。其表达式如下：

$$ARID = 1 - \frac{TR}{ET_r} \tag{2.5}$$

式中，*TR* 是作物蒸腾量，mm/d；*ET*ᵣ是作物参考蒸散量，mm/d；*ARID* 值为 0 ~ 1，由于土壤含水量有限，当没有蒸腾作用时，*ARID* 值为 1，此时为最大的水分亏缺；当作物以潜在蒸散速率发生蒸腾作用时，*ARID* 值为 0，表示没有水分亏缺，但西南地区这种情况很少见。式（2.5）中各分量的计算方法参考相关文献。

3）干旱等级指标的划分

通过 *ARID* 值与实测土壤相对湿度的相关分析，结合西南地区旱地作物及农业干旱等级标准，划分出 *ARID* 干旱指数等级，见表 2-1。

表 2-1　*ARID* 指数干旱等级

干旱等级	轻旱	中旱	重旱
ARID	0 ~ 0.48	0.48 ~ 0.76	>0.76

4）干旱频次的计算

干旱频率（*F*）表示干旱发生频繁程度，即干旱发生年数与总资料年之比（黄晚华等，2010）。逐年统计各站点玉米全生育期内玉米作物干旱的级别和次数，得到各站点作物不同干旱等级的发生频率。

$$F = \frac{H}{N} \times 100\% \qquad (2.6)$$

式中，*H* 是 1960 ~ 2010 年各站相应干旱等级的总次数；*N* 是总年数。

2.1.2.3　时空分布特征

1）年代际分布特征

西南地区玉米作物在不同年代之间干旱发生频率差异较大。从空间分布趋势来看，干旱易发区主要集中在 V 区和 VI 区，干旱频率在 50% ~ 60%；四川盆地以东及贵州大部地区为干旱低发区，干旱频率基本维持在 20% 以下。从年代际变化趋势来看，随着年代的增加，干旱频率和发生范围有增强增大的趋势。20 世纪 60 年代，干旱频率在 50% ~ 60% 的高发区只在会理、会泽、昆明等地零星分布，此后高发区范围不断扩大和加重，到 2000 年后，高发区干旱出现频率达 70% 左右（图 2-21）。

2）各生育期分布特征

玉米在出苗到拔节期，轻旱发生频率最为频繁，中旱和重旱为少发或偶发。轻旱、中旱和重旱都是以 V 区为高发区，发生频率为 40% 左右，四川盆地以西为干旱低发区，发生频率为 20% 左右（图 2-22）。

玉米在拔节至抽雄期，中旱与重旱为偶发，轻旱频率出现高，且主要发生在 V 区的元谋地区，与出苗到拔节期相比，轻旱发生频率降低，发生范围也明显缩小（图 2-23）。

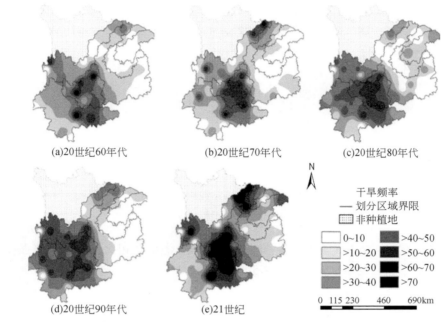

(a)20世纪60年代　　　　　(b)20世纪70年代　　　　　(c)20世纪80年代

(d)20世纪90年代　　　　　(e)21世纪

图 2-21　西南地区近 50 年来不同年代干旱频率空间分布

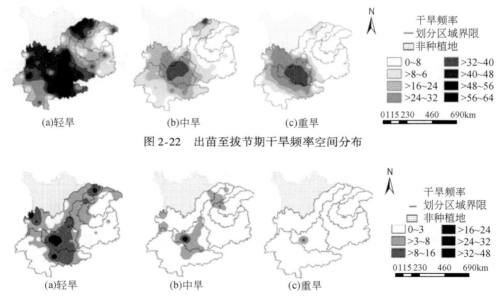

(a)轻旱　　　　　(b)中旱　　　　　(c)重旱

图 2-22　出苗至拔节期干旱频率空间分布

(a)轻旱　　　　　(b)中旱　　　　　(c)重旱

图 2-23　拔节至抽雄期干旱频率空间分布

　　玉米在抽雄至灌浆期，同前两个发育期相类似，轻旱比中旱和重旱发生频率高，主要在元谋、元江、遂宁、凯里、三穗等地出现，基本为20%～30%，与前两个发育期相比，这一阶段干旱等级变轻，范围缩小，但干旱开始向西南地区的东部转移（图2-24）。

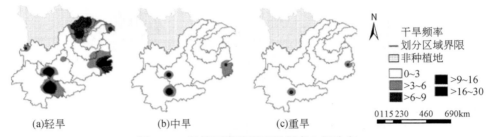

(a)轻旱　　　　　　(b)中旱　　　　　　(c)重旱

图2-24　抽雄至灌浆期干旱频率空间分布

　　玉米在灌浆至成熟期重旱几乎没有，与抽雄至灌浆期相比，中旱频率强度和范围都有所增加，且东部旱情有增多趋势（图2-25）。

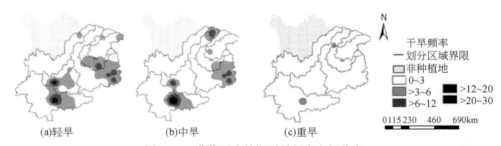

(a)轻旱　　　　　　(b)中旱　　　　　　(c)重旱

图2-25　灌浆至成熟期干旱频率空间分布

　　综合各发育期干旱频率分布特征，出现旱频率最高的时段为出苗至拔节期，旱频率最低的为抽雄至灌浆期。出苗至拔节期为玉米根系生长的重要阶段，此阶段受旱会影响玉米根系吸水能力，使玉米抗旱能力不足，生长发育受限，进而影响玉米产量。因此，西南地区玉米在此阶段要合理安排相应的补水措施，及时灌溉。

　　综上所述，基于 Woli 等在 2012 年提出的农业干旱参考指数（*ARID*），分析得出西南地区玉米在年代际与全生育期的干旱时空分布规律。玉米各发育期干旱时空分布规律是：西南地区阶段性干旱明显，出现旱频率最高的时段为出苗至拔节期，干旱频率最低的是抽穗至灌浆期，并且干旱频率越高的地区往往也是受旱程度越严重的地区。年代际干旱时空分布规律是：20 世纪 60 年代，干旱频率在50%～60%的高发区只在会理、会泽、昆明等地零星分布，此后高发区范围不断扩大和加重，到 2000 年后，高发区干旱出现频率达 70% 左右。玉米干旱空间分布规律是：干旱高发区位于 V 区中部，其次为 VI 区中部及 IV 区北部和西部，少发区位于 III 区中东部、II 区、I 区，即高发区位于云南中北和东北部及四川南部；其次为川东北的广元地区、川西南山地及滇西北、滇南部的元江地区；少发区位于重庆大部、贵州北部等地区。

2.1.3　黄淮海冬小麦干热风

干热风是一种高温、低湿，并伴有一定风力的农业气象灾害性天气，其类型一般分为高温低湿型、雨后青枯型和旱风型三种，其中，高温低湿型在小麦开花灌浆过程均可发生，是北方麦区干热风的主要类型（尤凤春等，2007；王正旺等，2010；成林等，2011），以 5 月下旬至 6 月上旬为干热风发生最集中的时段，这时正值小麦抽穗、扬花、灌浆之际（邓振镛等，2009），干热风使小麦叶片光能利用率低，籽粒形成期缩短，根系呼吸受限，吸水能力减弱，造成粒重降低，重者提前枯死，麦粒瘦瘪，严重减产。下面重点分析近 50 年（1961～2010 年）来黄淮海地区冬小麦干热风的时空分布特征及变化趋势。

2.1.3.1　研究区概况

黄淮海平原位于燕山以南，淮河以北，东临黄海、渤海，西倚太行山及豫西山地，即黄河、淮河、海河冲积平原及部分丘陵地区，是我国几大农业区中耕地面积最大的地区，主要包括北京、天津、河北、山东、河南 5 个行政省和直辖市（图 2-26）。该区属于温带季风气候区，夏季温暖湿润，冬季寒冷干燥，光热资

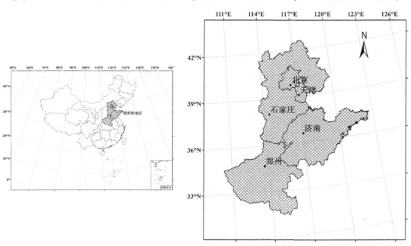

图 2-26　研究区位置图

源丰富。年日照时数为 2300～2800h，无霜期为 180～220 天，年≥10℃积温为 4100～4900℃·d，年降水量在 600mm 左右，光、热、水资源总体配置比较好（杨瑞珍等，2010），是我国重要的综合性农业生产基地，冬小麦是该地区的主要粮食作物之一，小麦产量占全国小麦总产的 54%。干旱和干热风是该地区冬小麦的主要农业气象灾害。

2.1.3.2　研究数据和方法

气象数据来源于中国气象局，采用黄淮海地区 68 个气象台站 1961～2010 年逐日气象资料，以日最高气温、14 时相对湿度和 14 时风速作为分析依据，利用 EXCEL、FORTRAN 程序进行计算，并通过 GIS 技术进行空间表达。

2.1.3.3　干热风指标

本研究主要考虑高温低湿型干热风，其指标采用中国气象局 2007 年发布的气象行业标准《小麦干热风灾害等级》（霍治国等，2007）（表 2-2 和表 2-3）。

表 2-2　黄淮海地区冬麦区干热风灾害等级指标

时段	天气背景	轻			重		
		日最高气温（℃）	14 时相对湿度（%）	14 时风速（m/s）	日最高气温（℃）	14 时相对湿度（%）	14 时风速（m/s）
小麦扬花灌浆期间都可发生，一般发生在小麦开花后 20 天左右至蜡熟期	温度突升，空气湿度骤降，并伴有较大风速	≥32	≤30	≥3	≥35	≤25	≥3

表 2-3　黄淮海地区冬麦区干热风天气过程等级指标

等级	干热风天气过程等级指标
轻	除重干热风天气过程所包括的轻干热风日外，连续出现≥2 天轻干热风日；连续 2 天 1 轻 1 重干热风日，或出现 1 天重干热风日
重	连续出现≥2 天重干热风日；在 1 次干热风天气过程中出现 2 天不连续重干热风日，或 1 个重日加 2 个以上轻日

2.1.3.4　时空分布特征

1）出现日数

轻干热风日：1961～2010 年，黄淮海地区高温低湿型冬小麦轻干热风出现

的平均日数总体呈波动下降趋势，其中，1960～1980 年为缓慢减少时期，1981～
2000 年基本稳定在一定水平，2001～2010 年为快速减少时期（图 2-27）。1961～
2010 年，轻干热风出现的年平均日数在 0.4～7.1 天，平均为 2.9 天。轻干热风
出现的平均日数在波动中呈现较为明显的降低趋势，其中，1962 年、1965 年、
1968 年等发生相对较重，1973 年、1987 年、1991 年等相对较轻，最大值出现在
1968 年，为 7.1 天，最小值出现在 1987 年，为 0.4 天；1960～1980 年为缓慢减
少时期，1981～2000 年基本稳定在一定水平，2001～2010 年为快速减少时期。
分析其年代际变化特征，发现黄淮海地区各地 20 世纪 60 年代轻干热风发生最严
重，各地平均每年发生 4.1 天。其次，为 20 世纪 70 年代、90 年代和最近 10 年，
各地平均每年发生的日数分别为 3.2 天、2.6 天和 2.4 天。20 世纪 80 年代干热
风危害最轻，为 2.3 天。

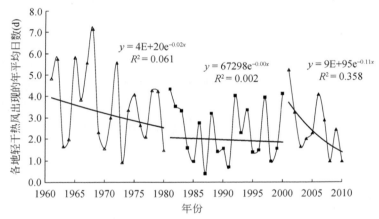

图 2-27　1961～2010 年黄淮海地区冬小麦轻干热风出现年平均日数的变化趋势

　　1961～2010 年，黄淮海地区冬小麦轻干热风出现平均日数的空间分布总体
呈中间高、两头低的趋势，且同纬度地区的内陆高于沿海（图 2-28）。河北的北
部、西北部、东北部一带等地轻干热风出现的平均日数最少，少于 1 天，危害最
轻；河北南部地区轻干热风出现的平均日数最多，超过 8 天，危害最重；河南中
部、西北部及河北石家庄附近一带轻干热风较重，平均日数为 6.0～8.0 天；北
京、天津、河南南部、山东中部一带干热风出现的平均日数为 2.0～6.0 天。
　　重干热风日：1961～2010 年，黄淮海地区冬小麦重干热风出现的年平均日
数呈波动下降趋势，1960～1980 年和 2001～2010 年为缓慢减少时期，1981～
2000 年则基本稳定在一定水平（图 2-29）。1961～2010 年，重干热风出现的平均
日数在 0.1～3.8 天波动。重干热风出现的平均日数在波动中呈现较为明显的降
低趋势，其中，1966 年、1968 年、1972 年等重干热风发生相对较重，1987 年、

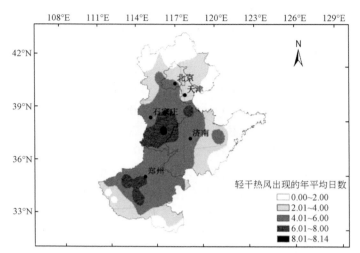

图 2-28　1961～2010 年黄淮海地区冬小麦轻干热风出现年平均日数的空间分布特征

1991 年、2008 年等相对较轻，最大值出现在 1968 年，为 3.8 天，最小值出现在 1987 年，为 0.1 天。分析其年代际变化特征，发现黄淮海地区 20 世纪 60 年代重干热风发生最严重，各地平均每年发生 1.7 天。其次，为 20 世纪 70 年代、最近 10 年和 20 世纪 80 年代，各地平均每年发生的日数分别为 1.3 天、0.9 天和 1.0 天。20 世纪 90 年代最轻，为 0.8 天。

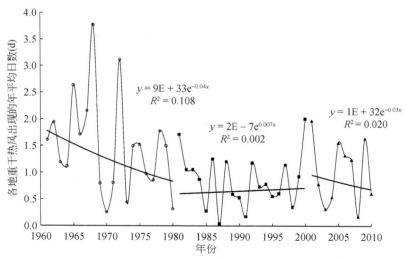

图 2-29　1961～2010 年黄淮海地区冬小麦重干热风出现年平均日数的变化趋势

1961～2010 年，黄淮海地区冬小麦重干热风出现年平均日数的空间分布总体亦呈中间高、两头低的趋势，区域差异显著，且同纬度地区的内陆高于沿海。河北的北部、西北部、东北部一带等地重干热风出现的平均日数最少，每年小于0.5天，危害最轻；河北南部地区重干热风出现的平均日数最多，超过4天，危害最重，气候暖干化是该地区干热风危害加重的重要原因；河南中部、西北部及河北石家庄附近一带干热风较重，年平均日数处于2.5~3.5天；北京、天津、河南北部、山东中部一带干热风出现的平均日数在0.5~2.5天。

2）干热风过程

轻干热风过程：1961~2010年，与轻干热风出现的年平均日数变化趋势相似，干热风过程年平均次数年际变化亦呈波动下降趋势，1960~1980年为缓慢减少时期，1981~2000年基本稳定在一定水平，2001~2010年为快速减少时期（图2-30）。过去50年间，该区轻干热风过程年平均发生次数为0.6次，最高为1.8次。CV为64.9%，标准差为0.4次。1961~2010年，轻干热风过程年发生次数在波动中呈现较为明显的降低趋势，其中1965年、1968年、1972年等发生次数相对较多，1987年、1991年、2008年等相对较少，最大值出现在1968年，为1.8次，最小值出现在1987年，为0.1次。分析其年代际变化特征，发现该区各地20世纪60年代轻干热风过程发生次数最多，各地年平均发生1.0次。其次，为20世纪70年代，各地年平均发生0.8次。20世纪80年代、90年代和最近10年各地年平均发生次数较少，均为0.5次。

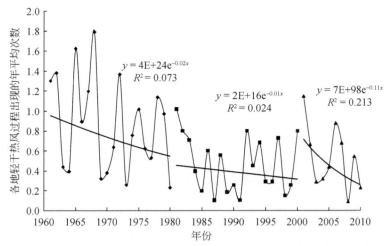

图 2-30　1961~2010 年黄淮海地区冬小麦轻干热风过程年平均次数的变化趋势

1961~2010年，黄淮海地区冬小麦轻干热风过程次数空间分布总体呈中间高、两头低的趋势，且同纬度地区的内陆高于沿海（图2-31）。河北的北部、西北部、河南的东南部一带等地轻干热风过程出现次数最少，小于 0.3 次，危害最轻；河北石家庄南部地区轻干热风过程出现的次数最多，超过 2 次，危害最重；河南郑州及河北石家庄附近一带轻干热风过程次数较多，平均处于 1.5 ~ 1.8 次；北京、天津、河南南部、山东中部一带轻干热风过程发生次数小于 1.2 次。

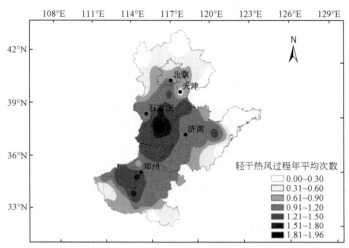

图 2-31　1961 ~ 2010 年黄淮海地区冬小麦轻干热风过程年平均次数的空间分布特征

重干热风过程：1961 ~ 2010 年，与重干热风出现的年平均日数变化趋势相似，重干热风过程年平均次数年际变化亦呈波动下降趋势，1960 ~ 1980 年、2001 ~ 2010 年均为缓慢减少时期，而 2001 ~ 2010 年下降幅度更大些，1981 ~ 2000 年则变化不太明显（图 2-32）。过去 50 年间，该区重干热风过程年平均发生次数为 0.3 次，最高 1.0 次。1961 ~ 2010 年，重干热风过程年发生次数在波动中呈现较为明显的降低趋势，其中，1965 年、1968 年、1972 年等发生次数相对较多，1987 年、1991 年、2004 年等相对较少，最大值出现在 1968 年，为 1.0 次，最小值出现在 1987 年，为 0.1 次。分析其年代际变化特征，发现该区各地 20 世纪 60 年代重干热风过程发生次数最多，各地年平均发生 0.4 次。其次为 20 世纪 70 年代，各地年平均发生 0.3 次。20 世纪 80 年代、90 年代和最近 10 年各地年平均发生次数较少，均为 0.2 次。

1961 ~ 2010 年，重干热风过程次数空间分布总体亦呈中间高、两头低的趋势，且同纬度地区的内陆高于沿海。河北的北部、西北部、河南的东南部一带等地重干热风过程出现次数最少，每年小于 0.2 次，危害最轻；河北南部地区轻干热风过程出现的次数最多，为 1.0 次，危害最重；河南郑州及河北石家庄附近一带重干热风过程次数较多，平均处于 0.4 ~ 0.8 次；北京、天津、河南南部、山

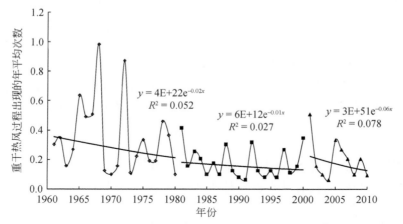

图 2-32　1961～2010 黄淮海地区冬小麦重干热风过程年平均次数的变化趋势

东中部一带重干热风过程发生次数小于 0.4 次。

　　综上所述，1961～2010 年，黄淮海地区冬小麦轻度、重度高温低湿型干热风出现的平均日数和过程次数随时间的变化总体呈减少趋势，其中，1960～1980 年和 2001～2010 年均为缓慢减少时期，1981～2000 年变化则不太明显。1968 年各地干热风危害均最为严重，1987 年危害均最轻。近 50 年来，该区轻度、重度干热风灾害的年际变化很大，这与该时期气象要素匹配程度有关。各地 20 世纪 60 年代干热风发生最严重。其次，为 70 年代和最近 10 年。80、90 年代危害较轻。就空间平均分布状况而言，该区轻度和重度干热风年平均发生日数和干热风过程次数分布具有一致性，总体呈中间高、两头低的趋势，且地区间差异都很显著，同纬度地区的内陆高于沿海。河北的北部和西北部、河南的东南部一带等地干热风危害最轻，河北南部、河南西北部等地危害最重，该地作物产量受到冲击很大，生产相对更脆弱。过去 50 年，我国黄淮海地区冬小麦干热风灾害总体表现为减少趋势，但由于不同时期和不同区域气象要素温度、水分、风速等匹配组合的差异，干热风灾害年际变化很大，地区间差异显著，在不同时期、不同区域仍有可能发生。实际生产中，必须重视小麦干热风灾害的防御，可从生物措施、农业技术措施和化学措施着手来减少干热风对小麦生产的影响和危害。

2.2　灾害的立体监测技术

2.2.1　南方双季稻低温灾害

　　水稻低温灾害是南方水稻的主要农业气象灾害之一。在早稻生长季，主要有

"倒春寒"、"五月寒"和低温连阴雨，在晚稻生长季，主要是抽穗开花期的"寒露风"。建立适用于南方稻区双季稻的低温灾害监测技术，对及时掌握这些灾害的发生和对水稻生产的影响显得尤为重要。下面将结合在南京信息工程大学开展的为期 4 年的大田分期播种和人工气候控制实验，以及近 30 年的水稻农业气象观测资料，修改和完善现有水稻低温灾害指标，建立融合地面气象监测、模型模拟监测和卫星遥感监测的立体监测指标体系，同时构建立体监测技术。

2.2.1.1 研究数据

2011～2014 年，在南京信息工程大学连续开展了水稻分期播种和气候箱控制实验。分期播种试验的基本设置如表 2-4 所示。以研究区主栽品种为试验材料。试验小区大小为 4m×4m，移栽时行距为 26cm，株距为 17cm。大田氮肥施用量为 26kg/hm²，其他田间管理同常规高产要求。

表 2-4 水稻大田试验设置

年份	品种	播期	秧龄	重复
2011	两优培九、6 两优 9386、Ⅱ优 084	5/25，6/10，6/25	秧龄 25 天	3
2012	陵两优 268、金优 458、9311、两优培九	4/15，4/30，5/10，5/20、5/31，6/10，6/25	1～2 播期秧龄 30 天、3～5 播期秧龄 25 天、6～7 播期 20 天秧龄	3
2013	陵两优 268、金优 458、9311、两优培九	4/23，4/30，5/10，5/20、5/31，6/10，6/25	1～2 播期秧龄 30 天、3～5 播期秧龄 25 天、6～7 播期 21 天秧龄	3
2014	南粳 45、陵两优 268	5/6，5/21，6/4	秧龄 25 天	3

注：两优培九 2013 年第 1 期从 4 月 30 日开始，一共 6 期；移栽时秧龄在 4.5 叶左右

按照《农业气象观测规范》开展秧苗素质、大田生育期、茎蘖动态、株高、地上部分生物量、灌浆速率和产量要素的观测。还使用 LI-6400 测量了水稻叶片的 CO_2 和光响应曲线。在晴天无云或少云条件下，使用野外便携式光谱仪测量了水稻冠层上方的光谱反射率曲线。花粉育性观测开始于始穗期，于每日同一时间取即将出穗且未开花的颖花考察花粉育性。

气候控制实验的主要目的是获取影响水稻产量形成的低温冷害指标。控制试验采用盆栽水稻，品种为两优培九和南粳 45，盆钵尺寸为 28cm×28cm×30cm，实验在抽穗开花期进行，具体设置如表 2-5 所示。

表 2-5　人工气候箱控制实验设置

处理温度	温度设置	处理时长（d）	用途
平均 23℃	白天 26℃；晚上 20℃	3、5、7	
平均 21℃	白天 25℃；晚上 17℃	3、5、7	研究抽穗开花期低温冷害指标
平均 18℃	白天 22℃；晚上 14℃	3、5、7	
平均 15℃	白天 20℃；晚上 10℃	3、5、7	
45℃～15℃，每 5℃ 一个间隔	白天晚上分别距设定温度向上和向下浮动 3℃	2	测定不同温度下的 CO_2 和光响应曲线，确定温度对水稻光合作用影响相关的参数

从中国气象局资料室获取了长江中下游稻区 5 省（安徽、湖北、湖南、浙江和江西）38 个观测站 1981～2010 年水稻农业气象观测资料，主要包括水稻品种、生育期、产量要素和产量。还从《中国农业年鉴》和长江中下游稻区地方农业统计年鉴中提取了全区 76 个气象站 1980～2010 年水稻种植面积和总产信息。

对各站点历年双季稻生长季的气候要素进行统计，再根据统计结果筛选低温年，将低温年统计产量，农业气象观测产量、产量结构和生育期进行汇总，形成水稻低温冷害数据库。另外，以产量超过 30 年平均产量 20% 的站点和年份观测要素为参照，与低温年相应要素进行比较，用于指标的提取和验证。其中，低温年筛选方法如下。

（1）确立低温年的统计指标，如表 2-6 所示。

（2）确立低温年的步骤。①各站有效积温距平按升序排序，负值>20% 的年份；②冷积温距平按升序排序，正值>20% 的年份；③根据上述两点的排序结果确立交集年份，当交集年份在水稻生长季发生超过 2 天以上连续低温时，则该年份确定为典型低温年。

表 2-6　长江中下游双季稻生长季统计指标

种植类型	统计阶段	统计指标
早稻	3 月 25 日～5 月 20 日	有效积温（>10℃）
	5 月 20 日～6 月 10 日	冷积温（<20℃），连续 3～9 天低于 20℃ 的次数
晚稻	7 月 20 日～9 月 10 日	有效积温（>10℃）
	9 月 10 日～9 月 30 日	冷积温（<20℃），冷积温（<22℃），连续 3～9 天低于 20℃ 的次数，连续 3～9 天低于 22℃ 的次数

2.2.1.2　双季稻低温灾害气象监测指标

从双季稻的延迟型冷害和障碍型冷害两个方面，整理、补充和完善了低温灾害的气象监测指标。其中，早稻延迟型冷害主要出现在早稻生长前期，导致关键生育期推后，并进而影响连作晚稻的播种和移栽。晚稻延迟型冷害主要在中后期，导致灌浆期延长并影响水稻成熟。

对于早稻，以营养生长期>13℃积温的 30 年平均值为参照，计算了每降低 10℃·d 的生育期平均延迟天数（平均相对延迟率 K），如表 2-7 所示。以 K 值与该阶段>13℃积温距平相乘，得到延迟天数，并以此作为延迟型冷害程度的判别指标之一。

表 2-7　早稻营养生长期>13℃积温平均值（ACT）、平均相对延迟率（K）和延迟天数指标

熟性	ACT（℃·d）	K [d/（–10℃·d）]	延迟天数指标（d）		
			轻	中	重
早熟	300	0.70	2~4	5~7	>7
中熟	340	0.45	2~5	6~8	>8
晚熟	360	0.43	2~6	7~9	>9

相比早稻，晚稻营养生长期处在温度升高阶段。从典型年份看，湖南中西部、安徽中南部等地在晚稻抽穗开花期及以后会有延迟型冷害的发生，导致成熟期推迟。为此，重点分析了 1981~2010 年抽穗开花至其后 30 天内>15℃积温平均值，计算了每降低 10℃·d 的生育期平均延迟天数（平均相对延迟率 K），如表 2-8 所示。以 K 值与该阶段>15℃积温距平相乘，得到延迟天数，并以此作为延迟型冷害程度的判别指标之一。

表 2-8　晚稻抽穗开花至花后 30 天>15℃积温平均值（ACT）、平均相对延迟率（K）和延迟天数指标

熟性	ACT（℃·d）	K [d/（–10℃·d）]	延迟天数指标（d）		
			轻	中	重
早熟	150	0.8	2~6	7~9	>9
中熟	180	0.9	2~5	6~8	>8
晚熟	200	0.9	2~3	4~7	>7

在已有障碍型冷害致灾指标的基础上（郭建平和马树庆，2009），进行验证和完善指标。考虑冷积温与空壳率的相关关系能够反映障碍型冷害监测的能力。因此，以 30 年农气观测资料，统计幼穗分化至抽穗开花期连续 2~7 天低于 18~23℃ 的冷积温与空壳率的相关系数。根据相关系数确定适用于双季晚稻的障碍型冷害监测指标，结果如图 2-33 所示。总体来看，连续 3~7 天的低温冷害对空壳率影响大，但研究区内较少出

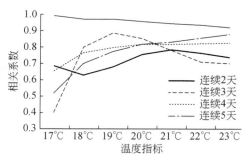

图 2-33　不同连续天数和上限温度指标冷积温与空壳率的相关系数

现连续 5 天及以上的冷害，而连续 2 天的低温过程与空壳率关系不够明显。因此，作为南方稻区水稻障碍型冷害致灾指标的补充，表 2-9 列出了改进后的障碍型冷害监测指标。籼稻的指标值较粳稻高 2℃，这主要是籼稻在穗形成阶段对低温更为敏感，2℃ 的指标值差异较为合理。

表 2-9　双季晚稻障碍型冷害监测指标

指标等级	籼稻	粳稻
一般冷害	连续 4 天日平均气温<22℃ 或连续 3 天日平均气温<20℃	连续 4 天日平均气温<20℃ 或连续 3 天日平均气温<18℃
严重冷害	连续 7 天日平均气温<22℃ 或连续 5 天日平均气温<20℃	连续 7 天日平均气温<20℃ 或连续 5 天日平均气温<18℃

2.2.1.3　双季稻低温灾害遥感监测指标

利用大田测量的水稻光谱反射率曲线，计算了 *EVI*（enhanced vegetation index）指数，计算公式为

$$EVI = 2.5 \times (\rho_{nir} - \rho_{red}) / (\rho_{nir} + 6 \times \rho_{red} - 7.5 \times \rho_{blue} + 1) \tag{2.7}$$

式中，ρ_{nir}、ρ_{red} 和 ρ_{blue} 分别是近红外、红光和蓝光波段平均光谱反射率。

依据水稻生长期内 *EVI* 序列的曲线特征，引入指标变量 *CVI*，即

$$CVI = \frac{\Delta EVI}{\Delta D} \tag{2.8}$$

式中，*CVI* 是指标变量，在移栽至抽穗（TF）阶段为正值，抽穗至成熟（FM）阶段为负值；ΔD 是距离移栽的日数（天），ΔEVI 为某日 *EVI* 值与移栽当日 *EVI* 值的差值。在 TF 阶段，*CVI* 增大可能是因为水稻生长旺盛或生育期缩短，其值

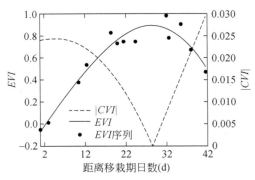

图 2-34　生长期内 *EVI* 拟合序列和
对应的 | *CVI* | 序列

减小则可能由于水稻生长缓慢或生长受到一定程度的胁迫。同理，在 FM 阶段，*CVI* 绝对值减小表明水稻生长速率减慢或生长受到胁迫，相反则说明生长状况良好。图 2-34 给出了拟合的 *EVI* 序列和 | *CVI* | 序列。

| *CVI* | 曲线在两个阶段的变化很好地反映了水稻生育进程与温度的关系。图 2-35 给出了 4 个品种两个阶段（TF 和 FM）平均 | *CVI* | 指数与日平均温度的散点关系。根据此关系，建立了适用于双季稻延迟型冷害的遥感监测指标。图 2-36 显示了 TF 和 FM 阶段观测到的生育期天数变化与平均 | *CVI* | 的关系。在 TF 阶段，| *CVI* | 越大，延迟的天数越小，两者关系的品种间差异微小；在 FM 阶段，由于 *CVI* 为负数，因此，| *CVI* | 越小，延迟的天数越大，两者关系在品种间存在一定差异。式（2.9）给出了 TF 阶段的延迟型冷害指标方程：

$$\Delta DL = a \times \exp\ (b \times |CVI|) \tag{2.9}$$

式中，ΔDL 是 TF 阶段延迟天数（正值表示延迟，负值表示生育期提前），a 和 b 为方程系数。本书取 $a=1228$ 和 $b=-570.7$。在 FM 阶段，建立了适用晚稻的延迟型冷害监测指标，公式如下：

$$\Delta DL = a \times CVI + b \tag{2.10}$$

式中，a 和 b 分别取 -9.096 和 -1.505。计算的 ΔDL 为负数时表示生育期延迟，否则为生育进程加速。

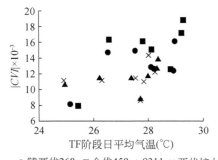

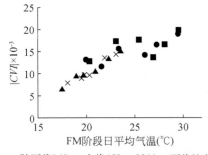

●陵两优268　■金优458　▲9311　×两优培九

图 2-35　水稻试验品种 TF 和 FM 阶段平均 | *CVI* | 与日平均温度的散点关系

依据上述公式，定义水稻 TF 阶段生育期延迟 2~6 天为一般性冷害，延迟≥6 天为严重冷害。表 2-10 给出了 TF 阶段的延迟型冷害指标。同样，定义 FM 阶段生育期延迟 2~5 天为一般性冷害，延迟天数≥5 天为严重冷害。

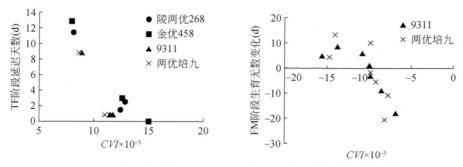

图 2-36　水稻试验品种 TF 和 FM 阶段平均 CVI 与各阶段生育期天数变化的关系

表 2-10　水稻延迟型冷害遥感监测指标

生育阶段	一般性延迟型冷害		严重延迟型冷害	
	$|CVI| \times 10^{-3}$	ΔDL	$|CVI| \times 10^{-3}$	ΔDL
TF	>10 且<20	2~6 天	≤10	≥6 天
FM	>3 且<15	2~5 天	≤3	≥5 天

注：TF 表示移栽至抽穗开花；FM 表示抽穗开花至成熟

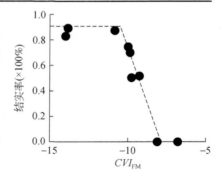

图 2-37　FM 阶段平均 CVI 指数
与晚稻结实率的关系

分析了最大 EVI 指数（EVI_{max}）、TF 阶段 CVI 指数（CVI_{TF}）和 FM 阶段 CVI 指数（CVI_{FM}）与空壳率（K_{grain}）、秕谷率（B_{grain}）、结实率（R_{grain}）和千粒重（W_{grain}）的关系。结果显示，仅 CVI_{FM} 与 R_{grain} 和 K_{grain} 具有显著的相关性（$p<0.05$），其中，与 R_{grain} 为负相关关系，因此，可建立特定的指标方程，用于障碍型冷害时产量要素的遥感监测和评估。图 2-37 显示了 CVI_{FM} 与晚稻结实率的关系。可以看出，两者的关系可用隶属函数来表示：

$$R_{grain} = \begin{cases} 0.9 & CVI_{FM} < -10.5 \\ -0.36 \times CVI_{FM} - 2.88 & -8 \geqslant CVI_{FM} \geqslant -10.5 \\ 0.0 & CVI_{FM} > -8 \end{cases} \quad (2.11)$$

由上式显示，当 CVI_{FM} 在 -10.5~-8 变化时，结实率 R_{grain} 与 CVI_{FM} 存在线性

变化关系。显然，当低温冷害造成结实率<50%时，达到一般冷害；结实率<30%时，达到严重冷害。

2.2.1.4　基于作物模型的低温灾害监测指标

对水稻作物模型 ORYZA2000 进行了补充改进：①在生育期模型中增加了 BETA 函数作为温度响应函数；②对主栽品种的光合作用温度影响参数进行了标定；③补充了水稻群体茎蘖动态模型；④补充了水稻籽粒灌浆动态模型；⑤增加了水稻空秕率模型。在改进中，结合参数优化算法（PEST、SCE-UA 等）对参数进行了标定和重新确认，建立了相应的灾害监测指标，同时与减产率结合，补充灾损评估指标。

在 ORYZA2000 中增加了 BETA 函数（Yin et al.，1997），为计算每日热效应的温度响应函数。该函数包含了 3 个具有生理意义的参数和 1 个曲线参数，即上限温度（T_{bs}）、下限温度（T_{mx}）、最适温度（T_{op}）和 a。函数形式为

$$P_{HU}(T_h) = \left\{ \left(\frac{T_h - T_{bs}}{T_{op} - T_{bs}} \right) \left(\frac{T_{mx} - T_h}{T_{mx} - T_{op}} \right)^{(T_{mx} - T_{op})/(T_{op} - T_{tx})} \right\}^a \quad (2.12)$$

式中，P_{HU} 是温度响应系数；T_h 是小时温度。结合大田试验数据，采用 PEST 参数优化方法，对主栽品种进行了温度参数、发育速率常数、移栽停滞系数等参数的标定。T_{mx} 固定为 42℃，其他参数标定结果如表 2-11 所示。

表 2-11　主栽品种 BETA 发育期模型参数值

品种	发育阶段	T_{bs}	T_{op}	a	R_{DVRJ-I}	R_{DVRP}	R_{DVRR}	X_{SHCKD}
陵两优268	BSP	7.9	31.0	1.6	0.001 05	0.000 79	—	0.38
	GFP	6.3	30.7	1.0	—	—	0.001 51	—
两优培九	BSP	7.7	34.1	0.6	0.000 75	0.000 59	—	0.46
	GFP	5.6	26.1	0.8	—	—	0.001 34	—
9311	BSP	9.8	29.4	1.1	0.000 87	0.000 66	—	0.38
	GFP	5.2	28.8	1.3	—	—	0.001 01	—
金优458	BSP	8.3	32.0	1.5	0.001 26	0.000 89	—	0.41
	GFP	4.9	27.3	0.9	—	—	0.001 42	—
南粳45	BSP	7.1	33.8	0.8	0.000 70	0.000 70	—	0.0
	GFP	5.5	25.9	1.0	—	—	0.001 24	—

注：R_{DVRJ-I} 是 BSP 阶段的发育速率常数；R_{DVRP} 是 PFP 阶段的发育速率常数；R_{DVRR} 是 GFP 阶段的发育速率常数，X_{SHCKD} 是移栽停滞系数

ORYZA2000 采用光效率模型模拟水稻光合作用。该模型在温度影响参数的设定上需要根据水稻生理生态特性进行标定。为此，结合水稻叶片 CO_2 和光响应曲线，以 Farquhar 等（1980）提出的叶片尺度光合作用机理模型为基础，参考 Leuning（2002）、Warren 和 Dreyer（2006）及 Medlyn 等（2002）研究和总结的光合作用对温度响应的函数关系，对两优培九光合同化速率的温度响应关系进行了分析和重构。首先，采用 Farquhar 模型拟合观测的光响应和 CO_2 响应曲线。其次，将拟合得到的方程参数建立与温度的散点关系，并采用最小二乘法将彼此关系用上述方程进行拟合，获取参数值。然后，将参数化后的各变量方程带入 Farquhar 模型，建立饱和光强 $1400\ \mu mol/(m^2 \cdot s)$ 和 CO_2 浓度 $385\ \mu mol/mol$ 下总光合同化速率与温度的关系曲线，在减去呼吸消耗后，得到净光合同化速率在温度 $15 \sim 42℃$ 的变化，如图 2-38 所示。呼吸消耗的模拟采用 ORYZA2000 中的计算方法。最后，将获取的温度响应曲线用于光效率模型温度参数的订正。

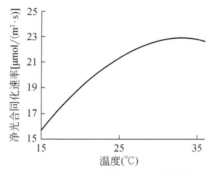

图 2-38　水稻净光合同化速率与温度的关系

低温冷害还会影响水稻分蘖，造成有效穗数减少。考虑 ORYZA2000 缺乏群体茎蘖动态的模拟能力，因此，以黄耀等（1994）模型为基础，在完善光温影响方程的基础上，与 ORYZA2000 耦合用于监测和评估低温冷害对群体茎蘖动态的影响。根据观测发现，最高苗与光温组合条件关系密切。每日的光温条件不仅影响茎蘖的增长速率，还影响潜在最大茎蘖密度。为此，根据试验数据建立了分蘖率的光温影响方程，将方程替换模型中的原有方程和相关变量。

选择光温组合因子 $K = RT/(T+R)$ 为自变量，以分蘖率 L_e 为因变量，建立光温组合影响方程。其中，L_e 是最大茎蘖数、单株理论分蘖数和移栽基本苗的函数，R 是光照强度 $[MJ/(m \cdot d)]$，T 是日平均气温（℃）。对获取的方程进行归一化处理，使得光温影响系数在 $0 \sim 1$。以 $F(K)$ 代表光温组合影响方程通式，

则归一化影响系数 C 的计算公式为

$$C = \begin{cases} 0 & F(K) < 0 \\ \dfrac{F(K)}{\max[F(K)]} & 0 \leqslant F(K) \leqslant \max[F(K)] \\ 1 & F(K) > \max[F(K)] \end{cases} \quad (2.13)$$

式中，$\max[F(K)]$ 是上下临界温度和光照范围内的最大 $F(K)$，如 T 在 15～40℃和 R 在 0～20MJ/（m·d）范围内的最大 $F(K)$。这里 $\max[F(K)]$ 选择肥水适宜条件下的最大分蘖率 L_{e0}，与品种有关。就此，形成 L_e 的归一化光温组合影响方程 $f_L(K)$，并将模型中计算肥水适宜条件下实际分蘖率 L_e 的方法修改为

$$L_e = L_{e0} \times f_L(K) \quad (2.14)$$

式中，L_{e0} 从试验资料中通过调试获取。

图 2-39 显示了陵两优 268 和两优培九的光温组合影响方程，两个方程都通过了 0.01 水平的显著性检验。经过调试，陵两优 268 的 L_{e0} 取 0.75，两优培九取 0.55。模拟的群体茎蘖动态与观测值吻合较好，相关性达到 0.89。上述结果表明，该模型能够反映不同温度条件下水稻茎蘖增长率的变化。

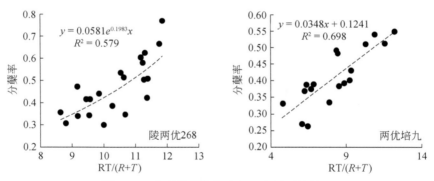

图 2-39　水稻分蘖率与光温组合因子的关系

R 是日平均辐射［MJ/（m·d）］；T 是日平均温度（℃）

通过扩展 Richards 方程建立针对水稻灌浆结识期光温影响的数学模型，并结合参数优化算法，获取灌浆结实的光温特征参数和响应曲线，为定量分析和评估光温要素的影响提供重要依据。同时，依据获取的光温特征参数和曲线，建立适用于研究区域水稻灌浆结实期的低温冷害监测指标。

采用 Richards 生长方程模拟籽粒灌浆过程（朱庆森等，1988；顾世梁等，2001；Yang et al.，2008）。以花后天数为自变量 t（d），以籽粒生长量 W（mg/粒）为因变量，方程形式如下：

$$W = \frac{A}{(1+Be^{-kt})^{1/N}} \tag{2.15}$$

式中，A 是籽粒最终重量（mg/粒）；k 是生长速率参数；B 和 N 是方程曲线的定型参数。

　　设灌浆过程中籽粒重量达到 A 的 5% 和 95% 时所对应的天数分别为 t_1 和 t_2，定义有效灌浆期的长度为 $D = t_2 - t_1$，则籽粒灌浆的平均速率 G_m［mg/（粒·d）］可表达为

$$G_m = \frac{1}{D} \int_{t_1}^{t_2} G \mathrm{d}t \tag{2.16}$$

式中，G 是籽粒灌浆速率［mg/（粒·d）］，即为式（2.16）的一阶导数：

$$G = \frac{\mathrm{d}W}{\mathrm{d}t} = \frac{AkBe^{-kt}}{N(1+Be^{-kt})^{\frac{N+1}{N}}} \tag{2.17}$$

　　借鉴 Yu 等（2002）的方法，对 Richards 方程进行扩展。本书通过引入光温订正方程将有效灌浆期内累计光温订正系数与平均灌浆速率 G_m 联系起来，即对于第 i 播期，平均光温订正系数 F_i 计算如下：

$$F_i = \frac{1}{D_i} \int_{t_1}^{t_2} f(R_t,\ T_t) \mathrm{d}t \tag{2.18}$$

式中，R 和 T 分别是有效灌浆期内的逐日光照和平均温度。$f(R,\ T)$ 是光温订正方程，定量表示每日光照和温度对平均灌浆速率的影响，取值在 0~1。当 $f(R,\ T) = 1$ 时，表示光温环境适宜籽粒灌浆；当 $f(R,\ T) = 0$ 时，则表示籽粒灌浆受光温因子胁迫。将有效灌浆期内逐日订正系数累积求和，再除以 D_i 得到平均订正系数 F_i。借鉴 Michaelis-Menten 方程形式，建立了 F_i 与第 i 播期平均灌浆速率 G_{mi} 的关系方程，形式如下：

$$G_{mi} = G_0 \frac{(1+q)\ F_i/F_{max}}{1+qF_i/F_{max}} \tag{2.19}$$

$$F_{max} = \max\ \{F_i,\ i=1,\ \cdots,\ n\} \tag{2.20}$$

式中，G_0 是 n 播期中的最大 G_m；q 是系数（>0）；F_{max} 是 n 播期中的最大订正系数。为了简化方程形式和计算，假设光温作用相互独立，则分别引入光照和温度订正方程，形式如下：

$$f(R,\ T)\ = f(R)\ f(T) \tag{2.21}$$

$$f(R)\ = \begin{cases} (R/R_0)^a & R < R_0 \\ 1 & R \geq R_0 \end{cases} \tag{2.22}$$

$$f(T)\ = \left\{ \left(\frac{T-T_{min}}{T_{op}-T_{min}} \right) \left(\frac{T_{max}-T}{T_{max}-T_{op}} \right)^{((T_{max}-T_{op})/(T_{op}-T_{min}))} \right\}^b \tag{2.23}$$

式中，$f(R)$ 是 R 对 G_m 的分段影响函数，其值在 0~1，并随 R/R_0 呈 a 的幂次方

变化直至 $R \geq R_0$；R_0 是光照阈值 [MJ/（m·d）]。选取标准化的 Beta 函数（Yin et al.，1995，1997）$f(T)$ 作为 G_m 对 T 的响应函数，值域为 0~1。其中，T_{max}、T_{min} 和 T_{op} 分别代表上限、下限和最适温度；b 是函数的形状参数。

采用全局优化算法 SCE-UA（Duan et al.，1994）对参数进行优化，定标得到的最大平均灌浆速率（G_0）和方程参数值如表 2-12 所示。图 2-40 则绘制了光温响应曲线。

表 2-12　最大平均灌浆速率（G_0）和参数优化后的光温订正方程参数值

品种	G_0 [mg/（粒·d）]	T_{min}（℃）	T_{op}（℃）	T_{max}（℃）	R_0 [MJ/（m·d）]	a	b	q
陵两优268	2.12	6.81	30.28	33.29	18.94	9.95	8.44	1.39
两优培九	1.35	6.10	24.16	33.74	21.71	6.61	2.24	3.19

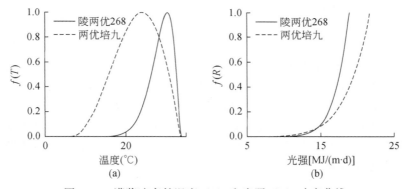

图 2-40　灌浆速率的温度（a）和光照（b）响应曲线

以式（2.22）和式（2.23）为基础，建立评判籽粒灌浆充实和监测光温对籽粒灌浆影响的指标 F，即

$$f_{RT} = \frac{1}{D} \int_{t_1}^{t_2} f(R_t, T_t) \, dt \qquad (2.24)$$

$$F = \frac{(1+q)f_{RT}}{1+qf_{RT}}$$

式中，q 根据品种特性选取，早稻一般取 1~3，晚稻取 2~5。根据千粒重的变化，确立的监测指标如表 2-13 所示。

表 2-13　基于 F 指标的低温灾害监测指标

冷害等级	早稻		晚稻	
	F 指标	千粒重指标	F 指标	千粒重指标
一般冷害	0.3 ~ 0.45	−10% ~ −5%	0.1 ~ 0.25	−10% ~ −5%
严重冷害	<0.3	<−10%	<0.1	<−10%

ORYZA2000 模型缺乏空秕率的模拟模块，因此，建立了以减数分裂—开花后 20 天的空秕率模拟模型。模拟的空秕率将作为早晚稻障碍型冷害监测指标的补充，并以空秕率 5% ~ 15% 为轻度冷害、15% ~ 25% 为中度冷害、>25% 为重度冷害。

将减数分裂—抽穗开花（MF）和抽穗开花—灌浆 20 天（FG2）内平均温度和日较差作为自变量，空秕率作为因变量，进行主成分回归。选择第 1 主成分（PC1）参与建立回归方程，形成空秕率模拟监测指标（S）：

$$S = 22.24 \times e^{(-0.2349 \times PC1)} + 2.29 \times 10^{-9} \times e^{(0.6802 \times PC1)} \tag{2.25}$$

$$PC1 = 0.56 \times T_{MF} + 0.53 \times T_{FG2} - 0.3 \times D_{MF} - 0.57 \times D_{FG2} \tag{2.26}$$

式中，PC1 是第 1 主成分；T_{MF}、T_{FG2} 分别是 MF 和 FG2 时段内的平均温度；D_{MF} 和 D_{FG2} 分别是两个阶段的平均日较差。最后，以模拟的空秕率对照划分的冷害等级，确立障碍型冷害程度。

2.2.1.5　立体监测方案

将低温冷害的地面监测、卫星遥感监测和作物模式模拟监测结合起来，形成低温灾害的立体监测技术，力争全面、准确监测水稻低温灾害（方案如图 2-41 所示）。该方案覆盖双季早稻和晚稻生长季（3 ~ 10 月）的关键生育阶段，从站点到区域，从逐日监测到阶段监测，实行时空全覆盖的水稻低温灾害监测。方案中使用了气象监测指标、遥感监测指标和作物模式监测指标，它们之间相互关联、相互补充，组成立体监测指标体系。

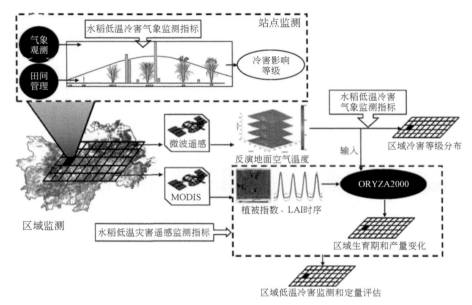

图 2-41　水稻低温灾害立体监测技术流程

2.2.1.6　结果与验证

监测方案在实际应用时以单类指标应用为主。因此，对上述三类指标分别进行了验证。最后，还验证了基于微波遥感的区域水稻低温冷害监测。

1) 气象监测指标的验证

采用双季稻低温灾害气象监测指标对典型冷害年的水稻生产进行监测，结果见表 2-14 和表 2-15。可以看出，早稻延迟型冷害指标能够较好地反映冷害年的影响程度，能够推算早稻延迟型冷害的延迟天数，与实际延迟天数的误差≤2天。对于晚稻障碍型冷害，监测结果较好地反映各冷害年的影响程度，幼穗分化—抽穗开花的冷害程度与空壳率判断的受灾程度具有较好的一致性，但也存在监测误差较大的站点，如 1982 年安徽安庆站和 2006 年江西南康站。

表 2-14　早稻延迟型冷害监测

省份	站点	年份	计算延迟天数（d）	实际延迟天数（d）	延迟天数误差（d）
安徽	桐城	1984	3	2	1
湖北	孝感	2002	2	1	1
湖南	平江	2002	6	5	1

续表

省份	站点	年份	计算延迟天数（d）	实际延迟天数（d）	延迟天数误差（d）
江西	樟树	1995	5	5	0
江西	南昌	2002	2	2	0
江西	宜丰	2002	4	2	2
浙江	金华	2006	1	1	0

表 2-15　晚稻障碍型冷害监测

省份	站点	年份	空壳率（%）	受灾程度*	PF 阶段冷积温（℃）	障碍型冷害程度
安徽	安庆	1982	24.0	中	5.6	一般
湖南	衡阳	1983	9.0	轻	7.9	一般
湖南	平江	1982	19.5	中	10.0	一般
湖南	常德	1981	35.3	重	23.1	严重
江西	瑞昌	2002	8.0	轻	5.8	一般
江西	南康	2006	21.0	中	15.0	一般
浙江	丽水	1981	29.7	重	14.8	一般

* 空壳率在5%～15%为轻；15%～25%为中；>25%为重度受灾

2）遥感监测指标的验证

以 MODIS 地表反射率产品 MOD09A1 为例，对水稻延迟型冷害和障碍型冷害进行监测。获取了 2001～2012 年 4 个幅面的影像数据 1288 景。在软件"基于多时相 MOD09A1 产品数据的水稻制图系统"中对其进行预处理，如拼接、投影转换、EVI 计算。随后，结合 QA 标记，将 EVI 序列在 TIMESAT3.1.1 软件（Jönsson and Eklundh，2004）中进行平滑去噪。处理后，对每个水稻像元 EVI 序列进行分析，并结合 CVI 指数和遥感监测指标确定灾害程度。

为此，对 2002 年、2006 年和 2010 年湖南、湖北和江西早稻 TF 阶段和 FM 阶段的延迟型冷害进行监测，如图 2-42 和图 2-43 所示。可以看出，由于"倒春寒"和"五月寒"等低温天气，灾害影响主要集中在湖北中部和湖南北部稻区，不利于幼穗发育。从区域统计看（图 2-44），早稻 TF 阶段遭受严重冷害的面积占双季稻总面积的 5%～15%，遭受一般冷害的比例<20%。2006 年遭受冷害比例最高，与实际调查情况相符。2010 年早稻遭受一般冷害的面积也较大，与该年早稻生长前期普遍低温有密切联系。晚稻 FM 阶段遭受严重冷害的面积比例较小，2010 年最大，约为 13%，其他两年均低于 3%。然而，晚稻 FM 阶段遭受一

般冷害的面积比较高，在15%～30%，其中，2010年晚稻一般冷害和严重冷害的比率均较2002年和2006年高，与该年为典型低温年有关。

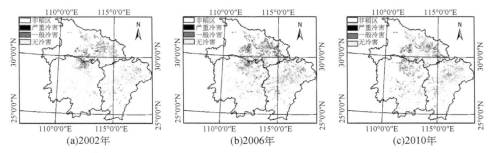

(a)2002年　　　　　(b)2006年　　　　　(c)2010年

图 2-42　湖南、湖北和江西早稻 TF 阶段延迟型冷害监测

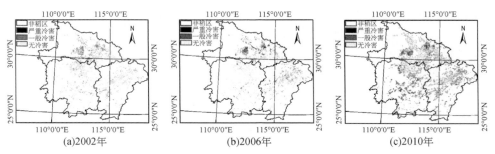

(a)2002年　　　　　(b)2006年　　　　　(c)2010年

图 2-43　湖南、湖北和江西双季晚稻 FM 阶段延迟型冷害监测

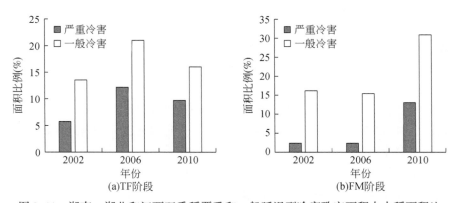

图 2-44　湖南、湖北和江西双季稻严重和一般延迟型冷害致灾面积占水稻面积比

　　根据晚稻 FM 阶段 CVI 指数与结实率的关系，对湖北、湖南和江西晚稻 FM 阶段结实率进行模拟。将模拟结果与结实率的低温冷害判别指标对照，确定区域

低温冷害的影响范围和程度，如图 2-45 所示。图 2-46 则显示了双季晚稻严重和一般障碍型冷害致灾面积比。可以看出，2002 年为典型的区域低温灾害年，对大范围的水稻产量造成了一定的影响。从已有报道看，2002 年湖北出现区域性的轻度到重度低温灾害，其中与前 5 年相比单产减少 5%～7%，2006 年为 3%～8%，低温灾害影响较大的地区包括湖北的江夏、蕲春和荆州，湖南的长沙、衡阳、资兴和常德，以及江西的湖口、龙南、南康和樟树等地。

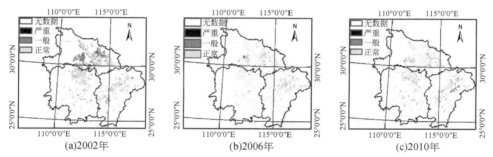

图 2-45 湖南、湖北和江西双季晚稻 FM 阶段障碍型冷害监测

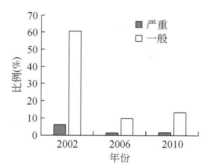

图 2-46 湖南、湖北和江西双季晚稻严重和一般障碍型冷害致灾面积占总水稻面积比

3）模型模拟指标的验证

结合生育期模拟模型对早稻的延迟型冷害进行了站点和区域的监测和验证，同样，依据建立的空秕率模拟模型进行双季晚稻的监测和验证。为此，选取浙江存在延迟型冷害的一些站点和年份，将模拟的幼穗分化期与实测期进行比较，根据延迟天数的判别指标，确定延迟型冷害等级，结果见表 2-16。另外，对 1994 年、1997 年、2002 年和 2006 年孝感、蕲春、阳新等地晚稻障碍型冷害开展台站模拟监测和验证，并以空秕率 5%～15% 为轻度冷害、15%～25% 为中度冷害、>25% 为重度冷害判别指标，结果见表 2-17。总体上看，判别结果与实际情况吻合较好。

表 2-16　早稻延迟型冷害的 ORYZA2000 模型站点监测结果

站点	年份	实际延迟天数	模拟延迟天数	模拟误差	实际等级	模拟等级
金华	1997	4	4	0	轻	轻
	2004	4	6	2	轻	中
衢州	1982	6	7	1	中	中
	1987	8	8	0	中	中
丽水	1999	6	4	2	中	轻
	2000	3	4	1	轻	轻
	2004	4	6	2	轻	轻
	2005	3	6	3	轻	轻

表 2-17　晚稻障碍型冷害的 ORYZA2000 模型站点监测结果

站点	年份	实际空秕率	实际监测等级	模拟空秕率	模拟监测等级
孝感	1994	19%	轻	19%	中
	1997	16%	轻	19%	中
	2002	14%	轻	25%	中
	2006	26%	中	32%	重
蕲春	1994	38%	重	31%	重
	1997	32%	重	26%	重
	2002	37%	中	17%	中
	2006	25%	中	22%	中
阳新	1994	22%	中	16%	中
	1997	23%	中	17%	中
	2002	33%	重	27%	重
	2006	36%	重	19%	中

4）基于微波反演气温的监测验证

将微波遥感数据与地面气象相结合通过混合建模反演逐日气温，然后结合气象监测指标进行区域低温冷害的监测应用。例如，首先，通过日平均温度与地理因子和微波亮温的相关性分析，找出了 2010 年冷害监测逐日气温方程的构建因子。然后，在气温与相关因子分析的基础上，构建该年南方 9 省逐日平均气温推算方程。最后，利用逐日气温推测方程获取每日平均气温。表 2-18 显示了双季早稻播种至育秧期低温冷害监测结果。

表 2-18　双季早稻播种至育秧期低温冷害监测结果

日期	轻度（$10^3\,hm^2$）	中度（$10^3\,hm^2$）	重度（$10^3\,hm^2$）
2010-3-9	857.41	—	—
2010-3-10	1513.48	—	—
2010-3-11	455.4	763.09	—
2010-3-12	5.74	17.13	—
2010-3-26	737.51	—	—
2010-3-27	1507.65	—	—
2010-3-28	138.77	428.91	—
2010-3-29	32.61	296.74	—
2010-3-30	32.53	10.8	213.52
2010-4-3	116.21	—	—
2010-4-4	1519.75	—	—
2010-4-5	38	5.28	—
2010-4-6	—	10.73	—
2010-4-7	—	5.45	5.28
2010-4-8	237.06	—	10.73
2010-4-9	155.61	—	—
2010-4-13	754	—	—
2010-4-14	1801.07	—	—
2010-4-15	15 215.43	754	—
2010-4-16	16 799	1631.93	—
2010-4-17	—	58.22	—
2010-4-24	95.49	—	—
总计	42 012.72	3982.28	229.53

　　根据分析，2010 年只在湖南、湖北、江西、浙江、福建等地零星发生早稻分蘖期至幼穗分化期的冷害（表 2-19）。

表 2-19　双季早稻分蘖期至幼穗分化期低温冷害监测结果

日期	轻度（$10^3\,hm^2$）	中度（$10^3\,hm^2$）	重度（$10^3\,hm^2$）
2010-4-27	11.69	—	—
2010-5-22	5.45	—	—
2010-5-23	27.30	5.35	—

日期	轻度（$10^3 hm^2$）	中度（$10^3 hm^2$）	重度（$10^3 hm^2$）
2010-6-1	47.94	5.39	—
2010-6-2	95.19	5.39	—
2010-6-5	64.24	27.00	5.42
2010-6-6	15.87	16.05	5.42
2010-6-7	5.55	5.55	—
2010-6-8	10.36	—	—
2010-6-12	20.86	—	—
2010-6-13	66.87	50.03	—
2010-6-14	45.55	—	—
2010-6-15	5.86	—	—
总计	422.72	114.75	10.84

类似地，研究了南方双季晚稻抽穗开花期低温冷害动态监测。结果显示，双季晚稻抽穗扬花期冷害监测结果与已有报道相一致。9月下旬湖南中南部、江西北部、苏皖南部、湖北南部等地晚稻区出现了 3~6 天日平均气温≤22℃、日最低气温低于17℃的轻至中度"寒露风"天气，导致部分仍处于抽穗扬花期的晚稻授粉不良、空壳率增加（表2-20）。

表 2-20　双季晚稻抽穗开花期低温冷害监测结果

日期	轻度（$10^3 hm^2$）	中度（$10^3 hm^2$）	重度（$10^3 hm^2$）
2010-8-29	27.49	—	—
2010-8-30	10.98	—	—
2010-9-3	27.69	—	—
2010-9-4	5.42	—	—
2010-9-23	27.59	—	—
2010-9-24	2407.33	—	—
2010-9-25	9561.25	21.88	—
2010-9-26	4821.84	1283.1	—
2010-9-27	5.86	1086.11	21.88
2010-9-28	—	518.67	99.6
2010-9-29	30.58	—	534.52
2010-9-30	554.22	—	440.25

续表

日期	轻度 ($10^3 hm^2$)	中度 ($10^3 hm^2$)	重度 ($10^3 hm^2$)
2010-10-1	59.87	—	94.19
2010-10-2	34.5	—	47.98
2010-10-3	17.7	11.23	47.98
2010-10-4	26.05	23.3	15.88
2010-10-5	69.1	17.7	21.48
2010-10-6	289.23	20.97	22.75
2010-10-7	96.97	37.8	17.7
2010-10-8	—	50.15	23.51
2010-10-9	—	11.48	17.51
总计	18073.67	3082.39	1405.23

综上所述，本书将气象、遥感和作物模型相结合，探讨从站点到区域的立体监测技术在水稻低温冷害监测中的可行性和可靠性。从双季稻关键生育期和常见低温灾害类型着手，建立了适用于南方双季早稻和晚稻的延迟型和障碍型冷害气象监测指标、遥感监测指标和基于作物模型的立体监测指标。这些指标区别于不同的技术和数据来源，在水稻低温灾害监测中发挥着互相补充、互相协作的作用。

2.2.2　西南农业（玉米）干旱

干旱监测指数多种多样，各有优劣（王建林，2010）。根据不同的建立途径，将气象类干旱指数分为两类：一类是统计分析降雨量的分布来反映干旱持续时间和发生强度的监测指数；另一类是力图细致反映干旱形成机理的监测指数。前者数据获取容易，模型简单，计算便捷，加之不涉及任何干旱机理，具有较强的时空适宜性。但这类干旱指数的缺点是虽然采用了干旱的主要影响因素，但是不能全面地反映导致干旱形成的复杂性原因。后者又分为简单多因素综合监测指数和复杂多因素综合监测指数。其中，简单多因素综合监测指数一般考虑导致干旱形成的两个或多个因素，表现为降水量与蒸发量或作物需水量或蒸发-土壤水分盈亏量之间的比值、差值等形式，需要的参量容易收集，不足之处是这种干旱指数往往具有较强的针对性和区域性，缺乏普适性。复杂多因素综合监测指数对数据要求较高，计算繁杂，与区域气候、土壤等多方面因素相关，不具有普适性。因此，完全有必要把多种干旱监测指标综合到一起，发展基于多源数据的农业干旱立体监测技术，克服单一监测方法的局限性，增强对地形复杂的西南地区的适应性，提高对西南地区干旱监测的精确性（刘宗元，2015）。本节主要是构建集降水量距平指数、作物水分亏缺指数、土壤相对湿度及遥感方法为一体的西南农业干旱立体监测指标，研发适合西南丘陵山地的立体监测技术。

2.2.2.1 立体监测指标

西南地区立体气候明显，不同的海拔高度上生长着不同的作物类型，即使是同一种作物，生长在不同的海拔高度上，其发育进程也有很大差异（高阳华等，2008）。鉴于这种山地干旱的复杂性，研制从大气降水、作物本身水分亏缺、土壤湿度等立体的角度来构建干旱综合监测指标。同时，考虑土壤湿度观测数据的不连续性，增加遥感指标来完善干旱的立体监测技术。各指标的计算方法如下。

1）降水量距平指数

降水量距平指数是表征某时段降水量较气候平均状况偏少程度的指标之一，能直观反映降水异常引起的农业干旱程度，尤其适宜于雨养农业区。

某时段降水量距平指数（P_a）按下式计算：

$$P_a = \frac{P - \overline{P}}{\overline{P}} \times 100\% \tag{2.27}$$

式中，P_a 是某时段（本标准取 30 天）降水量距平指数（%）；P 是某时段降水量（mm）；$\overline{P}$ 是计算时段同期气候平均降水量。降水量距平指数农业干旱等级划分如表 2-21 所示。

表 2-21　降水量距平指数农业干旱等级

等级	类型	降水量距平指数（%）
0	无旱	$-40 < P_a$
1	轻旱	$-60 < P_a \leqslant -40$
2	中旱	$-80 < P_a \leqslant -60$
3	重旱	$-90 < P_a \leqslant -80$
4	特旱	$P_a \leqslant -90$

2）作物水分亏缺指数

作物水分亏缺指数为水分盈亏量与作物需水量的比值，但由于不同季节作物种类差别较大，很难统一标准。因此，选用作物水分亏缺指数距平以消除季节差异。某时段作物水分亏缺指数距平（$CWDI_a$）按下式计算：

$$CWDI_a = \left| \frac{CWDI - \overline{CWDI}}{CWDI} \right| \times 100\% \tag{2.28}$$

式中，$CWDI_a$ 是某时段作物水分亏缺指数（%）；$CWDI$ 是某时段作物水分亏缺指数（%）；$\overline{CWDI}$ 是所计算时段同期作物水分亏缺指数平均值（%）。

$$CWDI = a \times CWDI_j + bCWDI_{j-1} + cCWDI_{j-2} + dCWDI_{j-3} + eCWDI_{j-4} \qquad (2.29)$$

式中，$CWDI_j$ 是第 j 时间单位（本标准取 10 天）的水分亏缺指数（%）；$CWDJ_{j-1}$、$CWDI_{j-2}$、$CWDI_{j-3}$ 和 $CWDI_{j-4}$ 分别是 $j-1$、$j-2$、$j-3$ 和 $j-4$ 时间单位的水分亏缺指数（%）；a、b、c、d、e 是权重系数，分别取值为 0.3、0.25、0.2、0.15、0.1。各地可根据当地实际情况确定相应系数值。$CWDI_j$ 由下式计算：

$$CWDI_j = \begin{cases} \left(1 - \dfrac{P_j + I_j}{ET_{cj}}\right) \times 100\% & ET_{cj} \geqslant P_j + I_j \\ 0 & ET_{cj} < P_j + I_j \end{cases} \qquad (2.30)$$

式中，P_j 是某 10 天累计降水量（mm）；I_j 是某 10 天的灌溉量（mm）；ET_{cj} 是作物某 10 天实际蒸散量（mm），可由下式计算：

$$ET_{cj} = k_c \cdot ET_o \qquad (2.31)$$

式中，ET_o 是某 10 天的作物可能蒸散量，采用联合国粮农组织推荐的 Penman-Monteith 公式（Allen et. al., 1998）计算；k_c 是作物所处发育阶段的作物系数。作物水分亏缺指数的农业干旱等级划分见表 2-22。

表 2-22　作物水分亏缺指数农业干旱等级

等级	类型	作物水分亏缺指数（%）
0	无旱	$CWDI_a \leqslant 15$
1	轻旱	$15 < CWDI_a \leqslant 25$
2	中旱	$25 < CWDI_a \leqslant 35$
3	重旱	$35 < CWDI_a \leqslant 50$
4	特旱	$CWDI_a \geqslant 50$

3）土壤相对湿度

土壤相对湿度直接反映了旱地作物可利用水分的状况，它与环境气象条件、作物生长发育关系密切，也与土壤物理特性有很大关系。土壤相对湿度的农业干旱等级划分见表 2-23。

表 2-23　土壤相对湿度（R_{sm}）农业干旱等级

等级	类型	土壤相对湿度（%）		
		砂土	壤土	黏土
0	无旱	$R_{sm} \geqslant 55$	$R_{sm} \geqslant 60$	$R_{sm} \geqslant 65$

等级	类型	土壤相对湿度（%）		
		砂土	壤土	黏土
1	轻旱	$45 \leqslant R_{sm} < 55$	$50 \leqslant R_{sm} < 60$	$55 \leqslant R_{sm} < 65$
2	中旱	$35 \leqslant R_{sm} < 45$	$40 \leqslant R_{sm} < 50$	$45 \leqslant R_{sm} < 55$
3	重旱	$25 \leqslant R_{sm} < 35$	$30 \leqslant R_{sm} < 40$	$35 \leqslant R_{sm} < 45$
4	特旱	$R_{sm} < 25$	$R_{sm} < 30$	$R_{sm} < 35$

4）遥感干旱指数

植被供水指数方法适用于有植被覆盖区域。它重点反映作物受旱程度。其物理意义是：作物受旱时，作物冠层通过关闭部分气孔而使蒸腾量减少，避免过多失去水分而枯死。蒸腾减少后，卫星遥感的作物冠层温度增高，作物在一定的生育期，冠层温度的高低，是度量作物受旱程度的一种标准。另外，作物受旱之后不能正常生长，叶面积指数减少，并且午后叶面萎缩，致使气象卫星遥感的归一化植被指数 NDVI 下降，这样遥感植被指数的变化又是度量作物干旱的一个指标（王正兴和刘闯，2003）。当把两者考虑进去后定义植被供水指数为

$$VWSI = \frac{NDVI}{LST} \tag{2.32}$$

式中，$VWSI$ 是植被供水指数；$NDVI$ 是归一化植被指数；LST 是旬最大植被指数对应的亮温（无云情况下）。植被供水指数干旱等级划分见表 2-24。

表 2-24　植被供水指数农业干旱等级

序号	干旱等级	植被供水指数 VWSI
1	轻旱	$0.69 < VWSI \leqslant 0.73$
2	中旱	$0.66 < VWSI \leqslant 0.69$
3	重旱	$0.64 < VWSI \leqslant 0.66$
4	重旱	$VWSI \leqslant 0.64$

2.2.2.2　立体监测方案

上述各单一指标各有优缺点，反映的干旱各有侧重。因此，完全有必要将上述几种干旱指标进行集成，形成新的综合干旱监测指标，其集成方法如下：

$$DRG = \sum_{i=1}^{n} f_i \times w_i \tag{2.33}$$

$$\sum_{i=1}^{n} w_i = 1 \tag{2.34}$$

式中，*DRG* 是综合农业干旱指数；f_1、f_2、$\cdots$、f_4 分别是降水距平指数、土壤相对湿度、作物水分亏缺指数距平、遥感干旱指数等，W_1、W_2 $\cdots$、W_4 是各指数的权重值且 $\sum\limits_{i=1}^{n} w_i = 1$。各指数权重可采用层次分析方法确定，不同区域权重值不同，见表 2-25。农业干旱立体监测指标等级划分如表 2-26 所示。

表 2-25　各分区内 4 种农业干旱监测指数的权重系数

分区及权重系数	降水量距平指数	土壤相对湿度	作物水分亏缺指数	遥感干旱指数
I 区	0.3	0.3	0.3	0.1
II 区	0.3	0.3	0.3	0.1
III 区	0.3	0.2	0.4	0.1
IV 区	0.3	0.3	0.3	0.1
V 区	0.3	0.1	0.3	0.3
VI 区	0.2	0.2	0.3	0.3

表 2-26　综合农业干旱等级

序号	干旱等级	综合农业干旱指数
1	轻旱	$1 < DRG \leq 2$
2	中旱	$2 < DRG \leq 3$
3	重旱	$3 < DRG \leq 4$
4	特旱	$DRG > 4$

2.2.2.3　结果与验证

采用西南干旱立体监测方法对 2010 年、2011 年、2012 年连续三年的秋冬春连旱过程进行监测，并在监测结果上叠加了气象站点观测上报干旱信息。具体做法是每月逢 5 制作西南地区农业干旱综合监测图并在其上叠加从上月 6 日至本月 5 日中国气象局灾情直报网提取的干旱上报灾情信息（站点）。

2010 年西南地区遭遇秋冬春连旱的特大旱灾，此次影响范围广、程度重、持续时间较长，导致云南、贵州、广西、四川部分地区出现人畜饮水困难、土壤缺墒及江河塘库蓄水不足，对春播及作物后期生长影响较大。此次干旱过程自 2009 年 9、10 月部分地区旱象显现，至 2010 年 1 月开始有干旱站点上报信息，2、3 月发展至最强，此时干旱站点信息上报数量逐步增多，且大部分落在综合监测的旱区内，二者显示出较高的空间一致性；但由于上报站点灾情有一定的滞后性，故站点干旱灾情上报高峰期在 4 月，而此时因旱区降水干旱灾情已有所缓解，农业干旱综合监测显示干旱范围较 2、3 月已经明显缩小，但上报灾情站点分布范围最为广泛，且部分站点落在综合监测显示干旱已经解除的区域。5、6 月，旱区因有降水过程，干旱逐步缓减或解除，综合监测结果显示仅有零星旱区分布，而此时站点上报干旱信息也逐步减少，但站点干旱信息上报的滞后性，导致部分上报点落在旱区已经解除的落区上，见图 2-47。

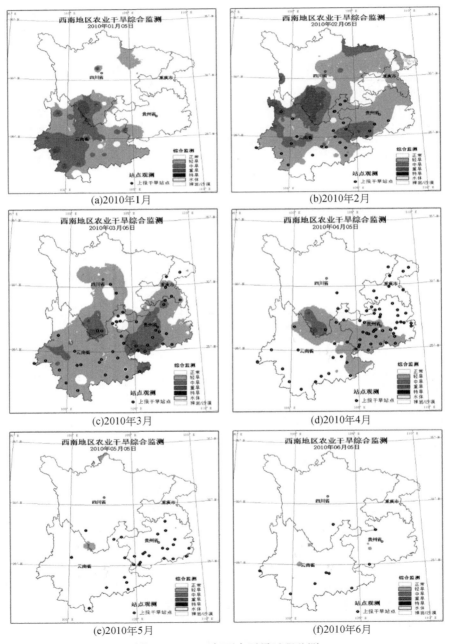

图 2-47　2010 年西南干旱过程监测

　　2011 年 1、2 月旱象露头，农业干旱综合监测已有干旱分布，但此时未见有站点上报信息；至 3 月发展至最强，农业干旱监测信息显示出云南大部、四川南部和贵州北部出现旱情，上报站点干旱信息业已出现且落在干旱分布区内，二者分布是一致的；4 月，旱区降水，大部分旱情缓解，农业干旱综合监测显示仅存在局部干旱，但因上报站点的滞后性，尽管上报站点增多，且均落在干旱已经解除的区域内，但上报实况站点分布范围较综合监测范围偏小。5、6 月农业干旱综合监测显示贵州东部和西部、四川东南等地旱情再次发展，上报站点信息也与监测范围基本一致。总体上，2011 年西南地区干旱特点是范围小，持续时间短。虽然上报的实况范围明显偏小，但说明短暂的农业干旱影响明显偏轻，表明干旱动态监测结果基本反映出实际情况，见图 2-48。

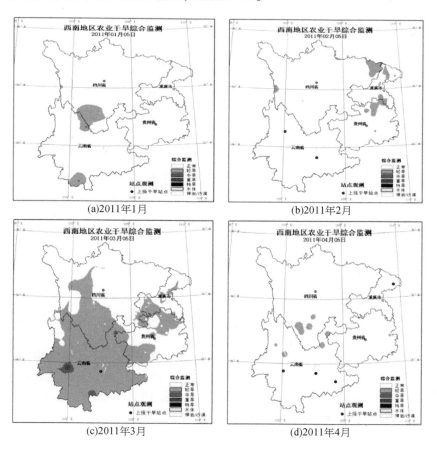

(a)2011年1月　　　　　　　　　　(b)2011年2月

(c)2011年3月　　　　　　　　　　(d)2011年4月

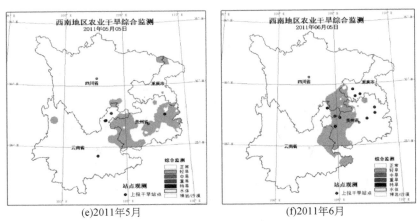

(e)2011年5月　　　　　　　　　　(f)2011年6月

图 2-48　　2011 年西南干旱过程监测

2012 年主旱区在云南、重庆。1 月旱象露头，此时也无站点上报干旱信息；2、3、4 月干旱发展，农业综合监测干旱范围也逐步变大，至 4 月干旱范围为最大；除 3、4 月因部分上报站点干旱观测信息的滞后，落在了干旱解除区域而与综合监测干旱范围稍有误差外，大部分综合监测的干旱范围落有上报站点干旱观测信息，二者的空间分布是一致的。5 月农业干旱综合监测范围缩小，6 月农业干旱综合监测显示干旱已经基本解除，但滞后的站点上报干旱信息落在干旱解除区域的现象更加明显。总之在充分考虑站点上报信息的滞后性后，农业综合监测干旱范围和站点上报观测信息二者的空间分布是完全一致的，见图 2-49。

2010 年、2011 年、2012 年三年的对比分析表明，在充分考虑站点上报信息的滞后性后，农业综合监测干旱范围和站点上报观测信息二者的空间分布是完全一致的。这也说明，建立的西南干旱立体监测方法能够很好地反映干旱的发生发展及缓和解除过程，体现出该方法对西南地区农业干旱具有较强的监测能力。

综上所述，基于地面气象站点的干旱监测指数主要反映了受气象因素尤其是降雨量变化而引发的干旱，基于遥感空间数据的干旱监测指数主要是通过植被的生理特征间接地反映出地表干旱信息。将地面监测数据、遥感数据相结合，构建出了西南农业的立体干旱监测指标体系，在西南地区进行了干旱监测应用。由于该综合监测指数融合了地表植被信息、降雨、温度、蒸散量信息，克服了单一方法监测干旱时出现的不确定性，使得干旱监测更具稳定性、连续性和真实性。

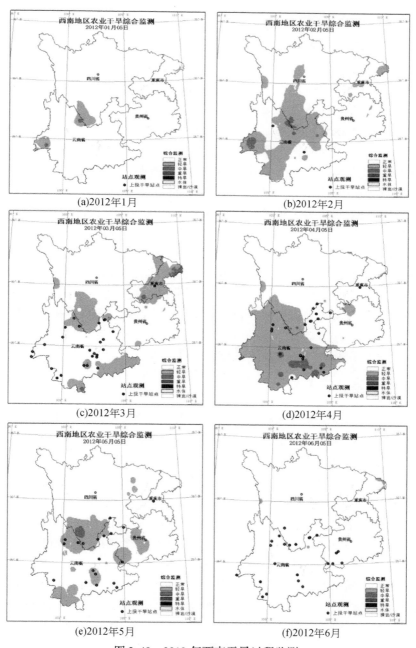

图 2-49　2012 年西南干旱过程监测

2.2.3　黄淮海冬小麦干热风

目前，干热风监测主要依赖于气象台站的观测数据，但气象台站多为离散分布，且不能代表麦田的真实情况，采用插值分析法可能带来较大误差和不确定性。因此，利用遥感信息开展立体监测，可取得连续而准确的大面积灾害监测结果，为开展灾后影响评估提供支撑。

干热风对小麦植株的伤害，直接作用于叶绿素含量、水分含量及细胞结构，这些生理要素的改变为遥感技术用于干热风灾害监测提供了理论基础。近些年，已有一些利用"3S"技术开展的冬小麦灾害遥感监测研究，例如，刘静等（2012）进行的春小麦干热风发生前后的高光谱数据分析，获取了春小麦对不同程度干热风危害的光谱响应曲线；丛建鸥等（2010）研究了干旱胁迫对冬小麦冠层反射率、产量等方面的影响；贺可勋等（2013）研究了不同梯度的水分胁迫对小麦光谱反射率、红边参数及小麦产量的影响。整体而言，国内干热风危害研究中应用遥感方法的成果还相对较少，卫星遥感技术在干热风灾害监测与评估中，具有较好的应用前景。本节在田间试验与个例分析的基础上，探讨了适用于干热风灾害地面高光谱监测的植被指数和卫星遥感植被指数，重点分析卫星遥感植被指数的监测效果，并与地面干热风站点监测信息结合，研究植被指数对干热风的敏感性，为大面积开展干热风监测和评估提供参考。

2.2.3.1　研究数据

适用于干热风监测的地面高光谱植被指数研究资料主要源于地面干热风控制试验。地面干热风控制试验于2014年5月6日至5月8日在郑州农业气象试验站（113.65°N，34.717°E）进行。干热风处理前后利用SVC GER1500野外便携式光谱仪对冬小麦冠层光谱信息进行采集。光谱数据采集分为A（轻度干热风）、B（重度干热风1）、C（重度干热风2）和D（对照）4个试验组（两组重度干热风处理的最高气温C组大于B组），数据采集在5月6日和5月8日上午10时进行，分别获取干热风发生前和发生后的光谱资料，每个样区测定前分别进行白板光谱标定，每个样区测量7个重复，取平均值作为群体反射光谱。

干热风卫星遥感监测技术研究数据，主要源于2013年河南一次高温低湿型干热风过境前后的FY3A/MERSI影像资料。2013年5月12日至5月13日，河南大部分地区出现了轻、重度干热风天气，全省多达56个气象台站监测到了干热风，其中，5月12日和13日气象条件达到重度干热风的站点分别达22个和11个，两日均发生重度干热风的站点有5个，而两日均发生轻度干热风的气象站点多达28个。获取2013年5月12日和5月14日上午10时覆盖河南全境的

FY3A/MERSI影像，分别代表干热风发生前后的作物光谱信息，对 MERSI 影像
1～5波段进行预处理，得到空间分辨率为 250 m 的 1～5 通道地表反射率影像，
并计算 5 种植被指数。

2.2.3.2　地面高光谱监测

1) 干热风试验前后小麦光谱的变化特征

图 2-50 各试验组在干热风前后的光谱响应特征表明：干热风对冬小麦冠层
光谱反射率的影响很大。干热风处理结束后，760～940nm 的近红外波段对干热
风影响的反应最敏感，各观测组冬小麦冠层在近红外波段的反射率普遍下降。主
要原因是近红外反射平台具有反射率数值随叶片水分含量减小而减小的明显特
征。干热风结束后，作物的生长状况变差，植株含水量迅速下降，近红外平台反
射率也因此下降。通过计算三组光谱的下降指标，发现 C 组小麦受灾程度最重，
B 组次之，A 组相对较轻，表明反射率降幅随干热风程度增加而增加。

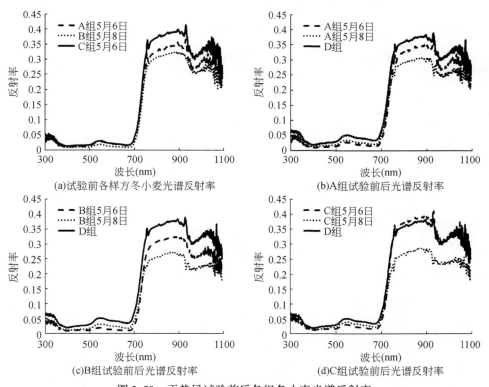

(a)试验前各样方冬小麦光谱反射率　　　　(b)A组试验前后光谱反射率

(c)B组试验前后光谱反射率　　　　(d)C组试验前后光谱反射率

图 2-50　干热风试验前后各组冬小麦光谱反射率

此外，与干热风处理前相比，各组内冬小麦冠层光谱反射率在 540～680nm

的绿光和红光波段均出现不同程度上升，且绿峰波长向红光方向"红移"。红边斜率均出现不同程度下降，红边在近红外的拐点波长均向短波方向"蓝移"。原因在于冬小麦受干热风危害后，叶绿素遭到破坏，可见光波段的反射率升高，即对光合有效辐射的利用率降低，而近红外波段的反射率降低，反映出近红外光的热效应加剧，冠层温度升高。

2）适用于干热风监测的高光谱植被指数

干热风会导致作物叶绿素含量、水分含量、细胞结构等发生变化，而多种高光谱植被指数与植物中的某些生化组分含量具有较强的相关关系。因此，高光谱植被指数可用于对干热风受灾程度的判断。考察多种高光谱植被指数对干热风灾害的敏感程度，使用光谱敏感度分析的方法，计算不同高光谱植被指数对此次干热风过程的敏感程度（表 2-27）。

$$S_i = \frac{VI_{ij} - VI_i}{VI_i} \qquad (2.35)$$

式中，S_i 是某种高光谱植被指数对干热风灾害的敏感程度；VI_i 是正常情况下植被指数；VI_{ij} 是干热风影响后的植被指数。

表 2-27　多种高光谱植被指数对干热风灾害的敏感程度

高光谱植被指数	表达式	S_i			
		A 组	B 组	C 组	平均值
RVI_{MERSI}	ρ_{865}/ρ_{650}	−0.350	−0.576	−0.491	−0.472
$PSSR_a$	ρ_{800}/ρ_{680}	−0.348	−0.539	−0.473	−0.453
$PSSR_b$	ρ_{800}/ρ_{675}	−0.355	−0.530	−0.464	−0.450
SR_{705}	ρ_{750}/ρ_{705}	−0.283	−0.427	−0.443	−0.384
SR_{550}	ρ_{750}/ρ_{550}	−0.272	−0.465	−0.443	−0.393
mSR_{705}	$(\rho_{750}-\rho_{445})/(\rho_{705}-\rho_{445})$	−0.286	−0.476	−0.487	−0.416
$PSSR_c$	ρ_{800}/ρ_{470}	−0.337	−0.413	−0.398	−0.383
…	…				

对 17 种高光谱植被指数 S_i 的变化分析发现：从 A 组到 C 组 S_i 的绝对值整体上逐渐上升，表明多种高光谱植被指数对干热风影响的敏感程度逐渐增加，同时说明 A 组到 C 组冬小麦的受灾程度逐渐加剧。

对比 S_i 的平均值：RVI_{MERSI}、$PSSR_a$ 和 $PSSR_b$——3 种指数对干热风灾害的敏感度最好，mSR_{705}、SR_{550}、SR_{705} 和 $PSSR_c$——4 种高光谱植被指数对干热风灾害的敏感度较好，上述高光谱植被指数可以在干热风灾害遥感监测中得到更广泛的应用。

2.2.3.3 卫星遥感监测

干热风植被指数监测的原理是：植物叶片组织对蓝光（470nm）和红光（650nm）有强烈的吸收，对绿光尤其是近红外有强烈反射，这样，在可见光区只有绿光被反射，植物呈现绿色。叶片中心海绵组织细胞和叶片背面细胞对近红外辐射（700~1000nm，nir）有强烈反射，植被覆盖越高，红光反射越小，近红外反射越大。由于植物叶片对红光的吸收很快饱和，只有对 nir 反射的增加才能反映植被增加。任何强化 red 和 nir 差别的数学变换都可以作为植被指数用以描述植被生长状况。针对 2013 年 5 月 12 日至 5 月 13 日的干热风天气，对 MERSI 影像 1~5 波段进行预处理，得到空间分辨率为 250 m 的 1~5 通道地表反射率影像，重点计算了 $NDVI$、RVI、$ARVI$、DVI、EVI 五种植被指数，见表 2-28。

表 2-28　常用植被指数及其数学方法

植被指数	计算方法	参考文献
归一化植被指数（$NDVI$）	$NDVI = \rho_{nir} - \rho_{red} / \rho_{nir} + \rho_{red}$	Rouse 等，1974 Deering 等，1975
比值植被指数（RVI）	$RVI = \rho_{nir} / \rho_{red}$	Birth 和 McVey，1968 Colombo 等，2003
大气阻抗植被指数（$ARVI$）	$ARVI = [\rho_{nir} - (2 \times \rho_{red} - \rho_{blue})] / [\rho_{nir} + (2 \times \rho_{red} - \rho_{blue})]$	Kanfman，Tanré 等，1992
差值植被指数（DVI）	$DVI = \rho_{nir} - \rho_{red}$	
增强型植被指数（EVI）	$EVI = 2.5 \times \dfrac{\rho_{nir} - \rho_{red}}{L + \rho_{nir} + C_1 \rho_{red} - C_2 \rho_{blue}}$	Huete 和 Justice，1994

1）干热风灾害地面监测实况

根据气象行业标准《小麦干热风灾害等级》（QX/T 82—2007），利用地面四要素自动气象站监测到 5 月 12 日至 5 月 13 日河南出现干热风日的站点分布见表 2-29。

表 2-29　2013 年 5 月 12 日~5 月 13 日监测到干热风的气象站台情况表

干热风发生日期及程度		站点分布
5 月 12 日	5 月 13 日	
重	重	宝丰、沁阳、渑池、新安、伊川
重	轻	新密、孟津、郑州、偃师

干热风发生日期及程度		站点分布
5 月 12 日	5 月 13 日	
轻	重	舞钢、鲁山、汝州、舞阳
重	—	宜阳、孟州、获嘉、新乡、焦作、原阳、温县、博爱、巩义、中牟、武陟、济源、修武
—	重	汝阳、嵩县
轻	轻	漯河、卢氏、郏县、确山、栾川、平顶山
轻	—	卫辉、登封、辉县、清丰、开封、内黄、三门峡、新郑、遂平、兰考、汤阴、禹州、淇县、长葛、西平、台前
—	轻	灵宝、固始、西峡、潢川、新县、商城

2）干热风前后遥感植被指数监测分析

分别计算每个冬小麦像元 5 月 12 日（干热风发生前）和 5 月 14 日（干热风发生后）的植被指数值，得出每个像元干热风发生前后的植被指数差值（5 月 12 日植被指数减去 5 月 14 日），并分析其变化特征。

NDVI 变化：比较干热风发生前后 *NDVI* 图像的统计直方图（图略），可知干热风发生后 *NDVI* 值下降明显。干热风发生前，像元 *NDVI* 值的分布呈单峰结构，峰值在 0.65 左右；干热风结束后，像元 *NDVI* 值的分布呈多峰结构，两处较明显的峰值在 0.55 和 0.35 处，说明冬小麦的植被指数在这两个值附近对干热风的影像更为敏感，下降幅度较大。根据 *NDVI* 差值的统计直方图（图 2-51）可知，干热风发生前后像元 *NDVI* 值减小量的峰值在 0.1 左右，峰值右侧 1/2 降幅位置处的值为 0.15，表明受灾严重的像元 *NDVI* 值降低了 0.15 以上。干热风发生前后共 379 780 个冬小麦像元 *NDVI* 值下降量超过 0.15，占像元总数的 27.2%，即超过四分之一面积的冬小麦受灾严重。

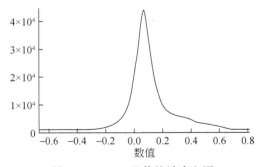

图 2-51　*NDVI* 差值统计直方图

　　图 2-52 为干热风前后冬小麦像元 *NDVI* 差值，*NDVI* 差值越大说明该像元冬小麦受灾越严重。图中冬小麦受灾严重地区与地面监测站点空间分布并不完全一致，这主要与冬小麦灌浆所处时期不同对灾害抵御能力不同，以及土壤墒情、作物长势、前期田间管理的差异等有关。

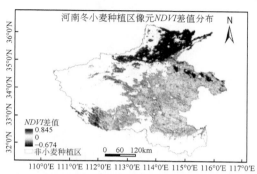

图 2-52　干热风前后冬小麦像元 *NDVI* 差值图

　　RVI 变化：比较干热风发生前后 *RVI* 图像的统计直方图（图略），在干热风发生前，河南冬小麦像元的 *RVI* 值主要分布在 2.5 ~ 5.0，占像元总数的 65.97%，大于 5.0 的像元数约占 14.29%；而干热风发生后，*RVI* 值大于 2.5 的像元数量下降到 52.52%，大于 4.0 的像元数也只有 10.91%。分别在 1.0 和

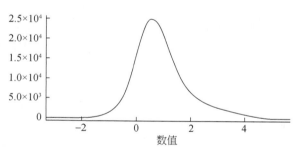

图 2-53　*RVI* 差值统计直方图

2.0 附近的低值区出现两个峰值。*RVI* 差值统计直方图（图 2-53）的峰值出现在 0.5 附近，均值约为 0.95，进一步说明干热风过境导致像元 *RVI* 值整体下降。峰值右侧 1/2 降幅处的值为 1.5，且 *RVI* 下降幅度在 1.5 以上的像元约占总像元数的 22.53%。

　　出现上述现象的原因可能是：干热风过境后，*RVI* 值在低值区的变化较为显著，其频率曲线波动较大，表明干热风在不同植被指数区间对作物的影响程度不同；而在高值区的大幅下降，说明干热风过境对小麦植被指数有明显影响，能够导致作物植被指数在整体上出现大幅下降。*RVI* 值在 1.0 附近的像元数急剧增加能够充分说明干热风导致的植被枯萎现象非常严重。干热风发生前后冬小麦像元 *RVI* 差值空间分布（图 2-54）与 *NDVI* 差值空间分布相似。

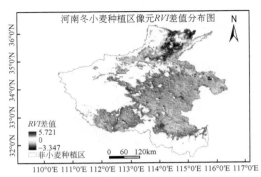

图 2-54　干热风前后冬小麦像元 *RVI* 差值图

ARVI 变化：干热风发生前后冬小麦像元 *ARVI* 差值空间分布情况（图略）与 *NDVI* 和 *RVI* 类似。干热风发生前，像元 *ARVI* 值的分布呈单峰结构，峰值在 0.8 左右；干热风发生后，像元 *ARVI* 值的分布呈多峰结构，两处较明显的峰值在 0.65 和 0.35 处，小麦像元 *ARVI* 值减小量的峰值在 0.125 左右，中值为 0.15，峰值右侧半高位置在 0.2 附近，且 *ARVI* 值降低 0.2 以上的像元数约占总像元数的 26.36%。与 *NDVI* 直方图分布不同的是干热风发生前后的 *ARVI* 峰值均上移，主要原因可能在于 *ARVI* 更好地消除了大气散射的影响，使植被指数值在分布上有所提高。但是这一结果同样能够说明干热风的过境对冬小麦种植区产生了严重影响，造成其植被指数的大幅下降。

DVI 变化：*DVI* 能很好地反映植被覆盖度的变化，但对土壤背景的变化较敏感。分析发现，干热风过境后 *DVI* 下降的像元仅占总小麦像元的 25.44%，其余部分的 *DVI* 值均有不同程度上升，且 *DVI* 前后变化的峰值集中于 -0.5 左右（图略）。*DVI* 变化量峰值左侧半高在 -0.75 附近，且小于此值的像元有 205 118 个，约占河南冬小麦种植区的 14.69%。*DVI* 的变化与上述几种植被指数不同的原因可通过对影像光谱的分析来探讨，根据刘静等（2012）关于宁夏春小麦干热风危害的光谱特征分析发现：小麦的红边斜率会随着干热风的加重而减小，红边在近红外的拐点波长随着干热风的加重会出现"蓝移"。说明干热风会引起植被叶片失去水分，部分枯萎的植被可能失去叶绿素，导致光谱在近红外波段的反射率较大幅度下降，正是由于这一光谱变化特征，干热风并没有引起 *DVI* 的整体下降，反而在高值区有所上升，且上升幅度越高，就说明作物受灾越严重。因此，*DVI* 差值监测得到的受灾严重区域的空间分布与 *NDVI*、*RVI* 和 *ARVI* 的监测结果相符。

EVI 变化：根据干热风发生前后 *EVI* 的差值分布直方图（图略），干热风发生后河南冬小麦种植区的像元 *EVI* 有所上升，这一情况与 *DVI* 的监测结果类似。*EVI* 的变化量统计图的峰值出现在 -0.5 ~ -0.1，负值部分占到 71.02%，说明在

干热风发生后，河南冬小麦种植区超过 2/3 的小麦像元 *EVI* 值上升。

从 5 种植被指数干热风前后的变化来看，*NDVI*、*RVI*、*ARVI* 在干热风灾害发生后具有明显的下降趋势，植被指数的下降量随干热风灾害程度加重而增大，植被指数的下降量级可用于区分受灾等级。此次个例分析中，*NDVI* 降幅达 0.15 以上的像元为重度受灾区域，*RVI* 降幅达 1.5 以上的像元可视为重度受灾区，*ARVI* 降幅达 0.2 以上的像元为重度受灾区域。

3）植被指数对不同程度干热风的敏感性分析

与地面监测的干热风站点结合，研究干热风发生前后的植被指数具体变化情况，可进一步分析不同等级干热风对植被指数的影响程度（李颖等，2014）。根据灾害监测实况，将检测到的干热风站点分为 Ⅰ、Ⅱ、Ⅲ 三种类型，具体的分类标准见表 2-30。

表 2-30　干热风站点类型划分依据

干热风站点类型	干热风日
Ⅰ 型	两日重度或一重一轻
Ⅱ 型	单日重度或两日轻度
Ⅲ 型	单日轻度

选取干热风地面监测站点最近的冬小麦像元，提取该像元在干热风发生前后每种植被指数，并计算其差值（5 月 14 日减去 5 月 12 日），得到不同干热风站点类型各指数的变化均值（表 2-31）。

表 2-31　多种植被指数不同类型站点干热风发生前后变化均值

干热风站点类型	*NDVI*	*RVI*	*ARVI*	*DVI*	*EVI*
Ⅰ 型	−0.071 6	−0.387 9	−0.043 2	0.012 7	0.052 7
Ⅱ 型	−0.067 3	−0.371 3	−0.019 0	0.015 8	0.064 4
Ⅲ 型	−0.116 1	−0.530 2	−0.127 5	−0.003 2	−0.006 3

干热风发生的不同类型站点中，*RVI* 变化量的均值最大，其次是 *NDVI* 和 *ARVI*、*DVI* 和 *EVI* 在干热风发生后植被指数有小幅度上升，具体原因上一节已分析。结合前面的分析可知，冬小麦种植像元的 *NDVI* 和 *ARVI* 在干热风发生后的变化具有一致性，且由表 2-31 可知 Ⅰ 型干热风和 Ⅱ 型干热风 *NDVI* 的变化均值均大于 *ARVI* 的变化均值。由此可初步认定在 5 种植被指数类型中，*RVI* 和 *NDVI* 能够明显地反映干热风发生后冬小麦植被指数的下降情况，对干热风的敏感程度较高。

图 2-55 为 Ⅰ 型干热风站点 *NDVI* 变化量与干热风发生当天的日最高温度和 14

时地面 10m 风速的关系。重度干热风过境导致的 *NDVI* 降幅与这两种因子均呈正相关，风速越大、气温越高导致 *NDVI* 值的降幅越大，主要原因在于较高的温度和风速会大大加速作物的蒸腾，如果此时的土壤水分供应不足甚至导致作物枯萎，进而导致植被指数的下降。以温度、湿度和风速三种气象因子作为自变量，回归分析参数见表 2-32。

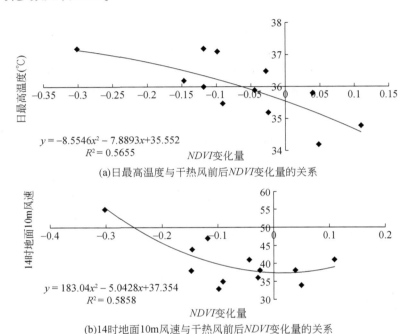

(a)日最高温度与干热风前后*NDVI*变化量的关系

(b)14时地面10m风速与干热风前后*NDVI*变化量的关系

图 2-55　Ⅰ型干热风站点处干热风当天气象因子与 *NDVI* 变化量的关系

表 2-32　Ⅰ型站点 *NDVI* 变化与多气象因子回归分析参数表

模型	非标准参数估计		标准参数估计	*T* 检验	显著性检验 *P* 值
	参数估计	标准差	测试值		
常数项	2.864	0.822	—	3.483	0.007
14 时湿度	−0.004	0.003	−0.244	−1.311	0.222
14 时地面 10m 风速	−0.005	0.003	−0.323	−1.579	0.149
日最高温度	−0.074	0.024	−0.637	−3.06	0.014

由方程参数可知，温度的权重最大，表明温度对 *NDVI* 变化的影响最大。对 *NDVI* 变化量的模拟方程进行回代检验，遥感监测的 *NDVI* 变化值和模拟值相关系数达 0.8402，表明三元线性回归方程的结果比较合理，重度干热风发生时的站点

温度、湿度和风速因子对 *NDVI* 的变化有显著影响。

Ⅱ型干热风站点，干热风发生前后 *NDVI* 的变化量与日最高温度有一定关系，其三次拟合函数的均方根误差为 0.45。当 *NDVI* 降幅大于 0.08 时，其降幅会随着日最高温度的升高而增大，降幅小于此值和 *NDVI* 值增加的站点，*NDVI* 值变化量与日最高温度、14 时地面 10m 风速的关系不明显。

干热风发生前后Ⅲ型干热风站点 *NDVI* 变化量与日最高温度、14 时地面 10m 风速之间无明显的相关关系。由此可知，随着站点处干热风等级的下降，其植被指数的降幅与温度、风速之间的相关性也逐渐降低。

RVI 变化的分析方法与 *NDVI* 类似，从图 2-56 看出，风速越大、气温越高，*RVI* 值的降幅越大。这一分析结果与Ⅰ型站点 *NDVI* 和气象因子之间的关系基本一致。*RVI* 变化量与温度、湿度和风速三种气象因子回归方程的相关系数为 0.8414，具体回归参数见表 2-33。

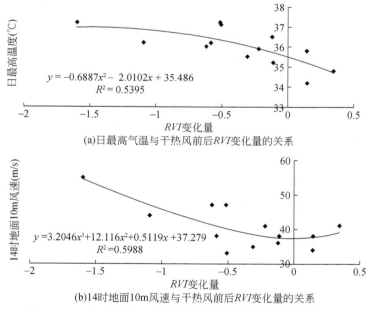

(a)日最高气温与干热风前后*RVI*变化量的关系

(b)14时地面10m风速与干热风前后*RVI*变化量的关系

图 2-56　Ⅰ型站点处干热风日气象因子与 *RVI* 变化量的关系

表 2-33　Ⅰ型站点 *RVI* 变化与多气象因子回归分析参数表

模型	非标准参数估计		标准参数估计	*T* 检验	显著性检验
	参数估计	标准差	测试值		*P* 值
常数项	12.55	4.108	—	3.055	0.014

续表

模型	非标准参数估计		标准参数估计	T 检验	显著性检验
	参数估计	标准差	测试值		P 值
14 时湿度	−0.019	0.015	−0.237	−1.276	0.234
14 时地面 10m 风速	−0.037	0.017	−0.437	−2.141	0.061
日最高温度	−0.309	0.12	−0.534	−2.572	0.03

Ⅱ型干热风站点 *RVI* 变化量与日最高温度、14 时地面 10m 风速相关性不显著。Ⅲ型干热风站点 *RVI* 变化量与日最高温度、14 时地面 10m 风速无明显相关性。进一步证明，随着站点干热风等级的下降，植被指数的降幅与温度、风速之间的相关性也逐渐下降。

从上面的分析可知，在 5 种植被指数中，*NDVI* 和 *RVI* 对干热风的影响最为敏感，能有效反映干热风对作物生长的影响情况及当地的受灾程度。对 *NDVI* 和 *RVI* 变化量进行相关分析发现（图 2-57），各气象站点处 *NDVI* 和 *RVI* 的变化呈正相关，一次线性回归的相关系数达到 0.9434，这两种植被指数具有较高的一致性，均能较好地反映干热风对植被长势的影响程度。

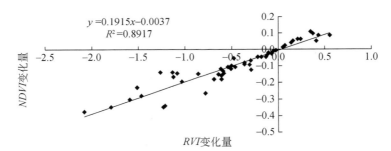

图 2-57　所有干热风站点 *NDVI* 和 *RVI* 变化量的关系

2.2.3.4　立体监测方案

干热风灾害立体监测将作物发育期、地面气象站点与卫星遥感监测相结合，形成覆盖冬小麦灌浆整个时期，包涵干热风气象站点监测实况、灾后作物受灾情况，地空结合、点面结合的灾害监测技术，确保灾情判断的有效性、准确性和全面性，立体监测技术方案见图 2-58。

干热风灾害主要威胁冬小麦灌浆，灾害立体监测首先应与冬小麦发育期动态监测相结合，判断当前是否处于冬小麦受干热风影响的关键期，如已进入关键期，则启动干热风立体监测技术方案。干热风站点监测利用地面四要素气象观测

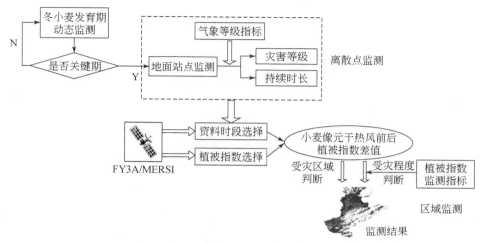

图 2-58　冬小麦干热风立体监测技术流程

站观测的实时资料，结合《冬小麦干热风等级指标》，判断离散点上干热风灾害发生情况。地面站点监测时效性强、准确率高，但气象台站离散分布，不能从空间上代表冬小麦大田生产的实际情况。因此，利用遥感监测技术，根据地面站点监测的干热风出现日期，选取干热风出现前后的遥感影像并进行相关校正。植被指数选择对干热风灾害敏感性较强的 NDVI 或 RVI 指数，计算干热风发生前后植被指数的差值，根据植被指数变化量的等级，从空间上监测受影响区域和影响程度。由于冬小麦灌浆后期叶片逐渐衰老，叶绿素含量明显降低，该立体监测方案主要适用于灌浆前中期发生的干热风灾害。

2.2.3.5　结果与验证

采用干热风灾害立体监测方案对 2014 年干热风发生情况进行监测。2014 年 5 月 26～29 日，山东出现大范围干热风天气，此时正值冬小麦灌浆中期。根据地面气象资料监测，26～29 日共 95 个站点出现了不同等级的干热风天气，约占台站总数的 78%，其中，出现重度干热风的站点多达 80 个，2 日以上均出现重度干热风的站点有 18 个。选择 5 月 26 日和 30 日上午 10 时的 FY3A/MERSI 影像数据，分别代表受灾前和受灾后的遥感图像，植被指数选择应用最广泛的归一化植被指数 NDVI。分别计算各像元的 NDVI 值，并计算干热风前后 NDVI 的差值，结果如图 2-59 所示。

图中深色代表干热风影响后 NDVI 值减小，颜色越深减小幅度越大。从空间上看，鲁西南、鲁中及半岛西部受干热风的影响比较明显，鲁北有轻微影响。统计发现，共 2 141 098 个像元 NDVI 值下降，占总像元数的 82.3%，NDVI 下降 0～0.15

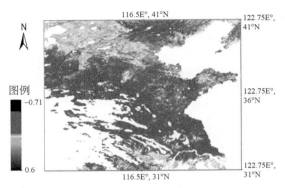

图 2-59　2014 年 5 月下旬干热风前后 *NDVI* 变化量

的占 46.1%，下降 0.15 ~ 0.3 的占 31.2%，下降 0.3 以上的占 8.1%。监测结果与山东气候中心提供的地面监测及单点调查结果相符，但重度受灾区域（*NDVI* 下降量大于 0.15）的比例较地面监测站点偏小，这可能与田间管理差异有关。

　　综上所述，干热风灾害立体监测，是基于地面气象要素、地面光谱分析、遥感植被指数的综合立体监测。在小麦灌浆期，利用 FY3A/MERSI 资料可大范围开展干热风的监测与评估。

　　根据干热风后冬小麦的光谱响应特征，探索适用于重度干热风监测的高光谱植被指数，得出每种植被指数对干热风影响的敏感度，结果发现 RVI_{MERSI}、$PSSR_a$、$PSSR_b$、mSR_{705}、SR_{550}、SR_{705}、RVI_{MERSI} 和 $PSSR_c$ 等多种高光谱植被指数适用于重度干热风过程的监测。

　　在对干热风发生前后卫星遥感植被指数分析发现：①植被指数 *NDVI*、*RVI*、*ARVI* 在干热风灾害发生后具有明显的下降趋势，*NDVI* 和 *RVI* 对干热风灾害程度的敏感性高于 *ARVI*，其变化情况均可反映干热风发生情况；②植被指数的下降量随干热风灾害程度加重而增大，其变化程度可用于区分干热风灾害等级；③植被指数变化量与干热风灾害程度的相关性随干热风灾害加重而增大，干热风灾害程度越重，遥感监测效果越好；④*NDVI* 和 *RVI* 监测干热风灾害具有较高的一致性。

2.3　灾害的动态评估技术

2.3.1　南方双季稻低温灾害

　　水稻低温灾害评估是指在低温灾害监测的同时，通过评估模型和评估指标，推断低温灾害可能造成的损失。因此，针对早晚稻低温灾害特点，建立动态评估对象，如早稻群体茎蘖、地上部分干物质总量和晚稻的籽粒重等，运用相应的动态评估模型，在跟踪低温灾害的同时，估算评估对象相对光温适宜时的变化率，定量确定灾害的影响及其潜在的减产。本节首先建立了适用于南方双季稻低温冷害损失评估方法。然后，采用数据同化方法实现站点、卫星遥感和评估模型相结合的低温灾害动态评估。最后，建立了双季稻低温灾害风险评估技术，并以双季稻的 5 月低温和寒露风为例进行冷害风险评估。

2.3.1.1　动态评估方法

1）基于数据同化的动态评估方案

参考相关研究（Launay and Guerif，2005；de Wit and van Diepen，2007；Dowd，2007；Iizumi et al.，2009），图 2-60 显示了双季稻低温灾害动态评估流程。该技术采用数据同化方法，将气象观测、大田观测、卫星观测和作物模型等连接起来，根据实测大田生物量、群体茎蘖、籽粒灌浆和遥感反演的生物量、LAI 等数据对作物模型参数进行优化，更新参数值，使得模拟的状态变量值与实测值的误差最小。在区域应用时，对每个水稻像元进行数据同化，获取每个像元独有的一套待优化参数最优值。在最优值下，模型向后模拟，直至下次观测。每次观测的值与前面所有观测值综合在一起形成新的样本用于参数更新。在最后一次参数更新后，模型向后模拟，并最终估算出产量。为了评估灾害损失和影响程度，额外模拟光温条件适宜情况下的水稻长势和产量，并作为参照，与实际模拟的结果进行比较，分别对茎蘖动态、干物质积累、产量要素和产量进行损失评估。

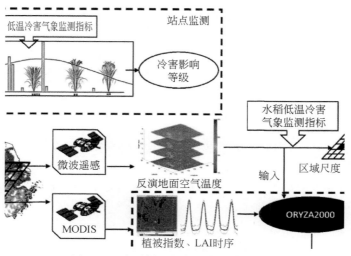

图 2-60　水稻低温灾害动态评估流程图

参数优化是重要的步骤之一。对模型敏感参数进行优化或重新初始化，有利于减少运行成本。表 2-34 列出了 ORYZA2000 中的待优化参数及其设置。表 2-35 和表 2-36 则给出了群体茎蘖动态模型和籽粒灌浆动态模型中的待优化参数及其设置。

针对站点尺度，将茎、绿叶和穗生物量、枯叶生物量、群体茎蘖数和灌浆速率的观测值与模拟值进行比较，待优化参数为所有 3 个表中列出的参数。针对区域尺度，由于该尺度上缺乏观测资料，仅使用遥感反演得到的绿叶生物量作为"实测值"与模拟值进行比较，因此，待优化参数仅有 NPLS、EMD、RGRLMX 和 FLVTB。

表 2-34　　ORYZA2000 模型待优化参数及其设置

参数名称	DVS	初始值	值域	参数意义	参数文件
NPLS	—	23	[20, 80]	大田基本苗（株/m），NPLS = NPLH×NH	EXPERIMENT. DAT
EMD	—	85/170*	[65, 110] / [160, 190]*	出苗日数（d）	EXPERIMENT. DAT
RGRLMX	—	0.0085	[0.004, 0.09]	相对叶面积增长速率	CROP. DAT
LRSTR**	—	0.947	[0.01, 0.99]	来自茎秆存留量的用于生长量积累的分量	CROP. DAT
FLVTB	0.00	0.6	[0.1, 0.8]	起始绿叶分配系数	CROP. DAT
	0.50	0.6	[0.1, 0.8]	DVS = 0.5 时的绿叶分配系数	CROP. DAT
	0.75	0.3	[0.0, 0.8]	DVS = 0.75 时的绿叶分配系数	CROP. DAT
FSTTB**	1.00	0.4	[0.0, 0.6]	DVS = 1.0 时的茎秆分配系数	CROP. DAT
DRLVT**	1.00	0.015	[0.0, 0.05]	DVS = 1.0 时的枯叶系数	CROP. DAT
	1.60	0.025	[0.0, 0.1]	DVS = 1.6 时的枯叶系数	CROP. DAT
	2.10	0.05	[0.0, 0.1]	DVS = 2.1 时的枯叶系数	CROP. DAT

*早稻/晚稻；　**不适用于区域尺度

表 2-35　水稻群体茎蘖动态模拟模型待优化参数及其设置

参数名称	初始值	值域	参数意义
K_0	0.28	[0.1, 0.5]	群体茎蘖潜在增长率
L_{e0}	0.72	[0.5, 0.9]	水肥适宜条件下的分蘖率

表 2-36　水稻籽粒灌浆动态模拟模型待优化参数及其设置

参数名称	初始值	值域	参数意义
q	0.5	[0, 10]	模型系数

　　数据同化中选择的参数优化算法为 Markov Chain Monte Carlo（Ceglar et al.，1994；Dowd，2007）。该算法基于 Bayes 理论，将模型参数的概率密度分布 p (v) 和该参数分布下模型模拟值的概率密度分布 p $(c \mid v)$ 结合，反演给定观测值时参数的后验概率密度分布 p $(v \mid c)$。在实际应用中，首先，依据参数的先验概率分布产生大量参数样本并带入模型进行模拟（Wang et al.，2009；Ziehn et al.，2012），然后计算目标函数值，为使该值最小化，使用 Metropolis-Hastings 算法对迭代中的参数样本进行筛选和更新，在若干次迭代后，有限个数的参数样本被接受用于获取参数值的后验概率密度分布，并以此统计平均值或最大概率对应的参数值为最优参数值。设置每次参数优化的样本量为 50 000，参数变化步长初定为 0.1，但将根据参数样本接受率来进行调整。目标函数为

$$J(v) = \frac{1}{2} \left[(C_M - C)^T C_c^{-1} (C_M - C) + (v - v_0)^T C_{t0} (v - v_0) \right] \qquad (2.36)$$

式中，c_M 是与观测值对应的模型模拟值；v_0 是先验参数值；C_c 和 C_{t0} 分别是观测变量和待优化参数的协方差矩阵。

　　各参数初始值作为先验参数值，其不确定性以值域的 1/4（Doherty，2005）。为保证每次更新的参数值在有效值域范围内，假设各参数先验分布为对数分布，对各参数值进行对数转换，并对转换后的参数值进行优化（Ziehn et al.，2012；Kemp et al.，2014）。优化后获取各参数分布特征，然后根据对数反转换计算参数值和标准差。转换前的参数取值域称为实数域，对数转换后的参数取值域为优化域。优化域中先验参数具有高斯分布特性，参数的不确定性为 1。

　　2）基于统计的灾损评估方法

　　利用历年县级双季稻单产数据，采用两种不同的作物趋势产量分离方法（二次多项式和三次 Hermit 滑动平均），利用分离所得的趋势产量减去实际产量求出气象产量。分析双季稻生长期内冷害高发时段的活动积温距平值。将两个结果结合起来找出积温距平为负同时又是气象减产年的情况，假设这些年份的水稻减产仅与冷害有关，并以此计算出冷害减产率和经济损失量，如图 2-61 所示。

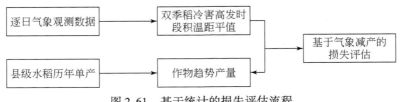

图 2-61　基于统计的损失评估流程

3）基于模型模拟的灾损评估方法

基于统计的灾损评估方法是基于减产仅由冷害造成这一假设得到的。然而，气象减产是多因素共同作用的结果，并且这些因素之间往往存在着交互作用，也许减产这一表象的主因是洪涝或是干旱，但这里都归结为冷害显然缺乏合理性。另外，不同方法分离的气象产量包含的含义有所不同。因此，有必要进一步从多因素中分离出由冷害单独所造成的减产，也有必要对这两种方法分离的气象产量的含义做进一步解析。显然解决这些问题传统的分析方法不能胜任，为此必须采用更科学的方法来完成南方双季稻冷害这一小灾种的损失评估，作物模型模拟无疑是一个好的选择。

为此，试图基于作物趋势产量（无灾年份分离的产量）与作物在平均光温条件下模型模拟的潜在产量近似相等这一假设建立灾损评估方法。在矫正区域化双季稻模型参数的基础上，利用作物模型分别模拟平均光温条件和冷害发生时的水稻潜在产量。通过比较两者产量差异，确定冷害单一灾害损失。评估技术路线如图 2-62 所示。

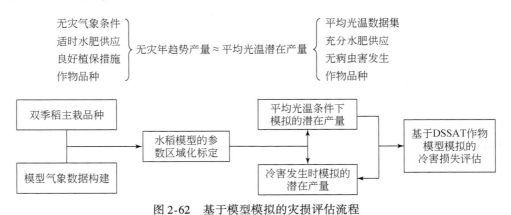

图 2-62　基于模型模拟的灾损评估流程

2.3.1.2　评估结果与验证

1）基于数据同化的评估验证

以 2012 年两优培九的分播期试验为例，对站点尺度动态评估方法进行验证。

参照气象资料的获取采用如下方法：根据 4 个生育阶段（播种至移栽、移栽至幼穗分化、幼穗分化至抽穗、抽穗至成熟）的温度适宜性指标（表 2-37），对实测气象资料中的温度进行了低温过程识别和处理。当某日平均气温低于平均最适温度时，人为提升最低温度和（或）最高温度，使得平均温度等于平均最适温度。

表 2-37　水稻主要生育阶段的温度适宜性指标

生育阶段	下限温度（平均值）	适宜温度（平均值）	上限温度（平均值）
播种至移栽	12 ~ 14℃（13℃）	20 ~ 32℃（26℃）	40℃
移栽至幼穗分化	15 ~ 17℃（16℃）	25 ~ 32℃（28.5℃）	33 ~ 37℃（35℃）
幼穗分化至抽穗开花	15 ~ 22℃（18.5℃）	25 ~ 32℃（28.5℃）	40℃
抽穗开花至成熟	15 ~ 20℃（17.5℃）	23 ~ 32℃（27.5℃）	35 ~ 37℃（36℃）

由于两播期水稻出苗日数和大田基本苗为已知量，且品种的生育期参数均经过标定，因此，对表 2-36 ~ 表 2-38 参数进行优化。然而，在不同生长阶段，待优化参数数量不同，最少为 5 个，最多为 10 个。

目标函数中的参数协方差矩阵 C_{v0} 设定为对角线矩阵，维度为待优化参数总数，每个对角线的元素值等于待优化参数的方差，即参数不确定性的平方。与此类似，CM 的对角线元素值等于观测值的方差，即观测值不确定性的平方。然而，生物量等观测要素的不确定性随生育期的进程变化。因此，采用不确定性系数（表 2-38），将其与观测值量级相乘估算出不确定性。

表 2-38　不同观测要素的不确定性

观测要素	WLVG	WST	WLVD	WSO	WGRA	SD
不确定性系数	0.5	0.5	0.5	0.5	0.25	0.3

注：WLVG 为绿叶干重；WST 为茎干重；WLVD 为枯叶干重；WSO 为穗干重；WGRA 为籽粒千粒重；SD 为群体茎蘖密度

图 2-63 显示了各次参数优化后地上部分生物量模拟值与未优化模拟值和实测值的比较。可以看出，未优化的模型模拟值较参数优化后的要高，且两者差异随着水稻的生长增加。未优化模型模拟的 S5 和 S6 产量较优化后的模拟产量分别高 56.3% 和 18.8%，表明经过数据同化后，模拟的结果更贴近实际。据误差统计，未优化情况下 S5 和 S6 的地上部分生物量模拟值与实测值的根均方误差（RMSE）分别为 2299.6 kg/hm² 和 1367.8 kg/hm²，而参数优化后两播期模拟值与实测值的 RMSE 分别为 1388 kg/hm² 和 445.2 kg/hm²。

S6 在水稻穗形成阶段出现一次连续 4 天日平均气温<22℃的低温过程，被判别为一般障碍型冷害。在监测到这次冷害后，对冷害的影响进行了评估。结果显

示，此次低温冷害期间，地上部分总生物量较参照情况下减少33.3%，减产率为20.2%，空壳率增加6.5%。

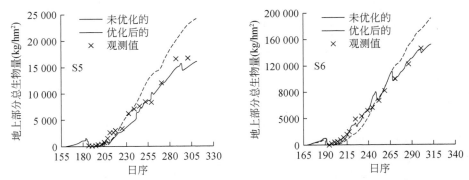

图 2-63　　每次参数优化后地上部分生物量模拟值与未优化的模型模拟值和实测值的比较

在区域上，以湖南和湖北 2009 年早稻和 2010 年晚稻生长季低温灾害典型事件为例（田小海等，2009；陆魁东等，2011），结合 MODIS 卫星遥感数据，验证数据同化方法在区域水稻低温灾害监测和评估中的可行性和可靠性。

以覆盖两湖地区 8 天合成的 MOD09A1 产品计算每个水稻像元的 *EVI* 指数，并根据 *EVI* 与水稻绿叶生物量的经验关系，反演得到水稻绿叶生物量。将反演的生物量作为"观测值"与模型模拟的 8 天平均值进行比较，并使用 MCMC 对待优化参数进行调整或重新初始化。由于观测变量仅限于绿叶生物量，因此，仅对表 2-37 中的 NPLS 和 EMD 两个参数进行优化。水稻生育期参数设定参考 Shen 等（2011）的研究结果，按照省份的主栽品种确定生育期参数值。

每个水稻像元的气象输入数据均来自区域 1°×1° 网格中的气象台站。采用经验方法确定模拟起始时间，即针对早稻，从北纬 25° 开始每向北增加 1° 推后 1 天的方法从南至北设定各纬度播种期。其中，北纬 25° 早稻播种时间设定为第 80 天。针对晚稻，从北纬 33° 开始向南每减少 1° 推后 1 天的方法从北至南设定各纬度播种期，其中，北纬 33℃ 晚稻播种时间设定为第 175 天。模拟时秧田期长均设定为 25 天。

对两湖地区早稻"五月寒"进行了监测和评估。图 2-64（a）显示了模拟的水稻生长期长（DAE）。可以看出，两湖平原的水稻生长期在 102～130 天，较周边区域普遍长约 15 天，湘南、鄂东及鄂西北地区同样有零星的生长期较长的区域，与该地区遭遇严重低温冷害而导致生育期延迟有关。图 2-64（b）还显示了模拟产量的空间分布。统计显示，研究区平均模拟产量在 3439.7 kg/hm²，标准差为 2672.6 kg/hm²。模拟产量较高的区域分布相对零散，出现在沅江南部、岳阳北部和老河口部分地区。将该地区与水稻生长期图对比发现，产量高的地区与模拟生长期长的区域吻合较好，如老河口至钟祥的部分地区、荆州和岳阳一带等，但沅江地区模拟生长期与产量关系呈负相关，可能与品种参数差异等未知因素影响有关。

由空秕率模拟模型估算了每个像元空秕率。该模型通过穗形成阶段和抽穗灌浆期间温度和日较差两个因素建立空秕率的模拟方程。研究区水稻像元的空秕率模拟结果见图 2-64（c）。从总体上看，空秕率高的地区零星分布在鄂东和湘中南地区，沅江地区空秕率较高，与该地区实地调查情况吻合。与参考气象数据模拟的产量进行对比，计算了相对参照产量变化率（YDR），公式如下：

$$YDR = \frac{Y_{opt} - Y_{ref}}{Y_{ref}} \times 100\% \tag{2.37}$$

式中，Y_{opt} 是数据同化后模拟产量；Y_{ref} 是参考模拟产量。从图 2-64（d）看出，相对参考产量，研究区水稻呈现普遍减产的特点，表明"五月寒"期间的低温冷害对产量造成了不利的影响，造成了大范围的减产。

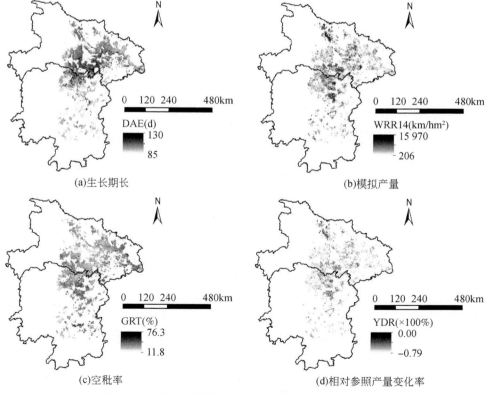

(a)生长期长　　　　　　　　　　　(b)模拟产量

(c)空秕率　　　　　　　　　　　(d)相对参照产量变化率

图 2-64　早稻生长期长（DAE）、模拟产量（WRR14）、空秕率（GRT）和相对参照产量变化率（YDR）的空间分布

在每个网格内随机选取靠近气象观测站 150～1500 个水稻像元，计算所选像元的平均生育期长、空秕率和减产率，并以空秕率作为评估"五月寒"期间低温冷害影响的依据，如表 2-39 所示。将相关站点评估结果与受灾典型地区（湖北公安县和石首市、湖南澧县和汉寿县）的情况进行比较。结果显示，由于 2009 年湖南和湖北两省早稻生长季普遍遭受"五月寒"的影响，大多数站点的冷害评估等级为中度，仅 4 个站点为轻度。荆州、岳阳和常德一带冷害评估等级为中度，模拟产量较其他地区产量明显减少，空秕率也大多在 20% 以上，略微低估了典型受灾地区的冷害影响。

表 2-39　湖北和湖南水稻像元模拟结果及"五月寒"低温冷害影响评估等级

省份	站点	DAE (d)	WRR14 (kg/hm²)	GRT (%)	YDR (%)	冷害评估等级
湖北	老河口	98	7369	17.9	-33.8	中
	枣阳	104	6744	14.0	-28.1	轻
	广水	97	3788	15.5	-51.6	中
	麻城	94	3244	21.6	-69.0	中
	钟祥	99	5748	15.4	-36.1	中
	宜昌	94	2739	16.4	-61.4	中
	荆州	102	2575	24.4	-63.5	中
	天门	105	4501	13.4	-47.0	轻
	武汉	102	3140	16.6	-53.0	中
	黄石	94	2332	18.6	-64.6	中
	嘉鱼	99	6061	15.4	-42.9	中
湖南	岳阳	108	4359	19.4	-46.7	中
	南县	102	4582	16.4	-48.0	中
	石门	97	3225	14.8	-58.3	轻
	常德	104	2729	22.3	-57.8	中
	沅江	95	5987	21.0	-33.3	中
	平江	95	4091	16.8	-44.8	中
	长沙	97	3805	19.2	-50.0	中
	双峰	95	3953	19.5	-51.4	中
	邵阳	95	4173	13.3	-50.6	轻
	零陵	93	4768	15.4	-42.7	中
	常宁	95	3211	19.9	-54.2	中

注：DAE 表示生长期长；WRR14 表示模拟产量（含 16% 水分）；GRT 表示空秕率；YDR 表示相对参照产量变化率。低温冷害判别等级：GRT 在 5%～15% 为轻，15%～25% 为中，>25% 为重

　　湖北和湖南两省双季晚稻抽穗开花期主要出现在 9 月，因此，统计了研究区各站点 2010 年 9 月 1 日至 9 月 30 日的低温冷害情况。结果显示，除郴州站点为 8 天外，其余所有站点在 9 月 22 日至 9 月底均出现连续 9 天的日平均温度 <22℃ 的低温天气。在统计日平均温度 <20℃ 的低温冷害时，30.4% 的站点出现连续 9 天的低温天气，21.7% 为连续 8 天，连续 5 天的占 26.1%，连续 3 天的为 17.4%，连续 7 天的为 8.7%。由此可见，此次寒露风影响时间长，范围广，对晚稻抽穗开花不利。

　　从第 28 景影像开始对 NPLS 和 EMD 进行参数优化直至第 34 景。受到云雨的影响，水稻像元参数优化次数在 3~7 次，最后一次参数优化的参数样本接受率在 0.09~0.74，平均达到 0.29，在有效的参数样本接受率范围内。

　　图 2-65 显示了各模拟要素的空间分布。可以看出，湖北和湖南两省模拟的晚稻生长期长差别较大，湖南晚稻平均生长期长在 115 天，湖北在 121 天，差异较大的原因与品种生育期参数差异有关。研究区模拟产量总体上呈现南北高，中部低的特征，常德、沅江、长沙等地产量明显低于全区平均水平，与实际调查反映的该地区 2010 年产量下降吻合较好。就空秕率而言，较高的地区集中在湖南的石门、常德、南县、沅江和湖北的荆州地区，该地区平均空秕率达到 36.3%，鄂东地区空秕率相对较高，如黄石地区平均达到 30.7%。湘南地区空秕率普遍较低，在 13.3%~19.9%，表明该地区在抽穗和灌浆前期受低温影响较小。湖北荆州、武汉、嘉鱼和麻城等地的模拟产量与参照产量接近，平均相对参照产量变化率为 -15.8%，而湘北部分地区相对参照产量变化率在 -21.1%~45.3%，明显低于湖北地区，表明该地区水稻生产受环境胁迫的程度大。从 DAE 的统计分布看，模拟的晚稻生长期长标准差大，说明该要素的空间差异明显。产量的统计分布显示，整个研究区平均产量为 8140 kg/hm²，标准差为 3442 kg/hm²，而空秕率区域平均为 21.6%，标准差为 14.4%，相对参照产量变化率的区域平均为 -24.5%，标准差为 7.73%。

　　同样，在每个网格内随机选取靠近气象观测站 150~1500 个水稻像元，计算所选像元的平均生育期长、空秕率和减产率，并以空秕率作为评估寒露风期间低温冷害影响的依据，表 2-40 列出了所有站点的评估结果。结果显示，湘北地区多个站点的模拟产量较研究区平均产量要低，而该地区是受灾较重的区域。监测为重度受灾的站点冷害评估等级也为重度，这些站点结实率均 <75%，大多站点模拟产量较参照产量减少 25% 以上。然而，模拟产量较实际产量平均高 33.3%。根据评估为重度受灾站点的产量，湖北重度受灾的平均产量为 8707 kg/hm²，小于等于该平均产量的水稻像元数占该省总水稻像元数的 55.78%；湖南重度受灾的平均产量为 7547 kg/hm²，小于等于该平均产量的水稻像元数占该省总水稻像

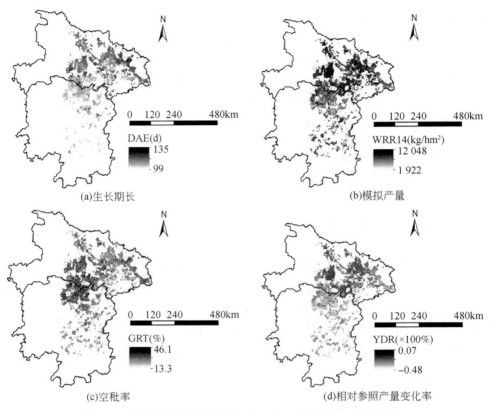

(a)生长期长　　　　　　　　　　(b)模拟产量

(c)空秕率　　　　　　　　　　(d)相对参照产量变化率

图2-65　研究区晚稻生长期长（DAE）、模拟产量（WRR14）、
空秕率（GRT）和相对参照产量变化率（YDR）的空间分布

元数的 44.36%。与实际情况比较，发现评估结果与实际受灾情况有一定差异，但从影响范围看，模拟结果与实际情况吻合较好。

表2-40　湖北和湖南水稻像元模拟结果及寒露风低温冷害影响评估等级

省份	站点	DAE（d）	WRR14（kg/hm²）	GRT（%）	YDR（%）	冷害评估等级
湖北	老河口	115	9026	26.1	−18.3	重
	枣阳	118	8634	29.8	−21.4	重
	广水	116	8595	21.6	−18.3	中
	麻城	123	8375	34.7	−24.1	重
	钟祥	116	8582	32.3	−21.3	中
	宜昌	116	8804	34.5	−27.1	重

省份	站点	DAE (d)	WRR14 (kg/hm²)	GRT (%)	YDR (%)	冷害评估等级
湖北	荆州	112	9263	29.0	−15.0	重
	天门	112	8241	31.7	−21.8	重
	武汉	111	9058	21.6	−19.7	中
	黄石	118	7778	30.4	−26.7	重
	嘉鱼	111	9534	26.1	−27.8	重
湖南	岳阳	105	7963	20.1	−18.9	中
	南县	109	7371	39.6	−29.1	重
	石门	108	8053	40.2	−26.5	重
	常德	102	7619	39.3	−30.7	重
	沅江	105	6783	32.4	−31.2	重
	平江	107	7341	26.2	−30.2	重
	长沙	106	8432	21.7	−26.6	中
	双峰	101	8115	26.9	−26.8	重
	邵阳	102	8256	20.0	−27.1	中
	零陵	107	7919	19.5	−28.9	中
	常宁	102	8232	19.1	−26.9	中

注：DAE 表示生长期长；WRR14 表示模拟产量（含 16% 水分）；GRT 表示空秕率；YDR 表示相对参照产量变化率。低温冷害判别等级：GRT 在 5%～15% 为轻，15%～25% 为中，>25% 为重

2）基于统计方法的灾损评估验证

选取江西双季稻作为研究对象，利用收集到的全省双季稻县级产量数据进行传统方法（统计）下的灾害损失评估。首先，对江西及其部分县市双季稻历年趋势产量进行了分离。然后，将各县市二次多项式分离的趋势产量与双季稻冷害高发时段（早稻 4～5 月，晚稻 9～10 月）积温距平值相对比，选出既是气象减产年，积温距平又为负值的年份，并初步假设这些年份的水稻减产与冷害有关。

结果表明，1981～2010 年江西 8 个县市早稻冷害在 1996 年以前较为高发，1996 年之后只有 2010 年有早稻冷害发生。晚稻冷害发生年份也与早稻基本一致。2000 年以后只有个别县市个别年份有冷害发生，2010 年均无晚稻冷害发生。通过以上分析研究进一步确定了 2010 年为研究时段。将 8 县市 4～5 月活动积温距平、计算的气象产量与 2.2.1.5 节中双季早稻冷害监测结果三者相对照发现它们在时间和空间上是十分吻合的，这也从另一方面验证出之前冷害监测的准确性。对于双季晚稻来说，2010 年江西 9～10 月温度条件良好，没有大范围冷害发生，这与之前晚稻冷害监测结果也一致。最终的评估结果见表 2-41。可以看出二次多

项式滑动平均计算的冷害损失减产较三次 Hermit 滑动平均计算的减产要小很多。

对于晚稻来说，因没有监测到冷害，气象站点 9 ~ 10 月积温距平也没有反映出冷害。因此，没有 2010 年晚稻冷害的损失评估，但方法和早稻冷害是一致的。

表 2-41　2010 年江西 8 县市双季早稻低温冷害损失评估结果

县名	早稻面积（hm²）	冷害减产率（%）		冷害减产量（kg/hm²）		总减产量（t）		经济损失（万元）	
		方法 1	方法 2	方法 1	方法 2	方法 1	方法 2	方法 1	方法 2
修水县	8544	0.97	8.15	47	428	405	3658	79	710
德安县	526	0.38	2.80	23	175	12	92	2	18
余干县	56 994	1.49	33.33	63	2093	3602	119 279	699	23 140
丰城市	64 119	0.08	10.68	5	659	299	42 247	58	8196
樟树市	35 123	2.54	6.73	167	461	5847	16 203	1134	3143
广丰县	16 125	6.93	34.55	288	2043	4646	32 943	901	6391
宜黄县	5557	0.94	8.76	56	566	313	3146	61	610
宁都县	26 324	1.00	7.13	57	430	1489	11 322	289	2197

注：2010 年江西早稻收购价格为 1940 元/t。方法 1：二次多项式滑动平均分离趋势产量。方法 2：三次 Hermit 滑动平均分离趋势产量

3）基于模型模拟的灾损评估验证

利用分离的县级趋势产量、江西 2010 年主栽品种信息和构建的平均气象条件对模型参数进行区域化矫正。利用矫正后的作物品种参数滚动替换平均光温数据，从而估算 2010 年 4 月 16 日冷害可能造成的单灾损失和实际光温条件下的潜在产量，并最终完成南方双季稻冷害损失评估的方法研究。

通过文献查阅得到 2010 年江西早稻主栽品种有金优 463、株两优 09、株两优 02、淦鑫 203、陆两优 996、T 优 898，根据这些品种信息计算出江西早稻主栽品种的平均全生育期长度是 113 天，平均抽穗天数为 84 天，种子千粒重为 26.5g，每亩①基本苗数为 8 万 ~ 10 万，并以此确定 DSSAT 模型的 A 文件和 T 文件部分参数信息。根据各县市 2010 年早稻播种日期设定模型模拟开始日期，水稻栽培方式设定为直播。利用无灾年分离的趋势产量设定模型矫正产量。气象数据代入各县市多年平均光温数据。利用 GLU 作物参数探索工具，分别经过 6000 次计算，最终确定 8 个研究县市各自的综合早稻特征参数，计算结果见表 2-42。

―――――――――――

① 1 亩 ≈ 666.7m²

表 2-42　江西 8 县市 DSSAT 模型早稻参数表

县名	P1	P2R	P5	P2O	G1	G2	G3	G4
德安县	254.70	33.61	467.90	12.13	70.56	0.026	0.73	1.18
丰城市	232.60	58.84	445.60	12.87	69.79	0.026	0.81	1.14
广丰县	251.90	36.99	441.10	12.36	69.21	0.025	0.36	1.19
宁都县	224.50	87.10	451.90	12.17	65.50	0.026	0.69	0.83
修水县	222.80	32.94	455.10	12.26	64.29	0.025	0.30	0.84
宜黄县	281.30	51.33	471.80	12.99	65.71	0.028	0.53	1.12
余干县	238.80	38.61	451.70	12.25	65.24	0.029	0.59	1.20
樟树市	230.80	53.31	472.40	11.81	68.69	0.026	0.31	1.01

注：P1 表示自出苗后水稻对光周期变化没有响应的时期（表示成生长度日），这个时期也被称为植物的营养生长阶段；P2R 表示大于临界光周期每增加 1h 所导致幼穗分化的阶段发育长度延迟的程度；P5 表示从灌浆开始（开花后的 3~4 天）到生理成熟的时间阶段；P2O 表示临界光周期或最长日长在该日长时发育为最大速率；G1 表示在花期每克主杆干重对应的小穗数量估计的潜在小穗数系数；G2 表示在理想生长条件下的单粒重，如有充足的光、水、营养，并且没有病虫害影响；G3 表示相对于在理想种植条件下的 IR64 品种的分蘖系数（计数器值）；G4 表示温度耐受系数，通常为 1 对生长在正常环境的各品种，对于生长在温暖环境中的粳稻品种 G4 为 1.0 或较大，同样对生长在非常冷的环境或季节中的籼稻 G4 值可能小于 1.0

利用所得参数结果，分别设置 3 个处理。其中，处理 1 采用平均光温数据，处理 2 中 4 月 16 日冷害之前的数据采用 2010 年该地真实光温数据，在此之后的数据仍然使用平均光温数据。通过比较处理 1 和处理 2 中的产量差异确定 4 月 16 日冷害的灾害损失，该方法避免了其他因素的干扰，直接反映出冷害对产量的影响。处理 3 采用真实光温数据。

从模拟效果可以看出 DSSAT 中水稻模块能够体现早稻秧苗期低温寡照对产量的负面影响（表 2-43）。结果比传统冷害损失评估更科学。其中，余干县和广丰县因早稻生长后期温度条件比较差，成熟期推迟，减产明显，这与实际统计数据也很吻合。利用模拟结果对 2010 年早稻 4 月 16 日冷害进行损失评估（表 2-44），损失量介于二次多项式和三次 Hermit 滑动平均计算的损失量之间，减产率除修水县为 6.28%，其他均在 5% 以下，属于轻度冷害，这与之前的监测结果一致。从经济损失来看余干县、丰城县和樟树市早稻种植面积大、冷害范围也广，因此，经济损失比其他 5 个县市大。

表 2-43　2010 年江西 8 县市双季早稻低温冷害 DSSAT 模型模拟损失评估结果

县名	早稻面积（hm²）	冷害减产率（%）	冷害减产量（kg/hm²）	总减产量（t）	经济损失（万元）
修水县	8544	6.28	330	2816	546
德安县	526	1.86	116	61	12
余干县	56 994	2.58	162	9224	1789
丰城市	64 119	1.41	87	5571	1081
樟树市	35 123	4.32	296	10 406	2019
广丰县	16 125	4.38	259	4176	810
宜黄县	5557	2.04	132	734	142
宁都县	26 324	0.70	42	1109	215

表 2-44　统计分离的趋势产量与模型模拟的产量结果比较（单位：kg/hm²）

县名	统计产量	趋势产量 1	趋势产量 2	理想光温产量	2010-4-16 冷害模拟产量	实际光温产量
修水县	4821	4869	5250	5250	4920	4301
德安县	6093	6116	6268	6268	6152	5011
余干县	4187	4250	6280	6288	6118	4242
丰城市	5513	5518	6172	6172	6085	5069
樟树市	6389	6555	6850	6850	6554	6036
广丰县	3870	4158	5913	5913	5654	3878
宜黄县	5899	5955	6465	6475	6333	5940
宁都县	5605	5662	6035	6053	5993	5634

　　采用数据同化方法分别开展了站点和区域的水稻低温冷害影响评估，并将区域尺度的评估结果与研究区实际调查情况进行了比较。结果显示，数据同化方法在水稻低温冷害影响评估上具有较强的可行性和可靠性。然而，数据同化方法对计算机的计算能力要求高，在实现上也很复杂，工作量较大。尽管存在上述问题，数据同化方法在水稻农业气象灾害动态监测和评估的应用中仍具有较强的吸引力。因此，后续研究将集中在方法的改善、测试和进一步验证上。

　　通过二项式 5 点滑动平均和三次 Hermit 滑动平均两种方法分别计算了双季稻县级趋势产量，在此基础上分离出气象产量，通过对比积温距平值选取典型冷害年进行冷害损失评估。为克服传统方法的不足，将作物模型用于冷害损失评估，从效果上看较为理想，表面 DSSAT 水稻模型能够对冷害条件做出正确反应。冷害损失评估结果比传统方法更为准确可靠，所得结果能与之前的冷害监测结果相互印证，该方法简单有效，可为今后冷害损失评估作物模型参数矫正提供借鉴。

2.3.2　西南农业（玉米）干旱

作物生长模型可以反映作物与气候环境的相互作用，人为再现农作物生长发育过程，能够从机理上定量描述作物生长过程及其与环境因素之间的关系，随着作物模型的日臻完善，使得利用作物模型开展灾害影响评估成为可能（张建平等，2012）。本节主要基于本地化的作物生长模型，构建西南地区农业干旱评估指标和评估模型，实现对作物关键生育期的动态评估技术（张建平等，2015）。

2.3.2.1　动态评估方法

1）模型简介

作物模型选用世界粮食研究中心研制的 WOFOST 模型，该模型主要模拟一年生作物的生态生理过程及其受环境的影响（de Wit C T，1978；Hijmans，1994）。模拟步长为天。主要模块包括发育期模块、光合生产模块、维持呼吸模块、干物质积累与分配模块、生长与衰老模块、土壤水分平衡模块。其中，发育期模块采用"积温法"模拟作物发育进程，模型将作物整个发育期划分为出苗—开花、开花—成熟两个发育期（Supitl et al.，1994；de Wit C T，1965，1970）。

2）模型改进

模型中的同化速率为相对蒸腾与潜在同化速率的乘积，相对蒸腾为实际蒸腾速率与潜在蒸腾速率之比（Boogaard et al.，1998），即

$$A = \frac{T_a}{T_p} \cdot A_p \qquad (2.38)$$

式中，A 是同化速率 [kg/（hm·d）]；T_a 是实际蒸腾速率（mm/d）；T_p 是潜在蒸腾速率（mm/d）；A_p 是潜在同化速率 [kg/（hm·d）]。

由式（2.38）不难发现，当土壤水分供应充足时，作物实际蒸腾速率等于潜在蒸腾速率；当发生水分胁迫时，作物吸收土壤水分的速率低于作物蒸腾速率，作物实际蒸腾低于潜在蒸腾，此时，当某日有降水或灌溉时，模型中的相对蒸腾值即刻恢复为 1，模型认为干旱影响马上解除，这显然不符合实际情况。为了使模型能更好地体现水分胁迫的后效影响，本书采用相对蒸腾序列的 10 天滑动平均值表示农田实际水分动态变化过程（van Keulen et al.，1975），以改进作物模型对水分胁迫的模拟能力，改进公式如下：

$$A = \frac{1}{10}\sum_{i=1}^{10}\left(\frac{T_a}{T_p}\right)_{i+j-1} \cdot A_p \quad (j=1,\ 2,\ \cdots,\ n-10+1) \qquad (2.39)$$

3）模型参数的调试与确定

作物模型参数主要包括作物参数和土壤参数，而作物参数又有两种参数类型：一种与作物发育密切相关，主要包括不同发育阶段所需的有效积温和光周期影响因子等，这些参数与作物品种有关，本书主要根据前人研究成果及实际发育期资料计算获得；另一种与作物生长密切相关，主要包括光合速率、呼吸速率、光合产物转化系数、干物质分配系数、比叶面积及叶片衰老指数等，这些参数的确定主要根据田间试验数据，用"试错法"加以调试和确定（Jones，2003）。土壤参数主要包括与土壤本身特性相关的物理参数和初始条件，如凋萎湿度、田间持水量、饱和含水量、饱和导水率、下渗速率及初始土壤水分含量等，这些参数主要根据田间实测数据而获得，部分参数依据前人研究成果而定。

4）模型适宜性检验

判断初步确定的模型参数是否正确、合理可行，需对其进行空间与时间上的检验，并以模拟与实测值的散点图、均方根误差（RMSE）和归一化均方差误差（NRMSE）判断模型模拟效果的好坏（Wang et al.，2013）。由于本书仅针对江津站点进行模拟，因此，仅对模型作时间序列检验即可。以 2005～2010 年连续 5 年的发育期和同期面上产量资料对确定的模型参数进行适宜性检验，结果见表 2-45 和图 2-66。

表 2-45　模型适宜性检验结果

	开花期（d）	成熟期（d）	产量（kg/hm²）
均方根误差 RMSE	3.8	6.1	467.3
归一化均方差误差 NRMSE（%）	2.57	2.95	7.82

由表 2-45 可以看出，开花期、成熟期和产量的模拟值与实测值的 NRMSE 均在 10% 以下，模拟效果很好。开花期和成熟期的散点均在 1:1 线附近，不超过 ±10% 的范围，验证了模拟参数的正确性与合理性，说明模型可以反映江津地区玉米生长发育情况。

由于模型要用于干旱评估，因此，还需对其进行田间水分模拟精准情况的检验，以 2012 年玉米土壤水分动态变化为例，结合实测土壤湿度数据作对比，其结果见图 2-67。

从上图可知，原模型对根区土壤体积含水量的模拟误差范围在 6.82%～23%，平均为 13.21%。改进后模型对根区土壤含水量的模拟误差范围在 −1.36%～13.98%，平均为 7.78%，可见，模拟精度明显提高，且进一步验证了

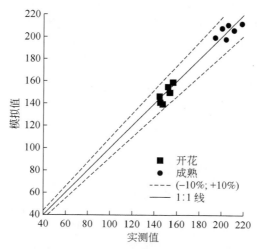

图 2-66　玉米开花期和成熟期日序模拟值与实测值的对比（2005～2010 年）

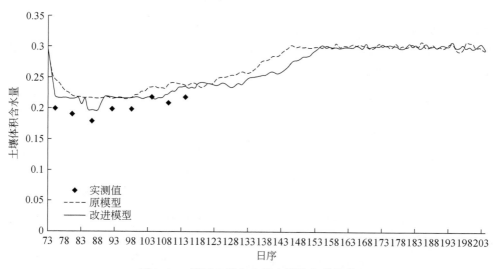

图 2-67　根区土壤含水量实测值与模拟值

模型对土壤水分动态的模拟能力。

5）干旱田间模拟试验设计

（1）设计方案。供试玉米品种为新玉 503。为方便试验设置较长时间干旱，将干旱控制时段选择玉米苗期和拔节期，控制时间从苗期或拔节始期的第 5 天开始，设置玉米生长季内仅单一发育期发生干旱和两个发育期均发生干旱 3 种处理情景。单一发育期发生干旱指在正常年份下苗期、拔节期分别发生持续时间为

10 天、20 天、30 天和 40 天的干旱，苗期分别记为 M-10、M-20、M-30、M-40，拔节期分别记为 B-10、B-20、B-30、B-40。两个发育期均干旱是指在正常年份下苗期和拔节期均发生持续时间为 5 天、10 天、15 天和 20 天的干旱，分别记为 MB-5、MB-10、MB-15 和 MB-20。本书将干旱定义为在正常降水条件下，从控水开始，气象要素中的降水量均设定为 0，其余气象要素不变（张建平等，2015）。

（2）减产率的计算。根据潘小艳等（2014）关于气候年型的划分标准，对 2004～2012 年各年进行气候年型划分，最终确定 2004 年、2005 年、2009 年和 2012 年为相对正常年份，为确保数据的新颖性，本书以 2012 年为模拟年份，同时为了使其更接近正常年份，模拟时将 2012 年气象要素中的逐日降水量以多年平均值（1981～2010 年）替代，其他要素均采用 2012 年的逐日实测值，并将正常年份记为 CK，相应地其模拟产量值记为 Y_{ck}。干旱条件下模拟的产量与正常年份的模拟产量作对比得到减产率，即

$$D_i = \left| \frac{Y_{di} - Y_{ck}}{Y_{ck}} \right| \times 100\% \qquad (2.40)$$

式中，D_i 是第 i 年不同程度干旱下（干旱持续日数为 5 天、10 天、15 天、20 天、30 天、40 天等）的减产率（%）；Y_{di} 是第 i 年不同程度干旱下模拟的产量（kg/hm²）；Y_{ck} 是正常年份下模拟的产量（kg/hm²）。

2.3.2.2　评估结果与验证

1）单点动态评估结果

（1）苗期干旱对玉米籽粒形成和产量的影响模拟。图 2-68 为苗期发生不同持续日数干旱对玉米籽粒形成和产量的影响模拟。从图中可以看出，当玉米苗期持续干旱 10～20 天，减产幅度为 5% 左右，基本不影响玉米正常生长发育。持续干旱 20 天时，减产幅度为 8% 左右，干旱开始威胁玉米正常的生长发育。持续干旱 30 天时，玉米减产可达 13% 左右。而持续干旱 40 天时，玉米减产高达 21.6%。

（2）拔节期干旱对玉米籽粒形成和产量的影响模拟。图 2-69 玉米拔节期持续干旱 10 天时，减产幅度仅在 5% 以内，玉米正常生长发育基本不受影响。持续干旱 20 天时，玉米减产 8.31%，干旱开始影响玉米正常的生长发育。持续干旱 30 天，减产可达 14% 左右。持续干旱 40 天时，玉米减产高达 23.94%。可见，拔节期发生干旱，减产幅度均要大于苗期。

（3）苗期与拔节期叠加干旱对玉米籽粒形成和产量的影响模拟。图 2-70 把持续时间为 10 天的干旱日数平均分配到玉米的两个发育时段，即苗期和拔节期分别出现持续时间为 5 天的干旱时，玉米减产仅为 1.77%。当苗期和拔节期均出

现持续日数为 10 天的干旱时，减产 9.02%，要大于单一发育期干旱情况。持续干旱 15 天时，玉米减产 18.93%。持续干旱 20 天时，玉米减产高达 31.28%。

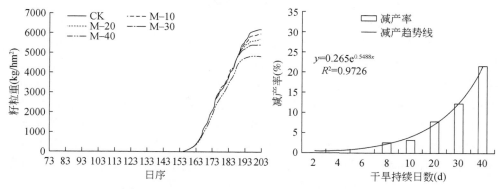

图 2-68　干旱对玉米籽粒形成和产量的影响模拟

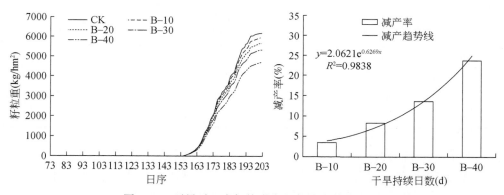

图 2-69　干旱对玉米籽粒形成和产量的影响模拟

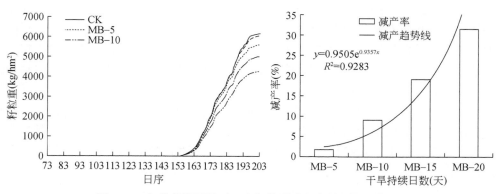

图 2-70　与拔节期干旱对玉米籽粒形成和产量的影响模拟

可见，随着干旱持续时间的增加，多个发育期干旱导致的减产率要远大于单一发育期干旱相叠加产生的效应，减产增大除了跟干旱发生有关外，可能还与土壤特性有关，模拟地土层较浅，保水保肥性都很差，一旦出现缺水现象，就会严重影响产量。

（4）模型模拟减产趋势一致性检验。针对模型对单站点单年份模拟的不确定因素，同理参照文献（潘小艳等，2014）对重庆地区 2004～2012 年进行气候年型划分，且以 2005 年正常年景下玉米的实测产量和模拟产量作为正常产量值，选取 2006 年（偏干年份）、2009 年（正常年份）及 2010 年（偏湿年份）这 3 个不同年型下玉米的实测产量和模拟产量作为验证年份产量，分析验证模型对单点多年减产趋势的模拟是否一致，结果显示（表 2-46），3 种年型下玉米的实测产量与模拟产量的减产趋势完全一致，这足以说明模型对上述单点模拟结果的准确性。

表 2-46　模型模拟减产趋势一致性检验

年份	实测产量（kg/hm²）	模拟产量（kg/hm²）	模拟误差（%）	与2005年比实测（%）	与2005年比模拟（%）
2005	5835	5446	-6.67	—	—
2006	5548	5202	-6.24	-4.92	-4.48
2009	6196	5685	-8.24	6.19	4.39
2010	6336	6745	6.45	8.59	23.85

2）区域动态评估结果

最近 50 年来，西南地区发生了数次范围广、强度大的干旱，据统计，每个年代里均有干旱发生。各年代的典型干旱年依次为 1969 年、1972 年、1987 年、1992 年、2006 年。由于 1969 年与 1972 年无产量资料，因此，仅以 1987 年、1992 年及 2006 年三年为例，基于作物模型对每年玉米关键生育期干旱进行动态评估，并与当年实测产量进行对比，以验证作物模型对西南农业干旱的模拟能力。根据统计资料记载，1987 年西南干旱主要发生在出苗到拔节期，1992 年西南干旱主要发生在出苗到拔节期再到抽雄期，而 2006 年干旱主要集中在川渝地区，发生时段为拔节到抽雄再到灌浆结实期。

从西南地区历年玉米关键生育期干旱损失模拟结果来看（图 2-71），干旱分布范围及规律的模拟值与实际情况基本接近，1987 年模拟范围比实际情况有所扩大，出现这种现象除了与模拟本身有关外，最可能的直接因素就是实际观测站点较少。

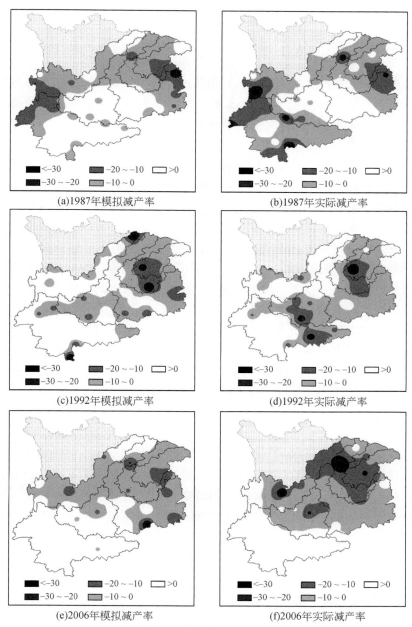

图 2-71　玉米关键发育期干旱损失模拟

图中所示的减产率均是本年度产量与上一年度产量相比的结果

综上所述，干旱对作物的危害程度与其发生的季节、持续时间长短及作物的自身品种特性（如品种类型、生育期）等有关（张建平，2010）。利用作物生长模型，针对苗期和拔节期干旱进行了模拟试验，从模拟结果来看，当玉米在苗期、拔节期分别发生干旱，且发生持续日数相同的干旱时，拔节期干旱对玉米籽粒形成及产量的影响程度最大，也就是苗期比较耐旱，拔节以后对水分亏缺越来越敏感（曹云者等，2003）。因此，玉米拔节到抽孕穗一旦缺水，要根据土壤含水量情况及时补充水分，以满足其正常生长发育的需要。

对西南地区来说，干旱在整个玉米生长季内的每个阶段都有可能出现，但在其生长发育的不同阶段，干旱对其造成的影响和损失程度不尽相同（张建平，2010）。从该区域春玉米生产中干旱实际发生情况来看，几乎每年都有多个发育期干旱相叠加的综合作用现象。本书针对多发育期不同程度干旱相叠加的综合作用，较为详细地模拟分析了干旱发生对玉米籽粒形成与产量的影响程度。结果表明，多个发育期干旱导致的减产率要远大于单一发育期干旱相叠加产生的效应（何海军等，2011；张建平等，2012）。说明多发育期干旱的叠加效应对作物造成的产量损失并不是单一发育期简单的相加，从某种意义上讲，农业生产中遇到的干旱这种协同累积效应更加不容忽视。

本书在研究方法上完全采用数值模拟的方法，虽然在应用模型之前进行了多年的模拟验证，但书中得出的结论仅仅是针对单点进行的模拟研究，而且可能还与选择干旱发生的时段和玉米品种熟型有关。但笔者希望通过本书能够拓展农业气象灾害影响评估的研究手段和技术方法。

2.3.3　黄淮海冬小麦干热风

在气候变暖背景下，极端气候事件趋强趋多，北方麦区干热风发生区域、次数和强度都发生了明显变化（刘德祥等，2008），对小麦产量影响日趋显著（赵俊芳等，2012）。由于冬小麦灌浆的不同时期，干热风对小麦生理机能、灌浆进程、千粒重等的影响存在差异，下面从控制试验和模型模拟两个方面介绍在黄淮海地区冬小麦干热风动态评估技术方面取得的最新研究进展。

2.3.3.1　动态评估方法

1）不同灌浆时期干热风控制试验

冬小麦干热风控制试验于 2011 年、2012 年和 2014 年在郑州农业气象试验站进行。供试品种为郑麦 366，播种方式为平作直播，土壤质地为砂壤土。2011 和2012 年重点测定干热风对千粒重的影响，2012 年和 2014 年度重点评估干热风对小麦生理生态的影响。试验利用简易气候箱人工模拟干热风气象条件（张志红等，2015；成林等，2014）。各年度的处理时期均在小麦开花后第 12 天、17 天和 27 天进行，记为灌浆前期（T1）、中期（T2）和后期（T3），不同时期的轻度干热风处理分别记为 T1-1、T2-1 和 T3-1，重度处理分别记为 T1-2、T2-2 和 T3-2。每等级设 3 个重复，并选定气候箱外水肥管理相同的地块为对照（CK），也设 3 个重复。

测定项目：

T1 和 T2 处理组在干热风控制后的次日上午 10 时开始相关项目测定，为研究小麦灾后的恢复状况，T1 组在干热风处理 8 天后上午 10 时进行第二次观测，记为 T1+8 组。T2 组随着后期叶片本身功能的衰退和灾害胁迫的影响，未开展灾后修复情况的测定。

干热风处理后第 2 天上午，在处理及对照田块随机选择 10 片长势一致的小麦旗叶，利用 LI-6400 便携光合作用测量系统（美国 LI-COR 公司）测定光合速率（P_n）、蒸腾速率（T_r）和气孔导度（Co）等，利用 SPAD502 叶绿素仪（日本 Minolta 公司）测定相对叶绿素含量 SPAD。

灌浆速度及千粒重的测定依据《农业气象观测规范》，每隔 2 天取样一次。

干热风对各生理因子的胁迫量采用下式计算：

$$SI = \frac{|n_b - n_a|}{n_a} \times 100\% \ , \ (n_b < n_a) \tag{2.41}$$

式中，SI 是干热风对各生理因子的胁迫量，值越大表明灾害胁迫越强；n_b 是干热风灾害胁迫后的观测值；n_a 是无胁迫的 CK 值。

对灌浆速度和千粒重的影响评估：

灌浆速度=（本次测定的千粒重-前一次测定的千粒重）/两次测定的间隔日数。重点分析灌浆不同时期干热风处理下，每 4 天取样的灌浆速度平均变化曲线。

2）基于统计模型的干热风灾损动态评估

黄淮海地区 68 个气象台站 1961~2006 年逐日最高气温、14 时相对湿度和 14 时风速资料来源于中国气象局。农作物数据来源于国家气象信息中心农业气象观测报表，包括 54 个农业气象试验站 1981~2006 年小麦的发育期、产量、干热风灾害（发生区域、发生时间、发生程度）等数据。

为了科学地分析干热风三要素对小麦的危害程度，根据干热风的定义及在王春乙等（1991）的研究基础上，将三要素综合换算成干热风危害指数，其重度干热风危害指数 E 方程式如下：

$$E = W_T \frac{T - T_0}{T_0} + W_R \frac{|R - R_0|}{R_0} + W_V \frac{V - V_0}{V_0} \ (T \geq T_0, \ R \leq R_0, \ V \geq V_0)$$

$$\tag{2.42}$$

式中，W_T、W_R、W_V 分别为气温、相对湿度和风速的权重系数，根据王春乙等（1991）的研究结果，分别取值为 0.73、0.24 和 0.03；T 为日最高气温大于或等于 T_0（35 ℃）时的具体数值；R 为 14 时相对湿度小于或等于 R_0（30 %）时的具体数值；V 为 14 时风速大于或等于 V_0（3 m/s）时的具体数值。

研究中，考虑干热风的发生时段，将干热风年气象产量分为小麦抽穗前气象条件对气象产量的影响 YW_1 与抽穗—成熟阶段气象条件对气象产量的影响 YW_2（刘静等，2004），即

$$Y = Y_t + YW_1 + YW_2 + \varepsilon \tag{2.43}$$

式中，Y 是历史产量，kg/hm^2；Y_t 是趋势产量，kg/hm^2；YW_1 是小麦抽穗前气象条件对气象产量的影响，kg/hm^2；YW_2 是抽穗—成熟阶段气象条件对气象产量的影响，kg/hm^2；ε 是随机因素所造成的误差，在此忽略不计。于是，抽穗—成熟阶段气象条件对气象产量的影响 YW_2 可由下式分离：

$$YW_2 = Y - Y_t - YW_1 \tag{2.44}$$

小麦抽穗前气象条件对气象产量的影响 YW_1，可统计历年农业气象观测报表中不同发育期间的气象要素，选择小麦开花前有生物意义的因子，建立拟合方程。基于现有的相关资料，将灌浆期分为抽穗—灌浆期、灌浆—乳熟期和乳熟—成熟期 3 个时段，建立重度干热风灾害影响下，抽穗—成熟阶段气象条件对气象产量的影响 YW_2 与抽穗—灌浆期、灌浆—乳熟期和乳熟—成熟期 3 个时段干热风危害指数的关系模型：

$$YW_2 = A \times E_a + B \times E_b + C \times E_c + D \tag{2.45}$$

式中，YW_2 是抽穗—成熟阶段气象条件对气象产量的影响，kg/hm^2；E_a 是抽穗—灌浆期间重度干热风危害指数，无单位；E_b 是灌浆—乳熟期间重度干热风危害指数，无单位；E_c 是乳熟—成熟期间重度干热风危害指数，无单位；A、B、C、D 是对应的系数。社会趋势产量用年序进行正交多项式分离，冬小麦社会趋势产量和抽穗前气象条件对气象产量的影响通过式（2.46）和式（2.47）确定：

$$Y_t = 1400.9 + 177.36t + 0.6001 t_2 - 0.0956 t_3 \tag{2.46}$$

式中，Y_t 是社会趋势产量，kg/hm^2；t 是年序（1981 年，$t = 1$），依序类推。

小麦抽穗前气象条件对气象产量的影响通过统计研究区 1981～2006 年小麦农业气象观测报表中不同发育期间气象要素（成林等，2011），进行小麦开花前气象因子普查和偏相关分析，选择有生物意义的因子，建立拟合方程：

$$YW_1 = 0.030 + 0.022X_1 - 0.003X_2 + 7.530X_3 \tag{2.47}$$

式中，YW_1 是小麦抽穗前气象条件对气象产量的影响，kg/hm^2；X_1 是播种—出苗的最低气温，℃；X_2 是拔节—孕穗的平均气温，℃；X_3 是孕穗—抽穗的平均气温，℃。相关余数为 0.82，方程通过 0.01 显著水平检验，方程极显著。X_1、X_2

和 X_3 各个单因子相关系数分别为 0.64、0.86 和 0.99，均达到极显著水平（$P<$ 0.01）。

2.3.3.2　评估结果与验证

1）生理指标

图 2-72 为 2012 年和 2014 年两年测定的干热风对净光合速率（P_n）的影响。可以看出，干热风发生后第 2 天，各处理小麦旗叶 P_n 表现为减小趋势，均为灌浆中期大于灌浆前期。灌浆前期轻度干热风（T1-1）处理的 P_n 值较 CK 减少量较小，2012 年和 2014 年 SI 值分别为 0.7% 和 3.9%；两年 T1-2 处理测定的 P_n 值 SI 分别为 11.9% 和 19.3%，明显大于轻度处理。灌浆中期，轻干热风对 P_n 的胁迫量在 9.7% ~ 20.2%，重干热风处理（T2-2）SI 值进一步增大，两年分别为 19.4% 和 36.6%，显然 T2-2 处理的胁迫量级明显高于 T2-1，表明灌浆中期重度干热风对 P_n 的胁迫更强。

T1+8 组反映了干热风灾害后的修复状况。表明灌浆前期出现 1 个干热风日，对冬小麦净光合速率的胁迫相对较小，且通过作物自身的调节，可以及时修复不利影响，前期轻度干热风负面影响不明显，前期发生重干热风时，叶片的光合能力也可在一定程度内恢复。

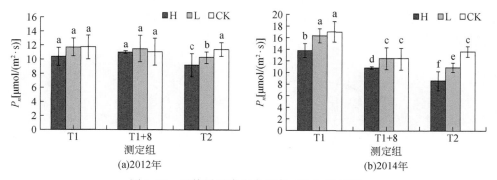

图 2-72　干热风对净光合速率（P_n）的影响

蒸腾速率（T_r）的变化趋势与 P_n 类似（图 2-73），2012 年和 2014 年两个试验年受胁迫后的 SI 值均表现为灌浆中期>灌浆前期，且干热风对 T_r 的胁迫量大于 P_n。灌浆前期，2012 年和 2014 年两年 T1-1 处理的 SI 值分别为 4.3% 和 18.3%，T1-2 处理则分别达 19.2% 和 38.7%；灌浆中期，T2-1 处理的 SI 值分别为 28.2% 和 34.0%，T2-2 的 SI 值为 44.1% 与 58.0%，因此判断，干热风对蒸腾速率的胁迫，仍以灌浆中期重度影响最为严重。由灌浆前期干热风胁迫 8 天后的测定数据可以认为重度干热风影响后 T_r 的受损量不可恢复。

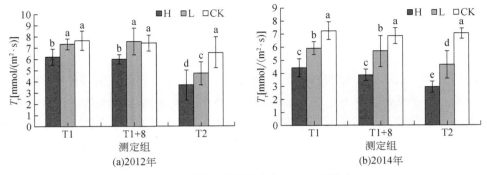

图 2-73 干热风对蒸腾速率（T_r）的影响

不同时期干热风胁迫对气孔导度（C_o）的影响规律与 P_n、T_r 基本相同，胁迫强度均表现为灌浆中期>灌浆前期，其中 T1-1 处理对 C_o 的影响不明显，而 T1-2 的 SI 值在 7.2%～23.0%，T2-1 的 SI 值在 19.9%～31.8%，T2-2 的 SI 值在 24.3%～41.7%（图略）。影响后 8 天的观测未发现 C_o 的明显变化。

相关分析发现，灌浆中期 C_o 与 P_n 呈显著的二次曲线关系，与 T_r 呈显著的线性关系（图 2-74）。由于干热风没有造成气孔的完全关闭，C_o 的测定值多集中在 0.2～0.4mmol/（m^2·s），在此区间，C_o 变化相同单位时，T_r 的变化量更大，这是灌浆中期干热风胁迫下 $T_r > P_n$ 的主要原因（张志红等，2015）。

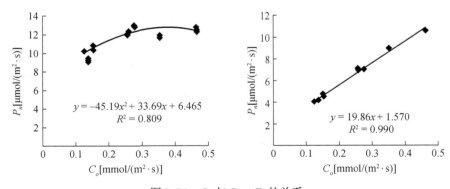

图 2-74 C_o 与 P_n、T_r 的关系

2）灌浆速度和千粒重

各处理的小麦灌浆速度均表现为重度干热风对冬小麦籽粒灌浆的影响最大。区别在于，灌浆前期干热风处理后，虽然 T1-1 和 T1-2 的灌浆速度暂时略小于对照水平，但随着作物自身的调节与修复，之后灌浆速度慢慢恢复并与 CK 组接

近（图 2-75），接近成熟时已没有显著差异。灌浆中期处理后，T2-1 和 T2-2 的灌浆速度曲线在处理后相当一段时期内，不能恢复到对照水平，尤其是 T2-2 处理的灌浆速度在影响后甚至表现为负值，仅在花后 25 天（处理后 8 天）才逐渐缩小了与 CK 的差距，但仍较 T2-1 和 CK 处理偏低较多（图 2-76），表明灌浆中期重度干热风对籽粒灌浆有明显不利影响。图 2-77 为灌浆后期不同等级处理的小麦灌浆速度曲线，受影响后 T3-2 处理倒灌严重；T3-1 处理则使小麦后期灌浆速度减小的趋势加快，成熟收获前出现了一定程度的倒灌。

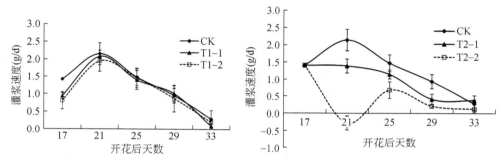

图 2-75　灌浆前期干热风对灌浆速度的影响　　图 2-76　灌浆中期干热风对灌浆速度的影响

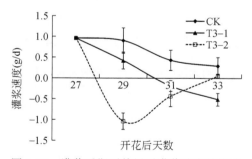

图 2-77　灌浆后期干热风对灌浆速度的影响

另外，受干热风影响的灌浆速度曲线图还有助于判断冬小麦的适宜收获时期，可以看出，CK、T1 和 T2 处理组的收获时间基本在灌浆速度接近 0 值之前，属于适时收获；而 T3-1 处理已属于正常偏晚收获，T3-2 处理随着后期小麦植株的进一步干枯，"倒灌"的损失已不可弥补，因此，小麦灌浆后期遇干热风，可以考虑适时提前收获。

图 2-78 为各处理的小麦最终千粒重。从干热风强度上看，各时期处理的小麦最终千粒重均表现为轻度处理大于重度处理。T1-1 处理测定的最终千粒重较 CK 有 0.38g 的增加，这是否与前期干热风影响有关，还需要从取样代表性、环

境因素、作物自我修复过程中的生理变化、灾害发生机理等多种因素中寻找原因。灌浆中期处理，T2-2 和 T2-1 平均千粒重分别比 CK 减少 3.64g 和 1.78g，减少幅度分别达 9.7% 和 4.8%，千粒重降低的主要原因是小麦受干热风影响灌浆速度始终不能恢复至正常水平；而后期出现重度干热风，小麦粒重减少了 5.4g，减幅高达 14.5%，这主要是由植株出现"倒灌"引起的，轻干热风处理后由于倒灌时间短，对粒重的影响相对较小（成林等，2014）。

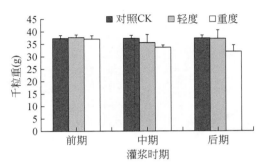

图 2-78 不同处理小麦最终千粒重

3）灾损评估模型验证

从表 2-47 可知，重度干热风危害下，1981~2006 年黄淮海各地区冬小麦不同发育时段的干热风危害指数平均在抽穗—开花时段最大，乳熟—成熟时段居中，开花—乳熟时段最小，分别为 0.17、0.15 和 0.14，平均为 0.15。

表 2-47 黄淮海地区冬小麦不同发育时段的干热风危害指数

发育时段	重度干热风危害指数
抽穗—开花	0.17
开花—乳熟	0.14
乳熟—成熟	0.15
抽穗—成熟合计	0.15

在干热风出现年份，分析了重度干热风影响下干热风危害指数与抽穗—成熟阶段气象条件对气象产量影响的关系，建立了以下统计模型：

$$YW_2 = 534.132 \times E_a - 407.553 \times E_b 1423.447 \times E_c - 47.776 \quad (2.48)$$

式中，YW_2 是抽穗—成熟阶段气象条件对气象产量的影响（kg/hm²）；E_a 是抽穗—开花时段的干热风危害指数；E_b 是开花—乳熟时段的干热风危害指数；E_c 是乳熟—成熟时段的干热风危害指数。

选择数据完整的河北阜城、山东曹县、山东菏泽和山西忻州 4 个农业气象站点，通过对比各个站点干热风年冬小麦实测产量和模拟产量的结果，可知二者之间的相对误差绝对值都小于 1%（表 2-48），说明构建的统计模型客观上既能综合反映干热风在不同发育阶段对冬小麦产量的影响，又能较好地评估在重度干热风危害下，黄淮海地区冬小麦的产量损失。按照小麦灌浆前的气象条件，计算了各个站点发生干热风后的实测产量比灌浆期未受灾的正常预计产量的减产百分比。结果显示：重度干热风危害下，各个站点小麦减产率在 21.52% ~ 39.80%，平均为 27.83%（表 2-49）。

表 2-48　黄淮海地区干热风年冬小麦实测产量和模拟产量的比较

站点（站号）	干热风年	干热风年冬小麦 实测产量（kg/hm²）	模拟干热风影响 下的冬小麦产量（kg/hm²）	相对误差 绝对值（%）
河北阜城	1988	3195.00	3208.24	0.41
山东曹县	1997	4515.00	4528.14	0.29
山东菏泽	2001	4781.25	4792.32	0.23
山西忻州	1982	2025.00	2038.34	0.65

表 2-49　重度干热风危害下黄淮海地区冬小麦灾损评估

站点	河北阜城	山东曹县	山东菏泽	山西忻州
干热风年	1988	1997	2001	1982
抽穗后气象条件对气象 产量的影响（kg/hm²）	228.95	247.37	155.03	141.13
E_a	0.17	0.17	0.18	0.12
E_b	0.14	0.13	0.13	0.15
E_c	0.18	0.19	0.12	0.14
抽穗前气象条件对气象产量 的影响（kg/hm²）	156.81	147.87	121.47	126.61
社会趋势产量 （kg/hm²）	2809.24	4119.77	4504.75	1757.26
正常投入应得到的产量 （kg/hm²）	4468.3	5769.89	6128.37	3386.12
减产率（%）	28.2	21.52	21.8	39.8

总之，当发生大范围干热风时，可利用统计模型开展干热风影响的产量灾损评估。模型构建原理是：①分离了冬小麦气象产量，并确定了冬小麦抽穗前气象条件对气象产量影响的关键气象因子为播种—出苗期间的最低气温、拔节—孕穗

期间的平均气温和孕穗—抽穗期间的平均气温。②计算抽穗—开花、开花—乳熟、乳熟—成熟不同发育时段的干热风危害指数，构建了重度干热风影响下干热风危害指数与冬小麦抽穗—成熟 3 个阶段气象条件对气象产量影响的统计模型，实现重度干热风对产量的影响评估。进一步的模型评估结果表明：1981 ~ 2006 年黄淮海地区在重度干热风发生时冬小麦减产率在 21.52% ~ 39.80%，平均为 27.83%。

参 考 文 献

曹云者，宇振荣，赵同科．2003．夏玉米需水及耗水规律的研究．华北农学报，18（2）：47-50．

陈斐，杨沈斌，申双和，等．2013．长江中下游双击稻区春季低温冷害的时空分布．江苏农业学报，29（3）：540-547．

成林，张志红，常军．2011．近 47 年来河南省冬小麦干热风灾害的变化分析．中国农业气象，32（3）：456-460．

成林，张志红，方文松．2014．干热风对冬小麦灌浆速度和千粒重影响的试验研究．麦类作物学报，34（2）：248-254．

丛建鸥，李宁，许映军，等．2010．干旱胁迫下冬小麦产量结构与生长、生理、光谱指标的关系．中国生态农业学报，18（1）：67-71．

邓振镛，张强，倾继祖，等．2009．气候暖干化对中国北方干热风的影响．冰川冻土，31（4）:664-671．

高阳华，居辉，Jan Verhagen，等．2008．气候变化对重庆农业的影响和对策研究．高原山地气象研究，28（4）：46-49．

顾世梁，朱庆森，杨建昌，等．2001．不同水稻材料籽粒灌浆特性的分析．作物学报，27：7-14．

郭建平，马树庆．2009．农作物低温冷害监测预测理论和实践．北京：气象出版社．

何海军，寇思荣，王晓娟．2011．干旱胁迫下不同株型玉米光合特性及产量性状的影响．干旱地区农业研究，29（3）：63-66．

贺可勋，赵书河，来建斌，等．2013．水分胁迫对小麦光谱红边参数和产量变化．光谱学与光谱分析，33（8）：2143-2147．

黄晚华，杨晓光，李茂松，等．2010．基于标准化降水指数的中国南方季节性干旱近 58 年演变特征．农业工程学报，26（7）：50-59．

黄耀，高亮之，金之庆，等．1994．水稻群体茎蘖动态的计算机模拟模型．生态学杂志，13（4）:27-32．

霍治国，姜燕，李世奎，等．2007．小麦干热风灾害等级．北京：气象出版社．

李颖，韦原原，刘荣花，等．2014．河南麦区一次高温低湿型干热风灾害的遥感监测．中国农业气象，35（5）：593-599．

刘德祥，孙兰东，宁惠芳．2008．甘肃省干热风的气候特征及其对气候变化的响应．冰川冻土，

30（1）：81-86.

刘静，马力文，张晓煜，等.2004.春小麦干热风灾害监测指标与损失评估模型方法探讨——以宁夏引黄灌区为例.应用气象学报，15（2）：217-225.

刘静，张学艺，马国飞，等.2012.宁夏春小麦干热风危害的光谱特征分析.农业工程学报，28（22）：189-199.

刘宗元，张建平，罗红霞，等.2014.基于农业干旱参考指数的西南地区玉米干旱时空变化特征分析.农业工程学报，30（2）：105-115.

刘宗元.2015.基于多源数据的西南地区干旱监测指数研究及其应用.重庆：西南大学.

陆魁东，黄晚华，叶殿秀，等.2011.南方水稻、油菜和柑橘低温灾害（GB/T 27959—2011）：1-3.

陆魁东，罗伯良，黄晚华，等.2011.影响湖南早稻生产的五月低温的风险评估.中国农业气象，32（2）：283-289.

马建华.2010.西南地区近年特大干旱灾害的启示与对策.人民长江，41（24）：7-12.

潘小艳，张建平，何永坤，等.2014.重庆地区不同气候年型下玉米耕地适宜等级与对策研究.中国农学通报，30（12）：87-92.

山仑，吴普特，康绍忠，等.2011.黄淮海地区农业节水对策及实施半旱地农业可行性研究.中国工程科学，13（4）：37-42.

施能，陈家其，屠其璞.1995.中国近100年来4个年代际的气候变化特征.气象学报，53（4）:431-439.

帅细强，蔡荣辉，刘敏，等.2010.近50年湘鄂双季稻低温冷害变化特征研究.安徽农业科学，38（15）：8065-8068.

孙卫国.2008.气候资源学.北京：气象出版社.

田小海，周恒多，张宇飞，等.2009.两湖平原罕见早稻结实障碍调查.湖北农业科学，48（11）:2657-2659.

王春乙，潘亚茹，季贵树.1991.石家庄地区干热风年型指标分析及统计预测模型.气象学报，49（1）：104-107.

王建林.2010.现代农业气象业务.北京：气象出版社.

王明田，王翔，黄晚华，等.2012.基于相对湿润度指数的西南地区季节性干旱时空分布特征.农业工程学报，28（19）：85-92.

王维，王文杰，李俊生，等.2010.基于归一化差值植被指数的极端干旱气象对西南地区生态系统影响遥感分析.环境科学研究，23（12）：1447-1455.

王正旺，苗爱梅，李毓富，等.2010.长治小麦干热风预报研究.中国农业气象，31（4）：600-606.

王正兴，刘闯.2003.植被指数研究进展：从 AVHRR-*NDVI* 到 MODIS-*EVI*.生态学报，23（5）:979-987.

许玲燕，王慧敏，段琪彩，等.2013.基于SPEI的云南省夏玉米生长季干旱时空特征分析.资源科学，05：1024-1034.

杨瑞珍，肖碧林，陈印军，等.2010.黄淮海平原农业气候资源高效利用背景及主要农作技术.

干旱区资源与环境,24（9）：88-93.

尤凤春，郝立生，史印山，等.2007. 河北省冬麦区干热风成因分析. 气象，33（3）：95-100.

张建平，何永坤，王靖，等.2015. 不同发育期干旱对玉米籽粒形成与产量的影响模拟. 中国农业气象，36（1）：43-49.

张建平，赵艳霞，王春乙，等.2012a. 不同发育期干旱对冬小麦灌浆和产量影响的模拟. 中国生态农业学报，20（9）：1158-1165.

张建平，赵艳霞，王春乙，等.2012b. 不同时段低温冷害对玉米灌浆和产量的影响模拟. 西北农林科技大学学报（自然科学版）.40（9）：115-121.

张建平.2010. 基于作物生长模型的农业气象灾害对东北华北作物产量影响评估. 北京：中国农业大学.

张玉芳，王明田，刘娟，等.2013. 基于水分盈亏指数的四川省玉米生育期干旱时空变化特征分析. 中国生态农业学报，2：236-242.

张志红，成林，李书岭，等.2015. 干热风天气对冬小麦生理的影响. 生态学杂志，34（3）：712-717.

赵俊芳，赵艳霞，郭建平，等.2012. 过去50年黄淮海地区冬小麦干热风发生的时空演变规律. 中国农业科学，45（14）：2815-2825.

中国气象局.2007. 中国灾害性天气气候图集. 北京：气象出版社.

朱庆森，曹显祖，骆亦其.1988. 水稻籽粒灌浆的生长分析. 作物学报，14：182-192.

朱钟麟，赵燮京，王昌桃，等.2006. 西南地区干旱规律与节水农业发展问题. 生态环境，15（4）：876-880.

Boogaard H L, van Diepen C A, Rötter R P, et al. 1998. User's guide for the WOFOST 7.1 crop growth simulation model and WOFOST control center 1.5. Wageningen: DLO-Winand Staring Centre.

Ceglar A, Črepinšek Z, Kajfež-Bogataj L, et al. 2011. The simulation of phenological development in dynamic crop model: The Bayesian comparison of different methods. Agricultural and Forest Meteorology, 151: 101-115.

de Wit A J W, van Diepen C A. 2007. Crop model data assimilation with the Ensemble Kalman filter for improving regional crop yield forecasts. Agricultural and Forest Meteorology, 146 (1-2): 38-56.

de Wit C T, van Keulen H. Modelling production of field crops and its Requirements. Geoderma.

de Wit C T. 1965. Agricultural research report 63: Photosynthesis of leaf canopies. Wageningen, Netherlands: PUDOC: 1-57.

de Wit C T. 1978. Simulation of assimilation, respiration and transpiration of crops. Wageningen, Netherlands: PUDOC.

de Wit C T. 1970. Prediction and management of photosynthetic productivity//Dynamic concepts in biology. Wageningen, Netherlands: PUDOC: 17-23.

Doherty J. 2005. PEST: Model-independent parameter estimation (5th edn). Townsville: Watermark Numerical Computing: 36-68.

Dowd M. 2007. Bayesian statistical data assimilation for ecosystem models using Markov Chain Monte Carlo. Journal of Marine Systems, 68 (3-4): 439-456.

Duan Q Y, Sorooshian S, Gupta V K. 1994. Optimal use of the SCE-UA global optimization method for calibrating Watershed Models. Journal of Hydrology, 158: 265-284.

Farquhar G D, von Caemmerer S, Berry J A. 1980. A biochemical model of photosynthetic CO_2 assimilation in leaves of C_3 species. Planta, 149: 78-90.

Hijmans R J, Guiking Lens I M, van Diepen C A. 1994. Crop growth simulation model: User guide for the WOFOST 6.0. Wageningen, Netherlands: DLO Winand Staing Centre.

Iizumi T, Yokozawa M, Nishimori M. 2009. Parameter estimation and uncertainty analysis of a large scale crop model for paddy rice: Application of a Bayesian approach. Agricultural and Forest Meteorology, 149 (2): 333-348.

Jones J W, Hoogenboom G, Porter C H, et al. 2003. DSSAT Cropping System Model. European Journal of Agronomy, 18: 235-265.

Jönsson P, Eklundh L. 2004. TIMESAT- a program for analyzing time-series of satellite sensor data. Computer & Geosciences, 30 (8): 833-845.

Kemp S, Scholze M, Ziehn T, et al. 2014. Limiting the parameter space in the Carbon Cycle Data Assimilation System (CCDAS). Geoscientific Model Development, 7: 1609-1619.

Launay M, Guerif M. 2005. Assimilating remote sensing data into a crop model to improve predictive performance for spatial applications. Agriculture, Ecosystems and Environment, 111 (1-4): 321-339.

Leuning R. 2002. Temperature dependence of two parameters in a photosynthesis mode. Plant, Cell & Environment, 25 (9): 1205-1210.

Medlyn B E, Dreyer E, Ellsworth D, et al. 2002. Temperature response of parameters of a biochemically based model of photosynthesis. II. A review of experimental data. Plant, Cell & Environment, 25 (9): 1167-1179.

Shen S H, Yang S B, Zhao Y X, et al. 2011. Simulating the rice yield change in the middle and lower reaches of the Yangtze River under SRES B2 scenario. Acta Ecologica Sinica, 31 (1): 40-48.

SupitI, Hooijer A A, van Diepen C A. 1994. System description the WOFOST 6.0 crop simulation model implemented in CGMS. Luxembourg: Office for Official Publications of the European Communities.

van Keulen H. 1975. Simulation of water use and herbage growth in arid regions. Wageningen, Netherlands: PUDOC: 1-176.

Wang J, Enli W, Feng L P, et al. 2013. Phenological trends of winter wheat in response to varietal and temperature changes in the North China Plain. Field Crops Research, 144 (5): 135-144.

Wang Y P, Trudinger C M, Enting I G. 2009. A review of applications of model-data fusion to studies of terrestrial carbon fluxes at different scales. Agricultural and Forest Meteorology, 149 (11): 1829-1842.

Warren C R, Dreyer E. 2006. Temperature response of photosynthesis and internal conductance to

CO_2: Results from two independent approaches. Journal of Experimental Botany, 57 (12): 3057-3067.

Woli P, Jones J W, Ingram K T, et al. 2012. Agricultural Reference Index for Drought (ARID). Agronomy Journal, 104 (2): 287-300.

Yang W, Peng S B, Dionisio-Sese M L, et al. 2008. Grain filling duration, a crucial determinant of genotypic variation of grain yield in field-grown tropical irrigated rice. Field Crops Research, 105: 221-227.

Yin X Y, Kropff M J, Horie T, et al. 1997. A model for photothermal responses of flowering in rice: I. Model description and parameterization. Field Crops Research, 51: 189-200.

Yin X Y, Kropff M J, McLaren G, et al. 1995. A nonlinear model for crop development as a function of temperature. Agriculture and Forest Meteorology, 77: 1-16.

Yu Q, Liu J D, Zhang Y Q, et al. 2002. Simulation of rice biomass accumulation by an extended logistic model including influence of meteorological factors. International Journal of Biometeorology, 46: 185-191.

Ziehn T, Scholze M, Knorr W. 2012. On the capability of Monte Carlo and adjoint inversion techniques to derive posterior parameter uncertainties in terrestrial ecosystem models. Global Biogeochemical Cycles, 26 (3): 1-13.

第 3 章 农业气象灾害预测预警技术

受大陆性季风气候影响，我国气象灾害发生频繁，其中，华北干旱对当地农业生产影响尤为显著，已成为制约华北冬小麦生产的一个重要因素。在南方，长江中下游及其以南地区是我国双季稻的主要种植区域，但在季风气候影响下，寒露风已成为南方晚稻生产的主要农业气象灾害。每年的 9~10 月，北方冷空气活动频繁，其南下入侵往往会使正处于抽穗扬花期的晚稻形成空壳、瘪粒，导致减产。鉴于此，本章以华北冬小麦、南方双季稻等主要粮食作物为研究对象，针对北方农业干旱、南方低温灾害、北方干热风等重大农业气象灾害，研究构建农业干旱、低温、干热风灾害的预测预警指标；发展和改进农业气象灾害的预测预警技术方法，构建基于区域气候模式、作物模拟模型、数值天气预报产品释用及3S 技术的农业气象灾害预测预警模型；建立一套农业气象学和天气气候学、农学等多学科结合、多种预报手段集成、长中短不同预报时效配套的农业气象灾害预测预警技术体系，研制开发省级农业气象灾害预测预警业务平台，并在省级农业气象业务中进行应用推广。

3.1 农业气象灾害的变化规律分析

3.1.1 北方干旱及干热风时空分布特征

干旱是影响华北地区冬小麦生长发育的一种主要农业气象灾害，当地素有"十年九旱"之说。本章华北冬小麦干旱气候特征指标的选取标准主要是依据降水负距平率（表 3-1）。

表 3-1 根据降水量负距平率 P_a（%）定义冬小麦干旱灾害等级

冬小麦不同生育期	干旱等级			
	轻旱	中旱	重旱	特旱
全生育期	$P_a < 15$	$15 \leqslant P_a < 35$	$35 \leqslant P_a < 55$	$P_a \geqslant 55$
播种期	$P_a < 40$	$40 \leqslant P_a < 60$	$60 \leqslant P_a < 80$	$P_a \geqslant 80$
拔节—抽穗期	$P_a < 30$	$30 \leqslant P_a < 65$	$P_a \geqslant 65$	—
灌浆—成熟期	$P_a < 35$	$35 \leqslant P_a < 55$	$P_a \geqslant 55$	—

　　从其发生频数空间分布来看，整个冬小麦生育期间［图3-1(a)］，华北地区有83.8%的测站干旱年数达到一半以上，出现干旱的频率较高。干旱发生频率超过60%的区域主要集中在河北、天津和河南北部及东部地区，而在山东发生干旱频率略低于其他地区，在25%~50%。播种期［图3-1(b)］干旱出现频率较高区域为河北和天津。拔节—抽穗期［图3-1(c)］干旱发生频率较其他时期高，达58.9%，干旱出现频率较高区域在河北、天津和河南北部地区。灌浆—成熟期［图3-1(d)］干旱出现频率较高的区域在河南的北中部和河北南部地区。

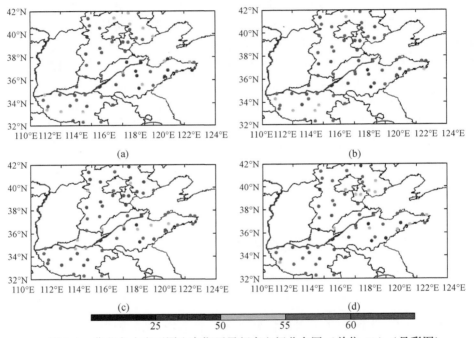

图 3-1　华北冬小麦不同生育期干旱频率空间分布图（单位:%）（见彩图）

(a)~(d) 依次为全生育期、播种期、拔节—抽穗期和灌浆—成熟期

　　从整个冬小麦生育期干旱程度来看［图3-2（a）］，中旱出现频率最高，达58.1%，主要集中在河南西部和北部、山东西部和河北大部分地区；轻旱发生频率为21%，主要集中在河南的东部、南部和山东的东部地区；重旱发生频率为8%，主要出现地区为河北东北部的部分地区。播种期［图3-2（b）］主要以中旱和重旱为主，频率分别为40.3%和56.5%；中旱主要出现在河北，重旱主要集中在河南和山东。拔节—抽穗期［图3-2（c）］主要以轻旱为主，频率达88.7%。灌浆—成熟期［图3-2（d）］主要以轻旱和重旱为主，频率分别为41.9%和51.6%，其中，轻旱主要出现在河北北部、天津、河南的西南部和南部

及山东南部,其他地区则以重旱为主。

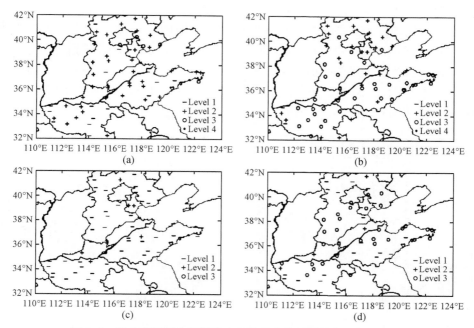

图 3-2 冬小麦不同生育期发生次数最多的干旱等级空间分布图

Level 1 ~ Level 4 分别表示轻旱、中旱、重旱和特旱;(a)~(d)依次为全生育期、播种期、
拔节—抽穗期和灌浆—成熟期

从干旱强度空间分布上看(图 3-3),冬小麦全生育期干旱强度的中心位于
河北中部。华北北部地区干旱强度整体大于南部地区。播种期间强度中心位于河
南、河北交界地区,与高频中心并不对应,而在华北平原北部、山东东部等地,
播种期干旱强度相对较弱。拔节—抽穗期间高频率中心与高强度中心在河北南
部、河南中北部有一定的重合区,是冬小麦拔节—抽穗期干旱的重灾区。小麦灌
浆期间干旱强度中心位于华北平原中部、河南中部及东部的部分区域(成林等,
2014)。

从时间变化趋势来看,华北地区北部冬小麦全生育期降水负距平率在减小
[图 3-4(a)],即干旱有下降趋势;而在河南、山东大部及河北南部地区,降水
负距平率有增大趋势,即干旱趋势加重。播种期[图 3-4(b)]和拔节—抽穗期
[图 3-4(c)]表现出与全生育期相似的干旱变化特征,即华北北部干旱趋势下
降,华北南部干旱趋势上升。灌浆—成熟期[图 3-4(d)]华北地区基本呈现出
较为一致的干旱下降趋势。

华北冬小麦主要生育期干旱站次比和强度变化的气候倾向率见表 3-2。从表

中可以看出，冬小麦全生育期及主要发育时段站次比与干旱强度的变化趋势基本
一致，但均未通过显著性检验。近50年华北冬小麦全生育期干旱站次比与干旱
强度呈微减趋势，尤其是灌浆—成熟期干旱站次比递减趋势相对明显，倾向率为
−4.18/10a，而播种期、拔节—抽穗期干旱强度和站次比均有略增趋势。冬小麦
全生育期、播种期、拔节—抽穗期、灌浆—成熟期干旱站次比最高的时期分别是
1991～2000年的65.31%、1981～1990年的64.19%、1981～1990年的70.32%、
1961～1970年的68.06%。

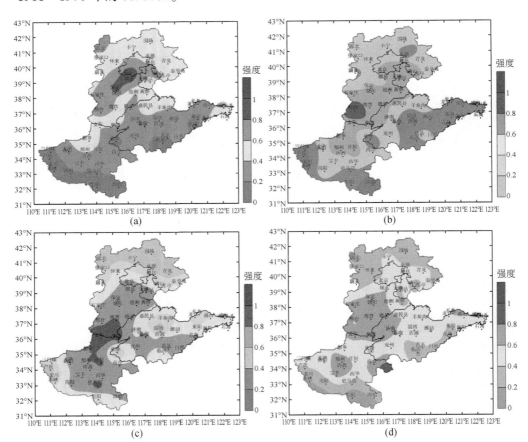

图3-3 冬小麦干旱强度空间分布图（单位:%）（见彩图）

（a）～（d）依次为全生育期、播种期、拔节—抽穗期和灌浆—成熟期

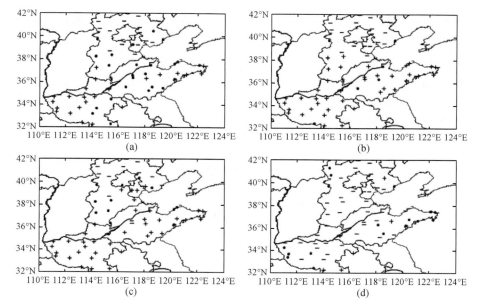

图 3-4 华北冬小麦不同生育期干旱趋势空间分布图

（a）～（d）依次为全生育期、播种期、拔节—抽穗期和灌浆—成熟期；+表示趋势增加，
–表示趋势减少，均通过了90%的信度检验；·则没有通过90%信度检验

表 3-2 华北冬小麦干旱站次比、干旱强度变化趋势

时期	项目	倾向率
全生育期	站次比（%/10a）	−0.57
	干旱强度（10a）	−0.01
播种期	站次比（%/10a）	1.52
	干旱强度（10a）	0.003
拔节—抽穗期	站次比（%/10a）	0.74
	干旱强度（10a）	0.01
灌浆—成熟期	站次比（%/10a）	−4.18
	干旱强度（10a）	−0.03

从干旱强度来看，全生育期为 1.0～1.9/10a，播种期为 1.1～2.3/10a，拔节—抽穗期为 1.0～1.9/10a，灌浆期为 1.1～2.0/10a，对应的干旱强度最大的时期分别出现在 1991～2000 年，其值为 1.59/10a；2001～2010 年，其值为 1.91/10a；1981～1990 年，其值为 1.52/10a；1961～1970 年，其值为 1.66/10a。由此可以看出，站次比较高时，干旱强度不一定大；站次比较低时，干旱强度有可能很强，危害不容忽视。

基于气象行业标准《小麦干热风灾害等级》（QX/T 82—2007），计算出各站点年均干热风日数，然后按其站点的经纬度，在 ArcGIS 中以反距离权重法进行插值，得到华北地区的年均干热风日数，如图 3-5 所示。华北地区各站点的年均干热风日数有较强的区域规律，呈中部高南北低的趋势。干热风日数在平原中部偏北处最高，每年约有 4.3 天，平原南部最少，几乎很少发生。南宫、惠民、黄骅、德州一带是干热风的高发区域。安徽北部的阜阳、寿县及江苏中北部大部分的年均干热风日数都较低，多年平均值在 1.5 天以内。

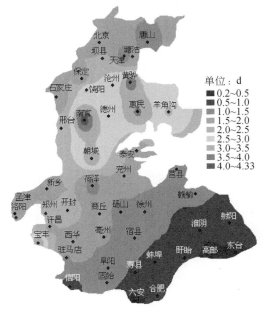

图 3-5　华北地区 1961 ~ 2008 年的年平均干热风日数（见彩图）

　　将一年内所有站点的干热风日数累计并求其平均值，按时间序列绘图，以揭示华北干热风的时间变化特征（图 3-6）。由此可见，华北地区的干热风日数总体上呈明显的下降趋势。20 世纪 60 年代的干热风发生最频繁，70 年代略有下降但仍属高发期，80 年代和 90 年代较少；进入 21 世纪以来，发生频率略有增加但总数仍较少，这与其他学者的研究结果较为一致。

　　取各站点 1961 ~ 2008 年的逐年干热风日数，分站点求其线性回归系数并绘制成图，用以表征各地干热风日数的变化趋势（图 3-7）。华北中北部如南宫、德州等干热风程度最严重的区域下降幅度最大，程度越轻的下降幅度越小。大部分区域的干热风日数都在减少，但平原南部 6 个站点（信阳、六安、合肥、射阳、高邮、东台）的干热风日数有增加的趋势。以合肥为例，20 世纪 60 年代合肥只有 1 天干热风日，70 年代增加至 5 天，80 年代为 4 天，90 年代猛增至 11 天。2001 ~ 2008 年间已出现 5 天，如表 3-3 所示。

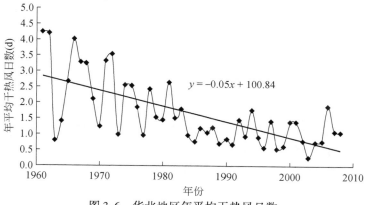

图 3-6　华北地区年平均干热风日数

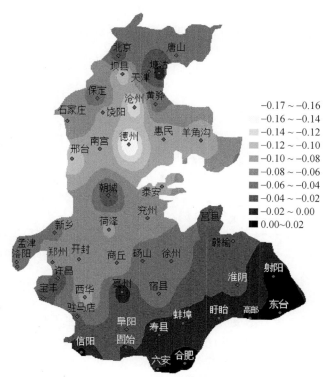

图 3-7　华北地区干热风总日数随年份的线性回归系数

表 3-3　合肥与东台 1961~2008 年各时间段的干热风日数　　（单位：d）

时间段	1961~1970 年	1971~1980 年	1981~1990 年	1991~2000 年	2001~2008 年
合肥干热风日数	1	5	4	11	5
东台干热风日数	2	3	1	6	5

这表明在气候变化影响下，华北地区风速整体降低虽然总体上降低了干热风的发生频率，但是在气候变化背景下，极端天气事件出现频率也相应增加，使干热风的影响区域有轻微扩大化的趋势。一些以往少有干热风危害的区域如合肥和东台，由于气候变化背景下极端天气事件的增加，近年来干热风现象有略微增加的趋势。

以上是对干热风总体时空分布状况的研究结果，但干热风又分为高温低湿型和雨后青枯型两种，因此对两种不同类型的干热风时空分布特征分别进行了进一步的研究。将两种类型干热风日数求所有站点的逐年平均值，按时间序列绘图（图 3-8）。由此可见，高温低湿型干热风日数变化在 0.15~4.08d/a，区域分布和随时间变化的趋势与干热风总日数均类似，不再赘述。

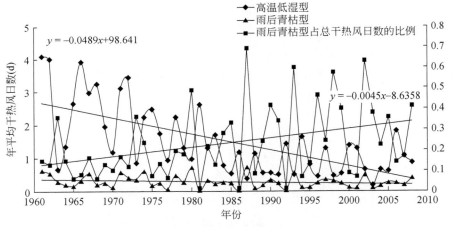

图 3-8　两种类型干热风日数的比较

雨后青枯型干热风日数变化在 0.04~0.67d/a，且在干热风总日数中所占的比重有明显的上升趋势（图 3-8）。造成这种现象的原因之一可能是自 1961 年以来，华北地区风速整体降低的趋势使高温低湿型干热风的日数呈下降趋势，而同期雨后青枯型干热风日数虽然也下降（图 3-8），但下降幅度小于高温低湿型，使得雨后青枯型的日数在干热风总日数中有上升趋势。

取各站点 1961~2008 年逐年的雨后青枯型干热风日数，分别计算它们的直线回归系数并绘图，结果如图 3-9 所示。由此可见，虽然大部分区域的日数均有减少的趋势，但呈增加趋势的站点也较多，且多分布在平原南部和西北侧。

综上所述，近 50 年来，华北地区干热风存在两方面的变化：一方面，由于风速整体降低，干热风的发生频率有减轻的趋势；另一方面，随着极端天气事件发生频率的上升，个别站点的干热风日数出现了增加的趋势，其中，雨后青枯型干热风日数增加尤为明显。

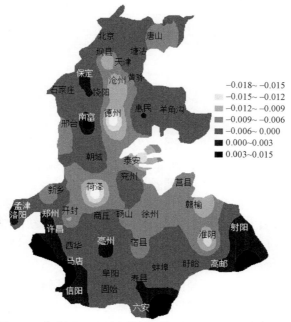

图 3-9　华北地区雨后青枯型干热风日数线性回归的斜率

3.1.2　南方低温冷害时空分布特征

春季低温阴雨可直接影响早稻种子发芽、生长，致使秧苗的生理机能失调，诱发病害，最终导致烂秧死苗。基于广东 86 个站 1961～2008 年逐日气象观测资料和农业气象观测站早稻发育期资料，按 2 月 21 日至 4 月 30 日的日平均气温 ≤12℃连续 3 天或以上统计为低温阴雨过程，所有过程发生天数之和记为当年低温阴雨总日数，最后一次过程结束日记为当年低温阴雨结束日。广东春季低温阴雨时空变化特征为：发生程度呈明显减弱趋势，表现在总日数减少、结束日提早两方面。这种变化在各地区有较大差别，其中，南部地区结束日提前 15～20 天，总日数减少 3～5 天；中部、北部地区结束日提前 5 天左右，总日数减少 4～8 天。1997 年以来，春季低温阴雨北部最多出现日数为 15 天，最晚结束日为第 85 天，即 3 月下旬；中部最多出现日数为 11 天，最晚结束日为第 76 天，即 3 月中

旬；南部最多出现日数为 7 天，最晚结束日为第 66 天，即 3 月上旬。1961～
1996 年与 1997～2008 年春季低温阴雨发生频率表现为：偏重发生的频率全省各
地区均呈减少趋势，北部地区减少最多达 25%；1997 年以来，南部偏重发生频
率为 0，早稻秧苗期低温阴雨天气影响较小；偏轻发生的频率全省各个地区明显
增加，增幅为 19%～33%，中部地区增加最多（表 3-4）。

表 3-4　广东区域早稻低温阴雨不同等级发生的频率　　　（单位：%）

区域	偏重		正常		偏轻	
	1961～1996 年	1997～2008 年	1961～1996 年	1997～2008 年	1961～1996 年	1997～2008 年
北部	67	42	19	25	14	33
中部	39	17	19	8	42	75
南部	14	0	22	17	64	83

　　基于气象行业标准《寒露风等级》（QX/T 94—2008）划分的寒露风类型和
分级指标，结合实际生产情况，将标准中湿冷重度指标修订为影响雨日 ≥1 天。
采用历史灾情反演方法，分干冷型、湿冷型两种类型，分轻度、中度、重度 3 个等
级，分析晚稻寒露风敏感期的时间变化特征。以广西融安地区为例，1961～2010 年
9 月 10 日至 10 月 20 日寒露风天气过程出现在各日的频次统计结果表明：50 年中
从 9 月 11 日起都曾遇不同程度的寒露风天气过程，且频次累计随时间推移具有明
显增加趋势；统计时段的 41 天中年均遇轻、中、重度寒露风天气过程分别为 7.5
天、2.7 天和 3.9 天，其中，干冷过程为 4.3 天、湿冷过程为 9.8 天，年均遇寒露
风天气过程为 14.1 天（日均遇寒露风危害频率为 34.4%）；各日遇湿冷过程的频次
明显多于干冷过程，其中，10 月 4 日以前和 10 月 13 日以后的 30 天湿冷过程明显
比干冷要多一倍以上；轻度、中度和重度寒露风发生的起始日期分别从 9 月 11 日
后延至 19 日和 28 日，依次推迟 1 个多星期。总体上，融安地区寒露风发生频率较
高，且湿冷过程居多；前期危害为轻度和中度，后期多为重度。

　　以南方双季稻种植区为研究区域，利用区域 1961～2010 年 175 个站点逐日平
均气温资料、水稻生育期资料，依据构建的早稻低温灾害预测预警指标（日平均温
度 ≤12℃、持续日数 ≥3 天）、晚稻寒露风预测预警指标（粳稻日平均温度 ≤20℃、
持续日数 ≥3 天，籼稻日平均温度 ≤22℃、持续日数 ≥3 天），统计双季稻低温灾害
发生次数及累计天数，利用 GIS 软件研究双季稻低温灾害发生的空间分布特征，表
明：早稻低温灾害过程发生平均次数呈北部及南部较低，中部较高，大部分区域小
于 1 次，而过程发生次数极大值大部分区域可达 3 次；粳稻寒露风过程发生平均次
数大部分区域均在 0.4 次以下，过程次数极大值呈现出由西北向东南减小的趋势，
云南种植区中部、四川成都东北部、陕西西南部、河南种植区西部、湖北中部、湖

南大部地区等过程最大发生次数在 3 次以上；籼稻寒露风过程发生平均次数呈现出由西北向东南减小的趋势，区域西南部平均发生次数超过 1 次，过程次数极大值分布趋势基本相同，大部分区域过程发生最大次数在 3 次以上。

3.2　灾害预测技术

3.2.1　北方干旱中长期预测

干旱过程常常是某种状态的异常环流型持续发展和长期维持的结果，海表温度是重要的大气外强迫信号之一。由于大气对海洋的响应滞后 3 ~ 6 个月，考虑华北地区冬小麦播种期集中在 10 月，拔节—抽穗期集中在 4 月，灌浆—成熟期集中在 5 月，选取 4 个海温关键区，即 NINO1+2、NINO3.4、NINO3、NINO4 区，分别计算冬小麦 3 个不同生育期降水负距平百分率与前期海温的相关关系（图 3-10 ~ 图 3-12）。

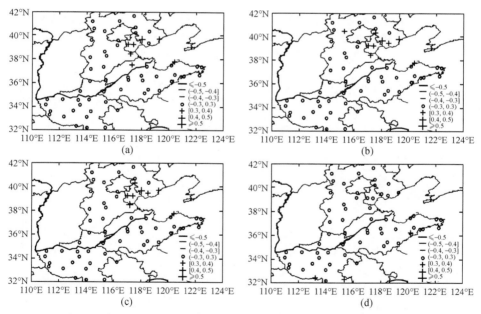

图 3-10　播种期降水负距平百分率与前期春季（5 月）各关键区海温相关系数分布图

（a）~（d）分别为 NINO1+2、NINO3.4、NINO3、NINO4 海区；+表示正相关，−表示负相关，均通过了 90% 的信度检验；○则没有通过 90% 信度检验

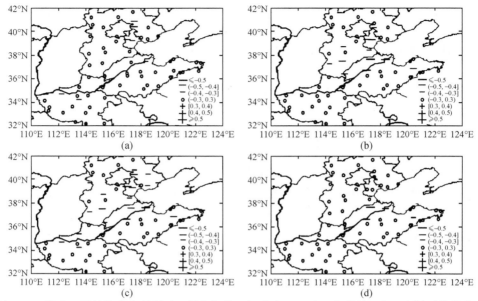

图 3-11　拔节—抽穗期降水负距平百分率与前一年秋季（10 月）各关键区海温相关系数分布图

（a）~（d）分别为 NINO1+2、NINO3.4、NINO3、NINO4 海区；+表示正相关，−表示负相关，

均通过了 90% 的信度检验；○则没有通过 90% 信度检验

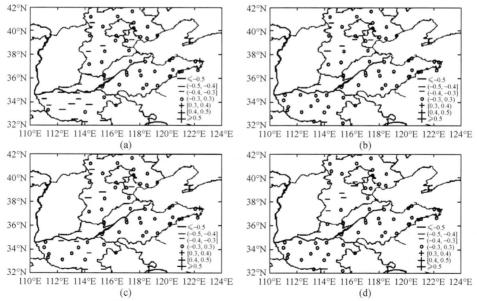

图 3-12　灌浆—成熟期降水负距平百分率与前一年冬季（12 月）月各关键区海温相关系数分布图

（a）~（d）分别为 NINO1+2、NINO3.4、NINO3、NINO4 海区；+表示正相关，−表示负相关，

均通过了 90% 的信度检验；○则没有通过 90% 信度检验

播种期（图 3-10）华北西北部降水负距平百分率与前期春季（5 月）NINO1+2、NINO3.4 和 NINO3 海温呈正相关，相关最高的区域位于华北北部，表明前期春季海温为暖位相时，播种期降水偏少，易干旱。拔节—抽穗期（图 3-11）华北北部地区降水负距平百分率与前一年秋季（10 月）NINO3.4 和 NINO3 两区的海温呈反相关，即当秋季 NINO3.4 和 NINO3 两区的海温为冷位相时，华北北部地区降水偏少，易出现干旱。灌浆—成熟期（图 3-12）华北北部地区降水负距平百分率与前一年冬季（12 月）NINO3.4、NINO3 和 NINO4 区海温呈反相关关系，河南地区降水负距平百分率与 NINO1+2 区海温呈反相关关系，即上述海区的冬季海温为负位相时，对应其相应地区降水偏少，易发生干旱灾害。

除了利用大气、海温等因子探讨干旱中长期预报方法之外，不同时效的格点化农业干旱中长期预报方法也是有力的预报手段之一。对自动土壤水分观测站 0～50cm 的观测数据进行质量控制和客观分析，以得到实时、准确的土壤墒情预报初始场。在此基础上，可以利用不同方法对不同时效干旱进行中长期预测。

1～10 日预报：以土壤水分平衡方程为基础，以欧洲中心细网格数值预报产品和乡镇精细化要素预报产品为基础，以经过质量控制、格点化的自动土壤水分资料为初始场，结合作物不同发育期的干旱指标，依据干旱预测模型，生成格点化的干旱预报产品，进行格点化农业干旱短中期预报。

11～30 日预测：以延伸期降水量预报、延伸期降水量距平预报和延伸期温度距平预报等预报产品为基础，开展格点化农业干旱预测模型研究。

格点化土壤水分预报的基本依据和原理就是土壤水分平衡方程。土壤水分平衡是指一定时间内一定深度土壤的水分收支状态。对于地势较为平坦的农田，水分交换主要来自垂直方向。土壤水分收入主要为自然降水，支出主要包括作物冠层对降水的截留、地表径流、作物实际蒸散量等。

若将 W_n 作为时段初土层内土壤储水量，W_{n+1} 为时段末土层内土壤储水量，则土层内的土壤水分可由式（3.1）来表示：

$$W_{n+1} = P_n - R_n - I_n - E_a + W_n \qquad (3.1)$$

式中，W_{n+1} 是时段末土层内土壤储水量；W_n 是时段初土层内土壤储水量；P_n 是为时段内降水量；R_n 是地表径流量；I_n 是作物冠层对降水的截留量；E_a 是时段内农田实际蒸散量。

（1）所需资料包括各种作物不同发育期的作物系数、叶面积指数、降水截留量；台站土壤容重、田间持水量、凋萎湿度；经度、纬度、海拔高度；自动土壤墒情；欧洲中心数值预报资料，包括日平均气温、水气压、气压、降水量、最高气温、最低气温和风速。

（2）海拔高度资料处理。用 1：50 000 高分辨率高程资料，插值到 108°E～

118°E、30°N ~ 38°N 的区域内。格距为 0.25°×0.25°，东西向 41 个格点，南北向 33 个格点，覆盖河南范围。

（3）自动土壤墒情资料处理。自动土壤墒情资料的处理包括资料的质量控制和格点化。质量控制的方法主要有：根据仪器状态数据检查资料是否有错；根据仪器原理判断，仪器土壤频率大于等于空气中频率或者小于等于水中频率，认为资料有错；根据资料的时间一致性判断，如果在没有降水的情况下，数据突然变大或者数据快速变小，则认为土壤水分资料有错；根据值域范围确定资料是否准确；与周围台站资料进行一致性比较，是否超出一定范围。

自动土壤墒情资料格点化使用 Kriging 插值法；插值的层次有 10cm、20cm、30cm、40cm 和 50cm 共 5 个层次；重量含水率通过体积含水量和土壤容重计算得到；插值范围为 108°E ~ 118°E、30°N ~ 38°N。

系统流程如图 3-13 所示。

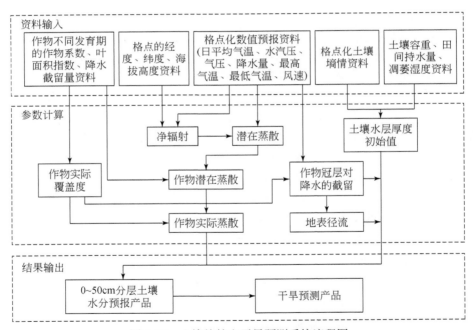

图 3-13　土壤墒情和干旱预测系统流程图

随机选取精细化土壤墒情和干旱预测系统于 2012 年 11 月 20 日至 12 月 11 日的预报结果，提取相应时段的自动土壤水分实况数据，进行预报准确率分析。分别统计分析相同土壤层次不同预报时效下的准确率及相同预报时效下不同土壤层次的准确率。

$$P = \left(1 - \left| \frac{a - A}{A} \right| \right) \times 100\% \tag{3.2}$$

式中，P 是预报准确率；a 是预报值；A 是实况值。

统计 0～50cm 各个层次 24h、48h、72h、96h、120h、144h 和 168h 预报时效下的预报准确率，并按 5 个层次对各个预报时效的预报准确率求取平均值，统计结果见表3-5。

表 3-5　0～50cm 分层不同预报时效准确率统计表　　　（单位：%）

土壤层次（cm）	预报时效（h）						
	24	48	72	96	120	144	168
10	96.0	92.4	89.9	87.7	86.5	83.5	82.4
20	97.4	94.8	93.1	90.5	89.7	87.7	86.8
30	96.5	92.9	90.2	86.6	84.2	81.0	79.6
40	97.6	94.6	92.8	89.8	88.0	86.8	86.2
50	96.8	94.5	92.6	90.5	89.1	87.8	87.0
平均	96.9	93.8	91.7	89.0	87.5	85.4	84.4

将表3-5 数据以柱状图形式进行表示，如图3-14 所示，图中横坐标为预报时效，纵坐标为预报准确率。

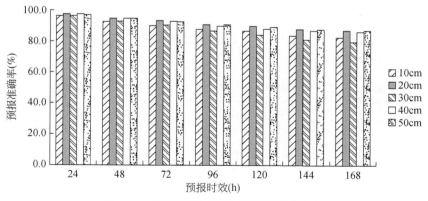

图 3-14　不同预报时效各层次预报准确率

从上面的图表可以看出，随着预报时效增加，各层次预报准确率呈下降趋势；而相同预报时效下，上层的准确率稍低于下层。

3.2.2　南方低温冷害中长期预测

　　基于前期天气气候、大气环流、海温资料等，采用时间序列预测方法（EMD）集成、改进的统计模型、动力模式产品解释应用预测等模型与技术方法，初步构建了旬、月尺度的广西晚稻寒露风预测预警模型，并对 2011～2013 年晚稻寒露风进行了预测试用，预测准确率在 82% 以上（图 3-15）。

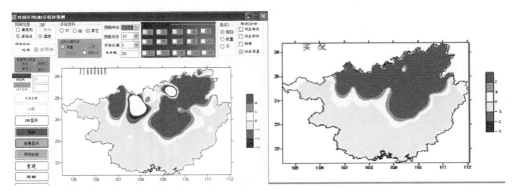

图 3-15　2013 年广西晚稻寒露风开始期预测与实况的比较（见彩图）

　　此外，基于 1980～2011 年大气环流、海温资料与前期气象条件，以湖南常德地区早稻低温灾害发生等级为预测目标，采用逐步回归分析方法，初步构建了预测时效为 1～12 个月的早稻低温灾害发生等级预测模型，经 2012 年外延预测检验，预测时效为 1、3、6、12 个月的早稻低温灾害发生等级预测结果均与实际发生情况相吻合（表 3-6）。

表 3-6　湖南常德地区早稻低温灾害发生等级预测实际效果检验

预测时效	历史回代准确率（%）	2012 年外延预报准确率
1 个月	90.3	一致
3 个月	83.9	一致
6 个月	87.1	一致
12 个月	80.6	一致

　　根据湖南早稻 5 月低温发生的地域特征，将其划分为 4 个区，即 Ⅰ 区（湘北、湘西大部）、Ⅱ 区（湘东中部、湘南北部）、Ⅲ 区（湘西南、湘东南局部）、Ⅳ 区（湘南南部）。区域 5 月低温强度指数定义如下：

$$I_{区域} = \sum_{i=1}^{n} w_i I_i \tag{3.3}$$

式中，I 区域是区域五月低温强度指数；w_i 是区域内各气象站权重系数，采用主成分分析法确定；I_i 是区域内各气象站 5 月低温强度指数；n 是区域内气象站总站数。

表 3-7 表给出了湖南分区 5 月低温等级出现频率的统计结果，可以看出，Ⅲ区五月低温出现频率最高，其次是 Ⅰ 区，五月低温出现频率基本上是 4 年 3 遇；Ⅱ区五月低温出现频率为 2 年 1 遇；Ⅳ区五月低温出现频率为 3 年 1 遇。

表 3-7　湖南分区 5 月低温等级出现频率　　（单位：%）

分区	轻度	中度	重度	等级合计
Ⅰ	32	24	16	72
Ⅱ	22	24	6	52
Ⅲ	30	24	22	76
Ⅳ	26	12	0	38

基于 1961～2010 年 74 项环流特征量资料，湖南 96 个气象站 1961～2010 年气象资料，分别采用支持向量机（SVM）回归方法、逐步回归分析方法，以分区 5 月低温强度指数为预测目标，初步构建了湖南 4 个分区 5 月低温预测模型（表 3-8）。预测结果检验表明：基于 SVM 回归方法、逐步回归分析方法的预测模型历史回代准确率分别在 90%、83% 以上，2007～2010 年的外延预报准确率分别为 80%～88%、60%～78%。SVM 回归方法显著优于逐步回归方法。

表 3-8　湖南分区 5 月低温预测 2 种模型的预测效果检验　　（单位：%）

分区	SVM 法		逐步回归法	
	回代率	预测准确率	回代率	预测准确率
Ⅰ	91	85	83	60
Ⅱ	95	83	85	68
Ⅲ	92	80	86	75
Ⅳ	90	88	88	78

SVM 是处理非线性回归问题的一种有效的新方法，通过支持向量构造推理模型，对因子的数量没有明显的限制，支持的因子数可达上千个；基本上不涉及概率测度及大数定律等，因此不同于现有的统计方法。通过对与预报对象有明确意义的各种因子的选取，可以较好地表述预报对象与预报因子之间变化的时间、空间概念。该方法已应用于中短期预报试验，效果较好（图 3-16）。

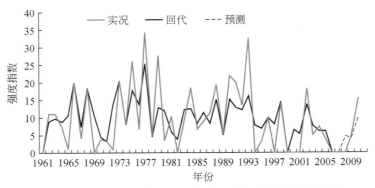

图 3-16　基于 SVM 的湖南 I 区早稻 5 月寒预测模型效果检验

　　针对广西复杂多样的地形气候条件，为客观反映不同地域的气候资源及低温冷害状况，采用 GIS 技术和统计学方法，利用 1 : 250 000 的经度、纬度、海拔高度等广西基础地理信息数据，按照 1km×1km 的空间分辨率，对低温冷害的相关气象数据进行细网格空间分析推算，结合广西水稻生长发育状况和寒露风指标，实现了对广西水稻低温冷害发生发展及其强度、范围的实时监测预警。

　　温度等气象要素与当地的经度、纬度、海拔等地理因子关系密切，依据广西全区的平均气温、最低气温的气象监测资料，建立气温与经度、纬度、海拔等地理因子的回归方程，结合全区 1km×1km 分辨率网格高程数据，反演细网格点气温，得到初步的广西全区平均气温、最低气温千米网格点资料。通过计算回归方程的残差，借助 GIS 工具软件进行残差的千米网格化，将网格化的残差数据叠加到回归方程反演的细格点气温资料上，得到空间分辨率为 1km×1km 的广西全区气温细网格点资料。按照寒露风轻度、中度、严重等级指标逐网格点判别低温冷害等级，得到广西水稻"寒露风"低温冷害分布栅格数据。绘制水稻"寒露风"低温冷害分布图，统计广西全区、各市、县的低温冷害等级强度，最终得到空间分辨率为 1km×1km 的广西水稻"寒露风"低温冷害监测结果。

　　基于 T213 数值预报产品，建立 MOS（model output statistics）预报方程，实时制作广西各个气象台站未来 7 天的 24h、48h、72h、96h、120h、144h、168h 的平均气温和最低气温预报。基于 MOS 预报方程的未来 7 天平均气温和最低气温预报，重复上述气温细网格点推算、残差订正、格点温度灾害指标判别等步骤，实现对广西未来 1～7 天的水稻寒露风低温冷害预警。

　　基于构建的寒露风预警模型，制作了 2010 年 10 月上中旬广西水稻寒露风分布图。结果表明：严重寒露风低温冷害区域主要分布在贺州、桂林、柳州、河池、百色等市的大部分区域和来宾、贵港、梧州三市局部，以及桂中、桂南地区的极少数山区；中度寒露风低温冷害区域主要分布在来宾、南宁两市大部和玉林、贵港、崇左、梧州等市部分区域，以及柳州、贺州两市局部和右江河谷大部区域；轻度寒露风低温冷害区域主要分布在北海、钦州两市和防城港、崇左两市的部分区域，以及玉林、南宁、来宾等市局部区域。

3.3 灾害的预警技术

3.3.1 田间实验观测

山东农业大学开展了池栽条件下不同土壤水分的 2 个冬小麦品种的不同生育期的农艺性状、生育过程、干物质积累分配、光合参数、气孔导度等参数的观测；2010 年 10 月至 2011 年 6 月在山东农业大学农学实验站以济麦 20 为试材，进行不同水分条件下冬小麦农艺性状定量模型研究。水分胁迫对小麦株高的影响，干旱条件下，从拔节至灌浆，每天茎生长 0.4~0.6cm，而适宜水分条件下，每天茎生长 0.9~1.0cm。水分过多或涝渍条件下，茎秆每日伸长 1.15~1.22cm，最快时，每天伸长 1.85cm。干旱条件下的茎秆高度仅相当于适宜水分下的 63.4%~73.2%；水分过多时，小麦茎秆徒长 4.9%~9.5%。从适宜到干旱过程中，穗下节间变化趋势是先上升再下降。

2010 年 10 月至 2015 年 6 月在山东农业大学农学实验站以济麦 20 为试材，进行不同水分条件下冬小麦农艺性状定量模拟研究，以水分处理为横坐标，以株高变化为纵坐标，进行数学分析并建立方程，其中，y 是植株高度，x 是水分变化量，按不同时间进度考虑：

4 月 6 日　$y = 0.005x^3 - 0.095x^2 + 0.431x + 21.69$（$R^2 = 0.128$）

4 月 13 日　$y = -0.009x^3 + 0.057x^2 + 0.857x + 22.32$（$R^2 = 0.898$）

4 月 20 日　$y = -0.078x^3 + 0.899x^2 + 0.566x + 21.96$（$R^2 = 0.961$）

4 月 27 日　$y = 0.039x^3 - 0.533x^2 + 4.142x + 30.55$（$R^2 = 0.886$）

5 月 2 日　$y = 0.003x^3 - 0.114x^2 + 3.489x + 35.61$（$R^2 = 0.875$）

5 月 11 日　$y = -0.088x^3 + 1.435x^2 - 3.371x + 44.33$（$R^2 = 0.948$）

5 月 18 日　$y = -0.051x^3 + 0.741x^2 + 0.983x + 41.13$（$R^2 = 0.992$）

以水分处理为横坐标，以各节间长度为纵坐标，进行数学分析，并建立方程，其中，y 是节间长度，x 是水分变化量。

穗下节间长度的方程为 $y = -0.064x^3 + 1.304x^2 - 5.848x + 24.358$（$R^2 = 0.936$）

倒 2 节间长度方程为 $y = -0.007x^3 + 0.196x^2 - 0.775x + 10.015$（$R^2 = 0.935$）

倒 3 节间长度方程为 $y = -0.001x^3 + 0.072x^2 - 0.362x + 6.437$（$R^2 = 0.808$）

以水分处理为横坐标，以茎、叶、穗、粒干重为纵坐标，进行数学分析，建立方程。其中，y 是各器官的干重，x 是水分变量。

水分与叶重关系方程为 $y = -0.007x^3 + 0.125x^2 - 0.617x + 1.983$ （$R^2 = 0.750$）

与穗重的关系方程为 $y = -0.040x^3 + 0.658x^2 - 2.445x + 6.617$ （$R^2 = 0.900$）

与茎重的关系方程为 $y = -0.020x^3 + 0.349x - 1.795x^2 + 4.489$ （$R^2 = 0.903$）

与粒重的关系方程为 $y = -0.040x^3 - 2.370x^2 + 0.642x + 4.895$ （$R^2 = 0.900$）

以济麦 20 为试验材料，在正常水分、中度干旱和重度干旱条件下，对冬小麦农艺性状对花前水分胁迫的响应进行了研究，发现水分胁迫条件下小麦株高降低主要是第Ⅳ、Ⅴ高位节间长度的降低，而第Ⅰ、Ⅱ节间反而略有增长。从 3 月 16 日至 4 月 22 日，每隔 7 天同步测定地上部物质积累对水分胁迫的响应。研究灌浆期不同土壤水分条件下冬小麦旗叶光合速率的影响程度，发现灌浆期若遇大雨致麦田淹水时间对小麦衰老有影响。且淹水对冬小麦光合速率影响呈现先迅速升高后逐渐降低的总趋势。灌浆期遇大雨对冬小麦旗叶的光合速率造成了明显的影响，淹水 3 天，光合速率均上升；淹水 6 天，光合速率达到最大值，随着时间推移，光合速率开始下降，小麦大体上呈现上升下降再上升下降的 "M" 型曲线变化，有的处理呈现倒 "V" 字形变化趋势。淹水 9 天和 12 天对小麦旗叶光合速率影响最大。淹水 9 天时，小麦旗叶光合速率下降了 13.42%；淹水 12 天时，小麦旗叶光合速率下降达 18.4%。

对不同土壤水分条件下对冬小麦旗叶叶片细胞间隙 CO_2 浓度、气孔导度 GS 和气孔限定值 LS 的影响也进行了定量测定。灌浆期水分过多的细胞间隙 CO_2 浓度即 Ci 均高于适宜水分条件下的浓度，2 种类型（大穗型和小穗型品种）的 Ci 均升高，随着淹水时间的延长，Ci 持续升高；气孔导度也呈上升趋势，表明小麦旗叶光合速率在淹水时间较短（3 天和 6 天）条件下有气孔限制也有非气孔限制，随着淹水时间延长，影响因素主要为非气孔限制，临界点在淹水 6 天，超过 6 天，即对冬小麦的光合器官产生不可逆损伤。

冬小麦采用单行种植和双行种植，选用生长期灌溉 180mm 和无水灌溉两种灌溉模式，冬小麦旗叶光合速率采用美国 Li-COR 公司 Li-6400 型便携式光合作用测量系统，结果表明：单行种植的成熟期没有灌溉的比双行种植的没有灌溉的冬小麦旗叶的光合速率下降了 61.1%（$p < 0.05$），在乳熟期和成熟期，没有灌溉的冬小麦旗叶的净光合速率低于同一时期同样种植模式灌溉的冬小麦旗叶的净光合速率，单行种植没有灌溉的冬小麦旗叶的光合速率比灌溉的冬小麦的分别低 42.5% 和 57.0%，双行种植的没有灌溉冬小麦旗叶的光合速率比灌溉的冬小麦的分别低 15.2% 和 19.4%。

3.3.2　作物生长模型介绍

作物生长模拟模型是在遵循物质平衡原理、能量守恒原理及物质能量转换原理的基础上，以土壤、气象等数据作为驱动变量，运用数学物理方法和生态环境数值模拟技术，人为地再现作物生长发育及产量形成过程（王石立等，2008）。它综合考虑了土壤、天气、气候、作物特性乃至人类活动等因素对作物生长发育的影响，是一种面向作物生长发育过程的数值模拟模型（刘布春等，2002）。随着对作物生长发育机理认识的不断深入，作物生长模拟模型研究获得了较大进步，目前已在作物长势监测、作物估产、气候变化影响评估和农业干旱监测预测等领域得到了广泛推广和应用（冯利平等，2004；潘学标等，2001；张宇等，2000；熊伟等，2005）。尽管如此，作物模型在实际应用中仍不是非常成功。例如，模型对土壤水分的模拟尚存在一定的不足之处，这不利于农业旱情的准确监测。土壤水分受降水、蒸发、蒸腾、径流、土壤、地形、灌溉及人类活动等诸多因素共同影响，模型还不能准确地描述这些因素的真实状况及其相互作用对土壤水分的影响。因此，模型模拟土壤水分的准确性和合理性还难以保证。另外，受管理参数和环境变量非均匀性的影响，基于单点研发的作物模型应用到区域尺度上时，参数的区域化和宏观资料的获取还存在一些问题（Laura Dente et al.，2008；Mignolet et al.，2007）。例如，模型还较难确定区域范围内的模型参数（如作物参数、土壤参数）及土壤和作物初始状况；受土壤质地、地形地貌的复杂性制约，模型对大范围作物蒸腾量、土壤蒸发量及土壤水分含量等关键变量的模拟水平还不够理想，以上问题限制了作物模型在区域农业旱情监测中的发展和应用。然而，遥感技术的出现使作物模型应用到区域农业干旱模拟中成为可能。

作物生长模拟不仅可以通过完善或建立子模型对相关机理进行描述，而且还可以兼容相关学科的研究成果（高亮之等，1989）。众多学者将理论结合实际，不断改进和完善作物模拟模型及其子模块，使模型更好地适应于众多学科的不同领域（安顺清和邢久星，1986；王石立，1998）。

长期以来，国内外学者对农业干旱监测预测进行了大量的较为深入的系统研究。Palmer（1965）将前期降水和水分供需结合到水文模式中，提出了基于水平衡的帕默尔干旱指数（PDSI），在分析干旱时空分布及其特征向量中取得了较好的研究成果。然而，有学者认为，PDSI 是一种气象干旱指数，还不可以真正表征作物体内的水分状况，不能直接应用到农业干旱监测预测中。此后，众多科学家对 PDSI 进行了进一步修正（范嘉泉等，1984）。Diaz 等（1980）在实测资料的支持下，利用帕默尔旱度模式建立了适用于不同地区的旱度指标。Kingtse（2006）在简化土壤水分模型的基础上，对 PDSI 进行了修正，提出了 MPDSI 指数。安顺清和邢久星（1986）在修正帕默尔旱度模式的基础上，建立了我国华北地区气象旱度模式，并提出了优化灌溉的理论依据。之后，部分学者将修正后的帕默尔干旱指数应用到农业干旱监测及评估体系中（徐向阳等，2001；叶建刚等，2009）。此外，国内学者针对具体的研究目标，结合田间试验资料，建立了一些实用性较好的农业干旱模拟模式。王石立（1998）研制了水分胁迫条件下的冬小麦生长模式，并评价了冬小麦干旱影响；赵艳霞等（2000）以农业干旱识别和预测模型为基础，开发了农业干旱识别和预测技术系统；刘建栋等（2003）在提出农业干旱指数和农业干旱预警指数的基础上，建立了华北干旱预测数值模式。以上研究为农业干旱预测提供了较为坚实的理论基础。

本研究采用的作物干旱模型，主要是基于 Arid Crop 模型改进而来。Arid Crop 模型最早是由荷兰科学家研制的，主要用来模拟地中海地区的作物在水分为主要限制因子条件下的生长过程（van Keulen et al.，1975）。之后，研究人员对 Arid Crop 模型不断改进，将它应用于不同国家的很多地区。自 Arid Crop 模型被引进我国以后，刘建栋等（2003）利用田间实测资料，将作物生长模拟与农业干旱监测进行结合，建立了华北农业干旱模拟模型。目前，该模型在我国冬小麦产量模拟和农业干旱监测预测等研究中得到了较好的应用。

作物干旱模型包括土壤物理和作物生长两个过程：土壤物理过程包括水分的渗透、蒸发、根吸收等过程，整层土壤被分成不同深度的土层，每个土层的含水量被视为一个独立的状态变量；作物生长过程包括发育期、干物质生产、叶面积增长等过程。干物质潜在增长速率为水分利用效率和蒸散速率的乘积，与作物光合特性、土壤水分条件等因素有关；叶面积增长则按叶重计算，两者之间可按比叶面积换算（王天铎等，1996）。在不同的生育期内，干物质按不同比例分配给作物的各个器官（如叶片、种子等）（李明星等，2008）。其中，环境因素对干物质的分配过程有一定的影响。例如，在水分胁迫条件下，分配到叶片的干物质会减少。结合干物质和叶面积的计算思路可知，水分条件状况直接影响干物质生产、叶面积增长等过程。模型的子模块主要有初始化、潜在日总光合量、潜在和实际蒸腾、农业干旱等模块，模型的运行步长为 1 天。农业干旱模块介绍如下。

（1）初始化模块。模型的初始化主要是将作物参数、土壤参数等基本信息以相应的文件格式输入，为模型的模拟计算奠定基础。

（2）潜在日光和总量计算模块。潜在日光合总量为叶片冠层光合量时空上的积分，叶片净光合速率 P_{net} 可由初始光合作用量子效率 α、光合有效辐射 PAR、最大光合速率 P_{max} 及呼吸速率 Rd 的关系得到（Goudriaan，1986），其计算公式为

$$P_{net} = \alpha \cdot PAR \cdot P_{max} / (\alpha \cdot PAR + P_{max}) - Rd \tag{3.4}$$

（3）蒸腾计算模块。潜在蒸腾依据能量平衡原理计算得到；实际蒸腾则是利用达西定律和物质连续方程联立公式的思路，采用水分平衡方法求解得到（Penning de Vries et al.，1982）。

（4）农业干旱指数模块。在作物干旱模型中，实际日光合量 Pj、潜在日光合量 Pd、实际日蒸腾量 R 和潜在日蒸腾量 E 存在以下关系（Penning de Vries et al.，1982）：

$$Pj/Pd = R/E \qquad (3.5)$$

由于实际日光合量考虑了水分订正的影响，因此，实际日光合量 Pj 与潜在日光合量 Pd 的比值就是水分订正的结果（刘建栋，2003）。当比值（Pj/Pd）为 0 时，水分胁迫对作物生长的影响程度最大，农业干旱程度最严重；比值（Pj/Pd）为 1 则表示不存在农业干旱。因此，该比值的大小能反映农业干旱程度。为使数字表达得更加直观，对这一比值进行变换，得到日农业干旱指数 D：

$$D = 1 - \frac{Pj}{Pd} \qquad (3.6)$$

求日农业干旱指数旬平均值，得到农业干旱指数 W（刘建栋，2003），其表达式为：

$$W = \frac{1}{n} \sum_{i=1}^{n} D_i \qquad (3.7)$$

式中，n 是旬日数；D_i 是该旬第 i 日的农业干旱指数。在此基础上，提出农业干旱预警指数 Sp，其定义如表 3-9 所示。

表 3-9　农业干旱预警指数 Sp 的定义

第 j 旬农业干旱指数 W（j）	农业干旱程度	农业干旱预警指数 Sp
W（j）≤0.3	无农业干旱	0
W（$j-1$）≤0.3	农业干旱开始	1
0.3<W（j）<0.7　W（$j-1$）≤W（j）	农业干旱持续	2
W（j）<W（$j-1$）	农业干旱缓解	0.5
W（j）≥0.7	农业干旱严重	3

为实现模型对区域农业干旱的模拟，需要将气象数据、作物参数和土壤参数进行区域化。另外，考虑农业气象旬报缺少对农业旱情的定量记录，引入基准值这一概念以评价模型对农业干旱的模拟效果。基准值的计算思路为：通过三次样条函数（张希娜等，2012），对以旬为单位的土壤水分实测数据在时间上进行插值，得到逐日土壤水分数据（0~20cm 土层）。之后，利用 IDW 法对

逐日土壤水分进行插值，得到格点上的逐日土壤水分数据。最后，将土壤水分的插值结果替代作物干旱模型模拟的土壤水分。在此基础上，利用模型模拟冬小麦生长发育期间的农业干旱指数和农业干旱预警指数，其模拟结果即为模型验证的基准值。

与模拟冬小麦生长发育类似，模型分别采用链接遥感技术和不链接遥感技术两种方式模拟农业干旱，并在实测资料和基准值的支持下，验证基于遥感信息的作物干旱模型对区域农业干旱的模拟效果。

作物生长发育过程非常复杂，作物模型在模拟作物生长发育过程中涉及许多与作物特性、土壤质地及气象条件有关的参数。已有研究发现，模型参数随研究对象、试验区域、环境条件的改变而存在一定的差异。因此，确定适应当地的参数是准确模拟作物生长发育过程的关键。利用田间试验资料并参考相关研究成果（朱德锋等，1991），对作物干旱模型的相关参数进行适当的调整，使模型的模拟结果符合研究区内冬小麦的实际生长情况。目前，作物干旱模型在作物估产、农业干旱监测等领域中已得到较好应用，参数确定成为其关键的环节。本章利用实测资料并参考相关研究成果，调试作物模型参数（土壤参数和作物参数），使模型的模拟结果与河南代表点麦田的冬小麦实际生长情况相符。

在作物干旱模型中，需要调整的土壤参数有田间持水量、凋萎系数和土壤容重等。转换这些土壤参数实测值的计量单位，使之与模型中对应参数的单位保持一致，最后直接输入模型中。在模拟作物生长发育过程中，不同参数对特定生长过程和状态变量的影响不同。因此，分别对特定生长过程和状态变量的主要影响因子进行调整。

（1）影响叶面积指数的主要参数。叶面积指数（LAI）是指单位土地面积上植物叶片总面积占土地面积的倍数，它可以反映植物生长状况。影响 LAI 增长的参数主要有初始总干物重（IBIOM）、比叶面积（LFARR）和光合产物转化效率（CONFS）等。

（2）影响干物重的主要参数。干物重主要由光合产物转化而来，而叶片光合作用最大速率（AMAXB）和单叶光能初始利用效率（EFFEB）是计算光合产物的两个重要参数，其取值主要取决于作物品种及其生长环境。

（3）影响光合作用和蒸腾作用强度的参数。气孔的开闭程度是作物光合作用和蒸腾作用强度的重要决定因子，外界环境因子对其影响明显（Warren et al.，2006）。在植物生理生态学中，气孔的开闭程度用气孔导度来表达。对不同气孔导度模型在华北地区适应性差异进行研究时，确定了较多生物学意义允许范围内的模型参数，为相关参数（如最小气孔阻力 RS）的调试提供了依据。

在实际土壤水分条件下，结合代表点（郑州、信阳）2001～2003 年的实测资料，得到作物干旱模型主要参数的调整结果（表 3-10）。另外，对于冬小麦播种期，则将其实测数据转换单位后写入模型中。

表 3-10　模型的主要作物参数

参数	定义	单位	取值
IBIOM	初始总干物重	kg/ha	100.0
CONFS	光合产物转化效率	kg/kg	0.83
LFARR	比叶面积	m²/kg	25.0
AMAXB	叶片光合作用最大速率	kg/（hm·h）	60.6
EFFEB	单叶光能初始利用效率	kg/（ha·h·J·m·s）	0.5
RS	最小气孔阻力	d/cm	18.5×10^{-4}

为检验参数调整的合理性，将代表点郑州和信阳的实测资料（2001～2006年）分成两组：2001～2003 年的资料用于回代模拟，2004～2006 年的资料则用于外推模拟。使用标定后的模型参数，分别从叶面积指数、干物重和成熟期等方面检验模型参数的调整结果。

利用模型模拟郑州 2001～2003 年冬小麦生长过程中的 LAI，并与实测值进行对比，结果如图 3-17（a）～（c）所示。由图可知，在冬小麦播种至拔节期内（日序 DOY：310～次年 70 天），模型模拟的 LAI 与实测的 LAI 基本吻合；拔节后，模拟结果与实测值略有偏差，但其总体变化趋势与实测值比较一致。

以郑州 2001～2003 年冬小麦生长过程为例，分析干物重模拟值与实测值的对比结果。由图 3-17（d）～（f）所示，在播种至抽穗期，模拟值与实测值基本吻合；小麦抽穗后，模拟值与实测值偏差不明显。总体上看，干物重模拟值的变化趋势与实测值基本一致，模型的模拟效果较好。

以郑州和信阳为例，模拟两个站点 2001～2003 年冬小麦的成熟期，并与实测值进行对比（表 3-11）。结果显示，成熟期的平均模拟误差为 5 天。由此说明，模型对成熟期的模拟结果比较接近实际情况，模拟效果较好。

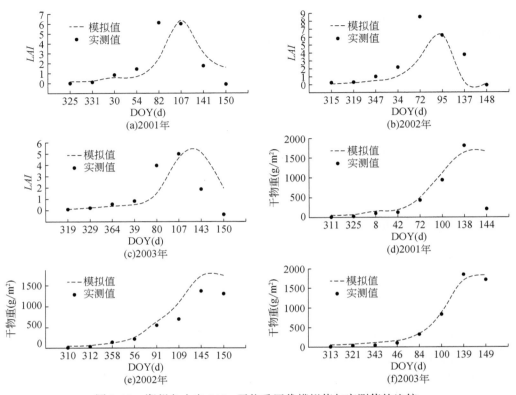

图 3-17 郑州冬小麦 *LAI*、干物重回代模拟值与实测值的比较

表 3-11 成熟期回代模拟值与实测值的比较 （DOY：d）

站点	2001 年		2002 年		2003 年	
	模拟值	实测值	模拟值	实测值	模拟值	实测值
郑州	148	150	139	148	156	150
信阳	145	141	143	147	155	150

上述回代检验不能完全证明模型的可信度，因此，还利用模型进行了外推模拟试验。

（1）叶面积指数外推模拟。叶面积指数（*LAI*）是反映作物生长发育状况最重要的状态变量之一，该参数随时间的变化动态体现了作物生长发育的变化情况。因此，模型对 *LAI* 模拟精度的高低可以反映模型对作物生长过程的模拟效果。

　　以郑州为例，分析模型模拟 *LAI* 的能力。由图 3-18 可知，2005 年 3 月中旬，模型外推模拟的 *LAI* 略小于实测值，两者之间存在一定的偏差。但从总体上看，*LAI* 外推模拟值随时间的变化趋势与实际情况基本一致。

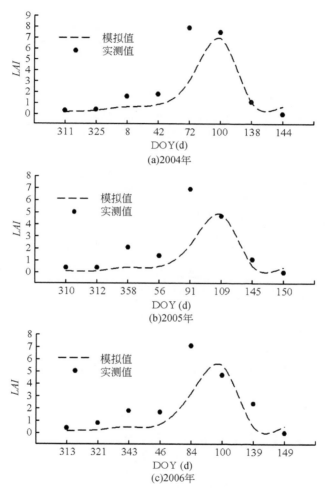

图 3-18　郑州冬小麦 *LAI* 外推模拟值与实测值的对比

　　需要强调的是，模型的计算过程不可能完全避免误差，试验观测的精度也通常受到人为因素的影响，模拟值与实测值之间难免出现偏差。结合以上的分析可知，*LAI* 的外推模拟结果比较合理，模型对 *LAI* 的模拟效果较好。

　　（2）干物重外推模拟。干物重的积累是净光合作用最重要的标志之一，光合产物分配到植物各主要器官，以满足作物生长发育的需要。因此，模型对干物重的外推模拟精度可以体现模型描述作物生长发育过程的准确程度。受观测资料的限制，只选择郑州 1 个站点分析模型对干物重的外推模拟效果。由图 3-19 可知，干物重的模拟值与实测值十分接近，其波动趋势与实测值吻合得很好。因此可以认为，模型能够较为准确地对冬小麦干物重进行模拟，其模拟能力良好。

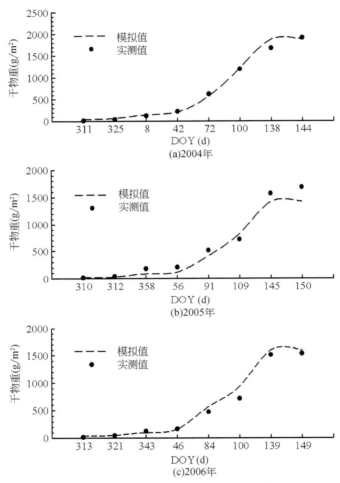

图 3-19　郑州冬小麦干物外推模拟值与实测值的对比

（3）成熟期外推模拟。作物生育期差异通过品种直接体现出来，而作物的不同品种适用于不同地区。因此，作物生育期差异应当归结为品种和地域差异的综合体现。在作物干旱模型中，作物发育期受积温和土壤初始含水量等因素的影响，模型对作物成熟期的模拟精度可以反映模型表达作物生长影响因子及其相互作用的能力。

以郑州和信阳为例，将成熟期外推模拟值与实测值进行对比。由表 3-12 可知，成熟期的模拟误差为 5.3 天。从总体上看，成熟期外推模拟值与实测值之间的误差在可接受范围内，其模拟结果比较合理。

表 3-12　成熟期外推模拟值与实测值的比较　　　　　（DOY：d）

站点	2004 年		2005 年		2006 年	
	模拟值	实测值	模拟值	实测值	模拟值	实测值
郑州	141	144	147	150	139	149
信阳	146	139	153	146	140	142

3.3.3　基于遥感的区域农业干旱预警

作物模型可以从机理上揭示环境、人为等因素对作物生长发育过程的影响，并可以连续模拟作物生育期内土壤水分等状态变量。然而，作物模型本身对土壤水分的模拟还存在一定的不足之处，其模拟结果与实际情况还存在较大偏差。并且，当模型应用到在区域农业干旱监测时，参数的区域化和宏观资料的获取面临着一些问题。相对而言，卫星遥感在监测大范围内的作物和土壤水分信息中则取得了一定的成就，但受天气、时相等因素的影响，遥感技术尚不能对土壤水分进行连续观测，并且还不能真正反映作物生长发育与土壤水分等环境条件的内在关系。综上所述，卫星遥感和作物模型各具有优缺点，具有较好的互补性。因此，将卫星遥感与作物模型相结合，对促进农业干旱监测预测的发展具有十分重要的意义。

土壤水分是表征陆面状况的重要因子，同时也是衡量农业干旱程度的重要指标。传统方法可以较为准确地观测土壤含水量，但其代表范围有限，难以应用到区域农业干旱监测中。相对而言，卫星遥感则可以宏观、实时、动态地获取土壤水分信息，在一定程度上克服了传统观测方法的缺点。目前，利用遥感技术反演土壤水分以光学遥感和微波遥感为主（Chauhan et al.，2003）。

1）光学遥感

光学遥感主要是通过建立土壤水分与遥感观测变量（如土壤温度、作物冠层温度及植被指数等）的关系，依据能量平衡等原理估算土壤水分含量，主要方法有热惯量法、蒸散法及植被指数法等。

土壤热惯量是反映土壤热特性的物理量，是土壤表层温度发生变化的内在原因，与土壤水分具有较好的相关性（杨涛等，2010）。基此，Waston 和 Pohn（1974）利用热红外遥感技术获取地表温度的变化信息，依据热模型原理反演了土壤湿度。进入 20 世纪 80 年代，Price 和 Pratt 等（1980）依据能量平衡原理，对潜热通量蒸发模式进行简化，提出了表观热惯量。国内学者对热惯量模型做了大量工作，取得了较好的成果（隋洪智等，1990）。余涛等（1997）在前人研究的基础上，对地表能量平衡方程进行进一步简化，利用遥感信息计算表观热惯量，继而反演得到土壤湿度。

蒸散法的理论来源于 Penman-Monteith 原理，即作物土壤水分的盈亏对蒸腾作用有一定影响，容易引起作物冠层温度的变化。Jackson（1981）在 Penman-Monteith 原理的基础上，提出了作物水分胁迫指数（CWSI）。之后，CWSI 模式引起了众多学者的广泛关注，其理论基础得到进一步加强（Reginato et al.，1985；Nielson，1990；张仁华，1986）。

植被指数是反映作物生长状况的关键因子，与土壤水分关系密切，这就是植被指数法反演土壤水分的理论基础（陈维英等，1994）。植被指数法主要是采用距平植被指数、植被条件指数、温度植被指数及条件植被指数来反演土壤水分，这类方法能较好地应用于农业旱情监测中（蔡斌等，1995；Sandholt et al.，2002）。

2）微波遥感

微波遥感不仅能穿透云层和雨区，还能穿透一定深度的地表，继而获取植被覆盖的地表及地表以下一定深度的信息（Chanzy，1993）。此外，微波遥感还能全天候进行观测。因此，利用微波遥感反演土壤水分比光学遥感具有更大的优势（高峰等，2001）。微波遥感法可分为主动微波遥感和被动微波遥感两种方法。

主动微波遥感方法是通过建立雷达散射系数与土壤水分的关系，利用统计方法反演土壤水分（Dobson et al.，1996）。其中，基于线性关系的反演方法较为普遍。然而，当土壤水分含量达到饱和时，线性算法并不适用（Dobson et al.，1981）。鉴于此，Sabburg（1994）通过建立非线性算法，实现了更大范围土壤湿度的反演。

被动微波遥感方法则是基于土壤水分含量与土壤介电常数的关系，综合考虑植被与地表粗糙度对地面发射率的影响，利用微波辐射计测得的亮度温度来反演土壤水分含量。Frate 等（2003）利用微波遥感获得比辐射率，通过训练 BP 神经网络模型进而得到土壤湿度。Njoku 等（2003）在辐射传输方程的基础上，建立了亮度温度与土壤湿度的非线性方程，通过求解非线性方程得出土壤含水量。目前，被动微波遥感理论算法是反演土壤水分最重要的算法之一。

3）卫星遥感反演土壤水分存在的问题

随着科学技术的发展，卫星遥感在反演土壤湿度中发挥的作用越来越大，但还存在一定的不足之处。例如，光学遥感受到大气、植被等因素的影响，在高密度植被覆盖地区适用性较差。微波遥感具备一定的穿透能力，受云雨天气干扰较小，在土壤水分监测中具有较坚实的理论基础。但是，受地表粗糙度及地形因素影响，微波遥感的反演精度还有待进一步提高。

此外，无论是光学遥感还是微波遥感，都只能较准确地提供浅层土壤湿度，对深层土壤湿度的反演能力还很有限。然而，大多数研究领域往往涉及深层土壤水分信息。鉴于此，Wagner（1999）提出了基于指数滤波器的深层（0~20cm 和 0~100cm 土层）土壤水分遥感反演方法。它是一种半经验算法，主要通过建立表层土壤水分序列与深层土壤水分指数的关系进而反演深层土壤水分，其可行性和适应性已得到较好的验证（Albergel et al.，2008）。

1979 年，Wiegand 等指出将遥感技术与作物模型相结合，模型的模拟精度可以在一定程度上得到提高（Wiegand et al.，1979）。之后，美国、荷兰等国家和联合国粮农组织（FAO）、国际地圈生物圈计划（IGBP）等组织在遥感信息与作物模型的结合中做了大量的较为深入的系统研究，促进了作物估产、农业干旱模拟等研究的进步。目前，实现两者的结合主要有强迫型、调控型及同化型三种方法。

强迫型方法是将某些参数的遥感反演值直接输入作物模型中或替代作物模型的原参数值，进而驱动模型运转。Maas（1988）利用光学遥感数据反演了玉米叶面积指数 LAI 和地表温度，确定了水分胁迫系数，最终将这些遥感反演值直接输入作物模型中，改善了模型对玉米生物量的模拟效果；Delecolle 等（1998）利用遥感资料反演了冬小麦叶面积指数 LAI，进而输入 ARCWHEAT 模型中，改善了模型预测产量的水平。

调控型方法利用遥感资料调整作物模型的某些参数值或初始条件，缩小模型模拟值与遥感反演值的偏差，进而估算这些参数值或初始值。Clevers 等（1996）利用遥感资料反演 LAI，调整了 SUCROS 模型的一些参数值，如光能利用效率和最大叶面积指数等；张黎等（2007）利用遥感反演的参数，通过调控型方法校准了土壤水分平衡方程的相关参变量，验证了作物模型在水分胁迫条件下监测作物长势的可行性。

同化型方法是通过比较辐射传输模型模拟的辐射值和卫星遥感探测的辐射值，调整模型的相关参数和状态变量，进而优化作物模型。这种方法不再反演作物参数或变量，而是直接以遥感数据本身（辐射观测值）来调整作物模型。在这个过程中，遥感数据被同化。这种方法机理性较强，但其研究还处于初期阶段。

通过以上分析可知，强迫型方法具有良好的操作性，并且在遥感反演精度较高的情况下，作物模型的模拟效果较好。下面以河南为例，探讨利用作物生长模型与遥感技术相结合进行农业干旱预警的相关技术方法。

研究所采用的气象数据为中国气象局提供的 1961~2010 年河南 16 个气象站

点（图 2-1）的逐日气象要素值，包括辐射、最高气温、最低气温、水汽压、风速和降雨量等。部分站点没有辐射观测，对这些站点的辐射资料，由左大康等（1991）的研究用常规资料处理得到。站点试验数据来自全国农业气象观测记录报表 1、2，报表 1 包括 2000～2006 年郑州及信阳 2 个站点的农业气象观测资料，即冬小麦生长发育期、生长状况、干物重、产量及叶面积指数（LAI）等。报表 2 包括河南 16 个站点的土壤数据，即土壤湿度、土壤容重、田间持水量和凋萎系数等。无观测数据的站点，以距离该站最近的站点资料替代。

遥感数据为 AMSR-E（advanced microwave scanning radiometer-EOS）传感器测定资料。AMSR-E 是一种多频率、双极化被动微波传感器（主要仪器参数如表 3-13 所示），它是在 AMSR（advanced microwave scanning radiometer）传感器的基础上改进设计的。AMSR-E 传感器于 2002 年升空，搭载的卫星是美国国家航空航天局（NASA）对地观测卫星 Aqua，其赤道过境时间约为当地时间下午 1：30（升轨）和凌晨 1：30（降轨）。AMSR-E 在低频波段上具有较高空间分辨率的数据采集能力，提供了全球陆地、海洋及大气中与水相关的地球物理参数，对农业工程、水文学等研究具有重要的意义。

表 3-13　AMSR-E 的主要仪器参数

中心频率（GHz）	极化	入射角（°）	灵敏（K）	空间分辨率（km）	幅宽（km）
6.925	V，H	55	0.34	56	1445
10.65	V，H	55	0.7	38	1445
18.7	V，H	55	0.7	21	1445
23.8	V，H	55	0.6	24	1445
36.5	V，H	55	0.7	12	1445
89	V，H	55	1.2	5.4	1445

众多学者利用 AMSR-E 传感器反演了土壤湿度这一重要参数，主要是利用微波辐射计测得的亮度温度进行反演。Njoku 等（2003）基于辐射传输方程，建立了亮度温度与土壤湿度的非线性方程，通过求解方程得到土壤湿度。目前，利用该传感器反演的表层土壤水分数据可以从美国冰雪数据中心（National Snow and Ice Data Center，NSIDC）的 AMSR-E_L3_DailyLand_V06 数据产品中提取得到。

AMSR-E_L3_DailyLand_V06 数据产品是经过定标、校正后的标准 HDF 格式数据，需要对该数据进行预处理，如重投影、重采样及格式转换等。这些处理过

程可由 HEGTool 投影转换工具实现，其用户界面如图 3-20 所示。利用 HEGTool
软件，对 AMSR-E 产品数据进行预处理。其投影方式为 Geographic，重采样方式
为 Nearest Neighbor，并将文件输出格式设置成 GeoTiff 格式，由此实现了该数据
的预处理。最后，利用 ENVI 软件提取研究区域的表层土壤水分数据。

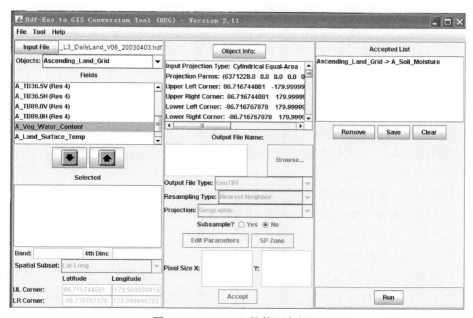

图 3-20　HEGTool 软件用户界面

　　在 AMSR-E 产品数据预处理基础上，收集了 2004～2006 年内冬小麦拔节至
成熟期内（3～6 月）的逐日表层土壤湿度数据（0.25°×0.25°）。研究表明，
AMSR-E 传感器升轨时的数据质量在一定程度上优于降轨。其原因为：夜间大气
层结稳定，地表与作物冠层之间的温差较小，传感器对其感测能力较弱；白天植
被更透明、干燥，传感器敏锐度更高。因此，选用其升轨时的数据用于本研究。
　　本研究选择了具有代表性的河南作为研究区域，以冬小麦为研究对象，将作
物干旱模型与微波遥感技术（AMSR-E）相结合，进而对冬小麦生长过程及其农
业干旱进行模拟。
　　在田间实测资料的支持下，校准作物模型参数（作物参数、土壤参数等），
实现模型在研究区的适应性调整；之后，在微波遥感表层（0～3cm）土壤水分
产品数据（AMSR-E）的支持下，利用指数滤波法反演 0～20cm 土层的土壤湿
度。将 0～20cm 土层的土壤湿度遥感反演值与实测值进行对比，进而验证指数滤
波法的有效性；采用强迫型方法，将土壤水分的遥感反演结果直接替代模型模拟

的对应土层含水量，从而实现遥感技术与作物干旱模型的链接；模型分别采用链接遥感技术和不链接遥感技术两种方式模拟冬小麦生长发育过程，结合实测资料，对基于遥感信息的作物干旱模型的模拟能力进行评价，为区域农业干旱模拟奠定基础。

为实现模型对区域农业干旱的模拟，需要将气象数据、作物参数和土壤参数进行区域化。另外，考虑农业气象旬报缺少对农业旱情的定量记录，引入基准值这一概念以评价模型对农业干旱的模拟效果。基准值的计算思路为：首先，通过三次样条函数（张希娜等，2012），对以旬为单位的土壤水分实测数据在时间上进行插值，得到逐日土壤水分数据（0~20cm土层）。然后，利用IDW法对逐日土壤水分进行插值，得到格点上的逐日土壤水分数据。最后，将土壤水分的插值结果替代作物干旱模型模拟的土壤水分。在此基础上，利用模型模拟冬小麦生长发育期间的农业干旱指数和农业干旱预警指数，其模拟结果即为模型验证的基准值。

与模拟冬小麦生长发育类似，模型分别采用链接遥感技术和不链接遥感技术两种方式模拟农业干旱，并在实测资料和基准值的支持下，验证基于遥感信息的作物干旱模型对区域农业干旱的模拟效果，分述如下。

1）基于指数滤波的土壤湿度遥感反演

土壤水分是陆气相互作用的重要影响因子，调控着地表与大气之间感热、潜热的转化过程。此外，土壤湿度还决定着农作物体内的水分盈亏，是影响作物生长发育的关键因子，同时也是监测农业干旱的重要参数。当土壤湿度过高或过低时，土壤环境条件（盐渍度、pH等）发生改变，作物主要器官（如根系）的生理活动发生障碍，使得作物体内水分含量不足继而影响作物生长，最终发生农业干旱（刘建栋等，2003）。因此，及时、精确的土壤水分信息是准确监测区域农业干旱的重要保障，对农业生产具有十分重要的指导意义。

获取土壤湿度的方法主要有常规观测和卫星遥感监测等，两种方法具有不同的特点。常规方法的观测精度较高，但它的代表性有限，难以满足实时、大范围旱情监测的需要。相对而言，卫星遥感则可以快速、同步地获取大面积土壤水分信息，为区域农业干旱监测研究提供了一种有效途径。

卫星遥感只能较准确地提供浅层土壤湿度信息，反演深层土壤水分的能力还很有限。然而，利用作物干旱模型模拟农业干旱时涉及较深土层的含水量。基于此，在参考国内外相关研究成果的基础上，本书拟用指数滤波的方法（Wagner et al.，1999），利用表层土壤水分微波遥感数据反演深层土壤湿度。在此基础上，将深层土壤湿度的反演结果与其常规观测值进行对比，进而对反演算法进行验证。

通常情况下，历史天气条件（几天甚至几周前）对深层土壤湿度的变化有一定影响，而历史天气条件的变化往往可以通过表层土壤湿度时间序列体现出来。因此，表层土壤湿度时间序列可以在一定程度上反映深层土壤水分的变化情况。鉴于此，Wagner 等（1999）利用指数滤波器平滑表层土壤水分时间序列，进而反演得到深层土壤湿度，具体方法如下。

将土壤视为一个简单的双层水分平衡模型：第一层为表层土壤，第二层则是一个由表层往下延伸的深层土壤。其中，表层土壤湿度与降水量、蒸发、径流等因素关系密切，其数值很容易发生变化；第二层土壤与外界完全隔离，只与表层土壤存在物质、能量的交换，该层的土壤湿度变化较缓慢。假定两层土壤之间的水分通量与土壤湿度差异成一定比例，继而得到以下水分平衡方程：

$$L \frac{dW}{dt} = C \cdot (W_s - W) \tag{3.8}$$

式中，t 是时间；W_s、W 分别是表层、深层土壤湿度；L 是第二层土壤深度；C 是扩散系数，与土壤质地有关。定义 $T = L/C$，则上式可以转化为

$$W(t) = \frac{1}{T} \int_{-\infty}^{t} W_s(\tau) e^{-(t-\tau)/T} d\tau \tag{3.9}$$

参数 T 是特征时间长度，它是一个综合概念，是土壤湿度对土层厚度、土壤质地、蒸发、径流等诸多因素响应的综合体现，可以表达为：

$$T = \int_{-\infty}^{t} e^{-(t-\tau)/T} d\tau \tag{3.10}$$

考虑卫星遥感数据在时间上不连续，因此，将连续的公式转化成离散的表达式，即

$$SWI(t) = \frac{\sum_i m_s(t_i) e^{-(t-t_i)/T}}{\sum_i e^{-(t-t_i)/T}} (t_i \leq t) \tag{3.11}$$

式中，$m_s(t_i)$ 是 t_i 时刻的表层土壤湿度遥感观测值（标准化，无量纲），SWI 是土壤水分指数（$0 \leq SWI \leq 1$）。对于 t 时刻 SWI 的计算，需要在 $[t-T, t]$ 范围内至少有 1 个遥感观测值，同时也需要在 $[t-5T, t]$ 范围内至少有 4 个遥感观测值。此外，为反演深层土壤湿度 W，还需要一些与土壤质地相关的信息，如田间持水量 FC、凋萎系数 WL 等，其关系式为

$$W(t) = W_{min} + SWI(t) \cdot (W_{max} - W_{min}) \tag{3.12}$$

其中，W_{min}、W_{max} 是土壤湿度的最小值、最大值，分别由凋萎系数 WL 和田间持水量 FC 代替。因此，公式可以转换成

$$W(t) = WL + SWI(t) \cdot (FC - WL)$$

通过以上分析可知，特征时间长度 T 是计算土壤水分指数 SWI 的关键因子，

其计算思路为：赋予 T 一组特定值 T_i，计算每一个 T_i 对应的 SWI 与田间实测值（标准化）的相关系数。通过比较所有的相关系数，得到相关系数最大值 R_{max}。此时，R_{max} 对应的特征时间长度 T 即为计算特定土层 SWI 的特征时间长度最优值。

为检验表层土壤水分遥感信息（AMSR-E，0~3cm 土层）与降水量实测值的对应关系，选择河南 16 个站台 2004~2006 年内 3~6 月的相关数据进行对比。以郑州、南阳为例，分析检验结果（图 3-21 和图 3-22）。由图可知，在冬小麦拔节至成熟期间，两个站点土壤湿度随时间的变化趋势与降水量基本保持一致，并且土壤湿度的高、低值区和降水量对应较好。另外，南阳 2004 年的对比结果显示，在前期降水量充足时，土壤湿度变化不明显。这主要是因为土壤水分在前期降水充足时达到了饱和状态，其数值不再随降水量的增加而增加，这说明表层土壤水分的遥感反演结果比较合理。

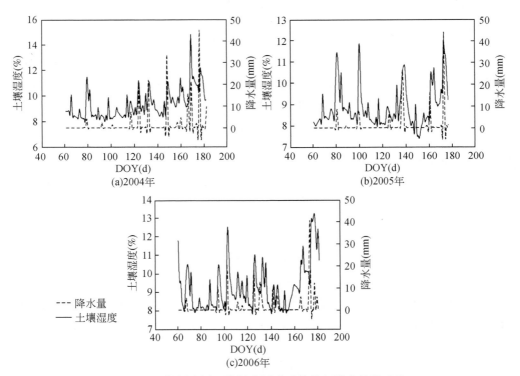

图 3-21　郑州表层土壤湿度遥感反演值与降水量的对比

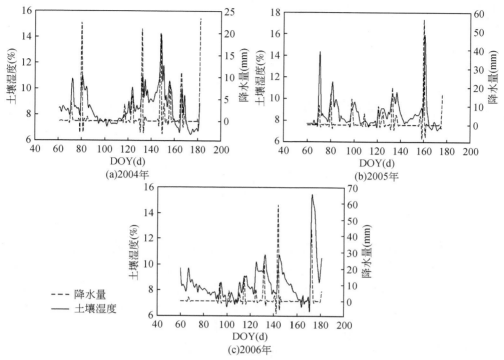

图 3-22　南阳表层土壤湿度遥感反演值与降水量的对比

土壤湿度均以重量含水量表示，下同

　　由以上分析可知，表层土壤水分微波遥感数据随时间的变化趋势与降水量的变化比较一致。这说明表层土壤水分时间序列确实可以体现历史天气条件的变化，这一点与指数滤波原理是一致的。此外，这也说明了表层土壤湿度的遥感反演结果比较合理，为深层土壤湿度的反演提供了保障。

　　特征时间长度 T 是计算深层土壤水分指数 SWI 一个极其关键的参数，其准确性将直接影响深层土壤水分的反演精度。利用表层土壤湿度微波遥感资料，通过指数滤波方法反演 0～20cm 土层的土壤水分指数 SWI，进而得到该土层的含水量。

　　对遥感反演资料和田间实测资料进行标准化，剔除不在正常范围内（$0 \leqslant SWI \leqslant 1$）的数值。在此基础上，计算每一个特征时间长度 T（4 天 $\leqslant T \leqslant 30$ 天，T 为整数）对应的 SWI，继而求出 SWI 估算值与实测值的相关系数 R。由图 3-23 可知，相关系数 R 在 0.31～0.39 波动。T 等于 11 天时，相关系数 R 最大，达到 0.38 以上；当 T 小于或大于 11 天时，相关系数 R 均小于 0.38。此外，在 T 小于 11 天时，相关系数随 T 的变化幅度很大；当 T 大于 11 天时，相关系数变化相对平缓，表层土壤水分时间序列的高频成分被过滤掉。

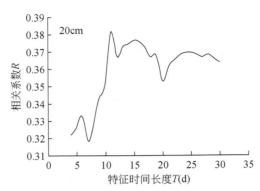

图 3-23 不同特征时间长度 T 对应的相关系数 R

综上所述，当特征时间长度 T 为 11 天时，相关系数 R 最大 ($R = 0.382$)，SWI 估算值与实测值最接近。过短或过长的时间步长都不是合理选择，T 过短时，表层土壤水分时间序列信息不足，计算精度受到影响；T 过长时，土壤水分指数 SWI 的平均值依然可以反映历史气候条件的变化，但土壤水分变化信息的质量容易降低。参考 Wagner 等（1999）的研究成果，对 0～20cm 深度的土层，其特征时间长度最优值为 15 天。这一结果与本书计算值之间存在一定的偏差，计算结果的略微不同主要由研究区域、土壤质地等差异造成。因此，本书对特征时间长度最优值的计算结果比较合理，即（Top $t = 11$ 天）。

确定最优特征时间长度后，计算每年 3～6 月内逐日的土壤水分指数 SWI（Top $t = 11$ 天，土层为 0～20cm），并结合田间持水量、凋萎系数等实测资料反演土壤湿度 W。之后，将土壤湿度反演结果与实测值进行对比。

以郑州和商丘为例，分析对比结果，如图 3-24 所示，两个站点土壤湿度反演值随时间变化均比较平缓。此外，当土壤湿度值比较小时，反演值与实测值十分接近；当土壤湿度值较大时，两者之间存在一定的偏差，但差别不明显。由此说明，本书土壤湿度反演结果时空变率都比较小，并且反演结果与实测值偏差不明显。

为进一步分析土壤湿度反演值与实测值的偏差，对两者的偏差定量化，即计算两者的均方根误差 $RMSE$，其计算公式为

$$RMSE = \sqrt{\sum_i (\text{sim}_i - \text{obs}_i)^2 / N} \qquad (3.13)$$

式中，sim_i、obs_i 分别是土壤湿度反演值、实测值（均以重量含水量表示），N 是样本数。均方根误差 $RMSE$ 可以用来衡量反演值与实测值之间的偏差，$RMSE$ 越小，反演值与实测值之间的偏差越小，反演效果越好。由表 3-14 可知，均方根

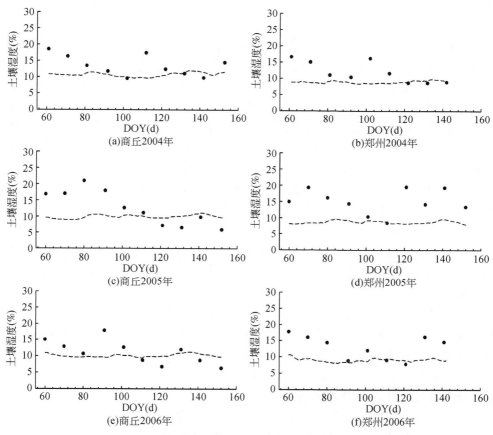

图 3-24 土壤湿度反演值与实测值的对比（0～20cm 土层）

--- : 遥感反演值 ●：实测值

误差的平均值为 6.3%。由此可以说明，利用指数滤波的方法反演的土壤水分与实测值比较接近，其反演效果较好。

表 3-14 土壤湿度反演结果统计检验 （RMSE:%）

	新乡	三门峡	卢氏	栾川	郑州	许昌	南阳	驻马店	商丘	固始	平均值
均方根差	8.8	4.5	5.4	4.7	5.6	4.3	5.0	9.3	4.4	10.6	6.3
样本数	28	18	30	19	25	27	26	26	27	18	—

2）微波遥感技术与作物干旱模型的结合研究

1979 年，Wiegand 等指出通过遥感技术与作物模型的结合，模型的模拟精度可以得到提高（Wiegand et al.，1979）。之后，两者的结合研究受到很多研究人员的广泛关注，其结合方法主要有强迫型、调控型和同化型三种（马玉平等，2005）。

目前，将遥感信息引入作物模型的研究主要以叶面积指数 LAI 为结合点模拟作物生长过程（陈思宁等，2012），以土壤水分为结合点模拟农业干旱的研究尚不多见。土壤水分不仅是影响作物正常生长发育的重要因子，也是农业旱情监测最重要的参数之一，作物模型对土壤水分的模拟精度将直接影响农业干旱监测的精度。然而，作物模型本身对土壤水分的模拟还存在较大误差。鉴于此，本节尝试以土壤水分为结合点，将趋于真实情况的土壤水分信息直接替代作物模型中土壤水分的模拟过程（强迫型方法），使模型中土壤水分的"流动"更加真实，以期提高模型对作物生长发育的模拟精度，为下一步研究奠定基础。

提取表层土壤湿度遥感信息（2004～2006 年，各年 3～6 月），通过指数滤波方法反演 0～20cm 土层的含水量（详见第 4 章）。在此基础上，将土壤湿度的反演结果直接替代作物干旱模型中土壤水分的计算过程，继而实现遥感技术与作物干旱模型的链接。利用河南田间实测资料，调试模型参数，使作物干旱模型的模拟结果与冬小麦的实际生长情况相符。

为检验土壤湿度遥感反演相对于作物干旱模型模拟的优越性，将土壤湿度遥感反演值、模型模拟值与实测值进行对比。首先，在模型参数调整好的基础上，利用作物干旱模型模拟出 0～20cm 土层的含水量（土壤水分储存量，mm）。同时，通过指数滤波方法，利用表层土壤水分遥感信息及相关资料反演 0～20cm 土层的土壤湿度（土壤重量含水量，%）。

为方便对比，将土壤水分反演值、模拟值和实测值（相对湿度，%）统一用土壤重量含水量表示。土壤湿度有不同的表征变量，其转换公式为

$$W = R \cdot FC \cdot 100\% \tag{3.14}$$

$$V = \rho \cdot h \cdot W \cdot 10 \tag{3.15}$$

$$Q = \rho \cdot W \tag{3.16}$$

其中，W 是土壤重量含水量（%），即土壤水分重量与湿土重量的比值；V 是土壤水分储存量（mm），表示一定深度的土壤总含水量，以水层厚度（mm）表示（王志玉，2003）；Q 是土壤相对湿度（%），用土壤含水量占烘干土重的百分数表示（王志玉，2003）；R 是土壤相对湿度（%）；FC 是田间持水量（%）。另外，h、ρ 分别是土层厚度（mm）和土壤容重（g/m³）。

以郑州和商丘为例，分析 0～20cm 土层的土壤湿度遥感反演值、模型模拟值与实测值的对比结果。由图 3-25 可知，当实测土壤湿度较大时，遥感反演值和模型模拟值与实测值存在一定偏差，但均未超出田间持水量这一界限；当实测土壤湿度值较小时，反演值与实测值十分接近，而模拟值与实测值偏差较大，甚至

低于凋萎系数。当土壤含水量低于凋萎系数时，作物开始发生永久萎蔫。相对于模型模拟，基于指数滤波法的土壤湿度反演结果更合理，更符合实际情况。因此，将土壤湿度遥感反演信息替代作物干旱模型模拟的土壤水分，可以使模型中土壤水分"流动"更趋近于真实情况。

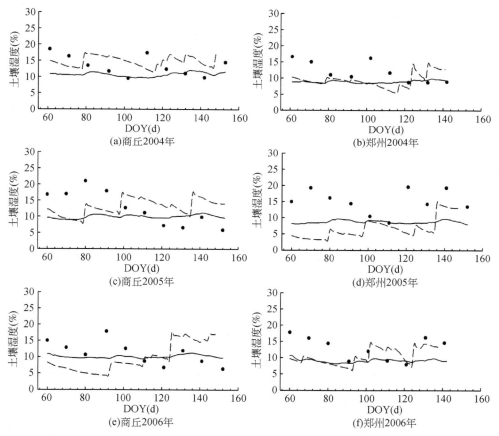

图 3-25　土壤湿度反演值、模拟值和实测值的对比（0~20cm 土层）

——：遥感反演值；- - -：模型模拟值；●：实测值

以 0~20cm 土层的含水量为结合点，将土壤水分遥感信息直接替代模型中同一土层土壤湿度的模拟值，从而实现微波遥感技术和作物干旱模型的结合。需要提出的是，模型将 0~20cm 土层分为 0~2cm、2~5cm、5~10cm、10~20cm 四层，对于每层土壤湿度的替代按以下公式进行：

$$V = R_s \cdot H \tag{3.17}$$

式中，V 是模型中某一土层的水分储存量（mm）；R_s 是 0~20cm 土层的体积含水量（%）；H 是对应土层厚度（mm）。

在作物干旱模型参数调整好的基础上，将模型分别采用链接遥感技术和不链接遥感技术两种方式对冬小麦生长发育过程进行模拟。之后，将两种模型的模拟结果与实测值进行对比分析，进而评价遥感信息的引入对模型模拟效果的影响。以郑州为例，从冬小麦叶面积指数 LAI、干物重和成熟期等方面分析模型模拟效果的对比。

（1）叶面积指数模拟。将两种模型模拟的 LAI 与实测值进行对比，结果如表3-15 所示。由表可知，在冬小麦拔节前，两种模型模拟的 LAI 完全一样，这是因为在冬小麦拔节前，本书没有修改模型中的土壤水分计算过程。拔节后，模型 II 的模拟结果略大于模型 I，两者的偏差不大，两种模型模拟的 LAI 随时间的变化趋势均与实测值吻合较好。

表 3-15 郑州冬小麦叶面积指数模拟值与实测值的对比

2004 年				2005 年				2006 年			
日序	模拟 I	模型 II	实测	日序	模拟 I	模型 II	实测	日序	模拟 I	模型 II	实测
311	0.19	0.19	0.30	310	0.12	0.12	0.40	313	0.19	0.19	0.40
325	0.30	0.30	0.40	312	0.12	0.12	0.40	321	0.24	0.24	0.80
8	0.64	0.64	1.60	358	0.42	0.42	2.10	343	0.49	0.49	1.80
42	0.88	0.88	1.80	56	0.51	0.51	1.40	46	0.71	0.71	1.70
72	3.03	3.04	7.90	91	2.30	2.37	6.90	84	3.21	3.25	7.10
100	6.98	7.02	7.50	109	4.89	5.05	4.70	100	5.53	5.62	4.70
138	1.10	1.12	1.10	145	0.58	0.61	1.10	139	0.55	0.54	2.40
144	0.70	0.71	0	150	0.43	0.56	0	149	0.55	0.54	0

注：模型 I、II 分别指不链接遥感技术和链接遥感技术的作物干旱模型，下同

为进一步分析两种模型模拟的 LAI 与实测值的差异，将模拟结果与实测值的偏差进行定量化（以均方根误差 RMSE 表示）。如表 3-16 所示，引入遥感信息后，叶面积的模拟误差由 1.76 降低至 1.751，其模拟结果更接近实测值。

表 3-16 郑州冬小麦叶面积指数模拟值与实测值的均方根误差 RMSE 对比

年份	模型 I	模型 II
2004	1.811	1.809
2005	1.786	1.766
2006	1.682	1.677
历年平均	1.760	1.751

在作物干旱模型中，叶面积指数主要通过叶重和比叶面积计算。叶重则主要依赖于干物质的分配，其中，水分条件对干物质生产及分配有一定影响。在水分胁迫条件下，分配到叶片的干物质会减少，继而使叶面积指数减少。引入遥感信息后，模型中土壤水分"流动"更趋近于真实情况，使得模型模拟的叶面积指数 LAI 更符合冬小麦生长发育的实际情况，模型的模拟能力由此得到提高。

（2）干物重模拟。以郑州 2004～2006 年冬小麦生长发育为例，对比两种模型对干物重的模拟效果，结果如图 3-26 所示。由图可知，两种模型模拟的干物重随时间的变化与实测值吻合较好，其模拟效果较好。从总体上看，引入遥感信息后，模型对干物重的模拟能力没有得到明显提高。这可能是因为本研究作为首次尝试，还没有对整个作物生育期、整个土层土壤水分的模拟过程进行改进。

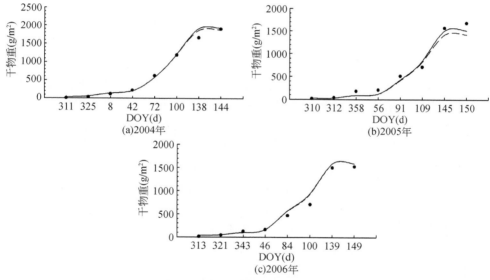

图 3-26　郑州冬小麦干物重模拟值与实测值的对比
---：模型 Ⅰ 模拟值；——：模型 Ⅱ 模拟值；●：实测值

（3）成熟期模拟。利用两种模型分别模拟冬小麦成熟期，将其模拟结果与实测值进行对比。由表 3-17 可知，两种模型的模拟结果完全相同，这主要是因为冬小麦成熟期主要与生长过程的积温有关，土壤水分的适当改变对成熟期影响不明显。另外，成熟期的模拟值与实测值的偏差不大，模型的模拟结果比较合理。

表 3-17　郑州冬小麦成熟期模拟值与实测值的对比　　（DOY：d）

年份	模型 I 模拟值	模型 II 模拟值	实测值
2004	141	141	144
2005	147	147	150
2006	139	139	149

3）基于遥感信息的区域农业干旱模拟及其验证

及时开展区域农业干旱监测预测，对农业生产具有十分重大的指导意义。国内外学者对农业干旱监测预测做了较为深入的系统研究，建立了一些机理性较强的农业干旱模拟模型，为旱情监测预测奠定了较为坚实的理论基础。然而，作物干旱模型是基于单点研发的，决策者通常需要更大空间尺度上的信息。因此，模型的区域尺度研究是真正实现大范围农业干旱监测预测的关键所在。

当单点模型应用到区域尺度上时，需要考虑模型参数和驱动变量的空间变异性。本节对作物干旱模型相关参数和变量进行区域化，为模拟区域农业干旱奠定基础。之后，将模型分别采用链接遥感技术和不链接遥感技术两种方式模拟研究区的农业干旱。结合实际情况，对比两种方式的模拟结果，进而验证基于遥感信息的区域农业干旱模拟能力。利用作物干旱模型模拟农业干旱时，需要输入的气象要素有日降水量、日总辐射、最高和最低气温、日平均风速，水汽压等。这些气象要素具有一定的地理属性特征，其台站资料可以在一定程度上反映其空间分布情况。由于作物干旱模型与遥感信息的结合中需要做精细化的分析，因此，需要将台站气象资料插值为空间格点资料。

考虑降水量的随机性比较大，选择距离各格点（空间分辨率为 0.25°× 0.25°）最近站点降水量的实测值作为该格点的降水量。除降水量外，其他气象要素则是利用观测站点的观测值或者计算值，通过距离权重反比法（inverse distance weighting，IDW）进行插值。距离权重反比法 IDW 是一种常用的空间插值方法，主要以插值点与样本点之间的距离为权重，接着对权重进行加权求平均，距离插值点越近的样本点被赋予的权重越大。权重通常可用距离反比或距离平方反比来表示，分别称为距离反比法和距离平方反比法，本节选用了距离平方反比法对不包括降水量在内的相关气象要素进行插值。

研究发现，模型参数随试验区域、环境条件的改变而存在一定差异。因此，基于单点的作物模型应用到区域尺度上时，需要考虑相关参数（作物参数、土壤参数等）的区域分布情况。河南是以冬性半湿润为主的冬小麦气候生态区（崔读昌等，1991），鉴于此，以代表点郑州冬小麦品种参数粗略地作为研究区域的作物参数；对于与土壤质地相关的模型参数，如土壤凋萎系数、田间持水量等，则采用距离权重反比法 IDW 进行插值，其空间分布情况如图 3-27 所示；针对冬小麦播期，对各观测站实测值进行订正，使作物播期符合实际观测值，再利用 IDW 法对播期进行空间插值。

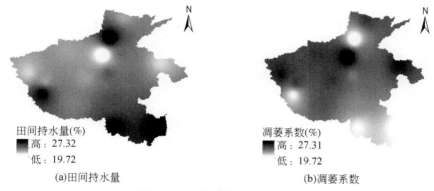

(a)田间持水量　　　　　　　　　(b)凋萎系数

图 3-27　土壤参数区域分布图

目前，农业气象旬报只对农业干旱进行了定性描述，缺乏类似于水汽压、辐射等气象要素的定量记录，这使得模型验证面临一定的困难（刘建栋等，2003）。为解决这一问题，引入基准值这一概念，作为模型定量验证的基础。基准值的计算方法为：通过三次样条函数（张希娜等，2012），对以旬为单位的土壤水分实测数据在时间上进行插值，得到逐日土壤水分数据（0～20cm 土层）。相对于土壤水分遥感反演值，实测土壤水分的插值结果更接近于实际情况。在此基础上，利用 IDW 法对逐日土壤水分进行插值，得到格点上的逐日土壤水分数据。之后，将土壤水分的插值结果替代作物干旱模型模拟的土壤水分，此时模型模拟的农业干旱即为模型定量验证的基准值。

作物干旱模型分别采用链接遥感技术和不链接遥感技术两种方式模拟农业干旱，并将模拟结果与基准值进行对比。在此基础上，结合实际情况分析两种模型的模拟效果，继而对基于遥感信息的作物干旱模型进行验证。为实现模型的定量验证，先对基准值的有效性进行检验。依据农业干旱预警指数的定义（刘建栋等，2003），将农业气象旬报中旱情的定性描述转化成相应的农业干旱预警指数，并作为实测值与基准值进行比较。

以卢氏、商丘和许昌等站点的冬小麦生长过程为例，对农业干旱预警指数基准值进行检验。如图 3-28 所示，农业气象旬报没有旱情记录时（3 月），基准值与实测值之间存在一定差异。而对于有记录的农业干旱时段（4 月上旬至 5 月下旬），基准值与实测值比较接近，模型对这一时段的旱情有较为准确的再现。因此，农业干旱预警指数基准值具有较高的可靠性，可以作为模型验证的基础。

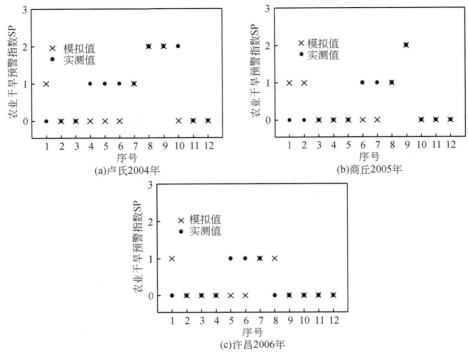

图 3-28　农业干旱预警指数模拟值与实测值的对比

序号（1～12）依次表示 3～6 月上、中、下旬

　　农业气象旬报记录：2004 年 5 月中旬，除豫北、豫西南、豫东南的部分墒情适宜外，其他县市均表现出不同程度的旱情，尤其是豫中大部、豫南部分等地土壤湿度≤10%，属重度干旱。由图 3-29（c）可知，在豫中大部分地区，农业干旱基准值与实际情况比较吻合，均显示该地区出现了严重干旱；在豫北、豫南和豫东南等地，模型的模拟结果显示这些地区农业干旱程度很轻，其墒情接近适宜状态，这与旬报记录也比较一致。从总体上看，基准值与实际情况的描述比较符合。由此说明，模型在实际水分条件下可以对农业干旱进行有效预警，这再次证明了基准值可以作为模型验证的基础。

　　将模型分别采用链接遥感技术和不链接遥感技术两种方式模拟区域农业干旱，并将其模拟结果与基准值进行对比。结果表明，对于豫北地区，链接遥感技术的模型模拟结果显示该地区墒情适宜，而单纯模型的模拟结果表明该地区农业干旱严重。结合基准值与农业气象旬报记录可知，引入遥感信息后，模型在豫北地区的模拟结果更接近实际情况。此外，对于其他地区（如豫中大部），基于遥感信息的模型模拟结果也更加接近基准值和旬报记录。因此可以认为，引入遥感信息后，作物干旱模型对区域农业干旱的模拟能力明显提高。

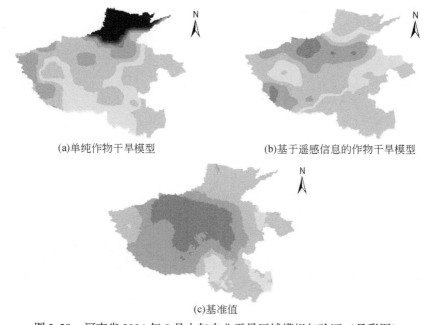

(a)单纯作物干旱模型　　　　　　(b)基于遥感信息的作物干旱模型

(c)基准值

图 3-29　河南省 2004 年 5 月中旬农业干旱区域模拟与验证（见彩图）

0~0.3; 0.3~0.4; 0.4~0.5; 0.5~0.6; 0.6~0.7; 0.7~0.8; 0.8~0.9; 0.9~1.0

综上所述，农业干旱基准值与农业气象旬报记录符合程度较好，基准值具有很高的可靠性，可以作为模型验证的基础。此外，将遥感技术与作物干旱模型进行链接，可以在一定程度上提高模型对区域农业干旱的模拟能力。

在实际生产中，更受关注的是农业干旱发生发展机制。卫星遥感与作物干旱模型的链接能否提高模型对农业干旱发生发展过程的模拟能力，成为本书需要解决的一个关键问题。基于此，本节以农业干旱指数基准值为基础，评价基于遥感信息的作物干旱模型对农业干旱时空动态的模拟效果。以 2005 年为例，分析全省 4 月下旬至 5 月下旬农业干旱指数的时空动态变化过程，此时河南冬小麦大约处于开花、灌浆至成熟期。

（1）农业干旱指数基准值模拟结果。首先对农业干旱指数基准值进行分析，结果如图 3-30 所示。由图可知，4 月下旬，全省不存在农业干旱。进入 5 月上旬，豫中、豫北、豫南部分地区开始出现程度较轻的农业干旱，其他地区墒情适宜。5 月中旬，除了东南部分地区墒情适宜外，其他地区均出现不同程度的农业干旱，但未达到严重级别。到了 5 月下旬，发生农业干旱的地域范围基本不变，但严重程度加大。其中，中部地区达到严重级别。由此可见，2005 年 4 月下旬到

5月下旬，全省经历了一次农业干旱过程，其严重程度随时间的后推（即小麦从开花期过渡到成熟期）逐渐加重。

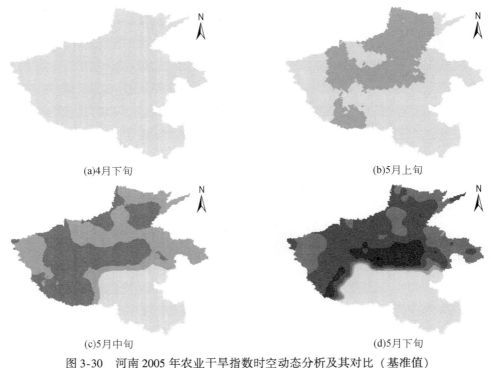

(a)4月下旬　　　　　　　　　　　　　　　　(b)5月上旬

(c)5月中旬　　　　　　　　　　　　　　　　(d)5月下旬

图3-30　河南2005年农业干旱指数时空动态分析及其对比（基准值）

▢0~0.3;　▢0.3~0.4;　▢0.4~0.5;　▢0.5~0.6;　▢0.6~0.7;　▢0.7~0.8;　▢0.8~0.9;　▢0.9~1.0

　　河南农业生产实践的经验是：在小麦开花期内（4月下旬至5月上旬）必须灌溉，否则将对小麦灌浆产生不利的影响。以上基准值的模拟结果证实了这一实践经验，即如果在4月下旬进行灌溉，小麦开花至成熟期的农业干旱将减轻或者消失。因此，基准值的有效性再次得到了验证。

　　（2）模型Ⅱ模拟结果分析。以基准值为基础，分析链接遥感技术的作物干旱模型（模型Ⅱ）对农业干旱时空动态的模拟效果（图3-31）。在4月上旬，全省墒情适宜，极小部分地区出现较轻的农业干旱，这与基准值模拟结果相近；5月上旬，中北和西北部分地区开始出现程度较轻的旱情，其他地区墒情适宜。与基准值相比，出现农业干旱的地域范围相对较小，但两者都显示旱情程度较轻；进入5月中旬后，农业干旱的发生范围扩大，主要集中在中部地区，但其严重程度未达到严重级别，此结果与基准值类似；到了5月下旬，干旱发生的地域范围基本不变，但影响程度加重。其中，豫中部分地区农业干旱达到严重级别。

综合分析可知，无论是农业干旱发生范围还是其影响程度，模型Ⅱ的模拟结果与基准值都比较接近。

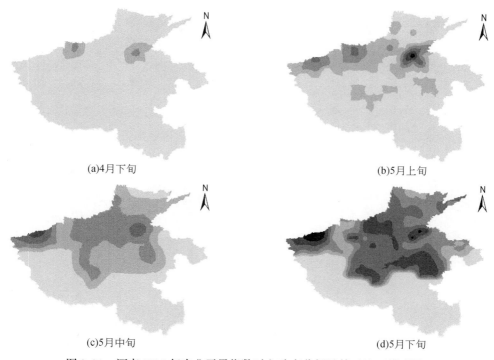

(a)4月下旬　　　　　　　　　　　　　　　　　　(b)5月上旬

(c)5月中旬　　　　　　　　　　　　　　　　　　(d)5月下旬

图 3-31　河南 2005 年农业干旱指数时空动态分析及其对比（模型Ⅱ）

0~0.3;　0.3~0.4;　0.4~0.5;　0.5~0.6;　0.6~0.7;　0.7~0.8;　0.8~0.9;　0.9~1.0

（3）模型Ⅰ模拟结果分析。利用不链接遥感技术的作物干旱模型（模型Ⅰ）对农业干旱指数进行模拟，并将其结果与基准值对比。从图 3-32 可以看出，4 月下旬，西偏北部、东偏北部各自出现一个农业干旱指数高值中心，全省其他地区墒情适宜。随着小麦逐步进入成熟期，旱情范围以两个高值区为中心逐渐扩大。到了 5 月下旬，农业干旱基本覆盖整个中北部地区，高值中心依然处于西偏北和东偏北部两个地区。

通过分析模型Ⅰ模拟结果可知，在小麦开花至成熟期整个时段，两个农业干旱指数高值中心一直存在。而基准值模拟结果表明，全省并没有出现农业干旱指数高值中心。由此说明，模型Ⅰ的模拟结果与基准值存在较明显的差异。此外，两个高值地区的农业干旱指数与其他地区相差太大。这很可能是因为模型Ⅰ的土壤水分计算过程没有被修改和完善，使得土壤水分的模拟不合理，由此出现极值。

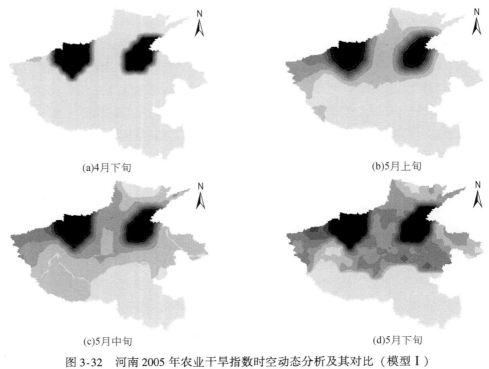

图 3-32　河南 2005 年农业干旱指数时空动态分析及其对比（模型 I）

　0~0.3;　　0.3~0.4;　　0.4~0.5;　　0.5~0.6;　　0.6~0.7;　　0.7~0.8;　　0.8~0.9;　　0.9~1.0

　　综上所述，无论是农业干旱发生范围还是其影响程度，模型 II 的模拟结果都比模型 I 更接近基准值。另外，模型 II 模拟的农业干旱指数动态变化过程也更符合基准值的变化情况。因此可以说明，将微波遥感技术与作物干旱模型进行链接后，可以在一定程度上提高模型对农业干旱时空动态的模拟能力。

　　值得注意的是，模型 I 的模拟结果出现了两个高值中心，其数值与周边地区相差太大，这不太符合实际情况，这可能是因为土壤水分的模拟结果与实际情况偏差太大，导致土壤水分的模拟结果超出正常范围。相对于模型 I，模型 II 的模拟结果更合理。因此可以认为，引入遥感信息可以在一定程度上降低农业干旱模拟误差，起到优化模型的作用。据此，可以得到以下结论。

　　（1）作物干旱模型的适应性调整效果良好：结合相关研究成果和实测资料，调整了模型的一些关键参数，调整后的参数均在其生物学意义的允许范围内。之后，对模型的回代、外推效果进行检验。回代模拟结果表明，叶面积指数和干物重的模拟值随时间的变化趋势与实测值吻合较好，成熟期回代模拟误差为 5 天；外推模拟结果表明，叶面积指数和干物重的模拟结果与实测值比较接近，成熟期外推模拟误差为 5.3 天。因此可以认为，模型参数调整比较合理，调整后的作物干旱模型在代表点上具有较好的适应性。

（2）基于指数滤波法的土壤湿度遥感反演效果较好：通过分析表层土壤水分遥感反演值与实测降水量的关系可知，历史天气条件的变化确实可以由表层土壤水分时间序列体现出来。这不仅验证了指数滤波原理，而且从侧面体现了表层土壤湿度遥感反演结果的合理性；在确定特征时间长度最优值（Top $t = 11$ 天）的基础上，利用指数滤波法平滑了表层土壤水分遥感数据的时间序列，进而反演了 $0 \sim 20cm$ 土层的含水量。将该层的土壤湿度反演结果与实测值进行比较，结果表明两者的 RMSE 为 6.3%，反演结果与实际情况比较接近。因此，指数滤波法对 $0 \sim 20cm$ 土层的土壤湿度反演效果较好。

（3）引入遥感信息后，模型对冬小麦生长发育的模拟能力得到一定程度的提高：以 $0 \sim 20cm$ 土层的含水量为结合点，将土壤水分遥感反演信息嵌入到作物干旱模型中，使得模型中土壤水分的"流动"更加真实，进而优化了作物干旱模型。引入遥感信息后，叶面积指数模拟误差的 RMSE 由 1.760 降低至 1.751，干物重模拟值随时间的变化也更接近实测值。另外，两种模型模拟的成熟期完全一样。这主要是因为冬小麦成熟期与土壤水分的关系不大，其主要决定因素是温度。

（4）与单纯模型相比，基于遥感信息的作物干旱模型对区域农业干旱的模拟结果更符合实际情况：对作物模型的相关参数和变量进行区域化，为模型从单点到区域尺度上的应用奠定了基础。之后，将模型分别采用链接遥感技术和不链接遥感技术两种方式模拟研究区的农业干旱，并结合实际情况验证了基于遥感信息的作物干旱模型对区域农业干旱的模拟能力。结果表明，引入遥感信息后，模型对区域农业干旱及其时空动态变化的模拟能力均有了明显提高。

综上所述，将微波遥感技术与作物干旱模型相结合，在一定程度上可以提高模型对作物生长过程及其农业干旱的模拟能力，这将为农业旱情预警提供更有力的科技支撑。

3.4　业务平台及应用

中国气象科学研究院搜集整理了所涉及的地理区域内的县级气象数据，并在此基础上将气象数据整理为气象数据库。数据库按气象因子分类，分别建立了日照时数、平均气温、最高气温、最低气温、水汽压、风速、降水量因子气象数据库，每个子库中建立相应的气象文件，统一格式为 SSSSSYYYY，其中，SSSSS 为全国统一规范 5 位台站号，YYYY 为年份，文件中统一格式为年、月、日、数据值。利用计算机模块化设计思路，建立了数据库的查询系统，其界面友好简便，便于研究应用。此外，根据任务设置，建立了县级土壤数据库。通过输入研究区域内任一省份及县站号或县站名，即可通过查询系统得到相关台站的土壤质地详细描述信息，包括粗砂含量、细砂含量、粉砂含量、黏粒含量、有机质含量、土壤 pH、全氮含量、全磷含量、全钾含量、持水量、容重、凋萎系数等多个指标。

以河南为例开发了精细化土壤墒情预报系统，该系统以高分辨率（0.25°×0.25°）的欧洲中心细网格数值预报产品和自动土壤墒情初始场为输入，输出 0~50cm、7 天逐日土壤墒情预报产品，实现了自动调用资料、自动运行、自动生成产品等功能。

此外，初步构建了广西、广东 2 个省级双季稻低温灾害预测预警业务平台，并开展了业务试应用（图 3-33）。2013 年广西利用建立的"广西双季稻低温灾害预测预警系统"制作发布了省级双季稻低温灾害预测预警业务服务产品 8 期、市级业务服务产品 20 期。其中，2 期服务材料获得自治区党委副书记危朝安的批示；桂林市农业局根据晚稻寒露风的预报服务信息，专门印发了防御寒露风的紧急通知（图 3-34）。

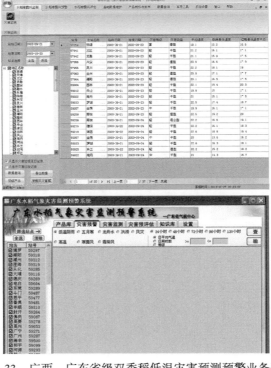

图 3-33　广西、广东省级双季稻低温灾害预测预警业务平台

图 3-34　桂林市农业局印发的防御寒露风的紧急通知

　　农业干旱方面利用干旱中长期预报模型，逐旬、逐月定期试发布了 40 多期农业干旱预报服务产品，为抗旱夺丰收提供了决策参考，经进一步完善后可形成固定的、有价值的农业气象业务服务产品。

　　广东选择 2 个双季稻种植大县（市），初步在阳山县建立核心试验区 1 个，在英德市建立示范区 1 个。2013 年利用构建的早稻低温阴雨和晚稻寒露风灾害预测预警指标和模型，制作业务服务产品，通过试验区、示范区各个乡镇（含部分村庄）已安装的气象信息显示屏，开展早稻低温阴雨和晚稻寒露风预警信息服务。

　　广西先后制作发布服务产品 2 期，分别为"今年首次寒露风天气影响分析"和"近期严重寒露风天气对晚稻生产影响的监测评估"，后者得到了自治区人民政府陈章良副主席批示："请农业厅密切关注气象信息，务必提前通知各地做好防寒露风的工作，确保晚稻高产"。广东专题组通过对气候变化背景下广东晚稻生长季气候资源、气象灾害的变化趋势，以及播期提早或推后对生育期和产量影响的分析，提出晚稻播期提早较推后更有利于气候资源的充分利用和气象灾害的减轻，建议广东晚稻播期各区的调整方案为：北部可提早 8～9 天，中部可提早10～12 天，南部可提早 12～15 天。

参 考 文 献

安顺清，邢久星 . 1985. 修正的帕默尔干旱指数及其应用 . 气象，11（12）：17-19.
安顺清，邢久星 . 1986. 帕默尔旱度模式的修正 . 应用气象学报，1（1）：75-82.
毕建杰，刘连颖，谭秀山，等 . 2012. 冬小麦农艺性状对花前水分胁迫的响应 . 科技导报，
　30（19）：40-44.
毕明，李福海，王秀兰，等 . 2012. 不同水分条件对冬小麦农艺性状的影响研究 . 耕作与栽培，

1：1-14.

蔡斌，陆文杰，郑新江 . 1995. 气象卫星条件植被指数监测土壤状况 . 国土资源遥感，4：45-50.

曹倩，姚凤梅，林而达，等 . 2011. 近 50 年冬小麦主产区农业气候资源变化特征分析 . 中国农业气象，32（02）：161-166.

陈利东，黄永森，匡昭敏 . 2013. 寒露风对玉林 2011 年晚稻产量的影响调查分析 . 中国农学通报，29（18）：109-113.

陈思宁，赵艳霞，申双和 . 2012. 基于集合卡尔曼滤波的 PyWOFOST 模型在东北玉米估产中的适用性验证 . 中国农业气象，33（2）：245-253.

陈文，康丽华，王玎 . 2006. 我国夏季降水与全球海温的耦合关系分析 . 气候与环境研究，11（3）：259-269.

成林，张广周，陈怀亮 . 2014. 华北冬小麦-夏玉米两熟区干旱特征分析 . 气象与环境科学，37（4）：8-13.

崔读昌 . 1984. 中国主要农作物气候资源图集 . 北京：气象出版社 .

崔读昌，曹广才，张文，等 . 1991. 中国小麦气候生态区划 . 贵阳：贵州科技出版社 .

范嘉泉，郑剑非 . 1984. 帕默尔气象干旱研究方法介绍 . 气象科技，12（1）：63-71.

冯利平 . 2004. 气候异常对我国华北地区冬小麦生产影响评估模型的研制 . 数学农业与农业模型通讯，（1）：33-37.

高峰，王介民，孙成权，等 . 2001. 微波遥感土壤湿度研究进展 . 遥感技术与应用，16（2）：97-102.

高亮之，金之庆，黄耀，等 . 1989. 水稻计算机模拟模型及其应用之一：水稻钟模型——水稻发育动态的计算机模型 . 中国农业气象，2：3-10.

顾宗伟，陈海山，孙照渤 . 2006. 华北春季降水及其与前期印度洋海温的关系 . 南京气象学院学报，29（4）：484-490.

黄崇福，刘新立，周国贤，等 . 1998. 以历史灾情资料为依据的自然灾害风险评估方法 . 自然灾害学报，7（2）：1-9.

黄崇福 . 2005. 自然灾害风险评价：理论与实践 . 北京：科学出版社 .

黄晚华，黄仁和，袁晓华，等 . 2011. 湖南省寒露风发生特征及气象风险区划 . 湖南农业科学，（15）：48-52.

黄珍珠，王华，陈新光，等 . 2011. 气候变化背景下"龙舟水"特征及其对广东早稻产量的影响 . 生态环境学报，20（5）：793-797.

霍治国，王石立 . 2009. 农业和生物气象灾害 . 北京：气象出版社 .

姜会飞，温德永 . 2013. 基于优化生长假设利用极端温度计算日积温的方法 . 中国农业大学学报，18（1）：82-87.

康西言，李春强，代立芹 . 2013. 河北省冬小麦生产干旱风险分析 . 干旱地区农业研究，30（6）：232-237.

李春，刘德义，黄鹤 . 2010. 1958-2007 年天津降水量和降水日数变化特征 . 气象与环境学报，26（4）：8-11.

李明星, 刘建栋, 王馥棠, 等. 2008. 分布式水文模型在陕西省冬小麦产量模拟中的应用. 水土保持通报, 28 (5): 148-154.

李娜, 霍治国, 贺楠, 等. 2010. 华南地区香蕉、荔枝寒害的气候风险区划. 应用生态学报, 21 (5): 1244-1251.

李帅, 王琼琼, 陈莉, 等. 2013. 黑龙江省玉米低温冷害风险综合评估模型研究. 自然资源学报, 28 (4): 635-645.

李艳兰, 苏志, 涂方旭. 2000. 广西秋季寒露风的气候变化分析. 广西气象, 21 (增刊): 54-57.

刘布春, 王石立, 马玉平. 2002. 国外作物模型区域应用研究的进展. 气象科学, 30: 193-203.

刘丽英, 郭英琼, 孙力. 1996. 广东省寒露风时空分布特征. 中山大学学报 (自然科学版), 35 (增刊): 200-205.

刘玲, 刘建栋, 邬定荣, 等. 2012. 气候变化情景下华北地区干热风的时空分布特征. 科技导报, 30 (19): 24-27.

刘玲, 刘建栋, 邬定荣, 等. 2013. 华北平原夏玉米生产潜力数值模拟及其自然正交分析. 中国农学通报, 29 (33): 85-93.

刘建栋, 王馥棠, 于强, 等. 2003. 华北地区农业干旱预测模型及其应用研究. 应用气象学报, 14 (5): 593-604.

刘勤, 梅旭荣, 严昌荣, 等. 2013. 华北冬小麦降水亏缺变化特征及气候影响因素分析. 生态学报, 33 (20): 6643-6651.

刘荣花, 方文松, 朱自玺, 等. 2008. 黄淮平原冬小麦底墒水分布规律. 生态学杂志, 27 (12): 2105-2110.

刘文英, 张显真, 简海燕. 2009. 江西近 50 年寒露风演变趋势及其对双季晚稻的影响. 气象减灾与研究, 32 (4): 67-71.

刘园, 王颖, 杨晓光. 2010. 华北平原参考作物蒸散量变化特征及气候影响因素. 生态学报, 30 (4): 923-932.

马洁华, 刘园, 杨晓光, 等. 2010. 全球气候变化背景下华北平原气候资源变化趋势. 生态学报, 30 (14): 3818-3827.

马玉平, 王石立, 张黎. 2005. 基于遥感信息的华北冬小麦区域生长模型及其模拟研究. 气象学报, 63 (2): 204-215.

莫兴国, 薛玲, 林忠辉. 2005. 华北平原 1981～2001 年作物蒸散量的时空分异特征. 自然资源学报, 20 (2): 181-187.

莫志鸿, 霍治国, 叶彩华, 等. 2013. 北京地区冬小麦越冬冻害的时空分布与气候风险区划. 生态学杂志, 32 (12): 3197-3206.

潘学标, 李玉娥. 2001. 气候对新疆棉花生产影响的区域评估系统研究. 气候异常对国民经济影响评估业务系统的研究. 北京: 气象出版社.

邱美娟, 宋迎波, 王建林, 等. 2014. 新型统计检验聚类方法在精细化农业气象产量预报中的应用. 中国农业气象, 35 (2): 187-194.

石萍，张运鑫，田水娥 . 2012. 邯郸市观台站年降水序列变化趋势及突变分析 . 人民黄河，
　　34（2）：66-72.

隋洪智，田国良 . 1990. 热惯量方法监测土壤水分 . 见：田国良主编 . 黄河流域典型地区遥感
　　动态研究 . 北京：科学出版社 .

孙玉，苏日娜 . 2012. 鄂尔多斯近 51 年温度变化特征分析 . 内蒙古气象，（5）：16-18.

谭秀山，毕建杰，王金花，等 . 2012. 冬小麦不同穗位籽粒淀粉粒差异及其与粒重的相关性 .
　　作物学报，38（10）：1920-1929.

谭秀山，刘建栋，叶宝兴，等 . 2011. "双行交错"种植方式玉米冠层光截获的研究 . 云南农
　　业大学学报（自然科学版），26（增刊）：22-26.

谭秀山，秦青宁，公艳，等 . 2012. 水分胁迫对冬小麦农艺性状的影响及两者间的定量数学模
　　型 . 山东农业科学，44（2）：15-19.

唐海明，帅细强，肖小平，等 . 2012. 2010 年湖南省农业气象灾害分析及减灾对策 . 中国农学
　　通报，28（12）：284-290.

田咏梅，许可，周浩亮，等 . 2013. 不同种植方式玉米冠层光利用情况的比较研究 . 山东农业
　　科学，45（5）：68-70.

田咏梅，许可，周浩亮，等 . 2013. 开花后淹水对小麦旗叶叶肉细胞及产量的影响 . 气象与环
　　境科学，36（1）：36-39.

汪万林 . 2006. 中国农作物生长发育和农田土壤湿度旬值数据集［EB/OL］. http：//
　　mdss. cma. gov. cn：8080/index. jsp［2013-12-31］.

王传光，国兆新，谭秀山，等 . 2011. "双行交错"种植方式玉米农艺性状及光合特性研究 .
　　河北农业科学，15（4）：1-4.

王馥棠 . 2002. 近十年来我国气候变暖影响研究的若干进展 . 应用气象学报，13（6）：
　　755-766.

王华，陈新光，胡飞，等 . 2011. 气候变化背景下广东晚稻播期的适应性调整 . 生态学报，
　　31（15）：4261-4269.

王石立，马玉平 . 2008. 作物生长模拟模型在我国农业气象业务中的应用研究进展及思考 . 气
　　象，34（6）：3-10.

王石立 . 1998. 冬小麦生长模式及其在干旱影响评估中的应用 . 应用气象学，9（1）：15-23.

王绍武，叶瑾琳 . 1995. 近百年全球气候变暖的分析 . 大气科学，19（5）：545-553.

王素艳，霍治国，李世奎，等 . 2005. 中国北方冬小麦的水分亏缺与气候生产潜力——近 40
　　年来的动态变化研究 . 自然灾害学报，12（1）：121-130.

王天铎 . 1996. 数值模拟在黄淮海地区生物资源评价中的应用 . 刘昌明，中国水问题研究 . 北
　　京：气象出版社 .

王志玉 . 2003. 土壤水分及表示方法 . 水利科技与经济，9（4）：22-26.

王志伟，翟盘茂 . 2003. 中国北方近 50 年干旱变化特征 . 地理学报，（z1）：61-68.

王治海，刘建栋，刘玲，等 . 2012. 几种气孔导度模型在华北地区适应性研究 . 中国农业气象，
　　33（3）：412-416.

王治海，刘建栋，刘玲，等 . 2013. 基于遥感信息的区域农业干旱模拟技术研究 . 水土保持通

报，33 (5)：96-100，122.

邬定荣，刘建栋，刘玲，等.2012a. 华北地区冬小麦生产潜力数值模拟及其自然正交分析. 干旱地区农业研究，30 (5)：7-14.

邬定荣，刘建栋，刘玲，等.2012b. 基于 CAST 客观分类的华北平原干热风区划研究. 科技导报，30 (19)：19-23.

邬定荣，刘建栋，刘玲，等.2012c. 近 50 年华北平原干热风时空分布特征. 自然灾害学报，21 (5)：167-172.

吴志伟，江志红，吴宗伟.2006. 近 50 年华南前汛期降水、江淮梅雨和华北雨季旱涝特征对比分析. 大气科学，33 (3)：391-401.

肖晶晶，霍治国，黄大鹏，等.2013. 玉米节水灌溉气象等级指标研究. 风险分析与危机反应学报，3 (2)：95-102.

肖晶晶，霍治国，金志凤，等.2012. 冬小麦节水灌溉气象等级指标. 生态学杂志，31 (10)：2521-2528.

熊伟，林而达，居辉，等.2005. 气候变化的影响阈值与中国的粮食安全. 气候变化研究进展，1 (2)：84-97.

徐向阳，刘俊，陈晓静.2001. 农业干旱评估指标体系. 河海大学学报，29 (4)：56-60.

许骥坤，毕秋兰，徐学义，等.2011. 三种种植方式玉米各器官干物质积累变化规律研究. 耕作与栽培，4：5-12.

许莹，马晓群，王晓东，等.2013. 淮河流域冬小麦水分亏缺时空变化特征分析. 地理科学，33 (9)：1138-1144.

严华生，王会军，严晓冬，等.2003. 太平洋海温变化对我国降水可预报性影响的分析. 高原气象，22 (2)：155-161.

杨建平，丁永建，陈仁升，等.2003. 近 50 年中国北方降水量与蒸发量变化. 干旱区资源与环境，17 (2)：6-11.

杨涛，宫辉力，李小娟，等.2010. 土壤水分遥感监测研究进展. 生态学，30 (22)：6264-6277.

杨扬，安顺清，刘巍巍，等.2007. 帕尔默旱度指数方法在全国实时旱情监视中的应用. 水科学进展，18 (1)：52-57.

姚玉璧，张存杰，邓振镛，等.2007. 气象、农业干旱指标综述. 干旱地区农业研究，25 (1)：185-189.

叶建刚，申双和，吕厚荃.2009. 修正帕默尔干旱指数在农业干旱监测中的应用. 中国农业气象，30 (2)：257-261.

殷剑敏，辜晓青，林春.2006. 寒露风灾害评估的空间分析模型研究. 气象与减灾研究，29 (3)：30-34.

于春霞，田咏梅，谭秀山，等.2013. 双行交错种植方式对玉米干物质积累与光合特性的影响. 安徽农业科学，41 (8)：3346-3347，3354.

余涛，田国良.1997. 热惯量法在监测土壤表层水分变化中的研究. 遥感学报，1 (1)：24-31.

袁文平，周广胜.2004a. 标准化降水指标与 Z 指数在我国应用的对比分析. 植物生态学报，

28（4）：523-529.

袁文平，周广胜. 2004b. 干旱指标的理论分析与研究展望. 地球科学进展，19（6）：982-991.

张黎，王石立，何延波，等. 2007. 遥感信息应用与水分胁迫条件下的华北冬小麦生长模拟研究. 作物学报，33（3）：401-410.

张仁华. 1986. 以红外辐射信息为基础的估算作物缺水状况的新模式. 中国科学（B 辑），7：776-784.

张希娜，李亚红，郭中凯. 2012. 关于三次样条插值的教学研究. 长沙大学学报，26（2）：131-132.

张叶，罗怀良. 2006. 农业气象干旱指标研究综述. 资源开发与市场，22（1）：50-52.

张宇，王石立，王馥棠. 2000. 气候变化对我国小麦发育及产量影响的模拟研究. 应用气象学报，11（3）：264-270.

赵艳霞，庄立伟，王馥棠. 2000. 农业干旱识别和预测技术系统. 应用气象学，11（S1）：192-199.

植石群，刘锦銮，杜尧东，等. 2003. 广东省香蕉寒害风险分析. 自然灾害学报，12（2）：113-116.

中国气象局. 2007. 中国灾害性天气气候图集. 北京：气象出版社.

中华人民共和国气象行业标准（QX/T 81—2007）. 冬小麦干旱灾害等级. 北京：气象出版社.

钟秀丽，王道龙，李玉中，等. 2007. 黄淮麦区小麦拔节后霜害的风险评估. 应用气象学报，18（1）：102-107.

周连童，黄荣辉. 2003. 关于我国夏季气候年代际变化特征及其可能成因的研究. 气候与环境研究，8：274-290.

Albergel C，Rudiger C，Pellarin T，et al. 2008. From near-surface to root-zone soil moisture using an exponential filter：An assessment of the method based on in-situ observations and model simulations. Hydrology and Earth System Sciences，12：1323-1337.

Allen R G，Pereira L S，Raes D，et al. 1998. Crop evapotranspiration-Guidelines for computing crop water requirements-FAO irrigation and drainage paper 56. FAO，Rome，300：6541.

Andaya V C，Mackill D J. 2003. Mapping of QTLs associated with cold tolerance during the vegetative stage in rice. Journal of Experimental Botany，54：2579-2585.

Chanzy A. 1993. Basic soil surface characteristics derived from active microwave remote sensing. Remote Sensing Review，7：303-320.

Chauhan N S，Miller S，Ardanuy P. 2003. Spaceborne soil moisture estimation at high resolution：a microwave-optical/ IR synergistic approach. International Journal of Remote Sensing，24（22）：4599-4622.

Clevers J G P W，van Leeuwen H J C. 1996. Combined use of optical and microwave remote sensing data for crop growth monitoring. Remote Sensing of Environment，（56）：42-51.

Delecolle R，Guerif M. 1998. Introducing spectral data into a plant process model for improving its pre-dictionability. Aussois，France，In，Proceeding of the 4th International Colloquium Signatures

Spectrals d´Objets en Teledetection: 125-127.

Diaz H G, Quayle R G. 1980. The climate of the United States since 1895: spatial and temporal changes. Mon. Wea. Rev., (108): 249-266.

Dobson M C, Ulaby F T. 1996. Active microwave soil moisture research. IEEE Transactions on Geoscience and Remote Sensing, GE-24 (1): 23-36.

Dobson M C, Ulaby F T. 1981. Microwave backscatter dependence on surface roughness, soil moisture and soil texture: Part II -soil tension. IEEE Transactions on Geoscience and Remote Sensing, GE-19 (1): 51-61.

Feng Z B, Wang X Y, Zhou X B, et al. 2014. Effects of planting patterns and irrigation conditions on the photosynthetic characteristics of winter wheat. The Journal of & Plant Sciences, 24 (3): 897-903.

F W T彭宁德, 佛里斯等著. 1991. 朱德峰, 程式华等译. 几种一年作物生长的生态生理过程模拟. 北京: 中国农业科技出版社.

Frate D, Schiavon G. 2003. Retrieving soil moisture and agricultural variables by microwave radiometry using neural networks. Remote Sensing of Environment, 84 (2): 174-183.

Goudriaan J. 1986. A simple and fast numerical method for commutation of daily totals of crop photosynthesis. Agri Forest Meteorol, 38: 249-252.

Jackson R D, Idso S B, Reginato R J. 1981. Canopy temperature as a crop water stress indicator. Water Resource Research, 17: 1133-1138.

Kawakami A, Sato Y, Yoshida M. 2008. Genetic engineering of rice capable of synthesizing fructans and enhancing chilling tolerance. Journal of Experimental Botany, 59: 793-802.

Kingtse C. MO, Muthuvel C. 2006. The modified palmer drought severity index based on the NCEP North American regional reanalysis. Journal of Applied Meteorology and Climatology, 45: 1362-1374.

Laura Dente, Giuseppe Satalino, Francesco Mattia, et al. 2008. Assimilation of leaf area index derived from ASAR and MERIS data into CERES-Wheat model to map wheat yield. Remote Sensing of Environment, 112: 1395-1407.

Maas S J. 1988. Use of remotely- sensed information in agricultural crop growth models. Ecological Modeling, (41): 274-268.

Mignolet C, Schott C, Benoît M. 2007. Spatial dynamics of farming practices in the Seine basin: methods for agronomic approaches on a regional scale. Science of the Total Environment, 375: 13-32.

Miura K, Lin S Y, Yano M, et al. 2011. Mapping quantitative trait loci controlling low- temperature germinability in rice (Oryza sativa L.). Breeding Science, 51: 293-299.

Nielson D C. 1990. Scheduling irrigation for soybeans with the Crop Water Stress Index (CWSI). Field Crops Research, 23: 103-116.

Njoku E G. 2003. Soil moisture retrieval from AMSR- E. IEEE Transactions on Geoscience and Remote Sensing, 41: 215-229.

Palmer W C. 1965. Meteorological Drought. Research Paper, US. Weather Bureau, 45.

Penning deVries F W T, 1982. van Laar H H. Simulation of growth processes and the model BACROS. In Penning de Vries F W T & van Laar H H (eds.), Simulation of Plant Growth and Crop Production.

Pratt D A. 1980. A calibration procedure for fourier series thermal inertia model. Photogram metric Engineering and Remote Sensing, 46 (4): 529-538.

Price J C. 1980. The potential of remotely sensed thermal infrared data to infer surface soil moisture and evaporation. Water Resources Research, 16 (4): 787-795.

Reginato R J, Howe J. 1985. Irrigation scheduling using crop indicators. Journal of Irrigation and Drainage Engineering, 111 (2): 125-133.

Sabburg J M. 1994. Evaluation of an Australian ERS- 1 SAR scene pertaining to soil moisture measurement. Proc. Int. Geosciences and Remote Sensing Symp, 3: 1424-1426.

Saito K, Miura K, Nagano K. 1995. Chromosomal location of quantitative trait loci for cool tolerance at the booting stage in rice variety 'Norin-PL8'. Breeding Science, 45: 337-340.

Sandholt I, Rasmussen K, Andersen J. 2002. A simple interpretation of the surface temperature/vegetation index space for assessment of surface moisture status. Remote Sensing of Environment, 79: 213-224.

Tan Xiushan, Ye Baoxing, Bi Jianjie. 2011. Damage and compensatory effects of winter drought on winter wheat. International Conference on Remote Sensing, Environment and Transportation Engineering (RSETE 2011), Nanjing, China, 6: 1077-1080.

Van Keulen H. 1975. Simulation of water use in Herbage growth in arid regions (Wageningen: Pudoc Center of Agriculture and Publication and Documentation).

Wagner W, Lemoine G, Rott H. 1999. A method for estimating soil moisture from ERS scatterometer and soil data. Remote sens. Environ., 70: 191-207.

Warren C R, Dreyer E. 2006. Temperature response of photosynthesis and internal conductance to CO_2: results from two independent approaches. Journal of Experimental Botany, 57 (12): 3057-3067.

Watson K, Pohn H A. 1974. Thermal inertia mapping from satellies discrimination of geologic units in Oman. J Res Geolsuvr, 2 (2): 147-158.

Wiegand C L, Richardson A J, Kanemasu E T, et al. 1979. Leaf area index estimates for wheat from LANDSAT and their implications for evapotranspiration and crop modeling. Agronomy Journal, (71): 336-342.

Yokoi S, Higashi S, Kishitani S, et al. 1998. Introduction of the cDNA for Arabidopsis glycerol-3-phosphate acyltransferase (GPAT) confers unsaturation of fatty acids and chilling tolerance of photosynthesis on rice. Molecular Breeding, 4: 269-275.

Yoshida H, Kato A. 1994. Cold- induced Accumulation of RNAs and Cloning of cDNAs Related to Chilling Injury in Rice. Breeding Science, 44: 361-365.

第4章 干旱与低温灾害防控与管理技术

在我国北方水资源严重短缺及全球气候变暖引起降水格局发生变化的背景下，农业干旱与低温灾害发生频率和强度呈现增强趋势，必须通过一定的技术措施进行防御，开展农业干旱与低温灾害管理关键技术与应用研究，减轻其对农业生产和生态环境的影响，是保证农业持续稳定发展，实现优质、高产、高效的迫切需要。

本章汇总了"十二五"国家科技支撑项目中"农业干旱与灾害防控与管理技术研究"课题的主要成果，在干旱灾害防控方面：从干旱信号诊断与利用、作物与土壤水分蒸腾蒸发控制、土壤水分蓄积与保持、农作物水分高效利用等方面研究干旱防控技术，建立了干旱防控管理应用方法指导，结合自主研发的化控制剂、水肥互作、起垄施肥一体化、滴灌、去顶环割、塑料大棚种植等抗旱技术，应用在小麦、玉米、马铃薯作物上，研究其抗旱效果，并借助 APSIM 模型将相关抗旱技术进行综合优化集成模拟研究，为相关技术的区域推广应用提供理论依据，为获取粮食稳产高产提供技术支撑。在低温灾害防控方面：通过集成农业低温灾害诊断指标与方法、专家知识和其他综合减灾技术，引入农业物联网应用关键技术，建立远程分布式田间动态信息数据库，构建农业低温灾害监控网络平台，建立基于 WEB 网络和物联网架构的作物低温灾害远程诊断与防控管理系统；同时，针对我国东北玉米和北方典型林果生产区，深入分析气候变化影响下低温灾害发生规律和致灾机理，研究"暖冬"和"倒春寒"等对越冬或早春作物抗寒性影响，建立作物低温胁迫关键指标体系和综合诊断方法。

4.1 农业干旱防控关键技术

4.1.1 农田干旱防控管理应用方法指导

4.1.1.1 农田干旱管理理论与方案框架

采用农田尺度作物水分耗散量测定的涡度相关技术，结合 APSIM 作物生长模拟模型，根据作物浅层根系主要分布层（0~60cm）、不同生育期水肥需求特性、农田水分胁迫程度、土壤质地、农田灌溉方式、降水量及当地水资源总量等信息，确定实时、适量、精准地合理科学的农田水肥投入量，进行农田尺度干旱防控综合技术指导，提高"降水、灌溉水和土壤水"的水分利用效率和肥料利用效率，以保障粮食高产稳产，确保农业生态环境安全。具体农田尺度干旱防控管理框架如图 4-1 所示。

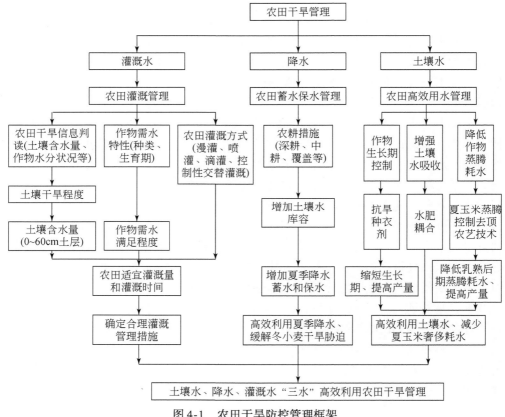

图 4-1　农田干旱防控管理框架

4.1.1.2　农田干旱管理指标和指标体系

我国华北地区作物生长期间由于土壤水分和降水不足而经常遭受干旱胁迫。根据农田干旱信息指标，结合农田干旱程度、作物需水信息资料和农田灌溉方式，综合应用抗旱防旱技术进行农田干旱实时科学管理是保证粮食产量的根本。表征土壤、作物水分状况及降水的农田干旱管理指标主要有土壤含水量、土壤水储量、叶水势、气孔导度、农田蒸散、冠层温度、作物需水量、关键生育期降水量和持续无降水日数、作物水分亏缺率等参数。农田干旱程度监测参数的确定，如土壤含水量、叶水势、气孔导度、冠层温度、作物需水量、作物水分亏缺率等指标均与农田蒸散量有关。考虑农业生产干旱灌溉管理的应用，本节以农田蒸散量作为农田干旱管理核心指标，根据涡度相关技术测定的农田实际蒸散量信息，建立冬小麦冠层温度和作物系数农田干旱管理指标体系（表4-1和表4-2）。

表4-1 冬小麦和夏玉米干旱管理指标体系——冠气温差和土壤相对湿度

作物种类	干旱指标	生育期	土壤相对湿度（%）			
冬小麦	冠气温差	拔节至成熟期	严重干旱	重度干旱	中度干旱	适宜范围
			<50	50~55	55~59	>60
		冠气温差（℃）	≥1.2	1.2~0.8	0.8~0.0	0.0~-4.0

表4-2 冬小麦和夏玉米干旱管理指标体系——作物系数

作物种类	干旱指标	苗期	越冬	返青期	起身—拔节	孕穗开花	乳熟期	成熟期
冬小麦	作物系数	0.70	0.33	0.50±0.08	0.92±0.06	1.28±0.08	1.10±0.05	0.62±0.04

4.1.1.3 结合 APSIM 作物生长模型模拟农田冬小麦-夏玉米轮作体系肥料供给估算方法

为通过施肥达到小麦-玉米轮作体系高产、稳产及可持续发展，寻求一种简单、可行的最佳施氮推荐方法成为关键，本书根据田间试验数据结合 APSIM 作物生长模拟模型得出，小麦-玉米轮作体系下氮肥的最佳经济回收率在81%左右时，氮的推荐施肥公式为

（1）当 $\text{Yield}_{0 \cdot \text{wheat}} \leq 78.7\% \ \text{Yield}_{\text{opt} \cdot \text{wheat}}$；$\text{Yield}_{0 \cdot \text{maize}} \leq 81.7\% \ \text{Yield}_{\text{opt} \cdot \text{maize}}$

$$N_{f \cdot \text{opt}} = (\text{Yield}_{\text{wheat}} \times 2.7\% + \text{Yield}_{\text{maize}} \times 2.2\%) / 81\%$$

（2）当 $\text{Yield}_{0 \cdot \text{wheat}} > 78.7\% \ \text{Yield}_{\text{opt} \cdot \text{wheat}}$；$\text{Yield}_{0 \cdot \text{maize}} > 81.7\% \ \text{Yield}_{\text{opt} \cdot \text{maize}}$

$$N_{f \cdot \text{opt}} = \frac{N_p}{81\%} + \left[-1.23 \times \left(\frac{\text{Yield}_{0 \cdot \text{wheat}} / \text{Yield}_{\text{opt} \cdot \text{wheat}} - 78.7}{0.21} \right. \right.$$
$$\left. \left. + \frac{\text{Yield}_{0 \cdot \text{maize}} / \text{Yield}_{\text{opt} \cdot \text{maize}} - 81.7}{0.16} \right) \right]$$

$$N_p = \text{Yield}_{\text{wheat}} \times 2.7\% + \text{Yield}_{\text{maize}} \times 2.2\%$$

式中，$\text{Yield}_{0 \cdot \text{wheat}}$ 是小麦基础产量（不施用氮肥）；$\text{Yield}_{\text{opt} \cdot \text{wheat}}$ 是小麦最佳经济产量；$\text{Yield}_{0 \cdot \text{maize}}$ 是玉米基础产量（不施用氮肥）；$\text{Yield}_{\text{opt} \cdot \text{maize}}$ 是玉米最佳经济产量；$\text{Yield}_{\text{wheat}}$、$\text{Yield}_{\text{maize}}$ 是小麦、玉米实际目标产量；N_p 是小麦、玉米地上部分氮吸收量；NRE_{ac} 是氮表观累计回收率。

4.1.2　北方干旱防控综合技术

4.1.2.1　抗旱化控制剂的研发与应用效果

针对北方地区春季播种期干旱、玉米出苗困难等特点，筛选低聚糖、甲壳素、腐殖酸盐等适宜的抗旱物质与各种助剂，突破成膜等关键技术，研究开发与完善抗旱种衣剂，以保证种子在土壤中的活力和出苗率。

试验用制剂由中国农业科学院农业环境与可持续发展研究所研发，其原理是借助成膜剂将抗旱剂、杀虫剂、杀菌剂、微肥、生长调节剂等附着在种子表面，具有抗旱、消毒、防病治虫、补肥增效、促进生长等多种功能。该制剂在提高大豆、小麦、谷子等作物抗旱能力方面具有显著成效（李玉中等，2007，2003，2002；方向文，2010）。高垄微集水技术有一定集水增产效果（刘晓英，2006；李巧珍，2010），但是在降雨量少的年份增产效果较小；起垄与覆膜结合技术研究较多（白秀梅，2011；韩娟，2008；段喜明，2006），尽管增产效果显著，但存在塑料膜回收难度大的问题，并且随着投入量增加，对土壤和环境的污染日趋严重（严昌荣，2006）。本节以玉米专用抗旱种衣剂为试验材料，结合高垄栽培技术，研究玉米专用抗旱种衣剂对玉米出苗率和产量的影响。

1）材料与方法

试验于2013年4月27日至8月30日在中国农业科学院农业环境与可持续发展研究所北京顺义区基地进行。试验田土壤为砂质潮土，属于中低肥力土壤。试验玉米品种为郑单958。试验期间玉米生育期中苗期几乎没有降雨，后期有效降雨分布均匀，整个生育期有效降雨累积为392.7mm，能够满足玉米后期正常生长发育对水分的需求。

试验设4个处理和1个对照，高垄种植方式下，抗旱种衣剂处理（LZ）、未施用抗旱种衣剂（L）；平地种植方式下，抗旱种衣剂处理（Z）、未施用抗旱种衣剂（P）；自然种植（平地种植、无肥、无水、无种衣剂）作为对照（CK），每个处理设3个重复，共15个小区随机排列，每区面积为50m²。

用起垄施肥一体机，进行深松、翻土、起垄和施肥一次性完成，垄面宽120cm、垄高25cm，垄沟宽20cm，垄上采用双行种植，行距为60cm，株距为35cm，每穴2粒种子。平地拉沟撒肥、覆土，间隔10cm拉沟撒种，株行距同垄上，高垄和平地种植密度相同。播种前一次性施入硝酸钾复合肥（$N-P_2O_5-K_2O$含量22-9-9）1020kg/hm²。

抗旱种衣剂处理的玉米种子在播种前一天进行拌种，比例为1:50。用塑料布包裹伴均匀，密封5~8h，晾干待用。2013年4月27日播种，出苗后通过间苗、补苗使处理小区植株数量相同；玉米生育期内施肥、除草等管理措施同大田。玉米生育期间测定玉米出苗率、根层水分含量、叶绿素质量分数及产量等指标。

2）结果与分析

（1）对玉米出苗率的影响。干旱年份玉米专用抗旱种衣剂使玉米出苗率显著提高。结果表明，2013 年春季春玉米播种及苗期降水较少，与未使用抗旱种衣剂相比，高垄和平地栽培模式下抗旱种衣剂包衣处理均显著提高了玉米出苗率（图 4-2）。在高垄种植模式下，施用种衣剂（LZ）比未施用（L）的出苗率提高 12%；在平地种植模式下，施用种衣剂（Z）比未施用（P）的出苗率提高 12.7%，可见抗旱种衣剂措施对玉米出苗率提高幅度贡献大。此外，抗旱种衣剂可以使种子提早发芽，提前出苗 1 ～ 2 天。

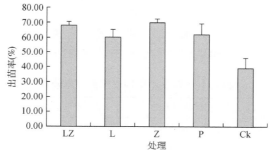

图 4-2　高垄种植和种衣剂处理对玉米出苗率的影响

（2）对玉米叶绿素的影响。叶绿素是植物利用阳光、水和 CO_2 进行光合作用的载体，对植物的生长具有至关重要的作用，同时它也是植物抵御干旱能力强弱的一个生理指标。由图 4-3 可知，拔节期各个处理中 LZ、L、Z 的叶绿素显著大于对照（CK），抽穗期各处理之间叶绿素差异不显著。

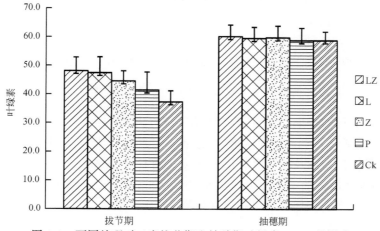

图 4-3　不同处理对玉米拔节期和抽穗期叶绿素 SPAD 的影响

（3）对籽粒产量及产量构成因素的影响。单位面积穗数、穗粒数和千粒重共同构成了玉米产量，三因素之间消长、互补，影响产量。从构成来看，单位面积穗数和穗粒数对产量影响相对较大，达到显著水平，千粒重影响较小，差异不显著（表4-3）。高垄种衣剂种植技术的玉米穗粒数较单纯的高垄、种衣剂和对照增加幅度高达9.68%～16.02%，高垄种植对穗数影响较大，种衣剂对千粒重影响较高，综合高垄种植和种衣剂处理可以协调玉米产量三因素之间的关系，从而增加产量。

籽粒产量表现为高垄种衣剂>高垄>种衣剂>平地>对照，方差分析显示，$F=4.003$，$P=0.0195$，差异显著，高垄优于平地种植，种衣剂优于未使用。高垄种植中使用种衣剂比未使用处理增产10%左右，而平地种植使用种衣剂比未使用增产3%左右；种衣剂处理下高垄种植比平地增产17%，未使用种衣剂中高垄较平地增产6%。说明高垄种植结合种衣剂对产量有叠加效应。

表4-3　产量及产量构成因素方差分析

处理	穗数（穗/hm²）	穗粒数（粒）	千粒重（g）	籽粒产量（kg/hm²）
LZ	46 320a±1819	707aA±114	346.75ab±15.71	11 279aA±1817
L	46 370a±1915	644aA±38	342.25ab±19.96	10 239abAB±709
Z	46 120ab±1517	629abAB±33	347a±9.22	9929abAB±517
P	46 020b±898	604bAB±51	343ab±7.87	9639bAB±816
CK	46 020b±727	587bB±64	328.5ab±29.16	8920bB±1008

注：同列数字后的无相同大小写字母分别表示处理间差异在0.01或0.05水平上显著

3）结论

专用抗旱种衣剂结合高垄种植模式对春玉米产量有叠加效应。玉米专用抗旱种衣剂提高春玉米出苗率达12%左右，促进玉米提早出苗1~2天；结合高垄种植模式，玉米穗粒数较单纯的高垄、种衣剂和对照增加幅度高达9.68%～16.02%，种衣剂处理下高垄种植比平地增产17%，未使用种衣剂中高垄较平地增产6%。

4.1.2.2　华北地区冬小麦-夏玉米轮作体系抗旱集成技术

1）作物品种和播期播量对麦-玉轮作体系干旱适应性

气候变暖背景下，北京地区冬小麦早已出现晚播及偏春性品种（郑大玮，1995），为了探讨播期及不同品种的冬小麦生育期潜在风险及干旱适应特征，开展了不同播期及品种的冬小麦田间试验，分析了不同冬小麦品种、播期和播种量对冬小麦-夏玉米轮作体系干旱适应性研究。

a. 材料与方法

试验分别在2012～2013年和2013～2014年冬小麦和夏玉米生长季开展，其中，2013 年春季温度低、降雨少，冬小麦返青晚，2014 年为正常年份。冬小麦品种选择北京地区常用的冬性品种（京冬 22）和河南的半冬性品种（矮抗 58）为研究对象，冬小麦设置 2 个播期，2 个播种密度，夏玉米采用中熟品种。通过不同播期、不同播种密度的种植管理，分析了冬小麦的生长变化特征，为不同品种播种的潜在风险进行了初步分析；根据冬小麦收获时间的不同，夏玉米分别采用收获籽粒和青储两种收获模式。

其中，2012 ～ 2013 茌冬小麦播期分别为 2012 年 10 月 8 日和 2012 年 10 月 15 日，播种量分别为 20kg/亩和 25kg/亩。2013 年冬小麦生长期内没有进行灌溉，2014 年分别灌溉了返青水和灌浆水。施肥为常规施肥。

b. 结果与分析

（1）不同品种和播种量条件下冬小麦株高的变化特征。如图 4-4（a）所示，在没有灌溉和有效降雨的条件下，小麦株高发生了较大变化。其中，矮抗 58 株高仅仅达到了正常管理小麦株高的 50% 左右，受干旱灾害影响较大。早播小麦株高比晚播小麦的株高略高，可能原因是早播冬小麦根系生长较深，增强了耐旱性。冬性品种京冬 22 最大株高为正常株高的 90% 左右，受干旱影响较小。因此，在京郊农田旱作条件下，半冬性品种的抗逆能力小于冬性品种。

如图 4-4（b）所示，半冬性品种返青时间早于冬性品种，因前期株高高于冬性品种；返青以后，冬性品种生长迅速，株高高于半冬性品种，这与不同品种的特性有关；对相同品种而言，播期早的品种，由于灌溉返青水灌溉较早，株高高于晚播的冬小麦。返青较早更容易遭受晚霜冻害的影响，同时可能受到更严重地干旱胁迫。

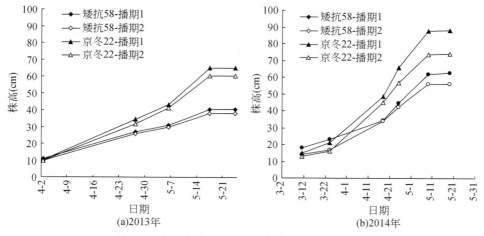

图 4-4　2013 年和 2014 年冬小麦株高的变化特征

（2）不同品种和播种量条件下冬小麦群体密度的变化特征。如图 4-5（a）所示，在旱作条件下，半冬性品种（矮抗 58）冬前即达到最大分蘖数，在冬前半冬性品种的分蘖数大于冬性品种，但是半冬性品种在冬后有效分蘖没有增加，而是持续下降；而冬性品种在返青以后、拔节初期仍然会产生大量分蘖，但是由于水肥条件较差，导致冬后分蘖大量死亡，一般在开花期达到稳定值。这种现象在早播的冬性品种中表现显著，而晚播的冬性品种表现并不显著，这可能与冬性品种早播，冬后有效分蘖多有直接关系。虽然晚播增加了播种量，但是冬后返青时的群体密度仍然较小。因此，在旱作条件下，适时播种能够增强冬小麦的抗逆性。

如图 4-5（b）所示，灌溉条件下，在播期较早的冬小麦中，受灌溉水的影响（3 月 20 日），冬性品种分蘖显著高于半冬性品种；不同播期的冬小麦，群体密度在孕穗期达到最大，随后无效分蘖开始死亡，群体密度大量减少，在灌浆中期，群体密度基本稳定，半冬性品种和冬性品种差别不大。

在播期较晚的冬小麦中，受冬季低温影响，返青时群体密度小于播期较早的冬小麦；冬后初次灌水在 4 月 24 日，此时冬小麦处于孕穗期，受灌溉水的影响，部分无效分蘖能够成活，而且产生了新的分蘖，从而导致群体密度反而出现了增加的现象；而且主茎成熟时，分蘖的穗尚未成熟，从而导致收获期延后，以半冬性品种尤为显著。

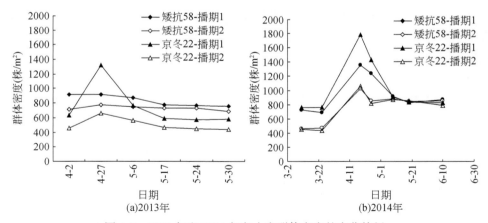

图 4-5 2013 年和 2014 年冬小麦群体密度的变化特征

（3）不同品种和播种量条件下冬小麦生育期的变化特征。如表 4-4 所示，冬性和半冬性品种的生育期存在一定的差异。2013 年受低温影响，冬小麦返青较晚，但是半冬性品种早于冬性品种；冬小麦整个生育期退后，但是受干旱胁迫影响，冬小麦的成熟时期要早于 2014 年。不同品种之间，冬性品种的成熟期早于半冬性品种。半冬性品种在生育后期具有较强的生命能力。

表 4-4　不同品种和不同播种日期对冬小麦生育期的影响

播期日期	品种	返青期	孕穗期	开花期	收获期
2012-10-8	京冬 22	3 月 29 日	4 月 28 日	5 月 16 日	6 月 11 日
	矮抗 58	3 月 25 日	4 月 20 日	5 月 17 日	6 月 16 日
2012-10-15	京冬 22	3 月 28 日	4 月 25 日	5 月 15 日	6 月 10 日
	矮抗 58	3 月 26 日	4 月 18 日	5 月 16 日	6 月 14 日
2013-10-11	京冬 22	3 月 11 日	4 月 20 日	5 月 7 日	6 月 12 日
	矮抗 58	3 月 5 日	4 月 12 日	5 月 10 日	6 月 15 日
2013-10-17	京冬 22	3 月 13 日	4 月 17 日	5 月 6 日	6 月 13 日
	矮抗 58	3 月 8 日	4 月 10 日	5 月 8 日	6 月 20 日

2014 年半冬性品种返青依然较早，孕穗期早于冬性品种，但是开花期反而晚于冬性品种，这可能与半冬性品种的营养生长较为旺盛有一定的关系；另外，受灌溉影响，前期干旱胁迫导致播期 2 的冬小麦生育期早于播期 1 的冬小麦；同时，受孕穗期灌溉的影响，半冬性品种的分蘖能够继续成活，但是分蘖发育期与主茎相差较大，导致半冬性品种的收获期晚于冬性品种，尤其在播期 2 的处理中表现显著。

（4）不同品种和播种量条件下冬小麦产量因子的变化特征。如表 4-5 所示，2012 年在干旱胁迫下所有品种的穗长、穗粒数、千粒重和产量都低于该品种的理论产量，是正常管理农田产量的大约 1/5。在不同品种的比较中发现，冬性品种的穗长、穗粒数和产量都显著大于半冬性品种。这表明，在北京地区，冬性品种的抗逆能力大于半冬性品种，种植半冬性品种的风险更大，产量损失更大。在相同品种不同播期的比较中，早播能够提高小麦的穗粒数，其中，半冬性品种播期 1 的穗长要显著长于播期 2 的穗长，而冬性品种并无显著差异。这表明在冬小麦幼穗分化期，干旱胁迫对冬小麦的生长产生了严重的影响。而且播期 2 的冬小麦受影响程度更大，因此，适当早播可以提高冬小麦抵抗干旱的能力。

表 4-5　不同品种不同播期冬小麦产量组成

播期日期	品种	穗长	穗粒数	千粒重（g/1000 粒）	产量（kg/亩）
2012-10-8	矮抗 58	5.2 b	22.5 c	43.0 ab	201.0 bc
	京冬 22	6.1 a	31.9 a	44.1 a	254.4 a
2012-10-15	矮抗 58	4.3 c	18.3 d	41.6 b	169.5 c
	京冬 22	5.7 a	27.7 b	43.5 ab	238.9 ab

续表

播期日期	品种	穗长	穗粒数	千粒重 （g/1000 粒）	产量 （kg/亩）
2013-10-11	矮抗 58	6.5 a	36.6 a	45.6 b	459.7 a
	京冬 22	7.1 a	38.7 a	44.3 a	465.8 a
2013-10-17	矮抗 58	6.2 b	35.9 b	43.5 ab	372.9 b
	京冬 22	6.3 b	33.8 b	43.9 a	362.0 b

2013 年受干旱影响，播期 2 的冬小麦穗长、穗粒数和产量均显著低于播期 1 的冬小麦；不同品种之间的产量没有显著差异；播期 2 中冬小麦受冬季低温影响，群体密度小，而且灌溉较晚，穗长及穗粒数均受到显著影响，因此，导致产量低于播期 1。不同品种之间的产量对比并不显著。

（5）轮作体系下夏玉米生长情况。2012 年受干旱及无灌溉影响，冬性品种比半冬性品种早熟 4~5 天，玉米播种期仅差 3 天，由于夏玉米采用的中早熟品种郑单 958，夏玉米的生长并没有显著差异。前茬不同小麦品种的夏玉米株高差异不大，仅在拔节期有一定的差异，最大株高基本相同。如图 4-6 所示，前茬冬性小麦的夏玉米产量为 561.5kg/亩，前茬半冬性冬小麦的夏玉米产量为 549.9kg/亩，产量无显著差异。

2013 年冬小麦成熟期偏晚，尤其播期 2 的半冬性品种，比同期播种冬性品种晚收获 8 天左右。由于收获期降雨影响，夏玉米播期较晚，为了不影响下季冬小麦播种，夏玉米采用了青储收获方式。不同处理之间的产量没有显著差异。

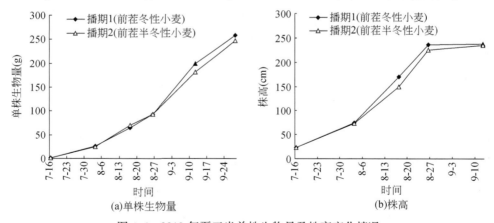

图 4-6　2012 年夏玉米单株生物量及株高变化情况

c. 结论

半冬性品种在华北地区种植存在较大的潜在风险。半冬性品种的株高显著低于河南地区种植的相同品种，可能与冬小麦返青以后温度较低，缩短了节间的生长有关；另外，在幼穗分化阶段，低温风险增大（王贺然等，2013），如果遭遇较低温度，导致穗轴的生长缩短，从而导致穗粒数减少，导致产量降低；另外，穗轴缩短，导致穗部形态发生变化［图4-7（a）］，出现了头部膨胀的胖头穗现象。

在旱作雨养条件下，冬性和半冬性品种的产量均出现了显著下降。但是，半冬性品种产量显著低于冬性品种。而且，适当提前播期，增加冬后群体密度，有利于降低返青以后的干旱风险。在灌溉条件下，孕穗期灌溉导致半冬性品种仍然继续产生分蘖，而且分蘖能够成穗，但是主茎和分蘖的生育期差异显著［图4-7（b）］，导致半冬性品种的收获期延后，影响了下茬夏玉米的播种。因此，在北京地区，灌溉虽然有利于降低半冬性品种的潜在风险，但是不合时宜的灌溉，导致收获期延后，不利于下茬作物播种。

对冬性品种而言，晚播对冬小麦的收获期影响不大。但是，对半冬性品种而言，晚播及不合理灌溉导致收获期延后，不利于夏玉米的播种及收获。在收获期延迟较大情况下，采用更早熟品种或青储玉米可以有效缩短生育时期的不足。

(a)　　　　　　(b)

图 4-7　半冬性品种的性状差异

（a）主茎与分蘖的显著差异；（b）穗部节
间缩短，出现胖头穗

2）水肥互作对麦-玉轮作体系的抗旱栽培技术

依据"十一五"国家科技支撑计划项目"北方农业干旱综合调控技术"研究成果（王丹，2010；李玉中等，2012），在冬小麦农田削减化肥用量、增施有机肥的基础上，进行冬小麦和夏玉米土壤水、灌溉水及降水资源的综合调控管理技术研究，继续进行水肥互作技术研究，设计了冬小麦-夏玉米抗旱节水一体化水肥试验方案。探明最佳经济产量及最优水肥组合配比，为麦-玉轮作体系生产中的水肥合理调控提供理论依据。

a. 水肥互作对冬小麦的节水抗旱研究

（1）材料与方法。本研究于 2011 年 9 月至 2014 年 6 月在中国农业科学院作物科学研究所北京昌平试验基地（39°48′N，116°28′E）进行。试验区气候属暖温带半湿润大陆性季风气候。多年（1951～2011 年的统计）平均气温为 11.9℃，年日照时数为 2714h；降雨为 616 mm，但年内分布极不均匀。试区土壤为壤质土，耕层土壤肥力高。

　　试验设土壤水分和养分 2 个因子，采用裂区设计。水分采用根层土壤水分下限和上限占田间持水量的百分数来控制，设 4 个水平，W1（40%~50%）、W2（60%~70%）、W3（70%~80%）、W4（80%~100%），分别在冬小麦越冬、拔节、抽穗和成熟期采用小管出流方式进行精确灌溉。养分用不同的氮肥、磷肥、钾肥和有机肥施用量来控制，设 4 个水平（用 T 来表示）：T1（每公顷投入有机肥 7.0t、氮肥 90kg、磷肥 60kg、钾肥 165kg）、T2（每公顷投入有机肥 7.0t、氮肥 120kg、磷肥 67.5kg、钾肥 195kg）、T3（每公顷投入有机肥 7.0t、氮肥 150kg、磷肥 75kg、钾肥 217.5kg）、T4（每公顷投入有机肥 7.0t、氮肥 180kg、磷肥 82.5kg、钾肥 240kg）。再设 2 个小区，1 个为当地常规种植 C（每公顷氮肥 300kg、磷肥 79kg、钾肥 75kg、灌水 100%），1 个为对照 CK（无肥、无水），共 18 个小区，随机区组排列。每小区面积为 6m×6m，小区之间设 1m 隔离带，四周有 2m 保护行。在冬小麦季，有机肥、氮肥的 1/2 和磷肥（P_2O_5）、钾肥（K_2O）做基肥，播前撒施后翻耕；1/2 的氮肥在拔节初期施用，采取撒施后灌水的方式；冬小麦季分别在冬前、拔节期、孕穗期和成熟期进行灌水。小麦品种选用中麦 175，于 10 月初播种，6 月中旬收获；氮、磷、钾和有机肥分别为尿素、过磷酸钙、硫酸钾、牛粪。小区面积为 6m×6m，小区之间设 60cm 的田埂。整个试验区周围设置 2m 的保护行。小区内留 3m² 的面积计产，其余部分作为动态取样区。

　　冬小麦生育期内进行气象要素、土壤水分、作物产量指标的测定，以分析冬小麦耗水特征及水分利用效率的变化特征。

　　（2）结果与分析。冬小麦生长期内降雨分布特征。2011 年 10 月至 2014 年 6 月 3 季冬小麦生育期间的总降雨量和有效降雨量见图 4-8，3 季播前降雨均大于 200mm，播前底墒充足。而整个生育期总降雨量分别为 86.8mm、108mm、104mm，比常年水平（160.5mm）几乎低一半，全生育期供小麦可利用的有效水分极少，属于干旱年份，必须抽取地下水进行灌溉才能满足作物生长需要。

　　土壤储水量变化特征。第 1 季 1m 土层土壤储水量各生育期变化见图 4-9，在苗期和返青期储水最大，随冬小麦生长逐渐降低，成熟期降到最低。不同灌水水平之间，各生育期储水量均低，4 个灌水之间差异不大，常规灌水在拔节期的储水量远高于其他处理，施肥各水平也得出同样的结论。后 2 季冬小麦 1m 土层储水量不同生育期的变化趋势一致（图略），随着灌水量的增加而略有增加，与施肥量的关系不明显。各生育期差异大，在苗期和返青期储水量最大，随冬小麦的生长逐渐降低，穗期降到最低，而成熟期反而升高，这与 2012 年不同。主要是成熟期有连续一周的阴雨所致。灌水与对照、常规灌水比较，苗期时差距小，其他时期常规灌水远高于灌水，灌水高于对照。

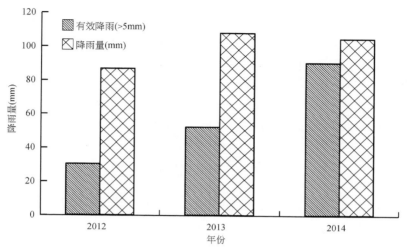

图 4-8　2012～2014 年 3 季冬小麦生育期间总降雨和有效降雨

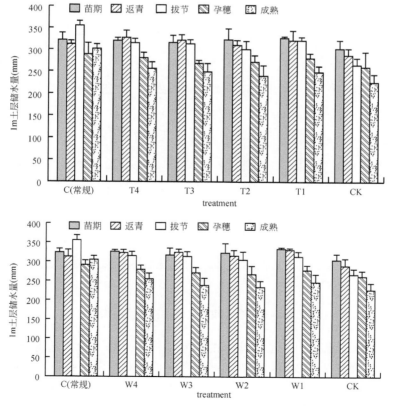

图 4-9　不同施肥和不同灌水条件下 1m 土层的储水量（2012 年）

冬小麦耗水量变化特征。小麦生育期耗水模系数可以得出（图4-10），施肥和灌水处理的全生育期中返青时期耗水模系数最低，其次为苗期、拔节，孕穗期耗水模系数最大。对照处理的苗期耗水模系数最大，其次为拔节期和成熟期，苗期最低。施肥中，不同生育期各水平对其影响不同，苗期T2大，返青期T3大，拔节期T2大，孕穗期T1和T4较大。灌水处理中，苗期随灌水量增加，耗水模系数降低，返青期相反，拔节期相当，孕穗期随灌水越多耗水模系数越高。由此可以看出，拔节期和孕穗期冬小麦需水量大，该阶段进行灌水是保证冬小麦生长的关键。

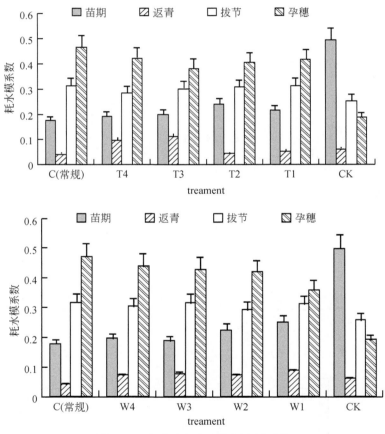

图4-10　冬小麦各生育期耗水模系数

在0~160cm土层中，土壤储水的消耗不同（图4-11），随着土层的加深，土壤储水消耗量呈先增加后降低、再增加再降低到双峰变化趋势。施肥的4个水平1m土层内的峰均出现在40cm土层，1m之下除了T4的峰出现在140cm，其他均在120cm土层。随着施肥量的增加，1m土层储水的消耗量减少，1m土层之下的储水的消耗量增加，说明增加施肥量加强了小麦对深层土壤水分利用，提高了土壤储水消耗量。灌水的 4 个水平 1m 土层内的峰均出现在 40cm 处，1m 之下的 W1 峰值出现在 120cm 处，其余的均在 140cm 处。随着灌水量的增加，土层储水的消耗量减少，耗水量 W1 和 W2 处理较大，再增加灌水量抑制了冬小麦对土层水分的利用。

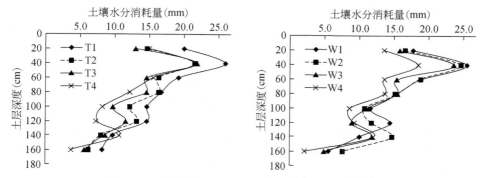

图 4-11　不同灌水、施肥条件下土层储水量的消耗量

对冬小麦产量和水分利用效率的影响。从图 4-12 可以看出，（a）图说明，在田间水分相同条件下，随施肥量增加，在低肥条件下冬小麦产量增加迅速，随后增长缓慢，当施肥超过一定区间，产量不但不增加反而随施肥量的增加呈现下降趋势；灌水也呈现相同的趋势。施肥的 4 个水平中，第 1 季 T3 产量高，为 7.24t/hm²，比常规种植略高，比 T1、T2、T4 增产 1%～5%，比不施肥处理增产 33.07%；后 2 季 T2 产量高，分别为 5.21t/hm²、5.92t/hm²。（b）图说明，田间土壤水分中的 W3、W2 产量较高，比常规种植增产 1.5%，比 W1、W4 分别增产 2%～6%，产量是不灌水处理的 2 倍。灌水增产的幅度大于施肥。

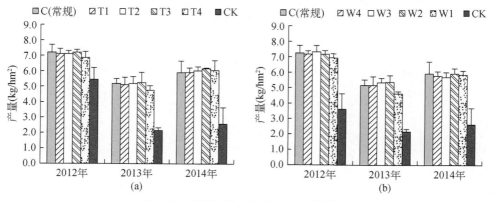

图 4-12　水肥互作对冬小麦产量的影响

水肥合理配比可以提高土壤蓄水保水能力，降低作物对水分的消耗，增加作物产量，从而提高水分生产效率。表 4-6 显示，随施肥量增加，水分利用效率先增加后减少，T3 的水分利用效率是所有施肥处理中最高的。

表 4-6　不同施肥水平下冬小麦对土壤水分的利用

（单位：kg/（mm·hm²））

处理	水分利用效率（2012 年）	水分利用效率（2013 年）	水分利用效率（2014 年）
C（常规）	14.815	13.536	10.414
T4	19.542	21.055	16.699
T3	21.226	22.428	18.232
T2	19.616	22.030	17.758
T1	18.934	20.263	16.577

（3）结论与讨论。以上分析说明，每季冬小麦每公顷投入有机肥 7.0t、氮肥 120～150kg、磷肥 67.5～75kg、钾肥 195～217.5kg 和在冬小麦生长关键时期保持土壤水分为田间持水量的 70%～80% 的抗旱技术比常规种植节约氮肥 50%、节约灌水 30% 以上，增产 10% 以上，节水抗旱效果明显。

b. 水肥互作对夏玉米产量的影响

（1）材料与方法。冬小麦收获后，在相同的小区进行夏玉米肥料试验，试验材料为郑单 958，种植密度为 60cm×25cm。2011～2013 年根据目标产量进行设计，试验设 CK（空白）、450kg/亩、550kg/亩、650kg/亩、750kg/亩 5 个产量水平，根据夏玉米产量水平下的氮、磷、钾养分需求比值，设 5 个不同水平，4 次重复（表 4-7）。其中，磷肥在苗期全部施用，剩余钾肥在喇叭口期追施，剩余氮肥的 2/3 于喇叭口期追施，其余 1/3 于粒期追施。根据土壤底墒情况浇出苗水以保证苗齐、苗全，2011～2013 年夏玉米生育期间累计降水量分别为 529mm、508mm、480mm，均高于试验站点多年平均降水量 450mm，满足夏玉米水分需求，夏玉米生育期间无灌溉。2012 年未使用种衣剂处理，其余年份均使用。

表 4-7　2011～2013 年夏玉米"夏雨冬用"不同产量水平施肥量情况

序号	产量水平（kg/亩）	产量水平养分需求量（N：P：K=2.8：1：3）（kg/亩）			
		有机肥	N	P₂O₅	K₂O
TR1	450	0	11.25	4.5	10
TR2	550	0	13.75	5.5	12
TR3	650	0	16.25	6.5	14
TR4	750	0	22.95	7.5	16
CK	—	0	0	0	0

注：华北地区夏玉米平均需水量为 423.5mm

（2）结果与分析。不同施肥处理对夏玉米产量的影响：结果表明，随着施肥量的增加，产量递增，前2季水平3与4相当，2013年度水平3产量最高［表4-8，图4-13（c）］。从不同年份来看，2011和2013年度各水平产量均显著高于2012年度［表4-8，图4-13（a）］，2013年度产量水平的试验小区实际产量（586kg/亩、608kg/亩、715.7kg/亩）均高于目标产量30%、10.5%和10.0%，而750kg/亩（和对照）产量水平施肥量试验小区的实际产量（665.9kg/亩）低于目标产量11.3%［图4-13（b）］。2011~2013年试验结果和农田施肥的长期田间定位试验结果表明，在丰水年夏玉米生产过程中，中等偏高水平下（目标产量650kg/亩）（N：16.25kg/亩、P_2O_5：6.5kg/亩、K_2O：14kg/亩、$ZnSO_4$：1kg/亩）分3次施肥可以获得稳定高产。

抗旱种衣剂处理对夏玉米生育期和产量的影响：夏玉米经抗旱种衣剂处理后播种，对夏玉米生长期天数和产量具有明显的控制和促进作用。夏玉米郑单958试验品种具有短生长期（96天）、抗性强、产量高的特点。在2011年和2012年度夏玉米播种时，2011年进行抗旱种衣剂处理，而2012年未处理。2011年度和2012年度夏玉米生长期间，降水量均超过夏玉米需水量，并且全生育期日平均气温、太阳总辐射和空气湿度平均值基本无差异（表4-9）。不同施肥处理产量结果分析表明，2011年度夏玉米不同施肥处理水平产量均显著高于2012年度（表4-8），其中，对照2011年度（为528±80kg/亩）比2012年度（466±55kg/亩）产量增加13.3%，而450kg/亩、550kg/亩、650kg/亩、750kg/亩4个不同产量施肥处理水平中，2011年度除750Kg/亩处理水平的产量低于试验目标产量外，其余3个处理水平分别高于试验目标产量为114kg/亩、74kg/亩和60kg/亩，而在2012年度夏玉米4个产量水平施肥处理中除了450kg/亩的处理产量高于试验目标产量外，其余3个处理水平均低于试验目标产量，最高产量水平处理差值最大为214kg/亩。另外，2011年度和2012年度夏玉米不同处理水平产量有显著差异外，其生长期也有明显差异，2012年度生长期为106天，比2011年生长期延迟8天。说明抗旱种衣剂处理种子，缩短夏玉米生育期一周左右，并且增产效果显著。

表4-8 不同年度、不同处理水平夏玉米产量的影响（2011年，2012年，昌平）

（单位：kg/亩）

产量	年份	处理1	处理2	处理3	处理4	对照
设计目标产量		450	550	650	750	
试验产量	2011	564±50	636±66	710±18	715±75	528±80
试验与目标产量差值		+114	+74	+60	−35	
试验产量	2012	519±56	524±41	527±39	536±32	466±55
试验与目标产量差值		+69	−26	−123	−214	

表 4-9　2011～2012 年夏玉米生长季环境因子变化情况

年份	生长期天数（播种—收获）	降水量（mm）	日平均气温（℃）	日平均太阳总辐射［MW/（m·d）］	日平均空气湿度（%）
2011	98（2011-6-20～9-25）	529.3	23.5±3.6	13.7±6.0	68.1±14.2
2012	106（2011-6-22～10-5）	508.0	24.4±3.5	13.8±5.7	70.0±12.0

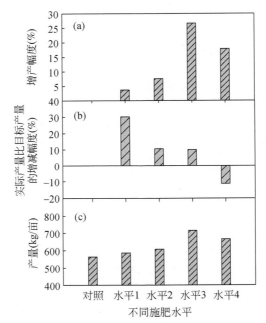

图 4-13　不同施肥水平对抗旱种衣剂包衣夏玉米产量的影响

3）滴灌、去顶技术对夏玉米抗旱高产的影响

a. 材料与方法

（1）根据 2012 年度夏玉米生长期延迟现象，在北京农学院试验基地进行了不同灌浆速率控制技术，包括去顶（穗上部位全部去掉）、撕裂穗包叶（剥皮）、去顶+剥皮 3 个处理，以正常生长为对照，在处理夏玉米可收获时将对照处理同步采收。试验品种为郑单 958，所有处理施肥量相同，生育期内共进行了 3 次追肥，分别为苗期（7 月 19 日）、喇叭口期（8 月 9 日）和粒期（8 月 22 日），具体施肥量见表 4-10。

表 4-10　2012 年夏玉米灌浆促控技术试验施肥情况

时间	氮肥（N）（kg/亩）	磷肥（P_2O_5）（kg/亩）	钾肥（K_2O）（kg/亩）
7 月 19 日	6.5	6.5	6.5
8 月 9 日	6.5	0	7.15
8 月 22 日	3.15	0	0

注：第一次追肥施用的为复合肥，氮磷钾含量均为 15%。后两次追肥氮肥为尿素

（2）夏玉米抗旱种衣剂+灌浆促控技术试验。结合 2012 年夏玉米灌浆促控技术初步试验结果，在北京市昌平区小汤山三资绿源生态农业基地进行垄作夏玉米（2013 年 6 月 14 日）不同灌浆促控技术试验研究。试验品种选择郑单 958，平作夏玉米为非抗旱种衣剂包衣播种，垄作夏玉米采用抗旱种衣剂包衣播种，并以非包衣种子播种为对照，在夏玉米蜡熟中期（9 月 14）对玉米进行不同处理，分别为对照（不做处理）、穗包叶剥皮、去顶、穗上留 1 个叶、穗上留 2 个叶、穗上留 3 个叶、剥皮+去顶、剥皮+穗上留 1 个叶、剥皮+穗上留 2 个叶、剥皮+穗上留 3 个叶处理，共记 10 个处理，每个处理重复 3 次，每个小区面积为 4.5m×10m。垄作播前每亩地施用 2t 生物有机肥，宽窄行种植，垄上以 60cm 间隔种植两行，垄间行距为 90cm，株距为 30cm。平作玉米种植密度为 50cm×35cm。所有处理施肥量相同，生育期内共进行了 3 次追肥，分别为苗期（7 月 13 日）、喇叭口期（8 月 4 日）和粒期（8 月 18 日），具体施肥量见表 4-11。

表 4-11　2013 年夏玉米灌浆促控技术试验施肥情况

时间	氮肥（N）（kg/亩）	磷肥（P_2O_5）（kg/亩）	钾肥（K_2O）（kg/亩）
7 月 13 日	6.5	6.5	6.5
8 月 4 日	6.5	0	7.15
8 月 18 日	3.15	0	0

注：第一次追肥施用的为复合肥，氮磷钾含量均为 15%。后两次追肥氮肥为尿素

（3）夏玉米滴灌+灌浆促控技术（山东设施蔬菜–夏玉米轮作体系节水高效高产技术）。山东是我国北方地区主要设施蔬菜集约化种植区，设施蔬菜与夏玉米轮作是当地设施蔬菜栽培重茬病防治的主要种植模式之一。于 2014 年在山东莱西蔬菜种植区春季大棚胡萝卜–夏玉米轮作体系夏玉米生长季节，进行增施有机肥、后茬深根系植物吸收深层土壤氮肥、干旱年份滴灌节水、灌浆后期促控、延迟收获的夏玉米高产高效集成技术研究。试验于 2014 年 6~10 月进行，试验品种为当地主栽品种郑单 958，株行距为 65cm×28cm，种植密度为 3800 株/亩。6 月 20 日播种，10 月 12 日收获。播种前增施 4.3m³/亩鲜鸡粪并进行深耕旋地，播种时带 15kg/亩复合肥（N：P：K=15：15：15）作为底肥，后期不再追肥。滴灌管铺设于距离植株 10cm 位置处，根据降水和土壤墒情进行适量滴灌，土壤

含水量采用 EM50 型土壤水分测定仪进行定点长期连续自动记录 30min 内的平均值。在夏玉米灌浆后期（9 月 7 日）开始间隔 5 天分别在穗位叶和穗位上 2 叶处分别进行去顶处理，以确定滴灌夏玉米适宜去顶时间。

　　b. 结果与分析

　　（1）夏玉米蜡熟期去顶对蒸腾耗水和产量的影响。在夏玉米蜡熟期通过夏玉米去顶（穗上部位）技术可以显著缩短夏玉米蜡熟时间、增加粮食产量。2012年度夏玉米生长季总降水量为 508mm，同 2011 年度夏玉米生长季比较分析，尽管两个年度的日平均气温、降水量、日太阳总辐射全生育期平均差异很少，但由于 2012 年度拔节抽穗期日平均气温相对度低（图 4-14），导致夏玉米灌浆乳熟和蜡熟时间延迟，产量相对低于 2011 年度。根据 2012 年度夏玉米生长期延迟现象，在北京农学院试验基地进行了不同灌浆速率控制技术试验，包括去顶（穗上部位全部去掉）、撕裂穗包叶（剥皮）、去顶+剥皮 3 个处理，以正常生长为对照，在处理技术可收获时将对照同步采收。通过不同处理技术产量结果比较分析（图 4-15），去顶、剥皮和去顶+剥皮 3 个处理技术均可显著增加玉米产量，并且同正常生长的对照产量（440kg/亩）比较，以去顶+剥皮的处理技术产量最高，

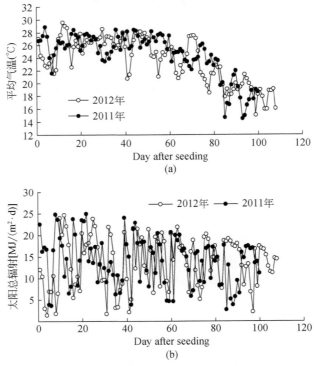

图 4-14　夏玉米生长季日平均气温和太阳总辐射变化比较（2011～2012 年）

为690kg/亩，比对照每亩增加250kg，处理后由于灌浆速率的改变，产量大幅度增加，但是对于3个不同控制灌浆速率的技术处理之间产量没有差异。因此，从农业生产技术处理所需的农民工作时间和劳动效率方面考虑且保证夏玉米产量的前提下，以去掉夏玉米穗上部位的处理方法（2012年度的产量为680kg/亩）作为夏玉米粮食产量保障和蒸散控制节水技术。另外，由于本年度试验设计和测定指标的非完善性，该试验技术的产量水分调控效果将在2013年度的夏玉米生长季继续开展研究。

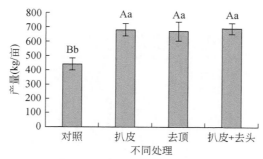

图4-15　夏玉米蜡熟期蒸腾耗水不同控制技术对产量的影响（北京农学院，2012）

（2）抗旱种衣剂+灌浆促控技术措施对夏玉米产量的影响。夏玉米丰水年份遭遇涝害导致生育期延迟，成熟晚、产量下降并且延误冬小麦播种。针对这一现象及问题，在2012年夏玉米试验基础上，进行抗旱种衣剂、不同灌浆促控措施试验研究，分别设计以抗旱种衣剂包衣和非包衣情况下夏玉米对照（不做任何处理，CK）、穗包叶剥皮（TR1）、去顶（去掉穗位以上叶片）（TR2）、穗上1叶（TR3）、穗上2叶（TR4）、穗上3叶（TR5）、剥皮+去顶（TR6）、剥皮+穗上1叶（TR7）、剥皮+穗上2叶（TR8）、剥皮+穗上3叶（TR9）共计20个处理。

夏玉米灌浆中后期进行不同灌浆促控措施，由于穗位以上叶片和茎秆剪切，改变了植株高度和叶面积指数并改善群体水平透光率。但是由于剪切部位的不同，在不同程度上导致穗位叶片光合速率的变化，改变了光合同化物分配量，加速夏玉米籽粒失水和灌浆速率。试验结果表明，对于夏玉米穗位以上部位保留不同数量的叶片数剪切处理，植株高度降低范围为80~130cm［图4-16（c）］，除了（剥皮+穗上3叶）处理透光率增加较少外，其余处理群体透光率增加10.5%~99.7%，以去顶处理群体透光效果最强，由对照的0.21升高到0.42，透光率增加了1倍，透光率随着保留穗位上叶片数的增加而降低［图4-16（b）和图4-17（a）］。不同夏玉米灌浆促控措施对穗位叶光合速率的影响不同，从图4-16（a）和图4-17（b）来看，穗包叶剥离措施促进了穗位叶光合速率，增加幅度达11%，而其余处理均不同程度地导致穗位叶光合速率的降低，以去顶处

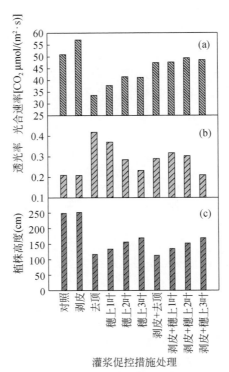

图 4-16　垄作夏玉米不同灌浆促控措施对群植株高度、透光率和光合速率的影响

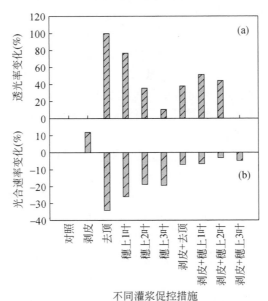

图 4-17　不同灌浆促控措施对夏玉米群体透光率和产量变化（与对照比较）的影响

理降低幅度最高达 34%，随着穗位上部保留叶片数的增加，光合速率减弱程度降低，特别是穗包叶的剥离对穗位叶的光合速率降低起抑制作用。关于穗包叶的剥离及穗位上叶片的剪切对穗位叶光合作用的影响机理需进一步研究探讨。

　　从图 4-18 可以看出，由中国农业科学院农业环境与可持续发展研究所自主研发的抗旱种衣剂对夏玉米产量具有显著地增产效应，并且抗旱种衣剂增强了不同灌浆促控措施的增产效果。综合分析抗旱种衣剂是否包衣的各项措施对产量的影响来看，穗包叶剥离或保留穗位上 1～3 片叶均有增产效果，增产效果以保留穗位上 1 片叶最为显著（产量达 813.0kg/亩），增产幅度均在 13% 左右；在非抗旱种衣剂包衣情况下，去顶措施较对照（607.8kg/亩）造成产量降低 15%，但是在抗旱种衣剂包衣时去顶措施导致相反的效果，较对照（719.7kg/亩）增产 10%。

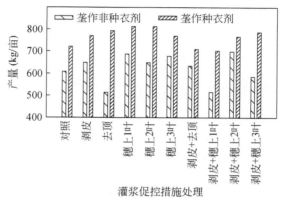

图 4-18　不同灌浆促控措施对夏玉米产量的影响

　　（3）滴灌+灌浆促控技术对夏玉米产量的影响（山东设施蔬菜-夏玉米轮作体系）。山东胶东半岛是山东主要的蔬菜生产基地。蔬菜种植中大水大肥管理方式，造成氮肥淋洗现象严重，浅层地下水硝态氮含量远远超出饮用水标准，同时多年连续种植存在严重的重茬问题，采取春季设施浅根系（胡萝卜、马铃薯、西红柿、黄瓜等）-夏季深根系作物夏玉米轮作体系是高效利用深层氮肥、解决重茬问题的适宜措施之一。

　　2014 年 6～9 月在山东莱西蔬菜种植区春季大棚胡萝卜-夏玉米轮作体系的夏玉米生长季节（降雨量为 228mm，滴灌 3 水 75mm），增施有机肥、减量化肥、滴灌控水、蜡熟期去顶技术，在播种前增施 4.3m³/亩鲜鸡粪、播种带种肥每亩 15kg 的复合肥，并在 9 月 7 日至 9 月 24 日期间间隔 5 天进行的去顶处理技术中，延迟收获至 10 月 12 日。结果表明，夏玉米进入成熟期后保留穗位叶上 2 片叶处理的时间以 9 月中旬为宜，增产幅度较对照可达 18.6%，而随着处理时间的延迟增产幅度降低；而对于穗位叶上全部去掉的处理，则以 9 月 24 日的处理相对较为适宜（图4-19）；从不同处理百粒重的变化情况来看，则以9月18日保留穗位上2片叶的处理最高达39.78g/百粒，在 p 为 0.05 水平下存在差异，高于对照2.8%，并且后期的2个处理与对照比较均为显著差异（表4-12和图4-20）。总体来讲，在集约化设施蔬菜和作物种植区，采取全年作物滴灌、深浅根系作物轮作、夏季作物减少化肥投入和增施有机肥可提高土壤水蓄保能力和后茬作物（春季设施）有机肥高效利用、避免鲜鸡粪对当茬蔬菜生长的影响，并解决重茬问题，在节水高效的同时获取粮食作物和设施蔬菜的高产、稳产、高效。

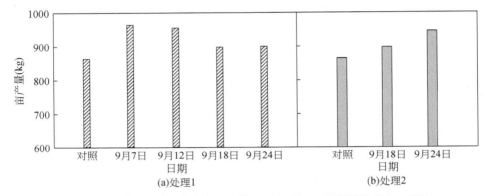

图 4-19　不同处理夏玉米产量变化趋势（处理 1 为保留穗位叶上 2 片叶；
处理 2 为穗位上叶全部去掉）

表 4-12　夏玉米灌浆不同促控处理百粒重变化情况

处理		均值（g）	标准差	标准误	$p>0.05$	
对照		38.69	0.24	0.14	bc	38.69bc
保留穗位上 2 个叶片	9 月 7 日	35.77	0.43	0.25	f	35.77f
	9 月 12 日	38.31	0.44	0.25	c	38.31c
	9 月 18 日	39.78	0.54	0.31	a	39.78a
	9 月 24 日	39.32	0.43	0.25	ab	39.32ab
穗位上叶片全部去掉	9 月 18 日	37.11	0.60	0.35	d	37.11d
	9 月 24 日	38.89	0.07	0.04	bc	38.89bc

4.1.2.3　马铃薯抗旱高产栽培技术

马铃薯（Solanum tuberosum L.）是世界上仅次于小麦、水稻、玉米之后的第四大农作物，在中国主要种植于水资源严重短缺的北方半干旱和干旱地区。因此，干旱胁迫成为马铃薯产量降低和品质下降的瓶颈。针对北方灌区塑料大棚春

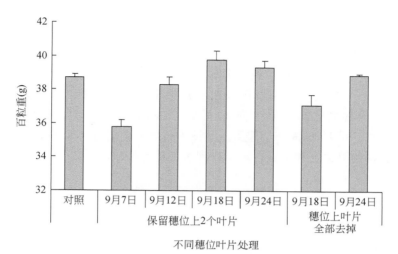

图 4-20　不同处理夏玉米籽粒百粒重变化趋势

季马铃薯干旱胁迫、病害频发等问题，开展滴灌节水、种衣剂配方研发与抗旱效果研究。

1）水分胁迫对设施马铃薯叶片脱落酸和水分利用效率影响的研究

干旱作为一种非生物胁迫严重影响作物的生长和发育，成为限制作物产量的主要因素之一（Shao et al.，2009）。在不同生育时期对马铃薯进行不同程度干旱胁迫会使其相关的生理生化指标发生相应变化（丁玉梅等，2013），影响马铃薯光合生理并降低产量（田伟丽等，2015）。植物激素脱落酸（abscisic acid，ABA）在植物生长、果实发育、种子休眠和萌芽中发挥着重要作用外，还参与植物干旱胁迫调节（Weili Tian 等，2014）。越来越多的人认识到植物适应水分胁迫的能力不仅受到基因的调控，更重要的是基因表达调控。关于植物细胞感知周围水分胁迫信号的途径之一是依赖于 ABA 途径，即植物在受到干旱胁迫时内源 ABA 会发生显著变化。而 9-顺式–环氧类胡萝卜双氧合酶（9-*cis*-epoxycarotenoid dioxygenase，NCED）是 ABA 合成中的关键酶。从此酶的变化可以观察出植物体内 ABA 的代谢变化。

此试验在马铃薯发棵期进行不同程度的干旱胁迫，研究马铃薯在不同水分处理下生理、生态、分子指标的变化，探讨干旱胁迫下马铃薯抗旱的生理、生态及分子机制，为马铃薯在实际灌水、节水中提供技术参考和理论依据。

a. 材料与方法

试验于 2013 年 8 月 5 日至 11 月 15 日在北京农学院校内科技园区马铃薯全生育期内进行。供试马铃薯品种为荷兰 15，采用高 30cm、直径 40cm 的塑料盆进行种植，盆土为试验地，耕层土、草炭、蛭石比例为 1∶1∶1，田间持水量为 20.1％。每盆装风干土壤 10kg（拌施 1.0g 多菌灵消毒），施磷肥 2.17g、氮肥 2.41g、钾肥 3.92g，全部作为底肥。种植前进行催芽处理，每盆种植一株，播种深度为 15cm。马铃薯从播种到苗期生长发育阶段，土壤相对含水量控制在 80％~25％；在马铃薯发棵期挑选长势一致的植株进行土壤控水处理（9 月 13 日），土壤相对含水量分别为 85％（对照）、65％、45％、25％ 4 个处理，每个处理重复 3 次，每 10 株为一个重复。马铃薯整个生育期内（表 4-13），根据土壤含水量的实时监测信息和土壤含水量处理水平进行补灌。

表 4-13　马铃薯各个生育时期

日期	儒略日	生育期
8 月 5 日 ~ 8 月 25 日	216 ~ 236	芽条长长期
8 月 25 日 ~ 9 月 13 日	236 ~ 255	团棵期
9 月 13 日 ~ 10 月 17 日	255 ~ 289	发棵期
10 月 13 日 ~ 10 月 25 日	289 ~ 297	块茎增长期
10 月 25 日 ~ 11 月 15 日	297 ~ 318	淀粉积累和成熟期

b. 结果与分析

（1）土壤水分对马铃薯叶片 ABA 含量及 ABA 合成关键基因在转录水平的影响。植物在干旱脱水等条件下一种主要生理变化是内源 ABA，这是由于胁迫信号会激发 ABA 合成酶的作用，从而使 ABA 在细胞内的含量快速发生改变。从图 4-21（a）中可以看出，随着水分胁迫程度增加，马铃薯叶片中 ABA 含量呈现出递增趋势。与土壤相对含水量 85％ 相比，25％ 时 ABA 的积累提高了 33％。而与 ABA 增加相关的 *StNCEDs* 基因趋势变化与 ABA 呈正相关 [图 4-21（b）]。

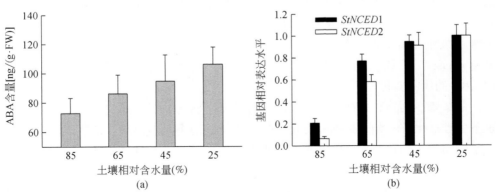

图 4-21　不同土壤含水量下马铃薯叶片 ABA 含量及 ABA 合成关键基因的变化趋势

StNCEDs 在土壤相对含水量为 85% 时表达量较低，含水量为 65% 时迅速增加，随后逐渐增加达到最高水平。但是 *StNCED2* 的表达水平始终低于 *StNCED1*，*StNCED1* 基因的表达提高 4 倍，而 *StNCED2* 基因的表达提高 9 倍。*StNCEDs* 的持续增加促使叶片中 ABA 快速积累。

（2）土壤水分对马铃薯水分利用效率的影响。作物受干旱或水分胁迫反映水分利用效率是生理生态机制研究的关键，也是提高作物产量和水分利用效率的基础。马铃薯发棵期水分利用效率变化曲线（图 4-22）表明，晴天天气状况下大体上呈"～"型，在中午 12：00 和下午 18：00 时土壤相对含水量 45% 的水分利用效率出现高峰值，最高可达 1.13μmol/mmol 和 1.15μmol/mmol，比无胁迫时平均高 25%。在 14：00～18：00，土壤相对含水量为 65% 和 45%，呈现递增趋势。而在 8：00～12：00 土壤相对含水量为 65% 的水分利用效率是先降后升，25% 处理 WUE 的变化与 65% 的相反。在灌溉水分利用效率（图 4-23）中，土壤相对含水量为 45% 时最高，85% 时最低。

2）塑料大棚水肥互作技术对马铃薯生长试验研究

我国北方地区水资源缺乏，且环境变化导致的河流径流量降低加剧了北方水资源供需矛盾。灌溉是农业增产的方式之一，但是半湿润、半干旱地区高水肥管理引起硝态氮的淋洗造成集约化农业种植区浅层地下水硝态氮污染，而进行设施栽培水氮渗漏淋洗变化特征及水氮利用效率的研究对于制定合理灌溉施肥技术措施、缓解农业水环境问题具有重要意义。近几年针对主要粮食作物玉米等（Mei Xurong et al.，2013；Jiaxuan Guo et al.，2013）、果树（Z-P OuYang et al.，2013）及蔬菜（ZhaoPen Ou Yang et al.，2013；赵帅等，2012）的水氮利用效率和氮淋洗都有一定的研究，但关于马铃薯的研究相对较少，特别是缺乏设施马铃薯根层下的水氮渗漏淋洗生育期内的直接测定及动态变化特征研究。农田硝态氮淋洗的研究方法有土钻采样法、土柱模拟法、质量平衡法、渗漏计测定法、Suction cup 法和同位素示踪法，其中，渗漏计测定法能够迅速直接反映原位土壤氮素淋洗的变化情况。本书采用渗漏计测定法，研究不同的水分处理水平下塑料大棚设施马铃薯全生育期的水氮渗漏淋洗变化特征，分析对马铃薯产量和水氮利用效率的影响。

a. 材料与方法

试验于 2014 年 3 月 16 日至 2014 年 6 月 22 日在北京农学院北农科技园校内试验基地塑料大棚水分池内马铃薯全生育期内进行。试验品种为荷兰 15，株行距为 20cm×70cm，垄面宽 25cm，单行种植，膜下滴灌且膜上覆土 2cm，种植密度为 7.14 万株/hm²。马铃薯全生育期内采用 20cm 直径水面蒸发皿测量大棚内水面蒸发量。试验设 4 个水分处理，分别为 1.1、1.3、1.5、1.7（对照）倍的水面蒸发量，每个处理重复 3 次，共计 12 个试验小区，按照正交试验设计布置，其中，1.7Ep 处理为农民常规灌溉水平。试验水分池小区面积为 4m×5m，按照农民常规施肥方法，每个试验小区均施有机肥 200kg/亩、复合肥 100kg/亩作为底肥。

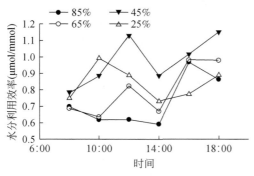

图 4-22　不同土壤水分不同时间对马铃薯水分
利用效率的影响

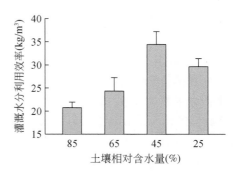

图 4-23　不同土壤水分对马铃薯
灌溉水分利用效率的影响

b. 结果与分析

（1）设施马铃薯生育期内气象要素变化特征。马铃薯生育期间大棚内小气候要素受外界环境影响较大。马铃薯全生育期内逐日水面蒸发量呈波动性逐渐增加趋势，累计蒸发量为 308.5mm，日平均水面蒸发量为（3.5±1.3）mm，变化范围为 0.5~6.5mm。因此，根据大棚马铃薯全生育期累计水面蒸发量确定的 1.1Ep、1.3Ep、1.5Ep 和 1.7Ep 4 个不同灌溉处理，其相应灌溉水量为 220mm、276mm、318mm、376mm，各处理在马铃薯幼苗期、发棵期（块茎形成期）和结薯期（块茎增长期）3 个生育期进行滴灌（表 4-14），并且在马铃薯关键需水期现蕾开花期灌水量最大，各处理大约占总灌溉水量的 42% 左右。

表 4-14　大棚马铃薯生育期内不同水分处理的灌水情况

灌水时间	生育期	灌水量（m³/hm²）			
		1.1Ep	1.3Ep	1.5Ep	1.7Ep
2014 年 4 月 15 日	幼苗期	661.5	783.9	904.5	1024.5
2014 年 5 月 17 日	发棵期	965.85	1141.5	1317	1492.5
2014 年 6 月 2 日	结薯期	571.5	834.6	963	1091.4
总计		2198.85	2760	3184.5	3608.4

（2）不同灌溉处理对大棚马铃薯水分耗散利用的影响。大棚马铃薯土壤水

分耗散特征及利用效率变化与水分灌溉管理密切相关。马铃薯生育期间地膜覆盖导致土壤蒸发耗水相对较弱，马铃薯蒸腾耗水占主要地位，根据土壤水量平衡原理确定不同处理的马铃薯蒸散量随着灌溉水量的增加呈升高趋势，蒸散耗水变化幅度为83～97 mm，其中，1.7Ep处理的蒸散耗水量较最低1.1Ep处理增加16.9%；马铃薯全生育期主要根系层60cm以下累积土壤水分渗漏量，同样随着灌溉水量的增加而升高，渗漏量占灌溉水量的比例从1.1Ep处理的41.3%增加到1.7Ep处理（农民常规灌溉）的48.3%，但是1.1Ep、1.3Ep和1.5Ep处理的土壤水分渗漏累积量较常规灌溉处理下的土壤水分渗漏量（174mm）分别减少83mm、47mm和24mm。灌溉可以显著提高马铃薯的产量，但是超过一定限度后由于短时间的水涝引起产量下降，1.5Ep的水分处理所收获的产量最大的为81 000 kg/hm^2，其次是1.7Ep水分处理的为79 635 kg/hm^2，产量最低的是1.1Ep，为61 968 kg/hm^2，蒸散耗水水分利用效率以1.5Ep水分处理最高为895.8 kg/（mm·hm^2），最小的是1.1Ep水分处理为742.3 kg/（mm·hm^2）；而灌溉水分利用效率则以1.1Ep水分处理最高，为281.8 kg/（mm·hm^2）（表4-15）。

表4-15　春季大棚马铃薯生育期内不同水分处理下土壤水分耗散及水分情况

处理	灌水量 （mm）	蒸发蒸腾量 （mm）	渗漏量 （mm）	产量 （kg/hm^2）	水分利用效率 [kg/(mm·hm^2)]
1.1Ep	220	83	90.8	61968	742.3
1.3Ep	276	85	127.2	66930	788.4
1.5Ep	318	900	150.3	81000	895.8
1.7Ep	361	97	174.2	79635	818.1

（3）不同土壤水分状况下大棚马铃薯水氮利用效率的变化特征。相同施肥情况下，不同灌溉水量直接影响马铃薯氮肥的利用效率。图4-24（a）和图4-24（b）分别为不同水分处理根据马铃薯实际蒸散耗水量、施肥量和土壤供氮量计算的大棚马铃薯的水、氮利用效率变化趋势。结果表明，随着灌溉水量的增加，大棚马铃薯水氮利用效率均呈倒"V"型变化，水、氮利用效率随着灌溉量的增加均为先升，在1.5Ep处理水平下大棚马铃薯的水氮利用效率最高分别为895.76 kg/（mm·hm^2）和432 kg/kg，较1.1Ep处理水平下的水氮利用效率分别增加23%和10%，之后随着灌溉水量的继续增加水氮利用效率降低。总的来说，水分处理1.5Ep的水分利用效率和氮素利用效率均最高。

灌溉是提高马铃薯产量的主要措施，土壤干旱和水分过高均不利于产量的提高和水氮高效利用，综合产量、水分渗漏、氮肥淋洗及水氮利用效率等因素，在农民常规施肥情况下（有机肥200kg/亩、复合肥100kg/亩），1.5Ep可以作为灌区春季大棚马铃薯水分灌溉管理的最高指标（图 4-25）。

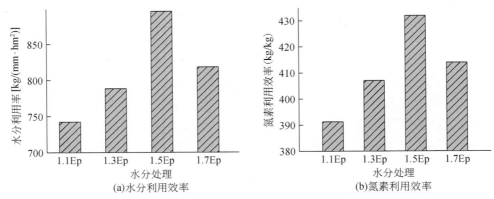

(a)水分利用效率　　　　　　　　(b)氮素利用效率

图 4-24　大棚马铃薯不同水分处理下水氮分利用效率的变化趋势

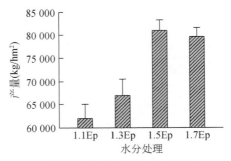

图 4-25　不同水分处理下马铃薯产量的变化趋势

3）灌区塑料大棚春季马铃薯高产高效技术示范研究

a. 材料与方法

塑料大棚春季马铃薯滴管试验示范研究在山东莱西朴木村 2010～2014 年进行，其中，2010～2013 年为常规沟灌生产模式，2014 年为滴管生产模式。所有年份试验品种均为荷兰 15，马铃薯施肥均一致，有机肥和氮、磷、钾肥全部作为底肥，均施有机肥 3t/hm²、氮、磷、钾复合肥（15∶15∶15）1.5t/hm²，采用单行和双行两种种植模式。双行种植模式为 4m 宽棚，株行距为 28cm ×85cm，种植密度为 5602 株/亩；单行种植模式为 6m 宽塑料大棚，株行距为 20cm×70cm，种植密度为 4762 株/亩。播期一般为 2 月下旬至 3 月上旬，收获期为 5 月下旬至 6 月上旬，全生育期进行 3～4 水灌溉。土壤质地为黏土，地下水位深为 6m。

b. 结果与分析

综合 2010～2013 年春季大棚马铃薯农民常规漫灌生产和 2014 年滴灌技术示范

情况（表 4-16），在保障春季塑料大棚马铃薯稳产高产的情况下（通货为 3000 ~ 3500kg/亩；商品果产量为 3000kg/亩），黏土地滴灌马铃薯较漫灌方式可以节约灌溉水每亩 50m³ 水。从灌溉水利用效率来看，漫灌方式下 4m 棚双行种植模式 2010 ~ 2013 年灌溉水利用效率平均为 21.2kg/m³，其次是 4m 棚双行种植滴灌马铃薯为 25.1kg/m³，而以 6m 棚单行种植模式水分利用效率最高为 30.6kg/m³，同常规漫灌方式比较灌溉水利用效率提高 44.3%。因此，从灌溉水利用效率和保障春季塑料大棚马铃薯稳产高产角度来看，在华北灌溉区适宜的种植模式为 6m 棚单行膜下滴灌方式。

表 4-16　春季塑料大棚马铃薯补灌量和产量变化情况

年份	种植模式	播期	收获日期	产量（kg）	补灌方式	补灌水量（m³）	灌溉水利用效率（kg/m³）	规格（g）	价格（元/kg）
2010	4m 棚双行	2-25	5-31	3520	漫灌 3 水	150	23.5	>75g	2.5
2011	4m 棚双行	2-24	6-1	3010	漫灌 3 水	150	20.1	>75g	2.3 ~ 2.4
2012	4m 棚双行	2-22	6-11	3100	漫灌 3 水	150	20.7	>75g	2.1
2013	4m 棚双行	2-21	5-25	3080	漫灌 3 水	150	20.5	>75g	2.4 ~ 2.6
2014	4m 棚双行	3-2	6-12	2510	滴管 4 水	100	25.1	>175g	1.5 ~ 1.7
	6m 棚单行	3-2	6-12	3060	滴管 4 水	100	30.6	>175g	1.5 ~ 1.7

本章取得的上述有关抗旱技术试验研究成果，在其区域性地区应用时，由于研究获得作物的产量和水分利用效率均受特定的气象、土壤、地区等条件的限制，具有一定的局限性。因此，需借助作物生长模型（如 APSIM）将相关抗旱技术进行综合优化集成模拟研究，为相关技术的区域应用提供理论依据。

4.1.3　APSIM 模型在小麦-玉米轮作体系中的模拟应用

21 世纪的农业担负着比以往任何一个世纪更加艰巨的任务。为满足人口不断增加的粮食需求，稳定并提高单位面积产量是未来农业研究的主题。针对不同土壤和气候带的小麦-玉米轮作体系，结合国家长期"土壤肥力与肥效试验网"数据信息，进行长期试验氮肥的管理和土壤有机碳的变化模拟，进行以下 4 个方面的研究：①应用历史数据从生物量、产量、吸氮量及土壤有机碳上校正模型；②校正好的模型模拟现有的试验处理未来 100 年作物和土壤碳的变化；③情景分析，设定在不同的氮施用量（0 ~ 600 kg N/hm²，50 kg N/hm² 一个梯度）的情景，分是否灌溉（irrigated，灌溉；rainfed，雨养）和秸秆还田（R0，不还田；R50，一半还田；R100，全部还田）得出未来 100 年最大产量及此时的施肥量；

④在不同情景下，最佳施肥量未来 100 年土壤有机碳的变化。

4.1.3.1　材料与方法

1）试验材料

为了研究不同的化肥和有机肥对不同作物体系产量的响应，在 1989～1991 年，建立了"土壤肥力与肥效试验网"，该试验网分布于全国的 9 个省市，分别位于吉林公主岭、北京的昌平、河南郑州、陕西杨凌、新疆乌鲁木齐、重庆北碚、湖南祁阳、浙江杭州，以及广东广州。这些试验站包括全国的主要土壤、气候类型及主要的粮食作物类型，本书选取小麦-玉米轮作体系为研究对象，包括的土壤类型有灰漠土、塿土、褐潮土、潮土和红壤，气候带横跨中国南北，覆盖了我国小麦-玉米种植区，所以其研究意义显而易见。试验站地理位置及土壤、气候等数据见图 4-26 和表 4-17。数据来自于各试验站点的相关文献（曲环等，2004；王伯仁等，2005；黄绍敏等，2006；艾娜等，2008）。

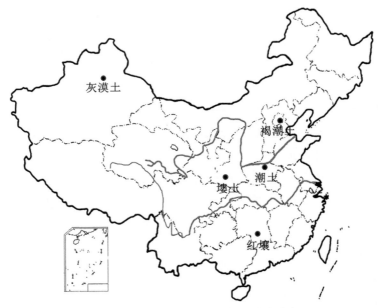

图 4-26　小麦-玉米轮作体系试验点分布

试验网所有处理采用完全随机试验设计，没有重复。在某些试验点，每个处理有两个小区，但由于试验站田间使用面积等压力，后来都缩减成一个小区。小区的面积从 $111m^2$ 到 $468m^2$ 不等。本书选取试验网的 9 个试验处理，它们分别是①CK（不施肥，只种作物）；②PK（只施用磷、钾肥）；③N（只施氮肥）；

④NK（氮、钾肥配合施用）；⑤NP（氮、磷肥配合施用）；⑥NPK（氮、磷和钾肥配合施用）；⑦FS（氮、磷、钾与秸秆还田配合施用）；⑧FM（氮、磷；钾与有机肥配合施用）；⑨HF（1.5 的氮、磷、钾肥与有机肥配合施用）。具体施肥量参见文献（曲环等，2004；王伯仁等，2005；李秀英，李燕婷等，2006；黄绍敏，2006；艾娜，2008）

本书利用 5 个试验点的 4 个，即郑州（ZZ）、昌平（CP）、杨凌（YL）和乌鲁木齐（WQ）。不涉及祁阳站点的主要原因是 APSIM 模型对土壤酸化没办法模拟。试验处理为 9 个处理中的 5 个，即①不施氮处理（PK）；②氮、磷和钾配合施用处理（NPK）；③无机肥加秸秆还田处理（FS）；④无机肥加常量有机肥处理（FM）；⑤无机肥加高量有机肥处理（HF）。

表 4-17　试验点位置、气候及原始土壤理化特性

试验点	昌平	郑州	杨凌	祁阳	乌鲁木齐
所属省（市）	北京	河南	陕西	湖南	新疆
纬度	116°12′08″E	113°39′25″E	108°03′54″E	111°52′32″E	87°25′58″E
经度	40°12′34″N	34°47′02″N	34°16′49″N	26°45′12″N	43°58′23″N
海拔（m）	44	91	525	120	553
气候带	半干旱半湿润冷温带	半干旱半湿润冷温带	半干旱半湿润冷温带	亚热带湿润	半荒漠冷温带
年平均降雨量（mm）	577	644	542	1276	247
年平均气温（℃）	11.8	14.2	12.7	18.3	7.4
轮作方式	小麦-玉米	小麦-玉米	小麦-玉米	小麦-玉米	小麦或玉米
小区面积（m²）	200	400	196	196	468
年平均灌溉量（mm）	300	225	270	无	450
土壤类型	褐潮土	潮土	壤土	红壤	灰漠土
土壤质地	粉砂壤土	粉砂壤土	粉砂壤土	壤土	粉砂壤土
沙粒（%）	20.3	26.5	31.6	3.7	18.5
粉沙粒（%）	65	60.7	51.6	34.9	53.2
黏粒（%）	14.7	12.8	16.8	61.4	28.3
容重（g/cm³）	1.5	1.55	1.35	1.3	1.25
pH	8.2	8.3	8.6	5.7	8.1
有机碳（g/kg）	7.1	6.6	6.6	8.1	8.1

续表

试验点	昌平	郑州	杨凌	祁阳	乌鲁木齐
全氮 （g/kg）	0.79	0.65	0.84	1.07	0.87
全磷 （g/kg）	0.69	0.65	0.61	0.45	0.67
全钾 （g/kg）	14.6	16.9	22.8	13.7	23
碱解氮（mg/kg）	55.2	49.7	76.6	61.3	79
Olsen-P（mg/kg）	4.6	6.5	9.57	10.8	3.9
有效钾（mg/kg）	65.3	74	191	122	288

2）数据来源

植物和土壤数据来源于各监测站的历年记录数据；气象数据来源于中国气象局农业地面监测数据 （1950～2010 年），包括日最低温、日最高温、24h 降雨量和日辐射量。未来气象数据，即 2010～2100 年数据为 1950～2010 年数据重复使用，没有考虑未来气候变化。

3）数据分析

利用澳大利亚作物生长模型 APSIM 对监测数据进行模拟，调整作物参数达到最优生物量和籽粒产量模拟；调整土壤各个碳库的分布，达到土壤有机碳监测数据和模拟数据最好的吻合。具体调节方法参照王迎春（2009）博士论文。在此基础上设定不同的情景分析，对最佳施肥量未来 100 年生物量、籽粒产量、土壤有机碳及在雨养和灌溉条件下变化进行预测，具体的情景设定如下。

（1）在现有的试验处理（现有的施肥、灌溉和作物品种）下，重复应用历史气象数据，模拟 100 年各个试验点各处理生物量、籽粒产量及土壤有机碳的变化。

（2）在不同的施氮用量（从 0 到 600 kg N /hm²，每 50 kg N /hm² 一个梯度）下，分别在雨养 （rainfed） 和灌溉 （irrigated） 条件下模拟秸秆不还田 （R0）、一半还田 （R50） 和全还田 （R100） 作物生物量、籽粒产量和土壤有机碳 100 年的变化情况，并在不同情境下计算最优产量的施肥量。

（3）在最优产量施肥量下 （Nopt），模拟雨养 （rainfed） 和灌溉 （irrigated） 条件下不同秸秆还田 （R0、R50 和 R100） 土壤有机碳 100 年的变化。

4.1.3.2 结果与分析

1）对小米-玉米轮作体系生物量、籽粒产量及吸收氮量的模拟

模型对小麦、玉米的生物量和籽粒产量的模拟结果如图4-27 和图4-28 所示。在小麦-玉米一年一轮作体系下（郑州、昌平和杨凌），模拟结果不论是生物产量还是籽粒产量，都比三年一轮作的乌鲁木齐试验站点好，前者生物量的模拟 R^2 在 0.65～0.80，籽粒在 0.65～0.72，后者在 0.58 左右。总体而言，模型对不

同地区小麦、玉米生物量和产量模拟结果较好。对地上部分吸收氮的模拟各地区差异很大（图 4-29 和图 4-30）较好的在杨凌地区，R^2 可达到 0.76；其他 3 个点（郑州、昌平和乌鲁木齐）分别是 0.51、0.66 和 0.33；相应的籽粒氮吸收量模拟为 0.71、0.48、0.76 和 0.17。总体的氮吸收模拟不理想。

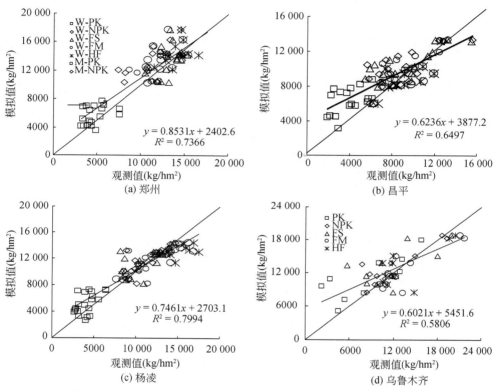

图 4-27　不同施肥处理小麦、玉米生物量的实测值与模拟值比较

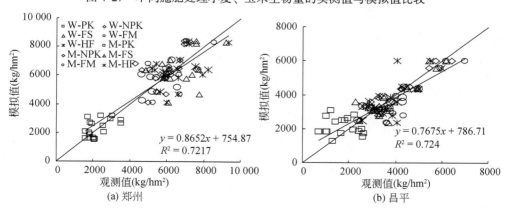

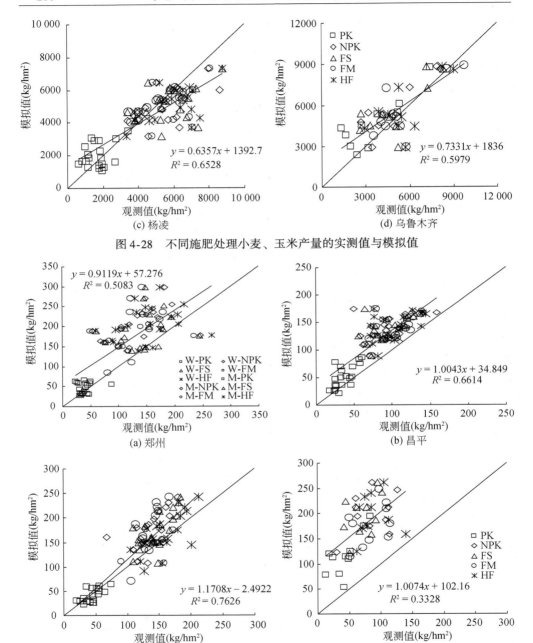

图 4-28　不同施肥处理小麦、玉米产量的实测值与模拟值

图 4-29　不同施肥处理小麦、玉米地上部分氮吸收量的实测值与模拟值

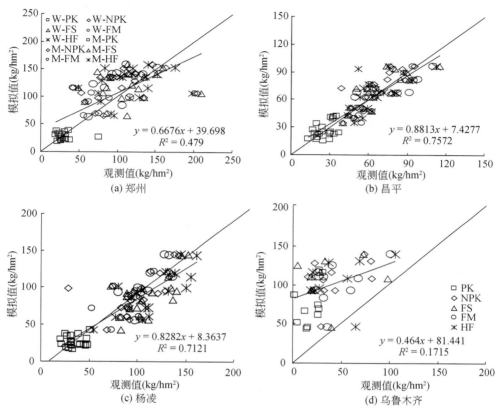

图 4-30　不同施肥处理小麦、玉米地上部分氮吸收量的实测值与模拟值

2）秸秆还田和灌溉、雨养条件下生物量、籽粒产量模拟

在不同施氮量秸秆是否还田及雨养与灌溉条件下，100 年平均小麦、玉米生物量和籽粒产量模拟值如图 4-31 和图 4-32 所示。在灌溉条件下，秸秆是否还田，只在郑州地区有差异，50% 还田和 100% 还田没有差异；还田与不还田最高生物量分别为 30 t/hm² 和 29 t/hm²；相应籽粒产量分别为 14.7 t/hm² 和 14 t/hm²。其他 3 个点昌平、杨凌和郑州灌溉条件下生物量分别为 20.8 t/hm²、27.5 t/hm² 和 15.4 t/hm²；相应的籽粒产量分别为 8.6 t/hm²、12.4 t/hm² 和 6.90 t/hm²。在雨养条件下，秸秆是否还田对生物量和籽粒产量几乎不产生任何影响。郑州、昌平、杨凌和乌鲁木齐其平均最高生物量分别为 18.7 t/hm²、6.6 t/hm²、5.1 t/hm² 和 2.8 t/hm²。相应的籽粒产量分别为 8.5 t/hm²、2.6 t/hm²、2.1 t/hm² 和 0.2 t/hm²。在接近最高产量灌溉条件下，郑州秸秆还田与不还田的施氮量下分别是 250 kg/hm² 和 350 kg/hm²；其他 3 个试验点分别是 150 kg/hm²、200 kg/hm² 和

200 kg/hm^2。雨养条件下，郑州、昌平、杨凌和乌鲁木齐的最高产施肥料分别是 150 kg/hm^2、50 kg/hm^2、50 kg/hm^2 和 0 kg/hm^2。

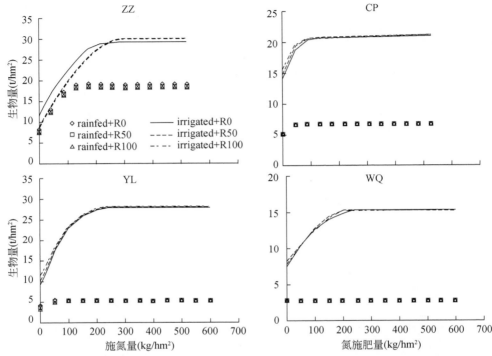

图 4-31　不同氮施用量下，秸秆还田和灌溉、雨养100年平均小麦、玉米生物量响应模拟

ZZ：郑州；CP：昌平；YL：杨凌；WQ：乌鲁木齐

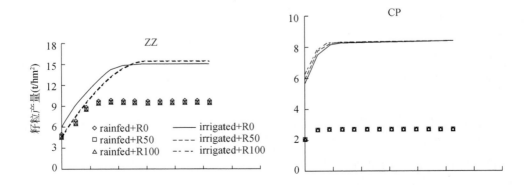

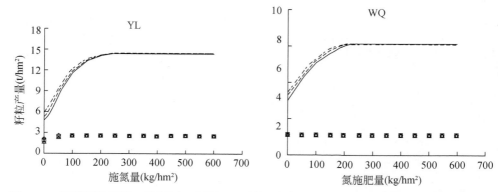

图 4-32 不同氮施用量，秸秆还田和灌溉、雨养 100 年平均小麦、玉米籽粒产量响应模拟图
ZZ：郑州；CP：昌平；YL：杨凌；WQ：乌鲁木齐

3）最优施肥条件下不同灌溉和秸秆还田土壤碳库变化

在最优施肥条件下，秸秆还田与否对土壤有机碳 100 年的变化如图 4-33 所示。在秸秆不还田条件下，郑州地区雨养和灌溉土壤有机碳都没有明显的变化，昌平地区都有较大增长，其中，雨养增加了 22.3 t/hm²，而灌溉条件下增加了 27.3 t/hm²；杨凌地区相同的秸秆还田下，雨养和灌溉土壤有机碳变化趋势一致，秸秆不还田有下降趋势，100 年下降大概 2.1 t/hm²；50% 秸秆还田略有增加；100% 还田增加土壤有机碳，100 年间增加大约 18t/hm²。乌鲁木齐地区与其他 3 个点有很大的差异，只有在秸秆 100% 还田条件下才能够维持现有的土壤有机碳；雨养条件下的秸秆不还田，50% 还田和灌溉条件下 50% 秸秆还田，这三者变化趋势相似，百年间下降大概 4.5 t/hm²。而灌溉秸秆不还田条件下，土壤有机碳下降最厉害，百年间下降大概在 10.6 t/hm²。

4.1.4 抗旱减灾技术集成体系

1）抗旱种衣剂结合高垄种植技术的玉米栽培模式

采用起垄施肥一体机，进行深松、翻土、起垄和施肥一次性完成，垄面宽 120cm、垄高 25cm，垄沟为 20cm，垄上双行种植，行距为 60cm，株距为 35cm，每穴 2 粒种子。

抗旱种衣剂处理的玉米种子在播种前 1 天进行拌种，比例为 1：50。用塑料布包裹拌均匀，密封 5~8h，阴干待用。播种前灌少量水保证出苗。出苗后定苗，中期除草。

该技术有效地克服了通风透光不良、空杆多、倒伏严重、病虫害加剧等限制玉米高产的因素，在大幅度提高产量的同时，也大幅度提高了经济效益，2 年示

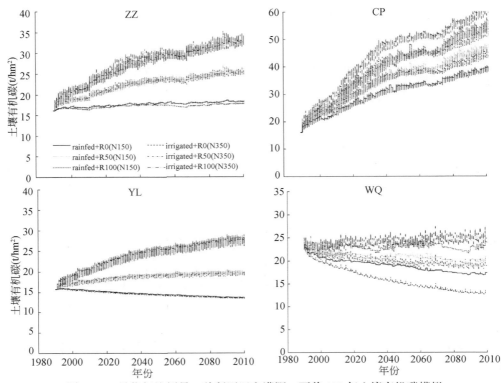

图 4-33　最优氮施用量，秸秆还田和灌溉、雨养 100 年土壤有机碳模拟

ZZ：郑州；CP：昌平；YL：杨凌；WQ：乌鲁木齐

范结果表明，亩产增加了 100kg 左右，增产率为 15%，纯收益比对照增长 100 元，值得该地推广应用。

2）冬小麦-夏玉米连作"节水省肥、夏水冬用、促灌高产、包衣抗旱、增效高产"综合干旱防控技术

（1）技术核心。华北灌区冬小麦-夏玉米连作体系，根据土壤肥力采用产量目标施肥、节省肥料投入，加强冬种夏播前土壤水库扩容、蓄积夏季降雨、补充冬麦需水，促控夏玉米灌浆早熟，采用种子包衣播种，增强作物抗旱性能，提高作物稳产高产效应，实现灌溉地区冬小麦-夏玉米连作体系节水、省肥和高产高效。

本成果对于稳定和提高华北灌区冬小麦和夏玉米产量、保护农业水环境、实现粮食安全具有重要意义。

（2）综合配套技术。选用高产群体结构品种。选择株型紧凑、群体叶面积不大、生物产量较低、收获指数高、中晚熟、抗病抗倒、中大穗、生产潜力大的优良品种，如郑单 958 等。

选用高质量的种子。种子质量直接影响超高产群体质量，高质量的种子是提

高群体整齐度、防止出现空秆株无效耗水的重要因素。超高产要求种子纯度在 95% 以上，发芽率在95% 以上，发芽势强，籽粒饱满均匀，无破损粒和病粒。实践表明，种子质量的作用有时会超过品种的作用。采用种子包衣，提高播种质量。提高播种质量就要精选种子、精细整地、精细播种、补墒镇压，做到一播全苗。夏玉米、冬小麦播种前按照 1∶60 倍进行抗旱种衣剂包衣，增强作物抗旱、增产性能。

合理密植。根据良种良法配套的原则，经多年实验确定最佳密度，紧凑型品种如郑单 958 为每亩 4500 ~ 5000 株。在定苗时要多留一成苗，留大苗、壮苗，以提高保株保穗率。收获时亩粒数达到 200 万 ~ 280 万粒，千粒重达到 380 ~ 400g，最大叶面积指数为 6 ~ 6.5，有利于超高产和高效用水。

深耕深松，加深耕层，增强保水保肥能力。良好的土壤条件是超高产和高效用水的基础，产量水平越高，对土壤的要求就越高。大田生产中大部分土地少深翻，耕层只有 15cm 左右，根系不能下扎，土壤理化性状及保肥能力差，易发生早衰和倒伏。试验表明，深耕和深松 30 ~ 40cm，可有效抵御旱涝胁迫，提高了土壤的水分和养分利用率。冬小麦播前 2 年进行土壤深耕一次、夏玉米播前进行旋耕扩大土壤库容并降低上茬作物枯落物的虫卵引发虫害种植。

因需施肥。增施有机肥，重施基肥，减少拔节肥，重施穗肥，增施花粒肥。在灌区根据土壤肥力情况，按照冬小麦 400kg/亩、夏玉米 650kg/亩目标产量水平进行底肥和分次追肥土壤肥料管理，以保障在夏季丰水年份获取夏玉米高产稳产，而又不造成氮肥投入过多引起淋洗污染浅层地下水。

实时适墒灌溉。冬小麦或干旱年份夏玉米生育期适时补墒灌溉，适时收获。

灌浆促控，提高产量。夏玉米丰水年份籽粒灌浆后期，采取保留穗位上部 1 片或穗包叶剥离灌浆促控早熟技术，提高夏玉米产量。

综合防治病虫害。选用抗病品种，拌种衣剂播种，及时防治病虫害。

3）春季塑料大棚马铃薯高产、稳产、高效节水技术研究

（1）技术核心。塑料大棚马铃薯采用根据土壤肥力施足底肥、依据墒情灌溉、抑制土面蒸发、减少奢侈蒸腾、扩行增株、提高植株整齐度、控制营养生长、提高成品率和品质，实现高产、优质、水肥与经济的高效统一。

本成果对稳定和提高华北地区设施马铃薯产量，提高品质、降低成本，增加马铃薯产品的商品竞争力有重要作用。

（2）综合配套措施。扩行增株，依地力施肥。华北地区适宜播期为农历大春半月以后，扩大株行距，株行距为 20cm×70cm，控制密度在 4700 株/亩，不宜太密，否则影响马铃薯商品质量和产量；旋地时施足底肥，肥力根据土地肥力而定，保水保肥土壤一般施用 50kg/亩复合肥和 100kg/亩成品有机肥，马铃薯生长

期不追肥。

适墒播种,提高出苗质量。施肥旋地平整后,按照 20cm×70cm 株行距进行单行开沟种植,然后覆土为 18~20cm 深度,覆土后拖平陇面,陇面宽度一般在 25cm 左右为宜;随后在陇面上偏离中间位置铺设滴灌管,以防止滴灌管阻碍马铃薯种芽出土生长;滴灌管及覆膜铺设好后(在地膜上覆一层厚度为 1~2cm 的土,防止出苗时灼伤幼苗)开始滴灌,第 1 次滴灌要浇透水,滴灌量大约为 50~60 m³ 水;待 20 天后马铃薯出苗达 30% 左右时再滴灌 25 m³/亩水,并注意要及时放风,防止灼伤幼苗,促使苗全苗旺。

氮、磷、钾平衡施肥,增施有机肥,提高产量和品质。高地力保水保肥土壤,每亩施纯 N 7.5kg、P_2O_5 7.5kg、K_2O 7.5kg、成品有机肥 100kg。漏水漏肥地力差的土壤需增施有机肥(非成品)2~3 t/亩。

控制营养生长,提高透光率,增强光合效率。在马铃薯苗期要及时梳理弱小侧芽,只留 1 根粗壮茎,控制地上部营养生长过旺,增强株间透光率和叶片光合效率,提高单株马铃薯商品产量。

根据天气状况进行通风,调控设施内环境。在马铃薯出苗后要按时放风,上午打开风口,下午关风口,防止晚上低温冻伤马铃薯幼苗。至 5 月中旬后夜间气温相对较高,可以揭去外面大棚膜防止白天棚内温度过高。

根据作物需水和土壤墒情,实时灌溉。马铃薯生育期灌水采取前促、中调、后控措施,出苗期土壤水分不宜过低(应保持在土壤相对含水量为 70% 左右),否则出苗不齐、长势差异较大;马铃薯块茎膨大期需水量较多,土壤相对湿度应保持在 75%~80%;马铃薯生长后期(淀粉积累期),外界气温升高后去掉大棚膜至收获前,土壤蒸发和蒸腾相对加强,在该时期内要按时浇水,水量不宜过大,视土壤墒情(保持土壤相对湿度在 60%~65%)而定,马铃薯生长后期可以不用滴灌,采用小水遛沟(每亩 30 m³ 水)。

4.2 农林低温灾害监测诊断与防控关键技术

低温灾害是指农作物在生长季遭受低于其生长发育所需的环境温度的危害,导致农作物减产的自然灾害,它是影响我国农业生产的主要气象灾害之一。目前,人类尚无法控制、改造大的气候环境。进一步探索各地低温胁迫的发生规律,对其进行准确、超前预测,仍不失为切实有效的防灾减灾措施。充分应用信息技术和智能管理技术,结合灾害发生发展规律,集成物联网监控技术与霜冻害诊断专家知识模型,为农业生产人员提供低成本、高效率、智能灵活的霜冻监控报警管理系统已成为当前的迫切需求。

本章通过集成农业低温灾害诊断指标与方法、专家知识和其他综合减灾技术，引入农业物联网应用关键技术，建立远程分布式田间动态信息数据库，初步构建农业低温灾害监控网络平台，建立基于 Web 网络和物联网架构的作物低温灾害远程诊断与防控管理系统；同时，针对我国东北玉米和北方典型林果生产区，深入分析气候变化影响下低温灾害发生规律和致灾机理，研究"暖冬"和"倒春寒"等对越冬或早春作物抗寒性的影响，建立作物低温胁迫关键指标体系和综合诊断方法。

4.2.1　物联网在低温灾害监测诊断中的应用

物联网是传感器、互联网和信息处理技术高度融合的新一代信息技术，已被公认为继计算机和互联网之后信息技术产业的又一次浪潮。在互联网的基础上，通过传感器等信息传感设备，对互联网进行延伸和扩展，使任意物品在任何时刻、任意地点可以与互联网相连，进行信息传输和交换，并结合数据挖掘、分析、云计算等智能计算机技术对数据信息分析处理，实现物体的智能化识别、监控和管理（邬贺铨，2010；孙忠富等，2010；Jiang，2014；Grieco，2014）。农业物联网是采用无线传感器网络（wireless sensor network，WSN）进行数据采集，将多个传感器设备安置到农田中，随时获取农作物生长环境数据信息，实现系统的全面感知；与无线局域网、移动无线通信网（GPRS/3G）、VPN、互联网等进行异构网络融合，保证传输系统的稳定可靠性；在服务器端开发应用全新的网络分析与管理平台进行数据挖掘、分析，结合专家知识库进行智能处理分析和诊断。目前，物联网在作物生长监测、农作物灾害诊断预警、产量估测、农业生产决策等方面的研究和应用也逐渐展开（孙忠富等，2010；聂洪淼等，2012；夏于等，2013；Lorite，2013；Rossi，2014；Honda，2014）。农业物联网技术的应用可以更好地监测和调控农作物的生长环境，有利于提高土地的产出率，增强农业抗御自然灾害的能力，从而提高农作物的产量和品质。

本系统采用基于物联网的远程监控数据采集平台，实时采集、传输监控节点关键要素数据，为气象灾害诊断管理提供硬件和数据支持。同时，总结和建立了农林气象灾害诊断的关键指标体系和评估方法，结合气象因子动态数据库，搭建了适用于不同地区和生产条件下的农林气象灾害管理诊断平台，气象灾害监控与诊断成为其中重要的子系统。系统实时性强，监测速度快，具有全天候、24h 在线、全程可视化等特点，基于现场实时数据与诊断管理结果相互结合，互为验证，提高了农林气象灾害监测诊断的准确性。

4.2.1.1　低温灾害监控物联网系统设计

本系统基本结构由硬件平台和软件平台两部分构成，功能包括现场数据采集、发送和远程传输、数据接收和存储，数据分析挖掘与多终端控制下的远程监控管理四大模块，综合实现了对重要环境要素和气象灾害的远程监控、管理和诊断的一体化。

1）硬件平台

系统的硬件平台主要由传感器、路由器和交换机等网络设备及终端服务器等构成，负责现场数据采集、发送及远程数据传输，现场监控设备见图 4-34。数据采集和发送模块通过多源传感技术、网络通信技术及计算机应用技术，实时准确地获取农林生产现场的环境因子数据，如空气温湿度、土壤温湿度、太阳辐射、降雨量等，以及作物图片和视频等数据，并将这些数据和图片、视频数据传输、存储到数据库服务器中，成为气象灾害诊断分析重要的基础数据。

图 4-34　远程监控系统现场设备

2）软件平台

基于以上硬件平台，本系统建立了集成数据接收、存储、数据分析诊断和监控管理为一体的软件平台。数据接收和存储模块是由运行在 WEB 服务器上的一系列配套应用软件实现的，可接收存储包括图像视频在内的各种数据。该模块通过综合采用 B/S（Browser/Server，即浏览器/服务器）和 C/S（Client/Server，即客户端/服务器）技术架构，在基于微软公司的 .NET 平台上，采用 ASP. NET 技术和 C#语言，将数据和图像存储到服务器端的 MS SQL SERVER 数据库中，为后续数据分析挖掘、诊断管理模块提供数据和技术支持。数据分析诊断和监控管理模块，是在存储于中心服务器数据库中采集的海量数据的基础上，对数据进行处理筛选，结合农林作物的关键指标和专家意见对数据分析挖掘，生成对生长管理的调优方案和生长环境数据的统计结果，并通过计算机、LED 电子屏幕、手机移动智能设备等多模式的智能终端，以图形、表格、文字等方式展示给用户，允许用户进行相应条件控制，从而达到智能诊断、实时预警、远程监控的效果。

在技术实现上，软件平台主要采用了三层架构（3-tier application），即表现层—逻辑业务层—数据访问层和模型层，将作物生长实时信息和指标信息等存入数据库，并分析处理和诊断。其中，模型层采用面向对象的编程思想，对数据库中的数表和视图进行封装，实现数据库数据到对象的对应转换。数据层负责读取数据并完成存储数据到模型的封装转换，是三层架构中的最底层。逻辑业务层是结合专家知识和实时数据具体分析计算的主要模块，是整个系统实现的关键部分。表现层负责最终和用户的交互，将诊断结果和分析图表以人性化的方式展现给用户。本系统采用三层架构设计，提高了系统的可扩展性和维护性，降低了各层之间的依赖聚合性，有利于系统模块的标准化和复用性。系统整体框架原理如图 4-35 所示。

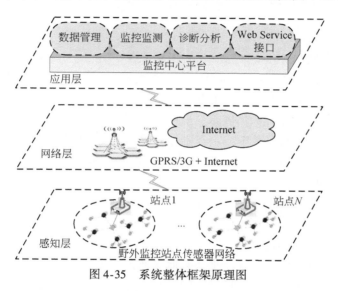

图 4-35　系统整体框架原理图

　　基于系统的总体设计目标，目前已在试验示范区内建立了多套监控站点，建立了具有一定覆盖度的监控网络，并开发了基于 Web 的气象灾害诊断管理平台。应用该系统可为用户提供专家管理建议、优化技术方案和数据分析等信息，对于生态环境优化管理和防灾减灾具有重要的决策指导作用。

　　本系统构建了农林气象灾害远程监控管理平台，具有以下技术特点：①通过采用传感器技术和网络传输技术，保证系统的实时采集、全面感知和稳定传输，为系统的远程实时监控和智能诊断提供了稳定的数据支持；②通过气象灾害指标的建立和规范化，为诊断的精确性提供了科学依据；③在服务器端，基于.NET环境采用三层架构设计，实现了数据接收、存储和智能诊断应用一体化，保证了系统的可扩展性、可应用性；④通过采用 Web 服务和 Socket 通信技术，实现了系统的分布式管理和异地多平台下的数据资源共享。

　　本系统目前已经完成了总体架构设计，并初步实现了几种主要气象灾害监控与诊断功能。经过测试和试用，本系统的优越性主要表现为方便灵活应用、数据可靠准确、信息服务快捷等。值得一提的是，系统将环境数据和图像视频技术结合，提高了所见即所得，百闻不如一见的综合应用效果。但另一方面，在数据分析处理方法和算法效率方面，仍需要根据用户需求和未来发展不断完善。关于如何进一步提高系统广泛适用性和灵活性，使之应用于更多种农林作物和灾害的监测诊断，以及应用云计算技术，整合优化多源数据信息，提供更全面的综合服务，均是今后需要大力加强的工作。

4.2.1.2　低温灾害监控物联网系统的实现

1）数据采集和发送

数据采集和发送主要通过无线传感器网络（wireless sensor network，WSN）实现，由基于 Zigbee（2.4GHz 频率）和 433MHz 频率模块构成，获取主要环境因子包括空气和土壤温湿度、太阳辐射、降雨量、风速风向等，通过网络监控摄像头获取图像和视频等可视化信息，采用 ARM 控制器网络通信模块与 Internet 对接，将数据发送到远程监控中心。在网络传输方面，为方便接入 Internet 实现远程传输和数据共享，根据监测现场具体通信条件，系统可择优采用移动通信网（GPRS/CDMA/3G 等）、无线局域网（WiFi）、AP 无线节点+ADSL 等多种网络通信技术，进行异构网络融合，对多种通信技术取长补短，保证了不同监控条件下，系统数据的稳定、可靠传输。

2）气象灾害诊断方法

目前可进行的远程监控诊断主要有低温冻害、旱涝灾等。结合大量农学和气象的研究成果，基于多年该领域专家的经验，将相关农林气象灾害的知识规范和指标进行了规范化处理，将其规范统一格式后进行存储和处理，作为诊断依据和判别标准。结合采用传感器动态采集的环境数据，应用概率统计的数学方法进行处理，综合判断农林气象灾害发生的可能性，提出调优解决方案。根据不同作物在不同生长发育期的生理生态状况确立关键生态和气象环境指标。系统提供了用户交互界面，管理专家或用户可根据作物品种和生育时期等，对各种灾害的指标进行订正和微调，使其更加符合实际情况。

基于系统动态采集的作物气象数据、基本数据信息和灾害指标规范，系统采用面向对象的设计思想，对存储于监控中心数据库中的数据，以表内容为对象进行操作，结合 SQL Server2005 数据库的存储过程和视图完成对复杂数据的处理，得出灾害图表分析和文字分析结果。根据用户选择，统计分析结果可以多种形式（如柱状图、折线图、饼图等）展示，包括输出记录数据最大值、最小值、平均值、累计值等状况，使用户可以直观看到数据的总体变化趋势。

冻害是强降温或连续低温而造成农林作物生长停滞、生物量和产量减少的灾害性天气。由于形成灾害主要考虑最低温度、降温幅度和湿度因素，根据长期试验测试结果，系统设定了不同区域、不同生育期的冻害形成指标库。根据各地区域性差异和生物的不同，平台设置不同的诊断标准，从而根据实时测量状况及累计统计状况，分析预测是否达到致害，给出灾害预警、生产管理意见，同时将全年统计各月积温状况以统计图表的形式展现，使用户对全年生产状况和发展趋势有直观的判断。

本章以玉米为例，介绍低温灾害的诊断指标，见表 4-18。

表 4-18　不同生育时段玉米低温冷害综合指标

综合指标	时期	一般低温冷害	严重低温冷害
主导指标	前期	积温负距平大于-50℃，小于-20℃	积温负距平小于-45℃
	中期	积温负距平大于-50℃，小于-20℃	积温负距平小于-50℃
	后期	积温负距平大于-60℃，小于-20℃	积温负距平小于-60℃
辅助指标	前期	发育延迟天数 3~5 天	发育延迟天数 5 天以上
	中期	发育延迟天数 3~5 天	发育延迟天数 5 天以上
	后期	发育延迟天数 4~6 天	发育延迟天数 6 天以上
参考指标	后期	产量减少大于 5%，小于 15%	产量减少大于 15%

上述综合指标是分发育时段来讨论低温冷害的发生情况，揭示了历史上各低温冷害年份低温类型及致灾的具体情况，同时，以发育延迟日数作为一项辅助指标，与作物紧密结合，使农学和生物学意义更为明确（王远皓等，2008）。

4.2.1.3　果树霜冻害远程监控及智能诊断模块

为提高北方果树防霜冻害管理水平，基于物联网架构，设计实现了北方果树霜冻害监测与报警系统。该系统结合实时获取果树生长环境数据、果树霜冻害发生规律和专家知识库，为用户提供远程果树环境信息浏览和霜冻害智能诊断服务。同时，为满足不同生产条件需求，基于结合用户需求和环境状况，提供自动报警。根据用户随时随地获取信息的需求，基于多种网络技术等（如 Internet、Android 等移动互联网），开发了可用于 PC 终端、移动终端（如智能手机、平板电脑等）多平台管理模式。通过提供现场综合远程实时监控、数据采集、网络传输、数据管理分析及报警预警等功能，系统实现了对果树生长的全方位、多功能的远程监控与综合管理，有效提高了果树防霜冻害监控管理水平。

系统获取的实时数据通过采集发送模块和传输模块发送到服务器端，通过运行于 Web 服务器上的数据接收服务和图像转存服务，果树生产现场的实时数据被存储于服务器端数据库。基于该实时数据，果树霜冻害远程监控及智能诊断模块应用计算机技术和移动开发技术，为用户提供基于网络的数据、图像视频的浏览和分析对比管理，霜冻害智能诊断管理及多模式的报警管理等。本模块原理如图 4-36 所示。

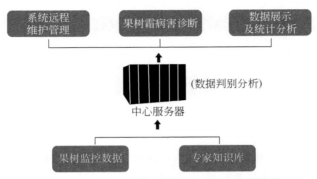

图 4-36　果树霜冻害远程监控及智能诊断模块

1）果树霜冻害远程监控

果树霜冻害远程监控主要负责将实时获取的数据、图像等环境信息根据用户的多种需求，以文字、表格、统计图等多种方式展示和统计分析。该部分可为用户全面对比各类数据、统计分析数据结果、最大限度提取有效信息提供可能。同时，为满足用户随时随地获取信息的需求，系统数据及分析结果可通过各类浏览器、智能移动设备 APP 应用、LED 等多种模式展现。系统采用标准的接口规范，为数据跨平台调用和多模式应用提供便捷。

系统数据的多模式应用可分为基于 Web 的监控管理、基于 Android 智能移动设备监控管理和基于 LED 电子屏幕显示等方式。其中，基于 Web 的监控管理基于微软公司的.Net Framework 框架开发，并结合 SQL Server 2008 数据库，对数据进行分析处理，将数据以列表、曲线和图像等形式展示给用户。用户通过 Web 浏览器可查询到最详细、最及时的果树生长信息，达到"眼见为实"的目的，从而实现有效的远程监控。

基于 Android 智能移动设备平台应用和基于 LED 电子屏的管理方式，是对基于 Web 监控管理的重要补充。通过系统提供的统一接口定时访问服务器数据库，方便用户随时随地查看数据，为果树生产者提供轻量化、随时可查阅的信息浏览分析等功能，提高了系统服务效率。多模式的应用管理方式互为补充，满足果树生产者在不同条件下的监控需求，提高了果树霜冻害监控的实时性、高效性。系统多模式的果树远程监控中心如图 4-37 所示。

(a) 基于Web的果树霜冻害远程监控　　　　　(b) 基于Web的站点实况

(c) 基于Android智能手机的监控中心　　　　(d) 基于Android智能手机的数据浏览分析

图 4-37　多模式的果树远程监控中心（见彩图）

2）果树霜冻害智能诊断

果树霜冻害智能诊断通过有机结合专家经验及北方果树霜冻害规律，对果树生长环境数据智能诊断，判断果树受灾状况，并给出相关建议。系统采用面向对象的设计思想，将果树霜冻害诊断相关标准规范格式后存储处理，作为果树霜冻害诊断依据。根据果树不同地区、不同品种霜冻害诊断标准不同的需求，系统对站点进行群组划分，不同群组可适用不同诊断标准，相关领域专家可对该区域品种果树进行诊断指标微调，以满足当地生产需求。结合果树霜冻害诊断标准及存储于监控中心数据库中的实时环境数据，系统以表内容为对象进行操作，获得统计分析结果，并以多种形式（如柱状图、折线图、饼图等）展示，使用户可以直观看到数据的总体变化趋势。

果树花期霜冻与降温幅度、低温延续时间、空气湿度等环境因素密切相关。

例如，苹果、梨等花期在−1～−2℃便会受到冻害，在−3～−4℃的低温可造成严重冻害（张建军等，2009）。结合果树花期、霜冻相关环境因素及诊断标准，系统可对果树霜冻害状况进行诊断。其中，系统果区花期的设定，可根据当地历年生产状况设定，也可根据果树积温模拟计算获得（衣淑玉等，2008；汪景彦等，2013）。果树霜冻害诊断系统界面如图4-38所示。

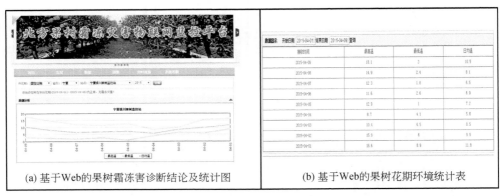

(a) 基于Web的果树霜冻害诊断结论及统计图　　　　(b) 基于Web的果树花期环境统计表

图4-38　果树霜冻害诊断

3）果树霜冻害报警

结合系统设定及果树霜冻害诊断结果，在果树生产管理中可结合环境变化进行监测报警，及时提醒与督促用户采取相应措施，可及时防控和补救果树霜冻害造成的损害。生产管理员可通过智能监控信息平台或基于移动端的智能应用系统，设置果树生产环境因素预警值，系统将结合实时获取的环境数据判断是否需要报警。系统将同时结合最新设定的系统报警参数和环境数据进行诊断，是否需要报警。如经过诊断为需要报警状况，则表明果树生产环境出现较大变化，可能出现霜冻灾害，对果树生长将造成不良影响。系统通过短信形式通知用户，提醒用户对环境和设备进行调控。

在本系统中，针对不同场合、不同用户需求及应用目的，分别研发提供了基于互联网计算机、智能手机等移动设备的多种模式的操作设定方式，方便用户在多种条件下均能方便对环境数据监测报警，提供了便利的辅助决策管理。

系统短信报警流程如图4-39所示。多模式的短信报警设置及浏览方式如图4-40所示。

4.2.2　玉米低温冷害诊断及化控制剂应用

东北地区是玉米高产区，也是近几年玉米种植面积扩展最大的地区。然而，本区北部由于热量条件不够稳定，活动积温年际间变动大，个别年份低温对玉米生产的威胁很大。因此，了解玉米抗寒性机理、筛选新型化控制剂、建立玉米低温胁迫关键指标体系和综合诊断方法，提高玉米低温灾害综合防控能力尤为重要。

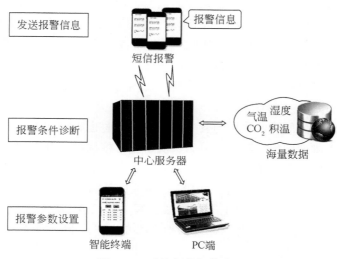

图 4-39   系统短信报警流程

图 4-40   多种模式的短信报警设置及浏览方式（见彩图）

4.2.2.1　玉米低温冷害生理诊断研究进展

低温是限制作物分布及其生长最重要的环境因素（潘华盛等，2003）。玉米是中国第一大粮食作物，玉米生长期遭遇低温，会引起植株体内发生一系列生理代谢反应，进而影响其产量和品质的建成。春玉米是东北地区主要的农作物之一，对中国粮食生产有举足轻重的影响。近些年来，在全球气候变暖背景下，东北地区气温明显上升，但气候的自然波动依然存在，加上盲目北移和晚熟品种扩大等人为因素，低温冷害仍存在潜在威胁（史占忠等，2003）。

1）低温与根系生理特征

根系是玉米重要的吸收水分与营养的器官，同时也影响地上部的生长。研究表明，根系在土壤中的生长状况及分布，决定玉米植株对土壤中水分与营养物质的吸收能力及对低温逆境的抵抗能力（Lionel and Sylvain，2008）。低温胁迫能显著抑制根系的增长率（姜丽娜等，2012），降低根系的活力。Andreas 等（2008）研究表明玉米在 14℃ 的低温胁迫下，主根、侧根的长度与植物的干重具有相关性。曹宁等（2009）认为低温处理抑制地上部的生长，同时明显减弱了根系生长，根冠比出现显著增大的现象。

本课题研究表明，低温明显抑制了玉米根系的生长与伸长，使根干重（RDW）、根长（RL）、根表面积（SA）、根长密度（RLD）、根重密度（DRWD）的增长率均降低，进而影响根系的形态结构。保持较高的单位根长密度，有利于作物吸收更多的养分和水分，保持植株正常生长。不同耐冷性的品种间存在显著差异，低温对根系生长的抑制作用表现明显不同，低温处理下耐低温型品种的根长密度与根重密度显著高于中间型和低温敏感型，且 5℃ 时根系几乎停止生长。低温胁迫下，玉米的根冠比增加，耐低温型增加较多。根冠比增加，一方面由于地上部分的生长所需的温度比地下部分高，导致根系增长率大于地上部；同时，低温胁迫下光合产物向根系输出的增加导致根冠比的增加。作物地上与地下部分的协同作用，有机物及碳水化合物的运输，都可以导致根冠比的变化。低温胁迫下，耐低温型品种能够保持相对较好的根系生长，增强了幼苗对水分、养分的吸收能力和对有机化合物的运输能力，提高了根冠细胞的增殖速率和吸收活性。

2）低温与细胞膜透性

植物的细胞膜有调控细胞内外物质交换的作用，当膜受到损伤时，物质易从细胞中渗透到周围环境中，导致细胞电导率增大。低温胁迫下，膜的通透性增强，流动性下降，由原来的液晶相变成凝胶相。因此，通过测定外液电导率的变化即可反映质膜受害程度与植物抗逆性的强弱。王瑞（2008）研究表明玉米低温胁迫相对电导率在处理前期一直呈增加趋势，处理后期反而会逐渐降低。这说明，幼苗在一定时间长度内对低温产生了一种胁迫适应，以减轻逆境胁迫对作物所产生的伤害。

笔者认为，不同抗冷性品种进行低温处理后，电导率均增大，在第 10 天时出现最大值，但不同冷敏感型品种电导率增加的幅度不同。在低温胁迫下，耐低温型品种能够维持较高的质膜系统，较低的渗透率。低温胁迫下，细胞膜系统遭到破坏，质膜过氧化程度加深，MDA 作为过氧化重要产物之一，可以衡量低温胁迫下质膜的过氧化程度。随胁迫时间延长与程度加深，不同抗冷性品种 MDA 含量均呈上升趋势，低温造成质膜过氧化。孙富（2012）等研究表明，在低温条件下，甘蔗幼苗叶片透性增大，叶绿体中 MDA 含量增加。陈禹兴等（2010）的研究表明伴随植物恢复生长后低温胁迫的加剧，MDA 含量增加，细胞膜透性逐渐变大，相对电导率出现上升的趋势。针对低温敏感类型不同品种郑单 958（耐低温）、先玉 335（中间型）、丰禾 1（敏感型），三个品种随着低温处理设定温度的降低，MDA 含量均增大，且增长率为丰禾 1>先玉 335>郑单 958。郑单 958 在胁迫后期 MDA 含量变化表明，耐低温型品种通过自身调节可以减少植物细胞 MDA 生成，增加其抗寒性。

4.2.2.2　新型耐低温化控制剂的筛选与应用

1）ABA 的应用

ABA 作为重要的调节因子在响应非生物胁迫和生物胁迫中起到关键性作用。在逆境环境中，植物体内 ABA 以胁迫信号的形式大量累积，并且能够调节植物的代谢平衡，植物对胁迫的适应及耐性能力得到提升。已有研究证实，在低温环境下植物体内 ABA 大量累积，累积的 ABA 对植物起到保护性作用，植物的抗寒性提高。

喷施外源 ABA 可以促进脱落酸在植物体内的运输与合成，减少细胞膜的损伤，增加可溶性糖和可溶性蛋白渗透调节物质的含量，SOD 和 POD 等酶活性增强，抗冷信号传导，抗寒基因诱导表达，从而提高植物抗寒能力。在正常环境下，喷施外源 ABA 可以模拟逆境胁迫，而胁迫环境下喷施 ABA 能够促进植物内在防御机制的提升（刘立军，2010）。国内外关于外源 ABA 对植物抗寒性影响的研究集中在毛白杨、油菜、柑橘、云杉、冬小麦、水稻、番茄、柱花草、荔枝、香蕉、茶树、仁用杏、辣椒、茄苗、苔藓、葡萄、大麦等植物上。

"十二五"期间，课题组开展了玉米低温冷害外源化控制剂的应用研究。在 ABA 的研究中，应用久龙 5 号玉米品种，设定 0mg/L、5mg/L、15mg/L、25mg/L 和 35mg/L ABA 浓度，分别低温胁迫 0 天、2 天、4 天、6 天、8 天。研究结果如下。

（1）ABA 与光合参数。叶绿素荧光可以作为植物光化学反应的指示剂。F_0 升高意味着 PSⅡ受到了伤害或者是不可逆失活，Fv /Fm 和 Fv/F_0 降低表明植物受到了光抑制。随着长时间的低温胁迫，5 个不同浓度外源 ABA 处理的玉米幼苗叶片 F_0 均呈上升趋势，Fv /Fm 和 Fv/F_0 呈下降趋势，表明低温胁迫对 PSⅡ反应中心造成的伤害。但 15mg/L 的 ABA 预处理的幼苗 PSⅡ反应中心所受到的伤害最小，25mg/L ABA 处理次之，35mg/L ABA 处理所受到的伤害高于 0 浓度 ABA 处理的幼苗。经 15mg/L 和 25mg/L ABA 预处理的玉米幼苗 PSⅡ反应中心伤害受到缓解，35mg/LABA 处理加速了这一过程的发生。

（2）ABA 与光合性能。低温胁迫下喷施 5mg/L、15mg/L 和 25mg/L 外源 ABA，玉米幼苗光合速率下降速度得到减缓。喷施适宜浓度的外源 ABA 会导致玉米幼苗叶片部分气孔关闭，从而降低气孔导度和蒸腾速率，避免了低温造成的细胞过度失水，玉米幼苗叶片中光合原料和产物的运输能力得到提高，光合速率维持在较高的水平。前人证明，ABA 可以延缓低温胁迫下光合速率的降低，作物光合能力得到保证，其抗寒能力便得到提高。外源 ABA 的施用触发了活性氧的产生，促使抗氧化保护酶活性的提高，从而减缓了超氧阴离子的产生速率，减轻了超氧阴离子对细胞膜和光合系统的破坏，使细胞膜系统的稳定性增强，最终提高了叶片的光合速率。

（3）ABA 与渗透调节物质。玉米幼苗叶片膜脂过氧化产物 MDA 会随低温胁迫时间的延长而大量积累，膜脂过氧化作用随之加剧，导致细胞膜透性增大，膜内电解质大量外渗，相对电导率增大。经过 5mg/L、15mg/L 和 25mg/L ABA 预处理后，膜脂过氧化产物 MDA 积累减少，细胞膜损伤减轻。喷施适宜浓度外源 ABA 会促进根系向叶片输送水分，防止细胞膜内大量电解质外渗，膜的稳定性得到增强。高浓度的 ABA 预处理则会抑制这一过程。

（4）ABA 与内源激素。在各生理过程中每种激素均不单独行使功能，要与其他激素共同调节，它们之间存在同一性、对抗性、协调性等特点。前人研究结果表明，ABA、GA3、ZR 和 IAA 含量与植物逆境胁迫调控存在相关性。欧阳琳等（2007）通过对超级稻幼苗的植物激素变化分析表明，经过低温处理的幼苗 ABA、GA3、IAA 含量升高。本课题认为，在低温胁迫期下，喷施 15mg/L 和 25mg/L 外源 ABA 玉米幼苗叶片内源 ABA 含量均显著高于其他处理，不同处理的玉米幼苗叶片 IAA、ZR 含量呈升—降—升的趋势，GA3 含量先下降再上升。适宜浓度外源 ABA 的喷施提高了玉米幼苗在低温胁迫下 ABA/GA3、ABA/IAA 和 ABA/ZR 的比值，玉米幼苗各内源激素之间的作用会影响其抗逆能力，外源 ABA 在这一过程中起到诱导作用，但具体的作用机制还有待进一步证实。

（5）ABA 与基因表达。对低温应答基因 *Asr*1 的研究表明，不同浓度外源

ABA 处理的玉米叶片中 *Asr*1 基因均有表达。低温胁迫 0 天，0mg/L、5mg/L、15mg/L、25mg/L 和 35mg/L ABA 处理的玉米幼苗叶片中 *Asr*1 基因相对表达水平较未施 ABA 处理均有不同程度上调，其中，15mg/L ABA 处理和 25mg/L ABA 处理的玉米幼苗叶片中 *Asr*1 基因相对表达显著上调，分别为 0mg/L ABA 处理的 25.56 倍和 24.85 倍。表明 *Asr*1 基因表达受外源 ABA 的调控，在玉米中属于依赖 ABA 型，喷施 15mg/L 和 25mg/L 外源 ABA 显著促进了 *Asr*1 基因的表达。各浓度 ABA 处理的玉米幼苗叶片 *Asr*1 基因表达水平与低温处理 0 天相比，2~6 天表达量不同程度下降，8 天小幅上调表达。随低温胁迫时间延长，35mg/L ABA 处理的玉米幼苗叶片中 *Asr*1 基因表达受到抑制。说明喷施高浓度 35mg/L 外源 ABA 玉米幼苗抗冷性基因 *Asr*1 表达受到抑制。

2）DCPTA 的应用

DCPTA 化学名称为 2-(3,4-二氯苯氧基)-乙基-二乙胺（2-diethylaminoethyl-3,4-diehlorophenylether），属于叔胺类活性物质，可促进作物增产、提高品质及增强耐逆能力，因其具有高效率、低成本、无污染等优越性，已在禾谷类、豆类、薯类以及蔬菜等作物生长发育的各个环节中广泛应用。在我国，DCPTA 及其衍生物的研究始于 20 世纪 90 年代，在水稻、玉米、小麦、大豆、棉花、甜菜、油菜等作物上已有许多成果。对柠檬树喷施 100mg/L DCPTA 后，柠檬果实的重量及根系生物积累量均有所增加。甜菜经 100mg/L DCPTA 处理，其含糖量显著提高，与对照相比高 21%。用 DCPTA 处理棉花和大豆，棉花与对照相比产量提高 18%，大豆与对照相比产量提高 21%，且在大豆初花期 50mg/L DCPTA 处理效果最为明显。

"十二五"期间，应用耐冷性不同的 3 个玉米品种吉单 198（敏感型）、金玉 5（耐低温型）、兴垦 3（中间型），在 16℃/7℃（昼/夜）的条件下通过盆栽试验设置不同浓度 DCPTA 处理（0mg/L、20mg/L、50mg/L、80mg/L）。研究结果如下。

（1）DCPTA 与发芽率。低温胁迫使玉米的发芽率降低，经不同浓度的 DCPTA 处理显著缓解了低温对种子萌发的不利影响，与未施用 DCPTA 处理相比可提高发芽率 37%~47%，且发芽率差异达到显著水平。低温胁迫下，不同浓度 DCPTA 处理在 1.0mg/L 时对玉米种子萌发出苗有显著的促进作用，当浓度增加至 1.5mg/L 甚至更高时，种子的萌发出苗受到抑制。相同条件下 3 个品种发芽率高低顺序表现为金玉 5>兴垦 3>吉单 198，说明低温胁迫下玉米种子萌发与其自身耐冷性密切相关。DCPTA 处理提高了不同抗冷性品种玉米的发芽率，金玉 5 发芽率的增量最小，吉单 198 发芽率的增量最大，DCPTA 对低温敏感型品种表现出更好的保护效果。

（2）DCPTA 与光合系统。光合作用的本质是碳的同化作用与吸收转化能量，作为生长发育的基本前提，可以反映作物生长状况及其逆境适应能力，低温对光合系统的影响较大，李月梅等试验证实，冷害减弱了玉米体内碳的同化作用及异化作用。随着低温胁迫时间的延长，玉米体内碳的同化作用及异化作用降幅不断增大，产生冷害的可能性也随之提高。在绿叶中 Chl a、Chl b 的作用是吸收光能，是光合强度的重要生理指标，较强的光合作用奠定了植株的生长基础，有利于耐逆性的提高。DCPTA 处理显著降低了叶绿素含量的下降速率。相同温度下DCPTA 处理的玉米叶片叶绿素含量较未使用 DCPTA 处理增加了 23.62% ~ 144.55%，且含量差异达显著水平，50mg/L DCPTA 的施用叶片叶绿素含量增加最突出。叶绿素荧光参数是描述植物光合作用机理和光合生理状况的变量，反映植物"内在性"的特点，是研究植物光合作用与环境关系的内在探针。DCPTA处理能显著缓解低温胁迫对初始荧光（F_0）、PS II 最大光能转换效率（Fv/Fm）和非光化学猝灭（NPQ）的影响。F_0 值比未使用 DCPTA 处理低 4.55% ~ 39.53%、Fv/F_0 比未使用 DCPTA 处理高 30% ~ 112%、NPQ 比未使用 DCPTA 处理照高 5.98% ~ 57.52%。低温下玉米叶片喷施 DCPTA，有助于保护胁迫下玉米叶片的光合系统，从而提高玉米幼苗的抗寒能力。

（3）DCPTA 与活性氧代谢。DPPH 活性氧清除效率是衡量非酶促反应对活性氧总体清除能力的一个指标。随着低温胁迫时间的延长，DPPH 活性氧清除效率降低，DCPTA 处理显著降低了 DPPH 活性氧清除效率的下降速率，提高了玉米叶片对活性氧总体的清除能力。施用 DCPTA 处理的玉米幼苗叶片 DPPH 活性氧清除效率比未使用 DCPTA 处理增加了 9.25% ~ 32.44%，且差异达显著水平。50mg/L 浓度的 DCPTA 处理活性氧清除能力最强。DCPTA 处理增强了不同抗冷性玉米品种的 DPPH 活性氧清除效率，金玉 5 的 DPPH 活性氧清除效率活性增量最小，吉单 198 的 DPPH 活性氧清除效率活性增量最大，DCPTA 表现出对低温敏感型品种的保护效果较好。

（4）DCPTA 与可溶性糖、可溶性蛋白。可溶性糖是生命活动的基本物质，能够为机体提供能量，也可调节渗透势，具有增大胞液浓度、防止细胞质凝胶化的功能。因此，可溶性糖被公认为是一类耐低温保护物质。低温胁迫使可溶性糖含量呈显著升高趋势。低温胁迫 6 天，吉单 198、金玉 5、兴垦 3 叶片的可溶性糖含量均达到最大值，耐冷性强的品种金玉 5 幼苗叶片可溶性糖含量上升幅度最大，是未使用 DCPTA 处理的 1.91 倍；其次是兴垦 3，是未使用 DCPTA 处理的 1.58 倍；而耐冷性弱的品种吉单 198 上升幅度最小，是未使用 DCPTA 处理的 1.48 倍。可溶性糖含量的多少与玉米耐低温能力的强弱具有一定的相关性。DCPTA 处理显著降低了可溶性糖的下降速率，提高了玉米叶片渗透调节能力。

施用 DCPTA 处理的可溶性糖含量比未使用 DCPTA 处理增加了 11.45% ~ 91.20%，含量差异显著，50mg/L 浓度的 DCPTA 处理表现最好。DCPTA 处理增加了不同抗冷性品种玉米的可溶性糖含量，金玉 5 的可溶性糖含量增量最小，吉单 198 的可溶性糖含量增量最大，DCPTA 对低温敏感型品种的保护效果较好。淀粉的水解可能是低温条件下玉米植株中可溶性糖含量提高的原因。低温可使淀粉水解活性有所提高，从而水解生成大量的可溶性糖。可溶性糖含量增加原因较多，可能是多糖及 Pr 的分解作用增强，也可能是光合作用直接合成了蔗糖等。

可溶性蛋白质具有较强的亲水胶体性，对细胞持水力有增强作用，因此，低温胁迫下植物体内可溶性蛋白质含量增加能够提高其耐低温能力。玉米幼苗在经受低温胁迫时，叶片中可溶性蛋白的含量随着胁迫时间的延长呈现先升后降的趋势。低温胁迫下时，玉米幼苗叶片中可溶性蛋白的含量随着胁迫时间的延长呈现先升后降的趋势。DCPTA 处理显著降低了可溶性蛋白的下降速率，提高了玉米叶片渗透调节能力。各浓度 DCPTA 处理的可溶性蛋白含量比未使用 DCPTA 处理增加了 10.76% ~ 85.41%，可溶性蛋白含量差异显著。可溶性蛋白含量变化幅度可以作为衡量玉米苗期耐冷性强弱的指标。DCPTA 处理增加了不同抗冷性品种玉米的可溶性蛋白含量，金玉 5 的可溶性蛋白含量增量最小，吉单 198 的可溶性蛋白含量增量最大。DCPTA 提高玉米可溶性蛋白含量可能是通过诱导可溶性蛋白的超量表达实现的，本课题在前期的研究中通过双向电泳及质谱鉴定分析发现，低温胁迫使玉米叶片蛋白表达量上升，且有新的蛋白带产生。

发芽试验中 1.0mg/L、盆栽试验中 50mg/L DCPTA 对玉米的保护效果最好，可显著缓解低温胁迫对玉米的不利影响，DCPTA 影响植物的系统平衡和物质代谢，将成为一项可以有效耐低温、改善品质、提高产量的重要物质资源。80mg/L 以上浓度的 DCPTA 对玉米的生长发育产生抑制作用，50 ~ 80mg/L 是否存在更加适宜的浓度有待进一步研究。

4.2.3　果树霜冻风险分析及化学调控技术

面对近年来苹果花期冻害发生频率和强度均有明显增加趋势的现状，广大科技工作者、果业管理部门和果农已对苹果花期冻害给予了高度关注。因此，有必要对环境气象条件与苹果开花期的关系进行相关研究，准确预报开花时间，预测可能发生的花期冻害情况，并对种植区的灾害风险程度进行区划，以便及时采取趋利避害的有效措施，为减轻或避免低温冻害对果树开花期造成的负面影响、提高水果产量和质量提供理论依据，对实现苹果产业的高产优质发展具有重要意义。本书以山东为例系统分析了其苹果主产区晚霜冻发生规律及防御关键技术的应用效果。

4.2.3.1 苹果花期冻害风险分析

1）基础地理信息数据编辑与处理

利用地理信息系统 ArcGIS 10.0 软件对国家地理信息系统提供的 1∶250 000 山东省基础地理信息背景数据进行格式转化，通过拼接、裁剪等处理提取山东省地理信息数据，包括省省界、地市级行政区划线、县级行政区划线及山东各县市区所在位置和名称。

在地理信息系统 ArcGIS 10.0 平台上，对高程点、高程和行政边界等矢量数据进行添加，利用 Arcmap 的 3D Analyst 扩展模块生成 TIN，然后由 TIN 转化为数字高程模型（digital elevation model，DEM），网格大小为 500m×500m。

2）冻害风险区划指标的选取及分级

在相关分析的基础上，结合苹果生物学特性及前人的研究结果，确定苹果花期冻害风险区划的三大指标：花期极端最低气温、花期极端最低气温出现日的温度日较差和果园蒸散量。

（1）花期极端最低气温。通过查阅文献，参照前人的研究结果对花期极端最低气温在苹果花期冻害方面的影响进行分级量化，本书根据山东实际情况将花期极端最低气温定为山东 80 个气象站 1971～2013 年 4 月极端最低气温的平均值。

（2）花期极端最低气温出现日的温度日较差。花期极端最低气温出现日的温度日较差选用 4 月极端最低气温出现日的温度日较差，查找山东 80 个气象站历年 4 月极端最低气温出现的日期，计算当日温度日较差（日最高气温与日最低气温之差），并计算各站点 1971～2013 年的温度日较差累积平均值。

（3）花期极端最低气温出现日的果园蒸散量。蒸散量的计算方法很多，目前，国际上较通用的是通过参考作物蒸散量 ET_0 计算作物各阶段蒸散量，然后再利用作物系数 K_c 修正得到作物某阶段的实际蒸散量，即实际作物蒸散量 $ET = K_c \cdot ET_0$。

3）苹果花期冻害指标空间模型

利用 SPSS 软件对苹果花期冻害指标（4 月极端最低气温、4 月极端最低气温日的温度日较差和果园蒸散量）与地理参数（经度、纬度和海拔）进行相关分析，采用逐步回归分析方法建立各冻害指标的气候学方程，并进行 t 检验，均达到显著水平，即各花期冻害指标的气候学方程均可用（表4-19）。

表 4-19 苹果花期冻害指标气候学方程

冻害指标	气候学方程	Sig
4 月极端最低气温	$T_m = 0.884 - 0.354(\phi - 36) - 0.079(\lambda - 118) - 0.002Z$	0.004 **
4 月极端最低气温日的温度日较差	$\Delta T = 71.377 - 0.406\lambda - 0.242\phi$	0.016 *
4 月极端最低气温日的果园蒸散量	$ET = -1165.824 + 8.374\lambda + 9.396\phi$	0.003 **

注：ϕ：纬度（°）；λ：经度（°）；Z：海拔高度（m）；
* 为通过 0.05 显著水平检验；** 为通过 0.01 显著水平检验

运用层次分析法确定 4 月极端最低气温、4 月极端最低气温日的温度日较差和果园蒸散量 3 个苹果花期冻害指标的权重分别为 0.7396、0.0938 和 0.1666。

4）苹果花期冻害风险区划

依据上述 3 个冻害指标的气候学方程，利用 GIS 的空间分析能力，推算出各冻害指标在网格上的分布值；利用反距离权重插值法对地理综合残差 ε 进行内插，并进行图层叠加，将每个冻害指标的栅格图层数据按照设定的分级标准同化成一定的数值（无冻害区范围内的数值统一同化为 0，轻度冻害区为 1，偏轻度冻害区为 2，中度冻害区为 3，偏重度冻害区为 4，重度冻害区为 5）；最后对同化好的冻害指标栅格图赋予各自权重求和叠加，不同区划区域添加标注不同颜色，结果见图 4-41。

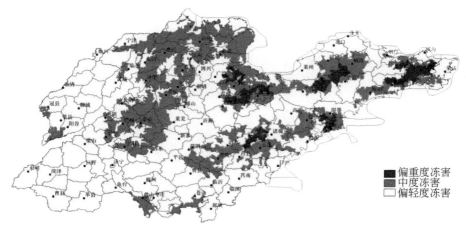

图 4-41 基于 GIS 的山东苹果花期冻害区划图

整个山东苹果产区未出现不存在花期冻害风险的区域，轻度冻害和重度冻害的区域也未出现。因此，可将山东苹果产区苹果花期冻害区划为偏轻度冻害区、中度冻害区和偏重度冻害区。

（1）偏轻度冻害区。对整个山东苹果产区而言，偏轻度冻害区所占面积较大，占55.6%。其中，鲁西平原产区大多属于偏轻冻害；鲁中山区产区的偏轻冻害区域多分布在中南部，包括淄博的临淄、淄川、博山和沂源，潍坊南部安丘、高密、青州、临朐南部及临沂的莒南、临沭、郯城、平邑、费县北部和苍山南部；鲁东沿海产区偏轻冻害区域所占面积较小，主要集中在日照南部的岚山，青岛平度和莱西南部、即墨北部及烟台西北部莱州、龙口、蓬莱、福山、牟平西部、海阳北部和莱阳南部。

（2）中度冻害区。中度冻害区以鲁中山区产区所占面积最大，包括济南、泰安的大部分地区，潍坊北部的寿光、昌邑和南部的诸城，以及临沂东北部的沂水、沂南、蒙阴、费县和苍山南部；鲁东沿海产区中度冻害区分布也较广，包括日照的五莲和莒县，青岛胶州、崂山、即墨南部和平度北部，烟台的栖霞、招远大部、海阳南部和莱阳北部小部分区域及威海的荣成、文登南部和乳山南部；鲁西平原产区中度冻害多集中在北部：滨州和东营的大部分区域、德州东北部的乐陵、庆云、宁津与陵县交界处和临邑西部，聊城的冠县西南部、莘县南部和莘县与阳谷交界处，以及济宁微山南部、枣庄台儿庄东部也有小部分中度冻害区分布。

（3）偏重度冻害区。偏重度冻害区域主要分布在鲁东沿海产区，包括威海的文登、乳山和牟平东部，青岛崂山及日照五莲与莒县交界处；鲁中山区仅出现在潍坊市，包括寿光中部、临朐和昌乐北部、昌邑西南部及诸城西北部；鲁西平原产区无偏重度冻害出现。

4.2.3.2　外源物质在植物抗低温方面的研究

由于外源抗低温化控产品对植物均具有广谱适应性，只是不同植物使用剂量、时期、次数等方法有所区别。因此，本部分不以果树为对象，而以植物为对象，总结外源物质在调控植物抗低温性能方面的研究进展。

对植物抗低温有作用的外源物质根据其特点可分为4类：植物生长调节剂类、植物营养物质类、化学物质和复合制剂类，复合制剂是以上3类中同类不同产品或不同类产品之间科学复配形成的。

1）植物生长调节剂类

植物生长调节剂，是用于调节植物生长发育的一类农药，包括人工合成的具有天然植物激素相似作用的化合物和从生物中提取的天然植物激素。植物生长调节剂分5大类，每类均有多种产品，不是所有植物生长调节剂都有抗低温作用，大多数生长延缓剂、少部分生长促进剂具有抗低温性能。目前，报道具有防冻抗寒作用的植物生长调节剂类有脱落酸、水杨酸、多效唑、B9、DA-6、6-BA、芸苔素内酯、多胺、黄腐酸等，下面介绍几种有代表性的抗低温制调节剂。

（1）脱落酸（abscisic acid，ABA）。脱落酸是五大天然植物激素之一，是一种天然植物生长延缓剂，参与多种逆境，被人们称为"逆境激素"；ABA 能调控植物的许多生理过程，特别是在提高植物抗逆性（如厌氧、冷害、干旱和盐胁迫等）中起重要的作用（Hwang and van Toai，1991）。研究表明，外施 ABA 可以提高植物的抗冷性，在小麦、玉米、水稻、棉花、黄瓜、苹果、柑橘、香蕉、茶树等植物的抗寒性诱导都得到了证实，其原因是 ABA 能提高植物细胞保护酶系统的功能，增强细胞低温下清除活性氧的能力，防止膜脂过氧化及稳定细胞膜的结构。此外，ABA 还可通过稳定细胞质骨架以保持低温下膜结构的稳定（康国章等，2002）。山西省农业科学院棉花研究所 2013 年用 2mg/L 浓度 ABA 在苹果花期开展抗低温试验，喷施后第 4 天经-4℃ 12h 胁迫后叶片的电导率比清水对照低 22.3%，喷施后第 5 天经-2℃ 4h 胁迫后花朵的电导率比清水对照低 56.2%，说明 ABA 可保持低温下膜结构的稳定性。

（2）水杨酸（salicylic acid，SA）。水杨酸是广泛存在于植物中的一种简单酚类物质，也是天然植物生长延缓剂，在柳树皮提取物中发现，是植物源激素物质。研究表明，水杨酸是激活植物防御反应的自然信号物质，可通过韧皮部运输，从而诱导系统获得抗性的产生。马德华等（1998）对黄瓜幼苗进行 8～12℃低温锻炼 1 天，叶片中游离 SA 含量增加 2.5 倍以上，表明 SA 与植物的抗冷胁迫有关。孙艳等（2000）研究表明，当黄瓜幼苗受冷胁迫时，外源 SA 可显著提高膜系统的稳定性，抑制叶片中 MDA 的积累，提高黄瓜幼苗的抗冷性。王煌等研究表明，冷害条件下外源水杨酸能够提高水稻种子发芽率，降低冷胁迫对细胞膜的伤害，提高萌发种子的 POD 和 SOD 活性。Chen 等（1993）发现 SA 是激活某些防卫反应的重要信号分子，其作用是作为配体与 CAT 结合，抑制该酶的活性，使细胞内 H_2O_2 含量增加，诱导防卫反应。

（3）多效唑（paclobutrazol，PP333）。多效唑是 20 世纪 80 年代研制成功的三唑类植物生长调节剂，是内源赤霉素合成的抑制剂，也是一种天然植物生长延缓剂。多效唑增强稻苗抗冻性主要表现在缓解净光合速率的下降及在低温逆境下保持膜的完整性、提高脯氨酸和束缚水含量等方面。徐映明（1991）认为多效唑能提高根、茎、叶片的碳水化合物水平，并且影响植物胆固醇的合成及降低饱和态脂肪酸合成，从而影响膜透性，增强抗冻性。蒋丽娟等（2003）对绿玉树扦插苗试验表明，0.2% 的多效唑能抑制低温处理时膜透性的增加，增强了绿玉树对零上低温的抵抗力。由于脯氨酸是水合能力较高的氨基酸，人们常把脯氨酸当作膜稳定剂。在植物低温伤害处理后，PP333 能促进水稻幼苗脯氨酸累积。脯氨酸的增加有助于细胞或组织维持水分，从而增强了植物对不良环境的抵抗力（Machackoval I et al.，1989）。

2）植物营养物质类

（1）钾营养（K）。钾是植物生长发育所需要的大量元素之一，其对植物抗寒性的改善，与根的形态和植物体内的代谢产物有关。钾不仅能促进植物形成强健的根系和粗壮的木质部导管，而且能提高组织和细胞中淀粉、糖分、可溶性蛋白及各种阳离子的含量。组织中上述物质的增加，既能提高细胞的渗透势，增强抗旱能力，又能使冰点下降，减少霜冻危害，提高抗寒性（陆景陵，2003）。试验证明，施用钾肥可以减少马铃薯及其他作物的霜冻伤害（Beattie and Flint，1973）。另外，在草莓上也有关于钾提高抗霜冻能力的报道（Zurawicz and strushnoff，1977）。徐秀月等（2003）研究得出：施钾后增加了葡萄的抗寒性，保证了部分结果枝条正常的发芽、结果。K Ozturk 等（2006）认为钾在提高杏树的抗寒性方面有重要作用。Webster 和 Ebdon（2005）研究表明，钾肥与氮肥能增强多年生黑麦草在晚冬和早春的耐低温能力。一般情况下，在秋天及低温适应期间，植物体中的钾含量增加并提高霜冻抗性。但是，应该指出的是，只有最佳的营养状态才有利于植物抗性的发展，而并非养分浓度越高越好。Beattie 和 Flint（1973）曾研究了钾对连翘茎霜冻抗性的影响，结果表明在 25～675mg/kg K 四个不同钾水平下，75mg/kg K 最有利于连翘生长及霜冻抗性，而当灌溉水中钾含量达到 675mg/kg 时，则出现明显的毒害并导致更严重的霜冻危害。此外，钾对抗寒性的改善还受其他养分供应状况的影响。一般来讲，施用氮肥会加重冻害，施用磷肥在一定程度上可减轻冻害，而氮、磷肥与钾肥配合使用，则能进一步提高作物的抗寒能力。

（2）钙营养（Ca）。钙是植物必需的中量元素，是构成植物细胞壁的一种元素，细胞壁的胞间层是由果胶酸钙组成的。钙主要存在于叶子的老器官和组织中，它是一个比较不易移动的元素。钙在生物膜中可作为磷脂的磷酸根和蛋白质的羧基间联系的桥梁，因而可以维持膜结构的稳定性。Ca^{2+} 与植物抗冷性具有紧密的联系，它主要从四个方面影响植物的抗冷力：第一方面，通过稳定细胞膜增强植物耐冷性；外施 Ca^{2+} 能提高细胞膜结构的稳定，降低膜脂过氧化，降低质膜的离子渗漏，提高膜的流动性（简令成，2002）；用 $CaCl_2$ 浸种处理烟草种子能够提高低温下烟草幼苗膜保护酶活性，降低膜透性和 MDA（丙二醛）含量，SOD、CAT 和 POD 等保护酶活性受损较轻；Ryu 等（2006）认为低温下 Ca^{2+} 浓度的变化影响磷脂酶 D 的活性，调控细胞膜的不饱和程度，影响细胞的抗冷力，间接影响植物的抗冷性。第二方面，通过加固细胞壁影响植物耐冷性；低水平的

细胞质 Ca^{2+} 降低细胞壁内木质素和非纤维素多糖的沉积，高水平的细胞质 Ca^{2+} 浓度则增加木质素和非纤维素多糖的合成（Eklund，1990；1991）；Ca^{2+} 还通过诱导植物细胞分泌过氧化物酶到细胞壁中，通过过氧化物酶的催化作用，使细胞壁中的一种糖蛋白——伸展蛋白（extensins）形成异二酪氨酸双酚酯桥，连接伸展蛋白分子及伸展蛋白与多糖分子，加强细胞壁的牢固性（Wilson L G et al.，1986）。第三方面，作为第二信使介导低温信号转导，促进低温信号的感受与表达；在未受到刺激的细胞内，细胞内游离 Ca^{2+} 浓度低，Ca^{2+} 与钙调蛋白（又称钙调素，CaM）的结合反应处于"关闭"状态；低温等环境胁迫下，Ca^{2+} 积累，Ca^{2+} 与 CaM 结合开启；某些依赖于钙调蛋白的酶与 $Ca^{2+} \cdot$ CaM 结合后，构象与生化功能发生变化，当用 EDTA 从胞质中除去 Ca^{2+} 时，反应即停止（Knight H et al.，1996）；Monroy 等观察到 Ca^{2+} 螯合剂 EDTA 和 Ca^{2+} 通道抑制剂 La^{3+} 均能强烈地抑制冷驯化诱导的抗冷力。第四方面，通过诱导抗冻基因表达影响抗冷力，细胞内高水平的 Ca^{2+} 诱导叶绿素 a 和 b 束缚蛋白转录体 mRNA 的增加（Lam E，1989；Monroy et al.，1995）；低温引起的 Ca^{2+} 浓度增加能诱发苜蓿、拟南芥和冬小麦适应基因的表达和抗冻性的提高（Monroy et al.，1993，1995；Erlandson et al.，1989；Kurkela et al.，1992）；在苜蓿上施入 Ca^{2+} 螯合剂 BAPTA 或 Ca^{2+} 通道阻断剂 La^{3+}，苜蓿的冷适应基因 Cas15 和 Cas18 基因的表达受阻，苜蓿的抗冻能力降低；而应用 Ca^{2+} 离子载体 A23187 和 Ca^{2+} 通道促活剂 Bay8644 促进细胞 Ca^{2+} 流入，则在25 ℃非低温条件下，也能诱导抗冻基因 Cas15 和 Cas18 的表达，增加其抗寒性（Monroy，1995）。

（3）黄腐酸（fulvic acid，FA）。黄腐酸（又名富里酸）是腐殖酸（humic acid，HA）成分的一种，是植酸类分子量较小的高分子有机化合物，是可被植物直接吸收和运转的有机营养，含有多种活性官能团，能溶于水、酸、碱、乙醇和丙醇，具有较强的生物活性。黄腐酸分子量小，能够进入细胞内，而直接影响代谢过程，从而促进植物生长，其作用类似于生长素的作用（梅慧生等，1980；李绪行等，1991），而且有提高叶绿素含量和某些重要酶活性的作用，是一种使用广泛的植物生长调节剂（郑平，1993），具有抗旱、抑蒸、抗高温、抗低温、抗病等抗逆性能。据河南省科学院生物研究所、中国科学院长沙农业现代化研究所等单位的试验，在水稻、冬小麦、油菜、苹果、梨、桃、葡萄、大棚蔬菜上使用黄腐酸，均可增加作物抗寒能力，预防和减轻低温寒害。主要机理是黄腐酸可刺激植物体内一些酶的活性，影响了一些渗透调节物质，从而对细胞膜起到保护作用。程扶玖等（1995）FA 处理油菜幼苗低温胁迫试验，结果表明，在低温胁迫条件下，黄腐酸可增强油菜幼苗超氧物歧化酶（SOD）、过氧氮酶（CAT）活性和提高杭坏血酸含量，抑制丙二醛（MDA）的产生，减少细胞电解质渗漏，减轻叶绿素的破坏，维护细胞的生理功能，光合速率和根系活力增加，呼吸速率明显降低。

3）化学物质

（1）甜菜碱（glycine betaine，GB）。甜菜碱是植物内体一种重要的渗透调节物质，化学名称为 N-N-N-三甲基甘氨酸，含有 1 个非极性的由 3 个甲基组成的碳氢基团（张立新等，2004），GB 的这种分子特性使其既能与生物大分子的亲水区结合，又能与疏水区结合，对发挥其渗透调节和保护功能具有重要意义（Sakamoto，2002）；作为一种渗透调节物质，在植物受到环境胁迫时在细胞内积累，降低渗透势，减少渗透失水，已经证实黑麦等细胞内 GB 积累（Koster and Lynch，1992）。GB 可以提高作物体内叶绿素和蛋白质的含量，提高其光合作用效率；甜菜碱能维持蛋白质的三级结构，保护蛋白和酶不受破坏，增强低温耐冷力（Xing，2001）；外施 GB 能提高内源甜菜碱水平，具有低温锻炼功效（Naidu，1991；Allard，1998）。

（2）过氧化氢（H_2O_2）。H_2O_2 是植物细胞正常生理代谢的产物之一，细胞内有许多器官是活性氧产生的来源，80%～90% 的 H_2O_2 是在叶绿体内产生的。当植物细胞受到低温、干旱、高温、紫外线辐射、外源 H_2O_2 等逆境胁迫时，细胞内活性氧均有积累，对细胞构成氧化胁迫。轻度氧化胁迫能激发细胞酶促（SOD，CAT，POD，GR 等）和非酶促（AsA，CAR，GSH 等）清除活性氧系的能力；但如果胁迫引发的活性氧积累量超过细胞的防御能力，过多的活性氧就会对细胞造成伤害，严重的可导致细胞的死亡。由于 H_2O_2 的活动性小，存活时间较长，可以扩散到细胞的各个部位，有人认为它可作为活性氧的信使。H_2O_2 是 CAT 和 POD 的底物，外加 H_2O_2 可提高生物体内 CAT 和 POD 的活性；低浓度H_2O_2能启动细胞的防御能力，提高植物抗逆性。在植物中，外源 H_2O_2 能促使细胞壁富含脯氨酸的氧化交联，还参与木质素的聚合，从而增强细胞壁的结构。作为胁迫下引起细胞反应信使物质，H_2O_2引发细胞的氧化应激反应也需要 Ca^{2+} 的参与。

（3）氯化胆碱（choline chloride，CC）。CC 即 2-羟乙基三甲基氯化铵，是胆碱类的一种小分子活性物质，胆碱是膜磷脂极性基成分之一，并已发现外施的 CC 可在小麦幼苗体内转变成磷脂酰胆碱和甜菜碱，而甜菜碱对维护膜的稳定性具有重要作用，维护了膜的稳定性，就是增加了作物抗寒性。Horvath 等对小麦供以 CC，能增强其耐霜力，并降低膜相变温度（Horvath I，1985）；在含有 CC 的培养液中生长的黄瓜，在光照下经 1℃ 低温处理后，叶片光氧化程度明显降低，耐冷力提高（陈以峰，1996）；胡春梅用不同浓度的氯化胆碱（CC）喷瓜尔豆幼苗，在（1±0.5）℃、12h 的低夜温处理后，30mg/L 的 CC 能使瓜尔豆幼苗叶片保持较高的 SOD 活性，膜脂过氧化减轻，维持了细胞膜结构的相对完整性，减轻低温对瓜尔豆幼苗造成的伤害，提高幼苗的存活率（胡春梅等，2003）。

（4）海藻糖（trehalose）。海藻糖是由两个葡萄糖分子以 a,a,1,1-糖苷键构成非还原性糖，自身性质非常稳定，海藻糖对生物体具有神奇的保护作用，是因为海藻糖在高温、高寒、高渗透压及干燥失水等恶劣环境条件下在细胞表面能形成独特的保护膜，有效地保护蛋白质分子不变性失活。海藻糖 1882 年由 Wiggers 等首次从黑麦的麦角菌中分离出来。最初认为它只是作为一种碳源而被储存，后来发现海藻糖往往是在环境胁迫条件下产生，含量可随外界环境条件的变化而变化，是一种应激代谢物。有关外源海藻糖对逆境条件下植物保护作用的报道较少。丁顺华等（2005）在研究中发现，外源海藻糖可明显缓解盐胁迫对小麦幼苗生长的抑制作用；明显提高 NaCl 胁迫条件下小麦幼苗叶片中 K^+ 的含量，降低 Na^+ 的含量，提高 NaCl 胁迫条件下小麦幼苗 SOD 酶活性，降低 MDA 的含量，降低细胞质膜透性，缓解根系质膜 H-ATPase 活性抑制。汤绍虎（2006）等研究了外源海藻糖对渗透胁迫下油菜种子萌发和幼苗生理的影响，发现 25 mmol/L 的海藻糖可明显促进渗透胁迫下油菜种子的萌发和幼苗的生长。由此可见，海藻糖在植物幼苗遭受盐害而脱水时，可以提高作物幼苗对高盐的抗逆能力。

（5）甘油（glycerol）。甘油是一种冰冻保护剂，外源甘油对低温胁迫下植物起保护作用，而且甘油对磷酸烯醇式丙酮酸羧化酶活性有保护作用。磷酸烯醇式丙酮酸羧化酶是一种对低温敏感，参与植物 CO_2 固定的重要酶。甘油也是植物细胞膜的重要组成部分。

4.2.3.3　防冻剂筛选试验研究

1）防冻剂对苹果叶片电导率的影响

如图 4-42 所示，随着低温胁迫程度的加剧，各处理相对电导率均增加，其中，以对照增加最明显，-4℃处理下的相对电导率达到了最大值 78.83%，较 4℃处理的相对电导率高了 1.91 倍，说明低温胁迫对对照叶片的伤害最大。此外，各处理之间也有较大差异，$CaCl_2$ 处理后，各温度下叶片相对电导率最低，且与其他处理之间达到显著水平。喷施 $CaCl_2$ 后，苹果叶片在 4℃、0℃、-2℃、-4℃下的相对电导率分别较对照低 1.30 倍、1.57 倍、1.75 倍、1.90 倍，可见，$CaCl_2$ 溶液能减少低温下细胞内离子的外渗，降低低温对细胞的伤害。

各处理中除 $CaCl_2$ 作用最明显外，SA 和 BR1500 倍液也能有效减少细胞内离子的外渗。喷施 SA 和 BR1500 倍液后，叶片相对电导率也降低，且均与对照差异显著。但两处理之间没有显著差异，SA 处理后，叶片在 4℃、0℃、-2℃、-4℃下的相对电导率分别较对照降低了 1.42 倍、1.33 倍、1.44 倍、1.54 倍；喷施 BR1500 倍液后相对电导率较对照降低了 1.13 倍、1.35 倍、1.44 倍、1.51

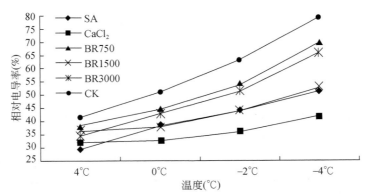

图 4-42　防冻剂对不同低温胁迫下苹果叶片相对电导率的影响

倍，可见 SA 和 BR1500 倍液两种防冻剂在减少细胞相对电导率方面有相同的作用。BR750 倍液和 BR3000 倍液也能降低叶片的相对电导率，但作用不如其他处理明显，与 $CaCl_2$、SA 和 BR1500 倍液之间有显著差异。综上所述，在减少低温胁迫下细胞内离子外渗、降低细胞溶液相对电导率方面，效果最明显的是 0.5% $CaCl_2$ 溶液，SA 和 BR1500 倍液次之，BR750 倍液和 BR3000 倍液效果较弱。

2）防冻剂对苹果叶片低温半致死温度的影响

通过测定各处理在不同低温胁迫下的电导度，拟合出相对电导率（Y）与温度（X）的 Logistic 方程，求出曲线拐点所对应的温度，即叶片的低温半致死温度。低温半致死温度表示组织伤害度达到一半时的外界温度，它可以代表植物组织对外界逆境抗性的大小。由表 4-20 可以看出，不同防冻剂对苹果叶片的低温半致死温度影响差异显著，各处理 LT_{50} 由低到高的顺序为：$CaCl_2$ > BR1500 倍液 > SA > BR3000 倍液 > BR750 倍液 > CK。可见喷施 $CaCl_2$ 显著地降低了苹果叶片的 LT_{50} 值，较 CK 低 3.75 倍，说明 $CaCl_2$ 能提高苹果叶片的抗寒性。此外，BR1500 倍液和 SA 两种防冻剂也有较好的防冻效果，LT_{50} 分别比 CK 降低了 2.11℃、1.97℃。

表 4-20　不同防冻剂处理下苹果叶片相对电导率的 Logistic 方程及半致死温度

处理	Logistic 方程	LT_{50}（℃）	拟合度 R^2
SA	$Y=100/(1+3.18356e^{-0.306x})$	−3.78	0.984**
$CaCl_2$	$Y=100/(1+2.606478e^{-0.141x})$	−6.79	0.914*
BR750 倍液	$Y=100/(1+2.69662e^{-0.426x})$	−2.33	0.953**
BR1500 倍液	$Y=100/(1+2.33031e^{-0.216x})$	−3.92	0.914*
BR3000 倍液	$Y=100/(1+3.0283e^{-0.419x})$	−2.64	0.982**
CK	$Y=100/(1+2.69932e^{-0.55x})$	−1.81	0.974**

注：**表示在 $p=0.01$ 水平上显著；*表示在 $p=0.05$ 水平上显著

3）防冻剂对苹果叶片保护酶活性的影响

（1）防冻剂对苹果叶片 SOD 酶活性的影响。如图 4-43 所示，喷施防冻剂后，随着温度的降低，各处理 SOD 酶活性均呈现出先升高后降低的趋势。4℃时各处理酶活性均较低，处理之间没有显著性差异，0℃低温胁迫后，各处理 SOD 活性均有不同程度地升高，其中，SA、CaCl$_2$、BR1500 倍液处理下酶活性升高最多，与 4℃处理相比，各自增幅分别达到了 77.77%、76.47%、61.34%，0℃下的 SOD 酶活性分别比对照高 3.16 倍、2.94 倍、1.93 倍。SA、CaCl$_2$ 处理后酶活性增加到最高值，但两者之间差异并不显著。随着低温胁迫地进一步加剧，除BR1500 倍液处理的酶活性在−2℃下升高到最大值外，其他防冻剂处理酶活性均呈下降趋势，在−4℃处理下酶活性达到最低值。整体来看，SA、CaCl$_2$、BR1500倍液 3 种药剂能有效地提高低温下苹果叶片的 SOD 酶活性，这对消除低温下细胞内产生的活性氧有很重要的意义。而芸苔素内酯的其他两个浓度处理（BR750、BR3000 倍液）在低温胁迫下酶活性较低，效果均不理想。

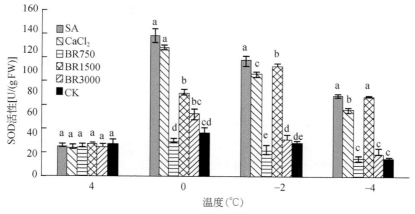

图 4-43　防冻剂对苹果叶片 SOD 酶活性的影响

（2）防冻剂对苹果叶片 POD 酶活性的影响。POD 酶能降解植物细胞内产生的 H$_2$O$_2$，避免膜质过氧化对细胞产生伤害。由图 4-44 可知，4℃未受低温胁迫时，各处理酶活性均较低，随着温度的降低，POD 酶活性变化总体表现为先升高后降低的趋势，0℃和−2℃胁迫下，各处理酶活性均达到较高水平，其中，以0℃处理下酶活性最高。在同一低温胁迫下，各处理之间差异显著，其中，SA、CaCl$_2$、BR1500 倍液处理酶活性较其他处理有显著性差异，在 4℃、0℃、−2℃、−4℃低温处理后，SA 处理酶活性分别较各自温度下的对照高 3.06 倍、4.92 倍、4.67 倍、4.16 倍；喷施 CaCl$_2$ 后酶活性较对照提高了 2.14 倍、4.83 倍、4.46倍、3.16 倍；BR1500 倍液处理后酶活性比对照提高了 2.19 倍、6.31 倍、4.10

倍、3.23 倍。从图 4-44 可以看出，0 ℃胁迫后喷施 BR1500 倍液处理 POD 酶活性达到最高值，比 SA、CaCl$_2$ 处理酶活性高 1.28 倍、1.31 倍。综上所述，喷施 SA、CaCl$_2$、BR1500 倍液 3 种药剂能有效提高不同低温胁迫下苹果叶片 POD 酶活性，与其他处理差异达到显著水平。

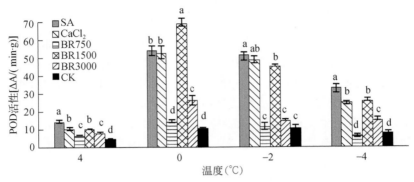

图 4-44　防冻剂对苹果叶片 POD 酶活性的影响

（3）防冻剂对苹果叶片 CAT 酶活性的影响。CAT（过氧化氢酶）能催化 H$_2$O$_2$ 分解，对细胞内组分的活性状态有保护作用。由图 4-45 可知，喷施防冻剂的苹果叶片在不同低温胁迫处理下，CAT 酶活性有较大差异，各防冻剂处理后酶活性总体上表现为先升高后降低的趋势，各喷药处理在 4℃下的酶活性均较低，随着低温胁迫的进一步加剧，各处理之间差异明显，其中，SA 和 CaCl$_2$ 处理在 0℃下的酶活性达到最高值，较对照提高了 4.31 倍、6.83 倍，较 4℃处理下的酶活性增加了 73.56％、89.83％。在 0℃低温胁迫下，CaCl$_2$ 处理对 CAT 酶活性提高较大，与 SA 和 BR1500 倍液处理之间达到显著水平。随着温度的降低，BR1500 倍

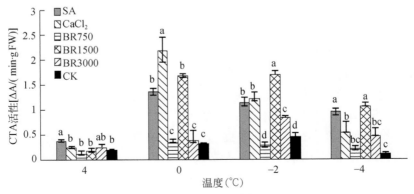

图 4-45　防冻剂对苹果叶片 CAT 酶活性的影响

液处理酶活性也增加较快，到−2℃时达到最高值，较 4℃时的酶活性增加了 89.16%，且与 SA 和 CaCl$_2$ 处理之间差异显著，说明 BR1500 倍液能较好地提高低温下 CAT 酶活性。−4℃下各处理酶活性下降明显；在整个低温胁迫过程中，BR750 倍液和 BR3000 倍液在提高 CAT 酶活性方面的作用不明显。综上所述，喷施 SA、CaCl$_2$、BR1500 倍液后，苹果叶片 CAT 酶活性显著提高，效果优于与其他处理，并与之差异达到显著水平。

4）防冻剂对苹果叶片丙二醛含量的影响

丙二醛是一种膜质过氧化产物，其在逆境下会大量积累，对生物膜产生伤害。由图 4-46 可知，4℃时各处理 MDA 含量最低，处理之间没有显著差异。0℃时，不同防冻剂处理之间开始产生差异，BR750 倍液和 BR3000 倍液两处理的 MDA 含量上升最快，含量最高，CK 次之。与 4℃处理相比，BR750 倍液、BR3000 倍液、CK 处理 MDA 含量增幅分别为 66.34%、59.21%、55.09%；喷施 CaCl$_2$、SA、BR1500 倍液后，MDA 增幅为 35.05%、35.04%、47.44%，明显低于 BR750 倍液、BR3000 倍液、CK 处理下的 MDA 增幅，可见，CaCl$_2$、SA、BR1500 倍液处理减少了 MDA 的生成。其中，CaCl$_2$ 处理的叶片 MDA 含量最低，SA 和 BR1500 倍液处理后 MDA 含量也增加较小。−2℃低温胁迫时，BR750 倍液、BR3000 倍液、CK 处理下 MDA 含量又迅速上升，较 CaCl$_2$、SA、BR1500 倍液处理差异显著，喷施 CaCl$_2$、SA、BR1500 倍液 3 种药剂处理的 MDA 含量分别较对照低 5.05nmol/g、4.41 nmol/g、4.33 nmol/g。−4℃低温胁迫后，各处理 MDA 含量均较高，以 CK 处理最大，BR750 倍液和 BR3000 倍液处理次之，CaCl$_2$、SA、BR1500 倍液处理较小。与−2℃处理相比，CaCl$_2$、SA、BR1500 倍液处理下 MDA 含量增幅为 47.74%、42.64%、45.64%；而 BR750 倍液、BR3000 倍液、CK 处理下 MDA 增幅为 21.49%、20.11%、27.36%，与之前不同的是，

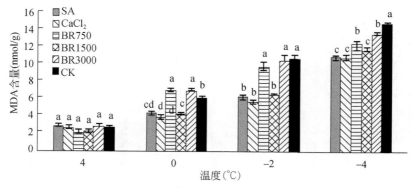

图 4-46　防冻剂对苹果叶片丙二醛含量的影响

CaCl$_2$、SA、BR1500 倍液 3 种药剂处理后 MDA 增幅加大，可见随着低温胁迫的进一步加剧，CaCl$_2$、SA、BR1500 倍液 3 种防冻剂降低 MDA 含量的作用有所减弱。

综上所述，CaCl$_2$、SA、BR1500 倍液 3 种防冻剂在一定温度范围内，能有效地降低低温胁迫下苹果叶片内 MDA 的积累。但随着低温胁迫的进一步加剧，MDA 增加幅度有加大的趋势，可见降温幅度过大会影响防冻剂对毒性物质 MDA 的清除效果。

5）防冻剂对苹果叶片脯氨酸含量的影响

如图 4-47 所示，经历不同低温胁迫处理后，苹果叶片脯氨酸含量总体上表现为逐渐上升，最后缓慢下降的趋势，各处理之间也有较大差异，随着温度的降低，CaCl$_2$、SA、BR1500 倍液处理后脯氨酸含量增加较多，BR750 倍液和BR3000 倍液处理后脯氨酸的增加不明显。在 4℃和 0℃胁迫下，各处理脯氨酸含量均较低，从 4℃到 0℃，各处理脯氨酸上升缓慢，SA、CaCl$_2$、BR750 倍液、BR1500 倍液、BR3000 倍液、CK 各处理脯氨酸增幅分别为 24.33%、30.11%、6.75%、15.21%、23.54%、20.33%，可见喷施 CaCl$_2$后脯氨酸增加幅度最大。从 0℃到 -2℃，各处理脯氨酸含量迅速增加，其中，CaCl$_2$处理后脯氨酸含量最高，BR1500 倍液和 SA 处理也较高，与其他处理差异达到了显著水平，CaCl$_2$、SA、BR1500 倍液处理下脯氨酸含量较对照高 2.24 倍、1.86 倍、1.97 倍。与0℃处理下脯氨酸含量相比，-2℃喷施 SA、CaCl$_2$、BR1500 倍液后脯氨酸增幅分别为 49.16%、55.86%、52.61%，明显高于 4℃到 0℃脯氨酸的增幅，此外，喷施清水后脯氨酸的增幅为 42.60%，低于喷施上述 3 种防冻剂后脯氨酸的增幅。可见，这 3 种保护剂有助于低温胁迫下苹果叶片中脯氨酸的积累。随着低温胁迫的进一步加大（-4℃），脯氨酸含量增加缓慢，基本保持稳定状态，其中，部分

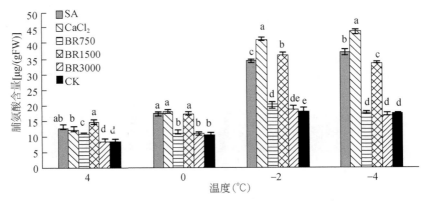

图 4-47　防冻剂对苹果叶片脯氨酸含量的影响

处理（BR750、BR1500、BR3000 倍液、CK）脯氨酸含量略微下降。$CaCl_2$ 处理脯氨酸含量仍然最高，SA 次之，但两处理下的脯氨酸增幅均降低，分别为 5.5% 和 7.56%。可见，当温度降低到一定程度时，由于低温伤害的加重和细胞活性的丧失，防冻剂促进脯氨酸积累的作用也随之减弱。

6）防冻剂对苹果叶片可溶性糖含量的影响

从图 4-48 可以看出，随着低温胁迫温度的降低，苹果叶片可溶性糖总体上变化表现为先缓慢升高，后迅速上升，最后迅速下降的趋势。4℃未受低温胁迫时，各处理可溶性糖含量均处于较低水平，当温度降低至 0℃时，可溶性糖含量有所增加，但增加程度不大，SA、$CaCl_2$、BR750 倍液、BR1500 倍液、BR3000 倍液、CK 各处理分别增加了 29.06%、30.16%、4.81%、32.23%、29.51%、20.53%，增值分别为 36.29mg/g、36.16 mg/g、3.49mg/g、50.00 mg/g、31.85 mg/g、21.91 mg/g，BR1500 倍液处理后可溶性糖含量增加最多，较对照提高了 31.20%，可见 BR1500 倍液在 0℃下效果较为显著。–2℃低温胁迫后，各处理可溶性糖含量迅速上升，BR1500 倍液处理含量最高，与其他处理差异 2.66 倍、3.92 倍、3.09 倍，可见这 3 种防冻剂有效地提高了苹果叶片内可溶性糖的含量。随着温度的进一步降低，–4℃下各处理可溶性糖含量迅速下降，从–2℃到–4℃，显著，SA 处理次之，$CaCl_2$ 处理也显著提高了可溶性糖含量，BR1500 倍液、SA、$CaCl_2$ 处理分别较对照提高了 1.73 倍、1.63 倍、1.40 倍。从 0℃到–2℃，此 3 种防冻剂处理后可溶性糖的增幅分别为 23.27%、32.25%、27.00%，比喷施清水处理增幅（8.74%）高，各处理（SA、$CaCl_2$、BR750 倍液、BR1500 倍液、BR3000 倍液、CK）可溶性糖含量下降了 39.00%、31.59%、34.38%、26.06%、35.04%、50.11%，但仍然以 BRR1500 倍液处理下含量最高，SA 和 $CaCl_2$ 处理次之，BA750 倍液和 BR3000 倍液处理下可溶性糖含量均较低。可见，当低温胁迫加剧时，细胞内可溶性糖的积累也会受到影响，这对合理选用防冻剂的时机有借鉴意义。

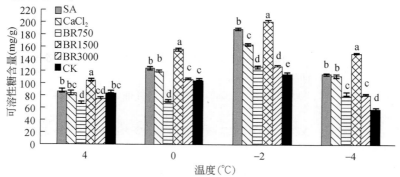

图 4-48 防冻剂对苹果叶片可溶性糖含量的影响

参 考 文 献

艾娜，周建斌，杨学云，等 . 2008. 长期施肥及撂荒土壤对不同外源氮素固持及转化的影响 . 中国农业科学，（12）：4109-4118.

白秀梅，卫正新，郭汉清 . 2011. 旱地起垄覆膜微集水种植玉米技术研究 . 山西农业大学学报（自然科学版），31（1）：13-17.

曹宁，张玉斌，闫飞，等 . 2009. 低温胁迫对不同品种玉米苗期根系性状的影响 . 中国农学通报，（16）. 139-141.

陈曦，杜克明，魏湜，等 . 2015. 小麦霜冻害模拟模型研究进展 . 麦类作物学报，35（2）：285-291.

陈禹兴，付连双，王晓楠，等 . 2010. 低温胁迫对冬小麦恢复生长后植株细胞膜透性和丙二醛含量的影响 . 东北农业大学学报，（10）：10-16.

崔文顺 . 2012. 云计算在农业信息化中的应用及发展前景 . 农业工程学报，2（1）：40-43.

丁玉梅，马龙海，周晓罡，等 . 2013. 干旱胁迫下马铃薯叶片脯氨酸，丙二醛含量变化及与耐旱性的相关性分析 . 西南农业学报，（1）：106-110.

段留声，田晓莉 . 2010. 作物化学控制原理与技术 . 北京：中国农业大学出版社 .

段喜明，吴普特，白秀梅，等 . 2006. 旱地玉米垄膜沟种微集水种植技术研究 . 水土保持学报，26（1）：143-146.

方向文，李凤民，金胜利，等 . 2010. 抗旱种衣剂和叶片喷施抗旱剂对春小麦产量形成的影响 . 中国科技论文在线，11：1-5.

符继红，孙晓红，王吉德，等 . 2010. 植物激素定量分析方法研究进展 . 科学通报，（33）：3163-3176.

郭家，马新明，郭伟，等 . 2013. 基于 ZigBee 网络的农田信息采集系统设计 . 农机化研究，11：65-70.

胡文岭，张荣梅 . 2013. 浅议云计算在农业信息化中的应用 . 中国管理信息化，16（3）：76-78.

胡新，孙忠富，任德超，等 . 2012. 越冬期小麦苗情分类综合指数计算方法探讨 . 河南农业科学，12：38-41.

黄绍敏，宝德俊，皇甫湘荣，等 . 2006. 长期施肥对潮土土壤磷素利用与积累的影响 . 中国农业科学，（01）：102-108.

姜丽娜，张黛静，林琳，等 . 2012. 低温对小麦幼苗干物质积累及根系分泌物的影响 . 麦类作物学报，32（6）：1171-1176.

蒋丽娟，李培旺，李昌珠 . 2003. PP333 与 $CaCl_2$ 对绿玉树扦插苗抗寒性的影响 . 湖南林业科技，30（3）：20-23.

康国章，王正询，孙谷畴 . 2002. 几种外源物质提高植物抗冷力的生理机制 . 植物生理学通讯，38（2）：193-197.

李巧珍，李玉中，郭家选，等 . 2010. 覆膜集雨与限量补灌对土壤水分及冬小麦产量的影响 . 农业工程学报，26（2）：25-30.

李霞，戴传超，程睿，等.2006.不同生育期水稻耐冷性的鉴定及耐冷性差异的生理机制.作物学报，32（1）：76-83.

李秀英，李燕婷，赵秉强，等.2006.褐潮土长期定位不同施肥制度土壤生产功能演化研究.作物学报，（05）：683-689.

李玉中，程延年，郝卫平.2003.我国北方抗旱技术研究展望.中国农业气象，24（1）：19-21.

李玉中，程延年.2002.抗旱种衣剂对小麦和谷子的作用效果.腐殖酸，（2）：31-32.

李玉中，王春乙，程延年.2012.农业防旱抗旱减灾工程技术与应用.中国工程科学，14（9）：85-88.

李玉中，钟秀丽，李天华.2007.抗旱种衣剂对大豆抗旱性及产量性状的影响.中国农学通报，23（2）：437-440.

李玉中，等.1990.抑蒸集水抗旱技术.北京：气象出版社.

梁颖.2003.DA-6对水稻幼苗抗冷性的影响.山地农业生物学报，22（2）：95-98.

林定波，刘祖棋，张石城.1994.多胺对柑橘抗寒力的效应.园艺学报，21（3）：222-226.

刘晓英，李玉中，李巧珍，等.2006.田间集雨对冬小麦生理生长和产量的影响.农业工程学报，22（9）：64-69.

陆景陵.2003.植物营养学.北京：中国农业大学出版社.

罗新兰，张彦，孙忠富，等.2011.黄淮平原冬小麦霜冻害时空分布特点的研究.中国农学通报，18：45-50.

马德华，庞金安，李淑菊，等.1998.温度逆境锻炼对高温下黄瓜幼苗生理的影响.园艺学报，25（4）：350-355.

孟小峰，慈祥.2013.大数据管理：概念、技术与挑战.计算机研究与发展，50（1）：146-169.

聂洪森，焦运涛，赵明宇.2012.物联网技术在精准农业领域应用的研究与设计，自动化技术与应用，31（10）：89-91，97.

潘华盛，张桂华，徐南平.2003.20世纪80年代以来黑龙江气候变暖的初步分析.气候与环境研究，8（3）：348-355.

乔永旭.2010.低温处理过程中B9对蝴蝶兰叶片生理指标的影响.北方园艺，（23）：148-150.

曲环，赵秉强，陈雨海，等.2004.灰漠土长期定位施肥对小麦品质和产量的影响.植物营养与肥料学报，（01）：12-17.

史占忠，贾显明，张敬涛，等.2003.三江平原春玉米低温冷害发生规律及防御措施.黑龙江农业科学，（2）：7-10.

宋广树，孙忠富，孙蕾，等.2011.东北中部地区水稻不同生育时期低温处理下生理变化及耐冷性比较.生态学报，13：3788-3795.

孙富，杨丽涛，谢晓娜，等.2012.低温胁迫对不同抗寒性甘蔗品种幼苗叶绿体生理代谢的影响.作物学报，（4）.732-739.

孙其博，刘杰，黎羴，等.2010.物联网：概念、架构与关键技术研究综述.北京邮电大学学报，33（3）：1-9.

孙喜臣，吕铁男 . 2003. 国内外果树产业低温灾害风险研究 . 农业科技与装备，（7）：11-14.

孙香花 . 2011. 云计算研究现状与发展趋势 . 计算机测量与控制，19（5）：998-1001.

孙艳，崔鸿文，胡荣 . 2000. 水杨酸对黄瓜幼苗壮苗的形成及抗低温胁迫能力的生理效应 . 西北植物学报，20（4）：616-620.

孙忠富，杜克明，尹首一 . 2010. 物联网发展趋势与农业应用展望 . 农业网络信息，5：5-8.

孙忠富，杜克明，尹首一 . 2011. 农业物联网及其应用展望 . 中国信息化推进报告：92-96.

孙忠富，杜克明，郑飞翔，等 . 2013. 大数据在智慧农业中研究与应用展望 . 中国农业科技导报，06：63-71.

田伟丽，王亚路，梅旭荣，等 . 2015. 水分胁迫对设施马铃薯叶片脱落酸和水分利用效率的影响研究 . 作物杂志，（1）：103-108.

汪景彦，钦少华，李敏，等 . 2013. 果树霜冻及其有效防控 . 果农之友，（2）：31-32.

王炳奎，曾广文 . 1993. 表油菜素内酯对水稻幼苗抗冷性的影响 . 植物生理学报，19（1）：38-42.

王伯仁，徐明岗，文石林 . 2005. 长期不同施肥对旱地红壤性质和作物生长的影响 . 水土保持学报，（01）：97-100.

王丹，李玉中，李巧珍 . 2010. 不同水肥组合对冬小麦产量的影响 . 中国农业气象，31（1）：28-31.

王贺然，林而达，韩雪，等 . 2013. 华北北部地区应对气候变化的冬小麦品种播期调整初探 . 安徽农业科学，41（8）：3530-3532，3654.

王秋萍 . 2013. 临汾市果树花期遇冻的调查及预防对策 . 烟台果树，（3）：34-36.

王珊，王会举，覃雄派，等 . 2011. 架构大数据：挑战、现状与展望 . 计算机学报，34（10）：1471-1452.

王夏，胡新，孙忠富，等 . 2011. 不同播期和播量对小麦群体性状和产量的影响 . 中国农学通报，21：170-176.

王迎春 . 2009. 华北平原典型农田生态系统氮磷平衡动态模拟研究 . 中国农业科学院 .

王远皓，王春乙，张雪芬 . 2008. 作物低温冷害指标及风险评估研究进展 . 气象科技，36（3）：310-317.

魏清凤，罗长寿，孙素芬，等 . 2013. 云计算在我国农业信息服务中的研究现状与思考 . 中国农业科技导报，15（4）：151-155.

文黎明，龙亚兰 . 2010. 物联网在农业上的应用 . 现代农业科技，15：54-56.

邬贺铨 . 2010. 物联网的应用与挑战综述 . 重庆邮电大学学报（自然科学版），22（5）：526-531.

夏于，杜克明，孙忠富，等 . 2013. 基于物联网的小麦气象灾害监控诊断系统应用研究 . 中国农学通报，23：129-134.

夏于，孙忠富，杜克明，等 . 2013. 基于物联网的小麦苗情诊断管理系统设计与实现 . 农业工程学报，05：117-124.

徐秀月，张培苹，邱东晓 . 2003. 葡萄增施钾肥试验 . 河北果树，（1）：13.

徐映明 . 1991. 植物生长调节剂多效唑应用技术 . 北京：中国农业科技出版社 .

严昌荣, 梅旭荣, 何文清, 等. 2006. 农用地膜残留污染的现状与防治. 农业工程学报, 22 (11): 269-272.

姚世凤, 冯春贵, 贺园园, 等. 2011. 物联网在农业领域的应用. 农机化研究, 7 (7): 190-194.

衣淑玉, 史淑一, 宫国钦. 2008. 果树开花期霜冻的危害及预防. 落叶果树, 40 (4): 52-54.

尹首一, 刘雷波, 周韧研, 等. 2013. 面向精准农业的无线多媒体传感网设计 (英文). 中国通信, 02: 71-88.

袁学军, 郭爱桂, 刘建秀. 2007. B9 对假俭草抗寒性和绿期的影响. 草原与草坪, (6): 33-36.

张建军, 刘艳红, 李晶晶. 2009. 北方春霜冻的危害及防御. 中国农业信息, (10): 23-24.

郑大玮. 1995. 1993-1994 年度北京地区冬小麦生育期间农业气象条件的分析. 北京农业科学, 13 (1): 17-22.

周朝华. 1996. 关于 1993 年聊城地区大面积果树受冻害的调查报告. 经济林研究, (S2): 235-236

Andreas Hund, Yvan Fracheboud, Alberto Soldati. 2008. Cold tolerance of maize seedlings as determined by rootmorphology and photosynthetic traits. Europ. J. Agronomy, 28: 178-185.

Beattie D J, Flint H L. 1973. Effect of K level on frost hardiness of stems of Forsythia intermedia Zab. 'lynwood'. J. Amer. Hort. Sci. 98: 539-541.

BorrellA, Carbonell L, Tiburcio A F, et al. 1997. Polyamines inhibit lipid peroxidation in senescing oat leaves. Physiologic Plantarum, 99 (3): 385-390.

Chen Z, Silva H, HIessig D F. 1993. Active oxygen species in the induction of plant systemic acquired resistance by Salicylic Acid. Science, 262: 1883-1886.

Claussen J C, Kumar A, Jaroch D B, et al. 2012. Nanostructuring platinum nanoparticles on multilayered graphene petal nanosheets for electrochemical biosensin. Adv. Funct. Mater. , 22: 3399-3405.

FAO. 1995. Production yearbook. Rome: FAO, 48-243.

Galston A W, Sawhney R K. 1990. Polymines in plant physiology. Plant Physiology, 94: 406-410.

Hwang S Y, VanToai T T. 1991. Abscisic acid induces anaerobiotic tolerance in corn. Plant physiol, 97: 593-597.

Jiaxuan Guo, Xurong Mei, Yuzhong L. 2013. Diurnal variation of instantaneous CO_2 and H_2O gas-exchange over canopy and leaf level of spring maize in arid area. Advanced Materials Research, 807-809: 1829-1838.

K Ozturk, H A Olmez, S Colak, et al. 2006. Effects of potassium nitrate on cold resistance of ´Cataloglu´ apricot variety. Acta Horticulturae. 701 (2): 713-718.

Ke D, Saltveit M E. 1988. Plant hormone interaction and phenolic metabolism in the regulation of russet spotting in iceberg lettuce. Plant Physiol, 88 (4): 1136-1140.

Lionel J M, Sylvain P. 2008. Shoot and root growth of hydroponic maize (Zea mays L.) as influenced by K deficiency. Plant and Soil, (304): 157-168.

Liu Xiaoying, Mei xurong, Li Yuzhong. 2009. Variation in reference crop evapotranspiration caused by the Ångström- Prescott coefficient: Locally calibrated versus the FAO recommended. Agricultural water Management, 96: 1137-1145.

López Riquelmea J A, Sotoa F, Suardíaza J, et al. 2009. Wireless sensor networks for precision horticulture in Southern Spain. Computers and Electronics in Agriculture, (68): 25-35.

Machackoval I, Hannisova A, Krekwle J. 1989. levels of ethylene, ACC, MACC, ABA and proline asindicators of cold hardening and frost resistance in winter wheat. Physiology Plant, (76): 603.

Mei Xurong, Li Qiaozhen, Yang Changrong, et al. 2013. A study on variation of Priestley- Taylor model parameter in rain fed spring maize field. Advanced Materials Research, 740: 258-266.

Ning Wang, Naiqian Zhang, Maohua Wang. 2006. Wireless sensors in agriculture and food industry- Recent development and future perspective. Computers and Electronics in Agriculture, 50 (1): 1-14.

Okhee Choi, Yongsang Lee, Inyoung Han, et al. 2013. A simple and sensitive biosensor strain for detecting toxoflavin using β- galactosidase activity. Biosensors and bioelectronics: 256-261.

Raul Morais, Miguel A Fernandes, Samuel G Matos. 2008. A ZigBee multi-powered wireless acquisition device for remotesensing applications in precision viticulture. Computers and Electronics in Agriculture, 62 (2): 94-106.

Shao H B, Chu L Y, Jaleel C A, et al. 2009. Understanding water deficit stress- induced changes in the basic metabolism of higher plants- biotechnologically and sustainably improving agriculture and the ecoenvironment in arid regions of the globe. Critical Reviews in Biotechnology, 29 (2): 131-151.

Slocum RD, Kaur-Sawhney R, Galston AW. 1984. The physiology and biochemistry of polyamines in plants. Arch Biochem Biophys, 235 (2): 283-303.

Webster D E, Ebdon J S. 2005. Effects of nitrogen and potassium fertilization on perennial ryegrass cold tolerance during deacclimation in late winter and early spring. Hort Science, 40 (3): 842-849.

Weili Tian, KeHui Song, Xurong Mei, et al. 2014. Coordinate responses of ABA accumulation against drought at physiological, ecological and molecular levels in triticum aestivum. c. Advanced Materials Research, 10: 147-154.

Yoshiaki U, Naoko U, Haruto S, et al. 2013. Impacts of acute ozone stress on superoxide dismutase (SOD) expression and reactive oxygen species (ROS) formation in rice leaves. Plant Physiology and Biochemistry, (70): 396-402.

Z P OuYang, X R Mei, Y Z Li, et al. 2013. Measurements of water dissipation and water use efficiency at the canopy level in a peach orchard. Agricultural Water Management, 129: 80-86.

ZhaoPen Ou Yang, Xurong Mei, Fan Gao, et al. 2013. Effect of different nitrogen fertilizer types and application measures on temporal and spatial variation of soil nitrate-nitrogen at cucumber field. Journal of Environmental Protection, 4 (1), 129-135.

Zurawicz E, Stushnoff C. 1977. Influence of nutrition on cold tolerance of 'redcoat' strawberries. J Amen Soc Hort Sci, 102 (3): 342-346.

第5章 重大农业气象灾害风险评估
与管理关键技术

针对我国典型地区农业干旱、洪涝、低温冷害等自然灾害的发生频繁、影响严重，而目前尚无有效风险评价技术的状况，选择东北、华北、长江中下游主要粮食产区主要农作物为研究对象，基于多种技术集成的风险分析方法，研制农业气象灾害多灾种、多尺度、多属性的风险评价与区划模型；编制主要粮食产区的农业气象灾害风险图谱；构建区域综合农业气象灾害风险管理模型；制定以"灾害风险管理"为核心的农业气象灾害综合管理技术对策体系。

研究以农作物为中心，从土壤-作物-大气连续体出发，建立多圈层相互作用的农业自然灾害数据库和综合指标体系。本书侧重多灾种对多种承灾体（农作物）的综合风险评估，不同于以往的基于单一灾种对单一承灾体（农作物）的风险评估研究，其目的是建立实用性和可操作性强的系统综合的农业灾害风险评估技术体系；农业气象灾害风险评估也不同于以往的重视灾害事件发生可能性或以灾害的实际发生频率为基础的概率风险评估模式，而是基于综合灾害理论，从农业气象灾害风险综合形成机理出发，对农业气象灾害孕灾环境的危险性、承灾体的暴露性、脆弱性和防灾减灾能力（恢复力）的综合评估；在指标选取上，克服以往的农业气象灾害单一自然属性研究的弊端，充分考虑农业气象灾害的社会经济属性；在研究方法上，摒弃以往自然要素之间简单叠加的方法，建立各自然要素之间耦合关系及其与农业气象灾害风险的关系，在系统研究农业气象灾害风险形成机理的基础上，构建农业气象灾害风险评估指标体系和评估模型；在研究方法和技术手段上，以现代灾害风险评估技术、作物生长模式、作物种植模式和区域气候模式预测技术及"3S"等高新技术为手段，通过典型农业气象灾害案例分析、野外田间实验、定点观测试验和实验室测试分析，利用多学科交叉理论和方法，以及结合数理方法，实现多源信息融合，进行客观的农业气象灾害风险评估，得到定量、可视化的评估结果，使得农业气象灾害风险评估结果更接近实际。通过多要素农业气象灾害综合风险评估研究，可以为农业气象灾害监测预警提供依据，并针对不同的评估结果，因地制宜地制定农业气象灾害综合风险防范措施。

5.1　农业气象灾害风险形成机理和概念框架构建

20 世纪 80 年代初，灾害学家开始关注灾害及其风险形成机制与评估理论，从系统论和风险管理的角度探讨了形成灾害与灾害风险的要素及其相互作用和数学表达式。目前，国内外关于灾害形成机制的理论主要有"致灾因子论"、"孕灾环境论"、"承灾体论"及"区域灾害系统理论"（Burton et al.，1993；Blaikie et al.，1994；史培军，1996；张继权等，2012c）。这些理论分别从不同的角度揭示了灾害形成机制，描述了影响灾害形成的关键因素及其相互关系，为科学解释灾害风险形成机制提供了理论基础。致灾因子论认为灾害的形成是致灾因子对承灾体作用的结果，致灾因子是灾害形成的必要条件，没有致灾因子就没有灾害。致灾因子论在对致灾因子分类的基础上，着重研究致灾因子产生的机制及其风险评估（重现率–超越概率的计算）。孕灾环境论认为不同的孕灾环境会产生不同的致灾因子，包括孕育灾害产生的自然环境和人文环境。近年来灾害发生频繁、损失不断增加与区域环境变化有密切的关系，通过对不同孕灾环境的分析，研究不同孕灾环境下灾害类型、频率、强度等，建立孕灾环境与致灾因子之间的关系，预测灾害的演变趋势。承灾体论认为，承灾体是灾害作用的对象，包括承灾体暴露性和承灾体脆弱性两个属性，前者描述了灾害威胁下的承灾单元的经济价值，后者描述承灾体易于受不利影响和无力应对不利效应的程度，是承灾体敏感性及其恢复性的函数。由以上所述可以看出，致灾因子、孕灾环境与承灾体的相互作用形成了最终的灾情，所以，在灾害形成过程中，致灾因子、孕灾环境与承灾体缺一不可。上述 3 种灾害理论均强调了主要因素而忽视了次要因素，都有其片面性。区域灾害系统理论囊括了以上各个理论的重要观点，是目前发展较为全面的一套灾害系统研究理论，区域灾害系统理论认为灾害是孕灾环境、致灾因子及承灾体综合作用的结果。

史培军（1996）在汲取各方观点的基础上，提出了区域灾害系统论，认为灾害（D）是地球表层异变过程的产物，是地球表层孕灾环境（E）、致灾因子（H）、承灾体（S）综合作用的产物，即 $D = E \cap H \cap S$，H 是灾害产生的充分条件，S 是放大或缩小灾害的必要条件，E 是影响 H 和 S 的背景条件，并认为孕灾环境、致灾因子和承灾体在灾害系统中的作用具有同等的重要性（史培军，2002；2005）。

在国际减灾十年（IDNDR）活动中，灾害风险管理学者就灾害风险的形成基本上达成共识。目前，国内外关于灾害风险形成机制的理论主要有"二因子说"、"三因子说"和"四因子说"（张继权等，2012c）。

1）灾害风险形成的"二因子说"

该学说认为灾害风险是一定区域内致灾因子危险性（Hazard，H）和承灾体脆弱性（Vulnerability，V）综合作用的结果，危险性指致灾因子本身发生的可能性，脆弱性指承灾体系统抵御灾害造成破坏和损失的可能性（UNDHA，1991；UN/ISDR，2004；Birkmann，2007）。

Blaikie 等认为致灾因子是灾害形成的必要条件，脆弱性是灾害形成的根源，同一致灾强度下，灾情随脆弱性的增大而加重，将灾害风险的数学表达为

$$R = f(H, V) = H + V \tag{5.1}$$

其中，R 是灾害风险；H 是致灾因子危险性；V 是承灾体脆弱性。

联合国人道主义事务协调办公室认为自然灾害风险的定义是在一定区域和给定时段内，由于特定的自然灾害而引起的人民生命财产和经济活动的期望损失值，并将灾害风险表达为危险性和脆弱性之积；Shook（1997）认为危险性是灾害风险形成的关键因子和充分条件，没有危险性就没有灾害风险，认为灾害风险大小应该表述为危险性与脆弱性之积，并进一步解释了风险表达式中为什么危险性和脆弱性只能相乘而不能相加的问题。灾害风险可以表述为

$$R = f(H, V) = H \times V \tag{5.2}$$

其中，R 是灾害风险；H 是致灾因子危险性；V 是 承灾体脆弱性。

笔者认为 Shook 的观点一方面符合风险的本质及其数学解释，即风险是不期望事件发生可能性和不良结果，表述为事件发生的概率及其后果的函数；另一方面也符合灾害风险形成理论实际，即灾害风险是致灾因子对承灾体的非线性作用产生的，危险性是灾害风险形成的必要条件，没有危险性就没有灾害风险，将灾害风险的致灾因子的危险性（或发生概率）和承灾体的脆弱性线性叠加，从理论和方法而论都是不正确的。

2）灾害风险形成的"三因子说"

一些学者认为（IUGS，1997；多々納裕一，2003；UNDP，2004；张继权等，2006；IPCC，2012）灾害风险除了与致灾因子危险性和承灾体脆弱性有关外，还与特定地区的人和财产暴露（Exposure，E）于危险因素的程度有关，即该地区暴露于危险因素的人和财产越多，孕育的灾害风险也就越大，因而灾害造成的潜在损失就越重。暴露性是致灾因子与承灾体相互作用的结果，反映暴露于灾害风险下的承灾体数量与价值，与一定致灾因子作用于空间的危险地带有关。因此，一定区域灾害风险是由危险性、暴露性和脆弱性 3 个因素相互综合作用而形成的。灾害风险的表达式转换为

$$R = f(H, E, V) = H \times E \times V \tag{5.3}$$

其中，R 是灾害风险；H 是致灾因子危险性；E 是暴露性，V 是 承灾体脆弱性。

3) 灾害风险形成的"四因子说"

笔者认为,除了上述的 3 个因素外,防灾减灾能力(emergency response & recovery capability,C)也是制约和影响灾害风险的重要因素,一个社会的防灾减灾能力越强,造成灾害的其他因素的作用就越受到制约,灾害的风险因素也会相应地减弱。防灾减灾能力具体指的是一个地区在应对灾害时,其拥有的人力、科技、组织、机构和资源等要素表现出的敏感性和调动社会资源的综合能力,构成要素包括灾害识别能力、社会控制能力、行为反应能力、工程防御能力、灾害救援能力和资源储备能力。防灾减灾能力越高,可能遭受潜在损失就越小,灾害风险越小(张继权等,2006;2007;2012b)。在危险性、易损性和暴露性既定的条件下,加强社会的防灾减灾能力建设将是有效应对日益复杂的灾害和减轻灾害风险最有效的途径和手段。

从动力学的角度看,是上述 4 项要素孕育生成了灾害风险。在构成灾害风险的 4 项要素中,危险性、脆弱性和暴露性与灾害风险生成的作用方向相同,而防灾减灾能力与灾害风险生成的作用方向是相反的,即特定地区防灾减灾能力越强,灾害危险性、易损性和暴露性生成灾害风险的作用力就会受到限制,进而减少灾害风险度。因此,灾害风险的表达式为

$$R = f(H,\ E,\ V,\ C) = (H \times E \times V)/C \tag{5.4}$$

其中,R 是灾害风险;H 是致灾因子危险性;E 是暴露性;V 是承灾体脆弱性;C 是防灾减灾能力 。

基于以上对灾害风险形成机制的认识,并将其应用到农业气象灾害风险评估中去,可以得出农业气象灾害风险是危险性、暴露性、脆弱性和防灾减灾能力综合作用的结果(图 5-1)(王春乙等,2010)。

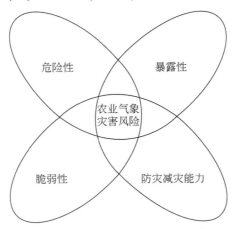

图 5-1　农业气象灾害风险因素构成图

农业气象灾害风险既具有自然属性，也具社会属性，无论气象因子异常或人类活动都可能导致气象灾害发生。因此，农业气象灾害风险是普遍存在的。同时，气象灾害风险又具有不确定性，其不确定性一方面与气象因子自身变化的不确定性有关，另一方面与认识与评估农业气象灾害的方法不精确、评估的结果不确切及为减轻气象风险采取的措施有关。因此，气象灾害风险的大小，是由 4 个因子相互作用决定的。研究农业气象灾害风险中 4 个因子相互作用规律、作用方式及动力学机制对于认识农业气象灾害风险具有重要作用（张继权和李宁，2007；王春乙等，2010；2015）。该观点得到许多学者的认同，并在具体风险评估的实例中得到广泛应用（张继权等，2013；2012a；2012b；Liu et al.，2013；Zhang Qi et al.，2013；2014；2015；Zhang Jiquan et al.，2009；2011；Tong et al.，2009；高晓容等，2012a；2012b；2012c；Sun et al.，2014；蔡菁菁，2013a；2013b；孙仲益，2012；2013；2014；包玉龙等，2013）

5.2　农业气象灾害风险评估与区划

本节首先在系统分析洮儿河流域的旱情旱灾基本特征的基础上，利用游程理论识别农业干旱灾害危险性指标和 Gumbel-Hougaard 函数，进行干旱历时与干旱烈度的联合概率计算，对吉林洮儿河流域农业干旱灾害致灾因子危险特性进行了分析。其次，利用吉林东部 10 个气象站点 1961～2010 年的逐日气温资料和水稻种植资料，以中国气象局 2013 年发布的《水稻冷害评估技术规范》（QX/T 182—2013）行业标准中东北地区不同热量区域 5～9 月平均气温之和的距平值为指标，利用空间插值的方法对吉林东部水稻延迟型冷害危险性的时空特征进行了分析。再次，基于 IPCC 报告中气候变化背景下脆弱性的定义，从暴露程度、敏感性、自适应能力和环境适应能力的角度，对辽西北地区的玉米干旱脆弱性进行静态和动态评估，并且利用 CERES-Maize 模型对吉林西部地区玉米干旱脆弱性进行了动态评估；基于田间试验和 CERES-Maize 模型分别构建了吉林中西部玉米涝灾脆弱性曲线。基于农业干旱灾害风险形成机理和农业干旱灾害风险评估流程，对辽西北地区农业干旱灾害风险进行了静态和动态评估；通过构建水力学模型提取淹没水深和淹没历时，对江淮地区农业洪涝灾害风险进行了评估。最后，通过判别式分析法、玉米干旱灾害风险评价模型和玉米干旱灾害风险早期预警模型分别对朝阳市和辽西北地区进行了玉米干旱灾害预测预警。

5.2.1　农业气象灾害致灾因子危险性评估

5.2.1.1　吉林洮儿河流域农业干旱灾害致灾因子危险性评估

1）吉林洮儿河流域农业干旱灾害危险性指标的确定

一场干旱事件的主要特征属性包括干旱范围、干旱历时与干旱烈度3个，其中，干旱范围是空间位置属性，所以通常将干旱历时和干旱烈度这两个干旱特征变量进行干旱事件的描述，因此它们之间的关系，联合概率分布情况就十分重要。本书主要利用游程理论识别农业干旱灾害危险性指标（图5-2），然后利用Copula函数计算干旱历时与干旱烈度的联合概率，并作为干旱事件的发生概率（Hu Y et al.，2013；孙仲益等，2014）。

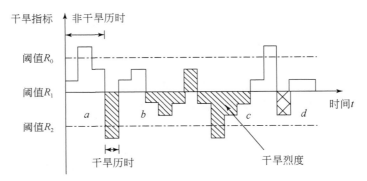

图 5-2　基于游程理论的干旱事件识别与合并示意图

2）吉林洮儿河流域农业干旱灾害危险性研究方法的确定

本书利用 Gumbel-Hougaard 函数，进行干旱历时与干旱烈度的联合概率计算。当令 $u = F_D(d)$，$v = F_S(s)$，则函数可以表示为

$$F_{D,S}(d,s) = C(u,v) =$$
$$\exp\{-[(-\ln u)^\theta + (-\ln v)^\theta]^{1/\theta}\} \tag{5.5}$$

式中，θ 是参数，它与 Kendall 相关系数 τ 之间的关系为

$$\tau = 1 - 1/\theta \quad (\theta \geqslant 1) \tag{5.6}$$

Kendall 相关系数 τ 定义为

$$\tau = (C_n^2)^{-1} \sum_{i<j} \mathrm{sgn}[(d_i - d_j)(s_i - s_j)](i,j = 1,2,\cdots,n) \tag{5.7}$$

式中，(d_i, s_i) 是干旱历时、干旱烈度联合观测值；$\mathrm{sgn}(x)$ 是符号函数，当 $x>0$ 时 $\mathrm{sgn}(x) = 1$，$x < 0$ 时 $\mathrm{sgn}(x) = -1$，$x = 0$ 时 $\mathrm{sgn}(x) = 0$。

由上述定义可知，当干旱历时 $D > d$，干旱烈度 $S > s$ 时的联合概率为

$$P(S > s \mid D > d) = \frac{P(D > d, \ S > s)}{P(D > d)}$$

$$= \frac{1 - F_D(d) - F_S(s) + F_{D,\,S}(d,\,s)}{1 - F_D(d)} \tag{5.8}$$

3) 吉林洮儿河流域农业干旱灾害致灾因子危险性评估结果与分析

通过干旱历时与干旱烈度分布函数，利用 Copula 函数进行联合概率密度计算，洮儿河流域各气象站干旱重现期与干旱发生频率情况如表 5-1 所示，以白城市为例联合分布概率计算如图 5-3 所示。

表 5-1 洮儿河流域各地区干旱事件平均重现期及干旱频率

地区	乌兰浩特市	阿尔山市	白城市	大安市	镇赉县	扎赉特旗	科右前旗	科右中旗	突泉县	洮南市
重现期（年）	5.17	7.3	4.8	7.85	7.96	7.83	7.36	7.89	7.37	6.89
干旱频率	0.38	0.36	0.4	0.34	0.34	0.35	0.35	0.34	0.35	0.37

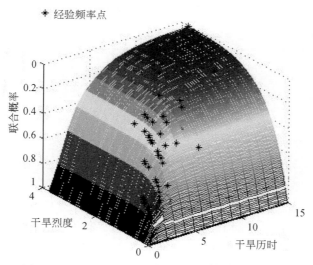

图 5-3 干旱历时与干旱烈度联合概率密度分布图

根据表 5-1 洮儿河流域各地的平均干旱事件的重现期与大于该重现期的干旱事件发生干旱频率，利用 ArcGIS 10.1 中的地统计工具，使用克里格空间插值法对干旱特征进行空间展布，得到洮儿河流域平均重现期与平均干旱频率的空间等值线图，如图 5-4 所示（孙仲益等，2014）。

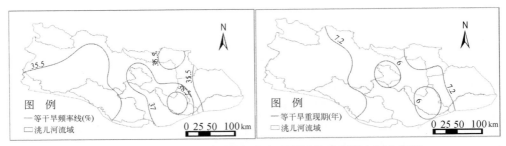

图 5-4　洮儿河流域干旱平均频率与干旱平均重现期空间分布图

5.2.1.2　吉林东部水稻延迟型冷害致灾因子危险性评估

1）吉林东部水稻延迟型冷害致灾因子危险性评估指标的确定

采用水稻冷害评估技术规范（QX/T 182—2013）中的水稻延迟型冷害指标。该标准以东北不同热量区域的水稻延迟型冷害年 5~9 月水稻生长季内平均气温之和的距平值为指标，将延迟型冷害的级别分为轻度、中度、重度 3 个级别（表5-2）（朱萌等，2015）。

表5-2　水稻延迟型冷害指标

延迟型 冷害级别	$\sum T_{5\sim9}$					
	≤83	83.1~88.0	88.1~93.0	93.1~98.0	98.1~103	>103
轻度	−1.0~−1.5	−1.1~−1.8	−1.3~−2.0	−1.7~−2.5	−2.4~−3.0	−2.8~−3.5
中度	−1.5~−2.0	−1.8~−2.2	−2.0~−2.6	−2.5~−3.2	−3.0~−3.8	−3.4~−4.2
重度	<−2.0	<−2.2	<−2.6	<−3.2	<−3.8	<−4.2

2）吉林东部水稻延迟型冷害致灾因子危险性研究方法的确定

进行吉林东部水稻延迟型低温冷害空间分布特征分析，采用了 EOF 正交分解法，其计算原理与方法如下。

利用 EOF 法对吉林东部 10 个气象站点 1961~2010 年生长季内气温距平百分率进行自然正交展开，本书所研究的向量场 N 可以看成是时间和空间的函数，它的矩阵形式为

$$N = N_{ij} = \begin{bmatrix} n_{11} & n_{12} & \cdots & n_{1j} \\ n_{21} & n_{22} & \cdots & n_{2j} \\ \vdots & \vdots & & \vdots \\ n_{i1} & n_{i2} & \cdots & n_{ij} \end{bmatrix} \tag{5.9}$$

式中，i 是格点数，选取 10 个站点，i 取 10；j 是时间长度，选取 50 年生长季内气温距平百分率，j 取 50。因此，水稻延迟型冷害的向量场（N）为 $i \times j$ 阶矩阵时

空场，经过 EOF 分解得到空间函数矩阵 **S** 和时间函数矩阵 **T**：

$$N = S \cdot T \tag{5.10}$$

其中，

$$S = (S_{im}) = \begin{bmatrix} s_{11} & s_{12} & \cdots & s_{1m} \\ s_{21} & s_{22} & \cdots & s_{2m} \\ \vdots & \vdots & & \vdots \\ s_{i1} & s_{i2} & \cdots & s_{im} \end{bmatrix} \tag{5.11}$$

$$T = (T_{mj}) = \begin{bmatrix} t_{11} & t_{12} & \cdots & t_{1j} \\ t_{21} & t_{22} & \cdots & t_{2j} \\ \vdots & \vdots & & \vdots \\ t_{m1} & t_{m2} & \cdots & t_{mj} \end{bmatrix} \tag{5.12}$$

式中，m 是分解得到的模态数，利用 m 个相互正交的模态重新构建相空间，重新得到新的空间场和时间系数可表征原始场的所有特征，其中，前几项大值分量能够表征原始场的大部分特征。

3）吉林东部水稻延迟型冷害致灾因子危险性评估结果与分析

吉林东部集安、通化、临江、东岗、二道的平均发生频率较低，在 30%～34%。其次是梅河口、靖宇、延吉等地发生延迟型冷害的频率在 36%～39%。敦化和长白地区是水稻延迟型冷害发生频率最高的地区，发生的频率在 40%～44%。敦化地区纬度位置最高，热量条件相对最少，发生冷害的频率较高，长白地区海拔高度最高，冷害发生的频率也最高（图 5-5）。

图 5-6 是 50 年吉林东部水稻延迟型冷害的平均发生强度，可以看出，敦化、东岗、二道、长白地区的平均冷害强度为 2.640～2.801，冷害的强度较强，重度延迟型冷害发生的年份比较多。其次是靖宇、梅河口、通化。最低的是延吉、临江、集安。

通过 EOF 分解以后，第一模态的方差贡献率已经达到 85.56%，表明第一模态主成分向量足以表征该地区的延迟型冷害的分布特征和变化情况。分析可知，吉林省东部低温特征的空间变率，大体上在空间分布上具有东北—西南向的变化特征，东北部的温度距平变率较低，向西南部逐渐增加，再向西有略微递减的趋势。

5.2.2　农业气象灾害农作物脆弱性评估

5.2.2.1　辽西北地区玉米干旱脆弱性评估及区划

1）辽西北地区玉米干旱脆弱性评估指标体系建立

玉米干旱脆弱性是指在玉米生长过程中面对不同强度的干旱压力及社会经济

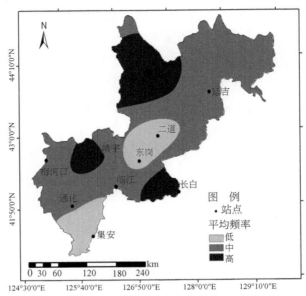

图 5-5　水稻延迟型冷害平均发生频率

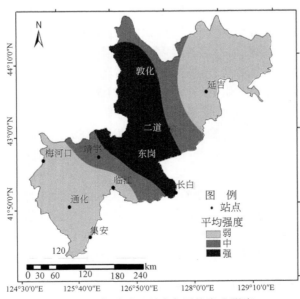

图 5-6　水稻延迟型冷害平均发生强度

系统变化而表现出来的敏感和自适应能力的强弱,以及当地社会经济–生产–生态等环境要素在这种压力影响下产生的可能适应性的综合不稳定反应,其最终影响是玉米产量的减少。其中,适应能力不仅包括区域的适应能力还包括研究对象

的自身适应能力。因此，考虑敏感性、适应能力、作物自适应能力及暴露程度，将脆弱性定义为

$$DVI = \frac{E \times S}{R_s \times R_a} \qquad (5.13)$$

式中，DVI 是玉米干旱脆弱性指数；E 是暴露程度；S 是作物敏感性；R_s 是自恢复能力；R_a 是社会、经济等要素的适应能力，作物本身及社会适应能力越强，其干旱脆弱程度越小（阎莉等，2012）。

　　综合考虑辽西北玉米干旱脆弱性的自然因素和经济社会因素，以及当前的农业生产情况，结合作物自身的生理特征确定为 17 项指标。其权重的确定采用熵值法计算得到，具体指标及权重如表 5-3 所示。

表 5-3　辽西北玉米干旱脆弱性评估指标及权重

目标层	因子层	指标层	权重
玉米生态系统	作物自敏感性（S）	X_{S1} 植物吸收的光合有效辐射（W/m²）	0.1184
		X_{S2} 气候敏感指数	0.0969
		X_{S3} 叶面积指数	0.1184
	自恢复力（R_S）	X_{Rs_1} 抗旱性	0.1808
		X_{Rs_2} 环境适应性指数	0.1212
	暴露程度（E）	X_{E1} 4~9 月降水量距平（%）	0.0274
		X_{E2} 4~9 月温度距平（%）	0.0207
		X_{E3} 干旱胁迫天数（天）	0.0348
		X_{E4} 播种面积动态度（%）	0.01999
		X_{E5} 易旱面积比例（%）	0.0263
	适应能力（R_a）	X_{Ra_1} 土壤指数	0.0372
		X_{Ra_2} 抗旱设备数量（个）	0.0372
		X_{Ra_3} 耕地灌溉率（%）	0.0417
		X_{Ra_4} 区域地下水供水潜力（m³）	0.0264
		X_{Ra_5} 地表水供水能力（m³）	0.0351
		X_{Ra_6} 农民人均收入（元）	0.0313
		X_{Ra_7} 农业科技人员数量（个）	0.0264

　　2）辽西北玉米干旱脆弱性评估模型构建

　　在指标建立的基础上，敏感性、适应能力、作物自适应能力及暴露程度的指标值的计算如下：

$$S = \sum_{i=1}^{n} W_{S_i} X_{S_i} \qquad (5.14)$$

$$R_s = \sum_{i=1}^{n} W_{R_{si}} X_{R_{si}} \tag{5.15}$$

$$R_a = \sum_{i=1}^{n} W_{R_{ai}} X_{R_{ai}} \tag{5.16}$$

$$E = \sum_{i=1}^{n} W_{E_i} X_{E_i} \tag{5.17}$$

式中，X_{R_i}、$X_{R_{si}}$、$X_{R_{ai}}$、X_{E_i} 分别是敏感性、自恢复能力、环境适应性及暴露程度指标；W_{R_i}、$W_{R_{si}}$、$W_{R_{ai}}$、W_{E_i} 分别是对应的第 i 个指标的权重。

3）辽西北玉米干旱脆弱性评估及区划

（1）基于行政区尺度的辽西北玉米干旱脆弱性评估。根据辽西北玉米干旱脆弱性评估模型（5.13），得到辽西北玉米干旱脆弱性评估及区划分析图（图 5-7）。可以发现，辽西北地区玉米干旱脆弱性具有从轻度到严重程度的 5 种等级。不同等级的脆弱性指数具有很明显的差异，脆弱性指数的数值跨度较大。从全区来看，玉米干旱脆弱性主要集中在中度以上，属于中度以上脆弱性的区域占整个区域的 70% 以上，而属于安全区域的占 25% 左右，由此可以判断整个辽西北地区属于玉米干旱脆弱性较高的区域。结合干旱脆弱性区划图可以发现，辽西北玉米干旱脆弱性水平空间格局大致是东南方向低，西北方向高。地级市的脆弱性一般较弱，这些区域属于旱灾投入及社会经济情况较好的区域。其中，朝阳、北票、建平、义县、喀左、绥中等地区，属于重度脆弱性等级，这些区域玉米专门化指数较高，属于辽西北区域土壤破坏严重区域，同时，这些区域生长季的降水量等气候因素变异程度较严重，属于高度敏感脆弱区域。与此相对，东部地区的新民、铁岭等地区属于轻度玉米干旱脆弱性区域，这些区域距离省会及地级市较近，各项抗旱投入情况较好。

（2）基于格网尺度的辽西北玉米干旱脆弱性评估。对辽西北地区的玉米干旱脆弱性进行格网尺度的区划分析，结果如图 5-8 所示。从图中可见，格网尺度的脆弱性评估与行政区尺度的评估基本一致，脆弱性较严重的区域同样集中在西北部的朝阳、阜新等地区，但是部分区域存在不同程度的差异。以沈阳为例，靠近西北部的区域相对脆弱性较高，这些区域的播种面积较大，脆弱性较高。统计发现中等以上脆弱程度的区域共有 140 个，占总面积的 40% 左右。在河流分布较密集的地区，脆弱性等级相对较低，东北部地区河流分布较稀疏，年径流量较少，径流的时间分布很不均匀，因此干旱时有发生。但是在铁岭的部分区域，尽管先天条件较好，但是由于社会经济情况等的差异，脆弱性等级也较高。

选取了辽西北 1999 年、2000 年、2001 年、2006 年 4 个典型干旱年份，运用玉米干旱脆弱性评估模型，计算辽西北不同区域典型干旱年份玉米干旱脆弱性指数（图 5-9）。整个区域玉米干旱脆弱性较严重的区域主要集中分布在西北部，

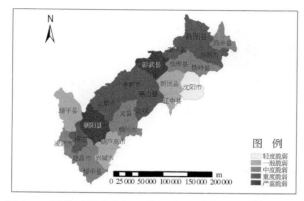

图 5-7　行政区尺度的辽西北玉米干旱脆弱性等级区划图

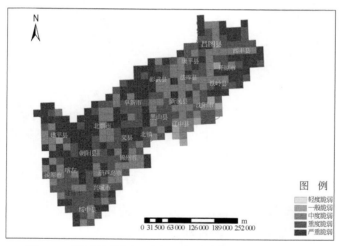

图 5-8　格网尺度的辽西北玉米干旱脆弱性等级区划图

尤其是朝阳、北票、彰武等地，玉米生态系统更加脆弱，更容易发生干旱，相比之下沿海平原地带的脆弱性较低，较不容易发生由干旱引起的大面积的减产。从 4 个年份空间变化比较来看，2006 年中度以上的干旱脆弱性网格最多，占总共网格的 72.7% 左右，中度以上脆弱性区域最广，干旱也最严重。其次是 1999 年，中度以上脆弱性网格总数占 67.2% 左右。再次是 2001 年，约为 56.1%。4 个年份中最轻的是 2000 年，约占 49.7%。并且在每个区域的中心位置，脆弱性等级相对较低，主要与中心位置玉米播种面积较少，对干旱投入较高，注重科学种植有关（阎莉等，2012）。

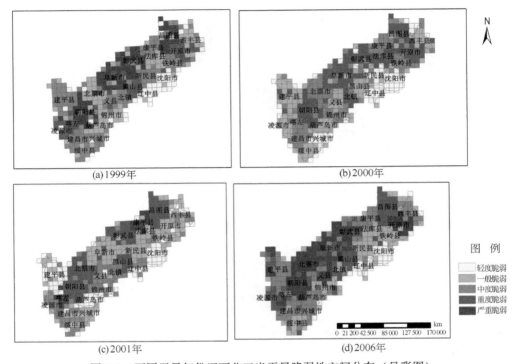

(a) 1999年　　　　　　　　　　　　(b) 2000年

(c) 2001年　　　　　　　　　　　　(d) 2006年

图 5-9　不同干旱年份辽西北玉米干旱脆弱性空间分布（见彩图）

5.2.2.2　吉林西部玉米干旱脆弱性动态评估与区划

1）吉林西部玉米干旱脆弱性动态评估模型构建

本书对吉林西部地区进行脆弱性动态风险评估时，采取了 CERES-Maize 模型进行空间栅格化运行的模式，在雨养的条件下，通过模型模拟研究区内5km 网格单元上玉米的生长过程。由于 CERES-Maize 模型在运行过程中，综合考虑了田间管理能力和土壤肥力等因素，并对玉米的空间生长特征进行了模拟，所以可将脆弱性定义为

$$V = \frac{HI \times S}{R} \tag{5.18}$$

式中，V 是玉米干旱脆弱性指数，用来表示区域玉米干旱脆弱程度，其值越大，则区域玉米干旱脆弱程度越大，风险越大，造成的潜在损失也越大；HI 是系统受到外界的扰动程度；S 是作物敏感性，反映的是玉米对外界扰动的敏感程度；R 是玉米自身适应能力，反映了玉米对干旱的应对能力（董姝娜等，2014；庞泽源等，2014）。

2）吉林西部玉米干旱脆弱性曲线的构建

（1）干旱致灾强度评估。运用"水分胁迫"作为描述干旱致灾因子强度的主要因子。因为水分胁迫的大小和胁迫的天数共同影响作物在一个生育期内的干旱强度，因此，从模型雨养条件下的日输出结果中提取每个生育期内受水分胁迫影响的当天的水分胁迫值和天数，构建了 HI 指数作为玉米旱灾致灾因子评估的指标（贾慧聪等，2011；庞泽源等，2014）：

$$HI_{xy} = \frac{\sum_{i=1}^{n} (1 - Z_i) - \min Z_i}{\max Z_i - \min Z_i} \tag{5.19}$$

$$Z_i = P/ET_C \tag{5.20}$$

$$ET_C = K_C \times ET_0 \tag{5.21}$$

$$ET_0 = \frac{0.408\Delta(R_n - G) + 900\gamma \cdot (e_S - e_a)/(T + 273)}{\Delta + \gamma(1 + 0.34u_2)} \tag{5.22}$$

式中，HI_{xy} 是 x 年第 y 网格的干旱致灾强度指数；Z_i 是第 i 天受水分胁迫影响的当天胁迫值；n 是生育期内受水分胁迫影响的天数；$\max Z_i$ 和 $\min Z_i$ 分别是所模拟的某一网格所有模拟年份内 $\sum_{i=1}^{n} (1 - Z_i)$ 的最大值和最小值；P 是逐日降水量；ET_C 是潜在蒸散量；K_c 是玉米某时段的作物系数（中国主要农作物需水量等值线图协作组，1993）；ET_0 是逐日参考作物蒸散量（mm/d），采用 Penman-Monteith 公式计算；R_n 是地表净辐射；G 是土壤通量［MJ/（m² · d）］；T 是日平均气温（℃）；u_2 是 2m 高处风速（m/s）；e_S 是饱和水汽压（kPa）；e_a 是实际水汽压（kPa）；Δ 是饱和水汽压曲线斜率（kPa/℃）；γ 是干湿表常数（kPa/℃）。

（2）不同生育期干旱生理指标损失计算。运行模型的时候，先控制养分、通气性及病虫害等胁迫，使得水分是唯一胁迫因素，然后设定：完全满足养分、水分（M₁情景）和完全满足养分且雨养即不灌溉（M₂情景），分别进行模拟，可认为是达到了排除温度胁迫对作物生长的影响，即 M₁情景下与 M₂情景下不同生育期相应指标之间的差值为受干旱影响的损失程度。损失率的计算方法为，利用每个网格 M₁情景下某一生育期某一指标的数值减去 M₂情景下相应的数值作为受干旱影响的损失值，该值与该网格的多年最大数值的比率作为相应指标的损失程度，即

$$S_{xy} = \frac{Y_1 - Y_2}{\max Y_1} \times 100\% \tag{5.23}$$

式中，S_{xy} 是 x 年第 y 网格的某一生育期某一指标因旱损失程度；Y_1 和 Y_2 分别是 M₁ 和 M₂情景下的某一指标的数值；$\max Y_1$ 是该网格所模拟年份中 M₁情景下的某一指标的最大值。

3）吉林西部玉米干旱脆弱性动态评估与区划

由于"郑单 958"是 2001 年开始重点推广的品种，所以参考以往的灾情数据，选取了 2004 年、2006 年及 2007 年 3 个案例干旱年，将这 3 年的干旱致灾强度作为输入，运行 CERES-Maize 模型，得到 3 个典型干旱年份的吉林西部地区玉米不同生育期干旱脆弱性等级空间分布图（图 5-10 ~ 图 5-12）。从整体上来看，3 个年份中玉米干旱脆弱性较强的区域主要集中在白城、洮南、镇赉等地区，各个生育期发生重度及严重脆弱性几率较高，与此相比，研究区玉米干旱脆弱性较弱的区域主要集中在松原、扶余等地区，各个生育期发生轻度或中度脆弱性几率较高。从整个生育期来看，随着玉米的生长，发生重度及以上脆弱的区域在不断变大，发生中度及以下脆弱的区域在不断减小，以 2004 年为例，各个生育期重

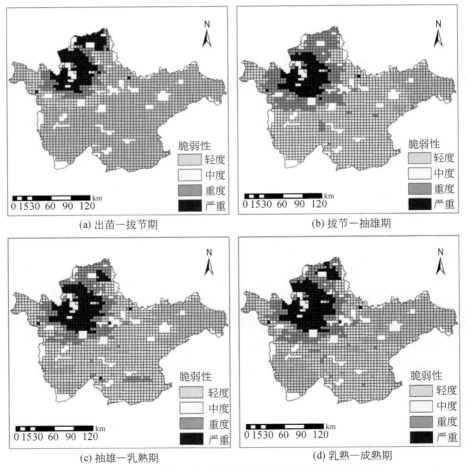

(a) 出苗—拔节期　　　　　　　　　　　　(b) 拔节—抽雄期

(c) 抽雄—乳熟期　　　　　　　　　　　　(d) 乳熟—成熟期

图 5-10　2004 年玉米不同生育期干旱脆弱性空间分布图

度及以上脆弱的区域分别占 17.8%、26.8%、27.6%、27.9%。从各个生育期来看，出苗—拔节期，2004 年轻脆弱性区域所占面积最大，2006 年和 2007 年研究区大部分区域轻脆弱性或中度脆弱性，3 年都轻脆弱性的区域主要集中在松原、前郭县及洮南市的西北部；拔节—抽雄期，2004 年中脆弱性区域所占面积最大，2006 年和 2007 年重脆弱性区域所占面积最大。抽雄—乳熟期，2004 年和 2006 年中脆弱性区域所占面积最大，2007 年重脆弱性及严重脆弱性区域达到了 77.1%；乳熟—成熟期，2004 年发生轻、中、重及以上脆弱性区域面积分别为 32.9%、39.2%、27.9%，2006 年发生轻脆弱性以上的区域所占面积较大，2007 年重脆弱性及严重脆弱性区域达到了 83.1%。以上得到的结果与历史灾情及研究区典型干旱年玉米不同生育期缺水情况比较吻合。

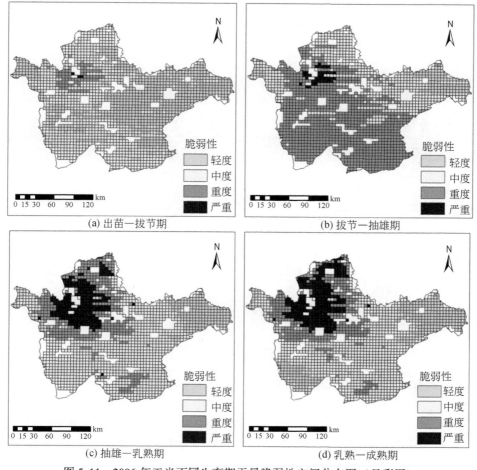

图 5-11　2006 年玉米不同生育期干旱脆弱性空间分布图（见彩图）

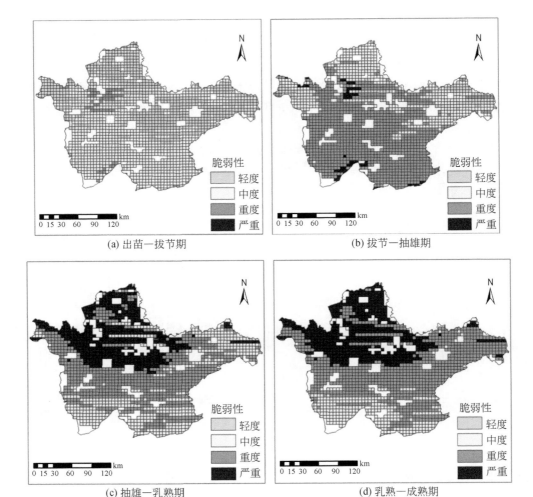

(a) 出苗—拔节期　　　　　　　　　　　　　(b) 拔节—抽雄期

(c) 抽雄—乳熟期　　　　　　　　　　　　　(d) 乳熟—成熟期

图 5-12　2007 年玉米不同生育期干旱脆弱性空间分布图

5.2.2.3　吉林中西部玉米涝灾脆弱性曲线构建

1）吉林中西部玉米水淹胁迫实验

采用盆栽的方法，供试品种为 "郑单 958"。将玉米种子播于内径 35cm、高 40cm 的塑料桶中，试验用土取自大田，按照土壤表层顺序首先将耕底层置于桶底，然后施用等量底肥，最后将耕层土壤（0～20cm）置于桶内。桶底和桶壁分别钻 3 个孔以便于水淹处理后快速排水。平均每桶播种 3 粒，待 3 叶期后进行定苗，每桶留苗 1 株。将未进行水淹处理的样本设为对照组，每个处理 3 次重复，进行 3 种淹没水深和 3 种淹没时间处理。其中，积水深度分别为 10cm、20cm 和 30cm，水淹时间分别为 2 天、4 天和 6 天。针对拔节期（jointing stage）、抽雄期（tasseling stage）、乳熟期（milk stage）3 个阶段的玉米植株进行水淹处理，分别于 2 天、4 天和 6 天后从水槽处理完成后取出，然后进行作物生理生态参数数据采集，同时及时排干水淹至正常水平，按正常大田生长状态，病虫害防治按照常规农田管理进行，直至秋收测量产量（表 5-4）。研究期间，玉米主要生长季积温均满足要求，玉米成熟前无霜冻害。水淹开始于 6 月 22 日。

表 5-4　玉米水淹试验处理设置

水淹深度（cm）	水淹历时（d）	拔节期	抽雄期	乳熟期
	2	J1	T1	M1
10	4	J2	T2	M2
	6	J3	T3	M3
	2	J4	T4	M4
20	4	J5	T5	M5
	6	J6	T6	M6
	2	J7	T7	M7
30	4	J8	T8	M8
	6	J9	T9	M9
正常	—	CK1	CK2	CK3

2）基于田间试验的吉林中西部玉米涝灾脆弱性曲线构建

已有研究表明，玉米对涝灾的反映以生育前期较为敏感，植株拔节期水淹后地上部生物质量明显下降，其营养生长和生殖生长受到较大抑制而导致产量降低。玉米受水淹后其干物重明显下降，经济产量明显受到影响。其中，拔节期不同水淹历时使春玉米减产 13.2% ~ 100%，拔节期是春玉米遭受涝害的关键时期。通过水淹试验可知，对于水淹深度为 10cm 来说，抽雄期玉米遭受的损失率约为拔节期和乳熟期的两倍，并且随着时间的延长，损失率增长明显；对于水淹深度为 20cm 来说，损失率大小分别为抽雄期、拔节期和乳熟期；对于水淹深度为 30cm 来说，损失率大小为拔节期、抽雄期和乳熟期，随着水淹深度的增加，拔节期造成的损失率增长趋势明显，主要是由于拔节期需水量相对较多，当水淹历时较少时，前期水分被玉米所吸收，随着时间的增加，水淹才对玉米的生长发育产生影响（图 5-13）。

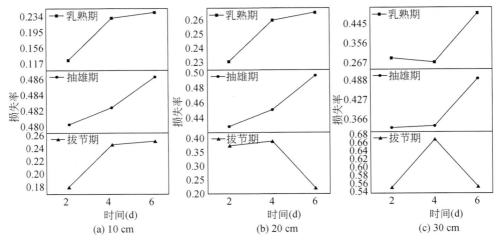

图 5-13　不同发育阶段水淹处理对玉米产量的影响

3）基于 CERES-Maize 模型的吉林中西部玉米涝灾脆弱性曲线构建

"郑单 958" 是辽宁、吉林等 7 省区及国家农作物品种审定委员会审定的玉米品种，在东北春播玉米区平均全生育期为 146 天，是近年来东北地区主要种植的品种之一，因此选取典型玉米品种 "郑单 958" 作为 CERES-Maize 模型所需输入的玉米遗传参数，S1 情境下，利用 1960～2012 年平均逐日气象网格数据，对研究区 5km × 5km 网格单元玉米生长过程进行模拟，S2 情境下，通过 CERES-Maize 模型模拟研究区 5km × 5km 网格上 1985 年、1994 年、2005 年和 2010 年等典型涝灾年份里玉米的生长过程，并且提取每个生育阶段受涝渍胁迫影响的损失指标，计算出每个生育期内不同涝灾指数，结合自然脆弱性曲线的定义，计算出吉林中西部地区玉米不同生育期内涝灾脆弱性曲线。玉米的出苗—拔节期、拔节—抽雄期、抽雄—乳熟期、乳熟—成熟期的关系式分别为 y_1、y_2、y_3、y_4。

$$\begin{cases} y_1 = 0.1622\mathrm{e}^{1.3917x_1}, & R^2 = 0.874 \\ y_2 = 0.12232\mathrm{e}^{2.4556x_2}, & R^2 = 0.662 \\ y_3 = 0.10302\mathrm{e}^{0.8435x_3}, & R^2 = 0.701 \\ y_4 = 0.1495x_4 + 0.0916, & R^2 = 0.3388 \end{cases} \qquad (5.24)$$

出苗—拔节期、拔节—抽雄期、抽雄—乳熟期的脆弱性呈指数增长，并且皆通过了 0.05 的 F 值检验，也就是说，随着涝灾指数的增加，每个生育期内对应指标的损失率增长趋势显著。其中，出苗—拔节期受灾最为敏感，降水量显著影响玉米叶片的生长，损失率最高可达 60％ 以上。拔节—抽雄期，由于需水量较大，当涝灾指数大于 0.5 时，损失率不再增加。抽雄—乳熟期，粒重损失率可高达 25％。乳熟—成熟期，虽然随着涝灾指数的增加，粒重损失率呈线性增长，但是增长趋势不明显，主要与吉林中西部地区年内降水分布有关，降水量主要集中在 7～8 月，进入 9 月之后，降水量显著减少，对玉米干物重积累的影响逐渐减弱。综上所述，吉林省中西部地区玉米涝灾脆弱性最强的时期为出苗—拔节期，其次为拔节—抽雄期和抽雄—乳熟期，乳熟—成熟期受灾较轻（图 5-14）。

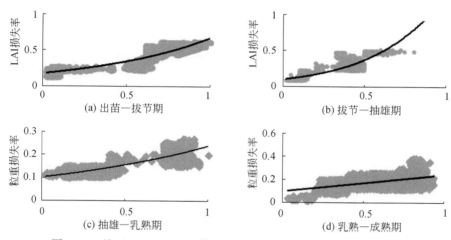

图 5-14　基于 CERES-Maize 模型的吉林中西部玉米涝灾脆弱性曲线

5.2.3　农业气象灾害风险评估与风险图绘制

5.2.3.1　辽西北地区农业干旱灾害风险静态评估与风险图绘制

1）辽西北地区农业干旱灾害风险静态评估指标体系建立

基于农业干旱灾害风险形成机理和农业干旱灾害风险评估流程，选取辽西北最主要的玉米作为研究对象，建立了农业干旱灾害风险评估的指标体系（表 5-5）。

表 5-5　农业干旱灾害风险评估指标体系及权重

<table>
<tr><td colspan="2">因子</td><td>副因子</td><td>指标</td><td>权重</td></tr>
<tr><td rowspan="12" style="writing-mode: vertical;">农业干旱灾害风险评估指标体系</td><td rowspan="12">危险性（H）
（0.392）</td><td rowspan="6">气象</td><td>X_{H1} 4～9 月降水量（mm）</td><td>0.137</td></tr>
<tr><td>X_{H2} 前期积雪量（mm）</td><td>0.070</td></tr>
<tr><td>X_{H3} 4～9 月连续无雨日数（天）</td><td>0.114</td></tr>
<tr><td>X_{H4} 蒸发量（mm）</td><td>0.082</td></tr>
<tr><td>X_{H5} 干旱指数</td><td>0.107</td></tr>
<tr><td>X_{H6} 干旱频率（%）</td><td>0.097</td></tr>
<tr><td rowspan="3">水资源</td><td>X_{H7} 天然径流量（$10^4 m^3/hm^2$）</td><td>0.087</td></tr>
<tr><td>X_{H8} 地下水资源量（$10^4 m^3/hm^2$）</td><td>0.073</td></tr>
<tr><td>X_{H9} 水库供水能力（$10^4 m^3/hm^2$）</td><td>0.072</td></tr>
<tr><td rowspan="2">土壤</td><td>X_{H10} 土壤类型</td><td>0.046</td></tr>
<tr><td>X_{H11} 土壤相对湿度（%）</td><td>0.076</td></tr>
<tr><td>地形</td><td>X_{H12} 地貌类型</td><td>0.039</td></tr>
<tr><td>暴露性（E）
（0.185）</td><td>作物面积</td><td>X_{E1} 作物播种面积（hm^2）</td><td>1</td></tr>
<tr><td rowspan="3">脆弱性（V）
（0.238）</td><td>易旱作物面积</td><td>X_{V1} 易旱作物面积与耕地面积比（%）</td><td>0.326</td></tr>
<tr><td rowspan="2">耐旱能力</td><td>X_{V2} 作物水供需之比（%）</td><td>0.425</td></tr>
<tr><td>X_{V3} 作物单产（kg/hm^2）</td><td>0.249</td></tr>
<tr><td rowspan="6">抗旱减灾能力（R）
（0.185）</td><td rowspan="2">灌溉能力</td><td>X_{R1} 电井（眼）</td><td>0.188</td></tr>
<tr><td>X_{R2} 耕地灌溉率（%）</td><td>0.245</td></tr>
<tr><td rowspan="3">投入水平</td><td>X_{R3} 农业抗旱支出（万元）</td><td>0.173</td></tr>
<tr><td>X_{R4} 农民人均收入（万元）</td><td>0.165</td></tr>
<tr><td>X_{R5} 农业技术人员（人）</td><td>0.132</td></tr>
<tr><td>政策法规</td><td>X_{R6} 抗旱减灾预案的制定</td><td>0.097</td></tr>
</table>

2）辽西北地区农业干旱灾害风险静态评估模型构建

利用自然灾害风险指数法、加权综合评估法和层次分析法，建立了农业干旱灾害风险指数，用以表征农业干旱灾害风险程度，具体计算公式如下：

$$ADRI = \frac{H^{W_H}(X) \cdot E^{W_E}(X) \cdot V^{W_V}(X)}{1 + R^{W_R}(X)} \tag{5.25}$$

其中，ADRI 是农业干旱灾害风险指数，用于表示农业干旱灾害风险程度，其值越大，农业干旱灾害风险程度越大；X 是各评估指标的量化值；H(X)、E(X)、V(X)、R(X) 值相应是危险性、暴露性、脆弱性和防灾减灾能力的大小；W_H、

W_E、W_V、W_R 表示利用层次分析法得到的危险性、暴露性、脆弱性和抗旱减灾能力的权重值（王翠玲等，2011；张继权等，2012a）。

3）辽西北地区农业干旱灾害风险静态评估与风险图绘制

为了评估农业干旱灾害风险程度，根据研究区农业干旱灾害的实际状态，并考虑农业干旱灾害风险指数的最大值和最小值，对辽西北农业干旱灾害风险度进行了 4 级评估，其结果如表 5-6 所示。

表 5-6　辽西北农业干旱灾害风险区划界限值

类型	高风险	中风险	低风险	轻风险
界限值（风险指数）	>0.613	0.513~0.613	0.440~0.513	≤0.440

利用农业干旱灾害风险指数值及农业干旱灾害风险区划的界限值，借助 GIS 技术得到的辽西北农业干旱灾害风险区划结果如图 5-15 所示。

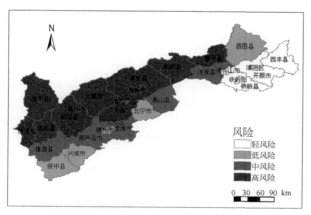

图 5-15　辽西北农业干旱灾害风险区划图

结果表明，辽西北农业干旱灾害具有风险轻、低、中和高 4 种类型的风险区域范围及风险指数的特征值，且不同风险类型的风险指数具有明显的差异，风险指数的最大值、最小值和平均值都随着风险程度的加强而增大。从全区来看，农业干旱灾害的风险程度集中在中度以上，属于中风险和高风险的风险区域有 18 个，所占比重高达 62%，而轻风险和低风险的区域有 11 个，占总区域的 38%。结合风险区划图可以发现，辽西北农业干旱灾害风险水平空间格局大致是东南方向低，西北方向高。

5.2.3.2 辽西北地区农业干旱灾害风险动态评估与风险图绘制

1）辽西北地区农业干旱灾害风险动态评估指标体系建立

基于以上的农业干旱灾害风险形成机理和农业干旱灾害风险评估流程，建立了辽西北地区玉米干旱灾害动态风险评估指标体系（表5-7）。

表 5-7　辽西北地区玉米干旱灾害动态风险评估指标体系

	因子	副因子	指标	权重
玉米干旱灾害动态风险评估指标体系	危险性（H）（0.479）	气象	X_{H1} 连续无雨日数（天）	0.208
			X_{H2} 风速（m/s）	0.029
			X_{H3} 温度（℃）	0.033
			X_{H4} 降雨量（mm）	0.292
			X_{H5} 前期积雪量（mm）	0.050
			X_{H6} 空气相对湿度（%）	0.049
		土壤	X_{H7} 土壤相对湿度（%）	0.159
			X_{H8} 土壤类型	0.035
		水资源	X_{H9} 河流缓冲区	0.090
		地形	X_{H10} 坡度（°）	0.056
	脆弱性（V）（0.196）	玉米	X_{V11} 玉米单位面积产量（kg/hm²）	0.250
			X_{V12} 玉米供需水比（%）	0.750
	暴露性（E）（0.108）	玉米	X_{E13} 玉米播种面积（hm²）	1
	抗旱减灾能力（R）（0.217）	抗旱设备	X_{R14} 电井（眼）	0.226
		灌溉能力	X_{R15} 水库缓冲区（km）	0.101
			X_{R16} 有效灌溉面积比（%）	0.674

2）辽西北地区农业干旱灾害风险动态评估模型构建

根据农业干旱灾害风险形成机制，综合考虑玉米干旱灾害危险性、暴露性、脆弱性、抗旱减灾能力4个因子及其相应指标，利用加权综合评估法和层次分析法，建立如下玉米干旱灾害风险评估模型：

$$CDDRI = \frac{H^{W_H} \cdot E^{W_E} \cdot V^{W_V}}{HR^{W_R}} \tag{5.26}$$

$$H = \sum_{i=1}^{n=10} X_{Hi} W_{Hr} \tag{5.27}$$

$$E = \sum_{i=1}^{n=1} X_{ei} W_{ei} \tag{5.28}$$

$$V = \sum_{i=1}^{n=2} X_{vi} W_{vi} \qquad (5.29)$$

$$R = \sum_{i=1}^{n=3} X_{ri} W_{ri} \qquad (5.30)$$

其中，$CDDRI$ 是玉米干旱灾害风险指数，用于表示玉米干旱灾害风险程度，其值越大，则玉米区干旱灾害风险程度越大；H、E、V 和 R 的值相应表示危险性、暴露性、脆弱性和抗旱减灾能力因子指数；W_H、W_E、W_V 和 W_R 表示危险性、暴露性、脆弱性和抗旱减灾能力的权重；在式（5.26）~式（5.30）中，X_i 是第 i 项指标的量化值；W_i 是第 i 项指标的权重，表示各指标对形成玉米干旱灾害风险的主要因子的相对重要性。

3）辽西北地区农业干旱灾害风险动态评估与风险图绘制

在对辽西北地区玉米不同生长阶段干旱灾害风险阈值的确定过程中，选取1999~2002 年、2004 年为案例年进行分析研究，根据前文选取的指标和建立的模型，得出各案例年内辽西北地区玉米不同生长阶段的干旱灾害风险值，如图 5-16所示。

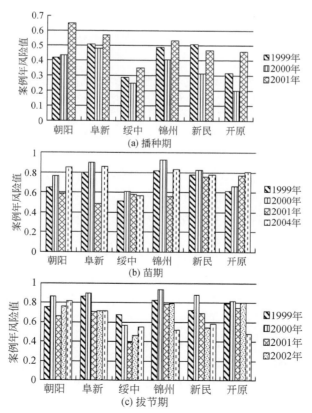

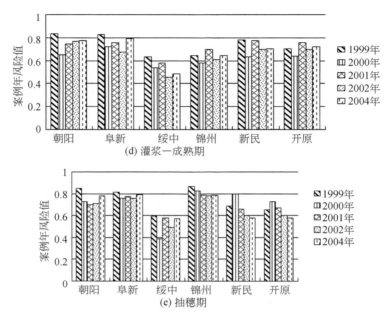

图5-16　案例年内辽西北地区玉米不同生长阶段干旱灾害风险值

5.2.3.3　江淮地区农业洪涝灾害风险评估与风险图绘制

1）江淮地区农业洪涝灾害风险评估指标体系建立

本书选取研究区 DEM、洪水的淹没范围和水深作为危险性评估因子，结合 GIS 栅格数据的水文水动力学模型进行模拟，运用格网 GIS 技术提取出各格网的洪水淹没水深来进行固镇县洪涝灾害危险性评估。根据小麦洪涝灾害暴露性评估的概念框架可知各格网小麦产量是由小麦种植面积和单产两个方面所决定的。本书结合实际情况运用统计方法统计小麦的水深–时间–损失率关系来评估固镇县小麦洪涝灾害脆弱性。

2）江淮地区农业洪涝灾害风险评估模型构建

根据洪涝灾害风险的概念和形成机制，小麦洪涝灾害的潜在损失主要包括小麦总产量和小麦洪涝灾害损失率两个因子，因此，建立固镇县小麦洪涝灾害潜在损失的计算公式如下：

$$L(i, j) = a(i, j) \cdot F(i, j) \tag{5.31}$$

式中：$L(i, j)$ 是格网 (i, j) 内小麦洪涝灾害总损失；$a(i, j)$ 是格网 (i, j) 内小麦的损失率；$F(i, j)$ 是格网 (i, j) 内的小麦总产量。小麦产量的洪涝灾害损失总等于格网内小麦总产量与该格网内小麦洪涝灾害损失率之积。

3）江淮地区农业洪涝灾害风险评估与区划

通过固镇县农业洪涝灾害风险分布图 5-17 可以直观发现，在沿浍河和怀洪新河两岸高风险与中风险交错分布，在西南部的磨盘张乡与王庄镇中风险分布面积较大，沱河上游有部分中高风险存在，而低风险区则分布于整个县域内的大平原地区。河道内部低风险或无风险（马东来等，2012；2013）。

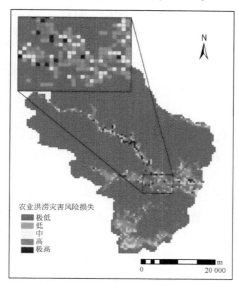

农业洪涝灾害风险损失
- 极低
- 低
- 中
- 高
- 极高

图 5-17　固镇县农业洪涝灾害风险分布图

5.2.4　农业气象灾害风险预测预警

5.2.4.1　辽宁朝阳玉米不同生育阶段干旱灾害风险预测

1）玉米不同生育阶段干旱灾害风险预测模型构建

将 1970～2006 年的多尺度 SPI 值作为判别式分析的训练样本特征变量，由产量波动计算出的历年风险等级序列作为判别结果，建立判别式模型即风险预测模型（张琪等，2011；Zhang Q et al.，2013）。由于干旱具有累积效应，前期是否干旱会对本阶段产生影响，因此，在进行判别式分析时要考虑前面阶段的 SPI 值。不同阶段建立判别式模型时所用的特征变量见表 5-8。

表 5-8　不同生育阶段判别式分析的特征变量

生育阶段	特征变量
第 1 阶段	$AVER_{1-1}$、$AVER_{1-2}$、$AVER_{1-3}$

生育阶段	特征变量
第 2 阶段	AVER$_{1-1}$、AVER$_{1-2}$、AVER$_{1-3}$、AVER$_{2-1}$、AVER$_{2-2}$、AVER$_{2-3}$
第 3 阶段	AVER$_{1-1}$、AVER$_{1-2}$、AVER$_{1-3}$、AVER$_{2-1}$、AVER$_{2-2}$、AVER$_{2-3}$、AVER$_{3-1}$、AVER$_{3-2}$、AVER$_{3-3}$
第 4 阶段	AVER$_{1-1}$、AVER$_{1-2}$、AVER$_{1-3}$、AVER$_{2-1}$、AVER$_{2-2}$、AVER$_{2-3}$、AVER$_{3-1}$、AVER$_{3-2}$、AVER$_{3-3}$、AVER$_{4-1}$、AVER$_{4-2}$、AVER$_{4-3}$

各阶段的多尺度 SPI 值与风险等级之间创建的判别式模型基本形式：

$$D = \beta_1 (\text{AVER}_{1-1}) + \beta_2 (\text{AVER}_{1-2}) + \beta_3 (\text{AVER}_{1-3}) + \beta_4 (\text{AVER}_{2-1}) + \cdots + C$$

$$(5.32)$$

式中，D 是判别结果；β 是判别式系数；AVER$_{i-j}$ 是特征变量，其中 i 是生育阶段，j 是时间尺度；C 是截距，通过 SPSS 软件实现预测。不同的训练样本会得到不用的判别式系数。

2）玉米干旱灾害风险模型预测结果准确率分析及检验

表 5-9 为应用上述模型进行风险预测的准确率，可见预测准确率平均由第 1 阶段的 54.1% 到第 4 阶段的 83.8% 逐渐提高，这是因为在前面阶段的预测时后期的天气情况未知，所以预测的准确率低，随着生育阶段的推进，降水量数据不断得到补充，预测的准确率也不断提高。还可以看出，每一阶段干旱灾害高风险组预测的准确率最高，无风险组预测准确率最低。也就是说，干旱发生年份模型预测的准确率较高，非干旱发生年份准确率较低。这是由于在非干旱年份还有可能有其他因素影响产量，如雹灾、冻害等。在模型建立时风险等级划分根据玉米产量波动，不能剔除干旱以外其他灾害对产量波动的影响，这是造成无风险组准确率较低的原因。但是对于受干旱影响严重的朝阳地区来说，干旱是影响产量的最重要因素，本方法因此具有很好的适用性，准确率较高。前 3 个阶段准确率都有提升但是幅度不大，到了第 4 阶段——乳熟期，准确率明显大幅提高，说明这一阶段的干旱对最终产量的影响比其他阶段大，从七月下旬到八月下旬这段时间是玉米生长的关键期，这一结果与从农学、作物生理学角度研究干旱对玉米产量影响的结果相一致（白向历，2009）。

表 5-9　模型对不同生育阶段 3 个风险等级预测的准确率

生育阶段	准确率（%）			
	高风险	低风险	无风险	平均
第 1 阶段	72.7	57.1	42.1	54.1

续表

生育阶段	准确率（%）			
	高风险	低风险	无风险	平均
第 2 阶段	72.7	57.1	57.9	62.2
第 3 阶段	81.8	71.4	57.9	67.6
第 4 阶段	90.9	85.7	78.9	83.8

注：准确率＝正确划分到某一风险等级的年份/该风险等级发生总年份

3）玉米干旱灾害风险预测结果与讨论

随机选取连续的 4 年 1998～2001 年，分别剔除这几年的数据后建立模型，再输入这几年的 SPI 数据进行预测，各阶段预测结果见表 5-10。分析这 4 年的逐旬降水量数据和这 4 年的多尺度 SPI 值可以发现 1998 年整个生育期降水量都较充足，SPI 值均为正值，即没有干旱发生，通过当年的实际产量确定的灾害等级为无风险年，预测结果准确；1999 年、2000 年整个生育期降水量较少，干旱灾害等级为高风险年，模型预测结果与实际相符合；2001 年 6 月中旬到 7 月上旬降水较多，尤其是 7 月上旬多达 102.1mm，其他各旬降水较少，6 月中旬到 7 月上旬的降水一定程度上缓解了后期的干旱，最终由产量确定的实际风险为低风险年，预测结果与实际存在一定偏差，认为原因是降水过于集中，水分蒸发流失之后较长时间降水不足造成作物需水不足，从而影响产量形成干旱灾害。

表 5-10　干旱灾害风险模型预测结果与实际风险对照表

年份	不同生育阶段预测的风险				实际风险
	第 1 阶段	第 2 阶段	第 3 阶段	第 4 阶段	
1998	低风险	无风险	无风险	无风险	无风险
1999	高风险	高风险	高风险	高风险	高风险
2000	高风险	高风险	高风险	高风险	高风险
2001	高风险	高风险	无风险	无风险	低风险

5.2.4.2　辽西北地区玉米干旱灾害风险预警

1）辽西北地区玉米干旱灾害风险预警模型指标的确定

警源是引起警情的各种可能因素。风险预警的警源可以分为两类：内生警源与外生警源。内生警源，指所研究对象系统内部的影响因素；外生警源，就是指所研究对象系统外部的影响因素。对玉米干旱灾害风险预警而言，其内生警源为直接诱发干旱的所有因素，是干旱能否发生的充分条件，主要是各种气象因素；

其外生警源为影响干旱可能带来损失的所有因素，辽西北地区玉米干旱灾害风险早期预警的指标体系见表5-11。

表5-11　辽西北地区玉米干旱灾害风险早期预警指标体系

警源	警兆因子	警兆	
连续无雨日数 D_r（d）	玉米干旱灾害（$P_{m/t}$）	内生警兆（P）	玉米干旱灾害早期预警体系（MDEWI）
生长季风速 W_s（m/s）			
生长季气温 T_m（℃）			
生长季降雨 P_r（mm）			
生长季相对湿度 H_u（%）			
生长季土壤湿度 S_u（%）			
玉米种植面积 X_{E1}（hm²）	玉米暴露度（E）	外生警兆（D_g）	
玉米产量 X_{V1}（kg/hm²）	玉米脆弱性指标（V）		
玉米水分供需比 X_{V2}（%）			
水井数量 X_{R1}	旱灾防灾减灾能力（R）		
水库距离 X_{R2}（km）			
有效灌溉面积 X_{R3}（%）			

2）辽西北地区玉米干旱灾害风险预警模型构建

玉米干旱灾害早期预警指标（MDEWI）是由内生警兆和外生警兆共同决定的，计算方式如下：

$$MDEWI = P \times D_g \tag{5.33}$$

其中，内生警兆（P）的计算基于 logistic regression model（Cui et al.，2010）。干旱由 SPI 指数识别：

$$P_{m/t} = prob\{N = 1/U_{m/t}\} =$$

$$\frac{\exp[b_0 + b_1(D_r) + b_2(W_s) + b_3(T_m) + b_4(P_r) + b_5(H_u) + b_6(S_u)]}{1 + \exp[b_0 + b_1(D_r) + b_2(W_s) + b_3(T_m) + b_4(P_r) + b_5(H_u) + b_6(S_u)]}$$

$$\tag{5.34}$$

若 SPI>-1，$N = 1$，否则 $N = 0$。基于 1997~2005 年的统计数带入公式（5.34），得到 b 的值，其中，相对湿度和土壤湿度的显著性水平较差，表明这两个指标对干旱的影响不显著，在下面的研究中去除这两个指标，用其他指标构建 Logit 回归模型确定内生警兆的大小：

$$\text{Logit}(p_{m/t}) = 0.707 - 0.046(D_r) - 0.076(W_s) + 0.029(T_m) - 0.023(P_r)$$

$$\tag{5.35}$$

式中，$P_{m/t}$ 是干旱发生的可能性，$P_{m/t} \in [0, 1]$，值越大说明发生干旱的可能性越大。

外生警兆由玉米暴露度、脆弱性和干旱防灾减灾能力共同决定，计算公式分别如下：

$$D_g = \frac{E(X) \times P_o(X)}{1 + R(X)} \tag{5.36}$$

$$E(X) = w_1 \times X_{E1} \tag{5.37}$$

$$V(X) = w_1 \times X_{V1} + w_2 \times X_{V2} \tag{5.38}$$

$$R(X) = w_1 \times X_{R1} + w_2 \times X_{R2} + w_3 \times X_{R3} \tag{5.39}$$

式中，w 是外生警兆各个指标的权重，用层次分析法来确定，具体数值见表 5-12。

表 5-12　外生警兆权重

警兆	警兆因子	权重	警源	权重
外生警兆	玉米暴露度（E）	0.3410	X_{E1}	1
	玉米干旱脆弱性（V）	0.4452	X_{V1}	0.5987
			X_{V2}	0.4013
	干旱防灾减灾能力（R）	0.2138	X_{R1}	0.4767
			X_{R2}	0.2616
			X_{R3}	0.2616

3）辽西北地区玉米干旱灾害风险预警结果与分析

以干旱灾害典型案例年 2009 年为例，应用前面介绍的预警模型对辽西北地区玉米干旱灾害风险进行动态预警，研究区每个格网的 *MDEWI* 值利用上述方法计算，并依据表 5-10 确定预警等级，不同生育阶段干旱灾害动态预警如图 5-18 所示，可以看出随着生育阶段推进，红色和橙色预警等级的范围由北向南逐步扩大。根据统计数据，2009 年当地确实发生了严重的干旱灾害，导致大面积玉米减产，验证了本灾害风险预警模型的效果（Zhang Q et al.，2014）。

5.2.4.3　辽西北地区玉米干旱灾害动态风险预警

1）辽西北地区玉米干旱灾害动态风险预警体系

本章通过对玉米干旱灾害动态风险指数分级，进而确定预警等级阈值（警限）。依据玉米干旱灾害的风险等级，将研究区划分为 5 个预警区间：极低风险区、低风险区、中等风险区、高风险区和极高风险区。警报在发布时，以县（市）为区域空间单位尺度，预警级别按照风险等级面积决定，不同风险等级面积等同或差距较小（相对变率绝对值<5%）的情况，预警级别以风险等级高的为准。本书采用"四色"预警显示信号，即蓝色（四级预警，低风险区）、黄色

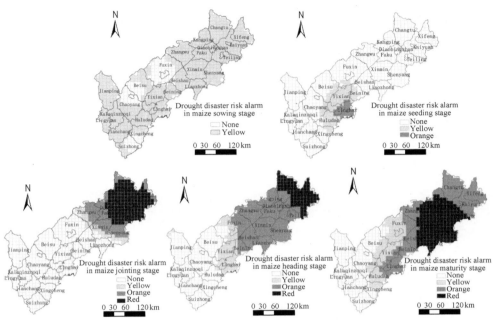

图 5-18　2009 年辽西北地区不同生育阶段干旱灾害动态预警（见彩图）

（三级预警，中等风险区）、橙色（二级预警，高风险区）和红色（一级预警，极高风险区）四种颜色标示预警级别。针对不同的预警级别，预警信号颜色不一样，表达的旱情也不一样，如表 5-13 所示。

表 5-13　辽西北地区玉米干旱灾害风险警报发布标准及其含义

预警信号	风险评估指数等级	预警等级	警区	含义	是否发布	是否干预
无	极低风险	无	极低风险区	极低风险面积居多	不发布	否
蓝色	低风险	四级预警	低风险区	低风险面积居多	发布	否
黄色	中等风险	三级预警	中等风险区	中等风险面积居多	发布	是
橙色	高风险	二级预警	高风险区	高风险面积居多	发布	是
红色	极高风险	一级预警	极高风险区	极高风险面积居多	发布	是

2）辽西北地区玉米干旱灾害动态风险预警模型构建

本书以玉米为研究对象，玉米各生育阶段作为干旱灾害动态风险评估的时间尺度，且作物干旱响应指数能够表现作物不同生育阶段对水分的不同需求。因此，将玉米种植范围和生育阶段两项指标作为玉米干旱灾害风险动态评估的基础空间数据和时间数据，不参与权重计算。表 5-14 为辽西北地区玉米干旱灾害动态风险评估指标体系及其权重。

表 5-14　辽西北地区玉米干旱灾害动态风险评估指标体系及其权重

目标	因子	次级因子	指标	权重
玉米干旱灾害动态风险评估指标体系	危险性（H）(0.8)	致灾因子	农田浅层土壤湿度指数	0.1355
			降雨距平百分率（%）	0.0875
		孕灾环境	农业生产类型	0.5153
			坡度（°）	0.0375
			土壤类型	0.0242
	脆弱性（V）(0.2)	暴露性	玉米种植范围	
		敏感性	潜在产量损失率	0.0820
		玉米自适应能力	玉米不同生育阶段	
		社会经济适应能力	灌溉能力	0.1180

根据自然灾害风险形成理论及其标准数学公式，结合辽西北干旱灾害风险指标，建立如下动态风险模型：

$$DDRI_i = H(x_i)^{W_H} \times V(x_i)^{W_V} \qquad (5.40)$$

$$H(x_i) = \sum_{j=1}^{n}(x_{ij} \times w_j) \qquad (5.41)$$

$$V(x_i) = \frac{w_c \times x_{CDRI_i}}{1 + w_r \times x_R} \qquad (5.42)$$

$$X'_{ij} = \frac{(x_{ij} - X_{\min})}{(X_{\max} - X_{\min})} \qquad (5.43)$$

式中，$DDRI_i$ 是玉米生育阶段 i 的旱灾风险指数；$H(x_i)$ 和 $V(x_i)$ 分别是该生育阶段的危险性和脆弱性大小；W_H 和 W_V 分别是利用层次分析法确定的危险性和脆弱性的权重；x_{ij} 是量化后的危险性各项指标；w_j 是相应指标的权重，$j = 1,2,\cdots,5$；x_{CDRI_i} 是该生育阶段量化后的作物干旱响应指数指标；w_c 是其权重；x_R 是灌溉能力指标；w_r 是其权重。

3）辽西北地区玉米干旱灾害动态风险预警的结果与分析

以 2006 年为例，利用 GIS 手段绘制研究区玉米干旱灾害动态风险等级图及各县市玉米不同生育阶段不同干旱灾害风险等级面积图。根据玉米干旱灾害风险指数，结合辽西北地区玉米干旱灾害风险警报发布标准，发布预警信号。

（1）玉米播种—出苗阶段干旱灾害风险预警结果与分析。图 5-19（a）为辽西北地区玉米播种—出苗阶段干旱灾害风险等级图。由于降雨量极少，播种—出苗阶段，整个辽西北地区玉米干旱灾害风险较高，玉米干旱灾害极低风险与低风险面积总和不足干旱灾害风险总面积的 15%。辽西北地区玉米干旱灾害风险由北向南、从东至西增高。其中，葫芦岛市和锦州市玉米旱灾风险最高。整个区域玉米干旱灾害风险等级趋势与土壤相对湿度表述的干旱程度分布大体上是一致的。分析各县市玉米在该生育阶段不同干旱灾害风险等级面积可知，辽西北地区所有县市风险预警等级为中等风险以上，根据警报发布标准，对上述几个县市发布对应的预警信号［图 5-19（b）］。

(a) 干旱灾害风险等级　　　　　　　　(b) 各县市预警等级

图 5-19　辽西北地区玉米播种—出苗阶段干旱灾害风险等级及预警等级分布

（2）玉米出苗—七叶阶段干旱灾害风险预警结果与分析。玉米出苗，进入出苗—七叶阶段，干旱灾害风险指数为 0.05 ~ 0.741，利用 SOM 网络划分玉米该阶段的干旱灾害风险指数。由于部分地区大面积降雨，缓解了玉米旱情，虽极低风险和低风险面积增多，但整体来看玉米旱灾风险仍然两极分化趋势明显，即风险由北向南、从东至西增高。根据玉米旱灾风险等级分布［图 5-20（a）］和各县市不同旱灾风险等级面积比例，确定各县市的预警等级［图 5-20（b）］。

（3）玉米七叶—拔节阶段干旱灾害风险预警结果与分析。玉米在七叶—拔节阶段，低风险与极低风险面积继续增多，且集中于辽西北地区东北部，两极分

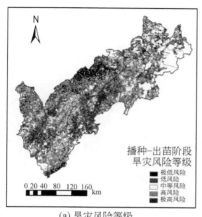
(a) 旱灾风险等级

(b) 各县市预警等级

图 5-20　辽西北地区玉米出苗—七叶阶段干旱灾害风险等级及预警等级分布

化趋势在该阶段表现最为明显，如图 5-21（a）所示。由各县市不同风险等级面积比例可知，沈阳市和铁岭市旱灾风险明显降低。根据面积比例，结合警报标准，发布警报［图 5-21（b）］。

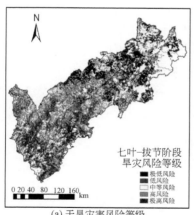
(a) 干旱灾害风险等级

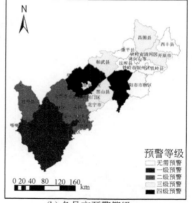
(b) 各县市预警等级

图 5-21　辽西北地区玉米七叶—拔节阶段干旱灾害风险等级及预警等级分布

（4）玉米拔节—抽穗阶段干旱灾害风险预警研究。玉米进入拔节期，研究区东北部降雨量较少，由图 5-22（a）辽西北地区玉米拔节—抽穗阶段干旱灾害风险等级分布图可看出，中等风险大幅增多，比上一阶段面积增大一倍，且主要集中在铁岭市、阜新市、沈阳市和锦州市东北部。极高风险面积虽较上一阶段减少 $\frac{1}{4}$，但仍然集中分布于朝阳市和葫芦岛市北部（建昌县和葫芦岛市区）。根据玉米种植面积比例，确定各县市预警级别，并发布警报［图5-22（b）］。

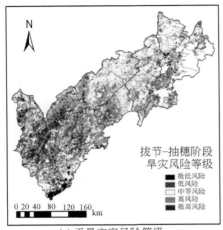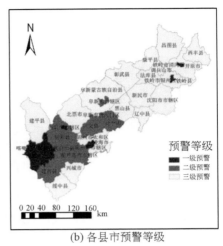

(a) 干旱灾害风险等级   (b) 各县市预警等级

图5-22 辽西北地区玉米拔节—抽穗阶段干旱灾害风险等级及预警等级分布

（5）玉米抽穗—乳熟阶段干旱灾害风险预警。由图5-23（a）可知，玉米干旱灾害极高风险、高风险和中等风险面积减少，尤其是高风险面积，较上一阶段减少约45%。低风险和较低风险面积大幅增加，主要集中于铁岭市和沈阳市。而高风险面积和极高风险面积主要分布在锦州市区、阜新市、朝阳市区及葫芦岛的市区和建昌县。对比拔节—抽穗和抽穗—乳熟两个阶段的风险等级分布［图5-22（a）、图5-23（a）］，沈阳市、铁岭市和朝阳市风险等级明显下

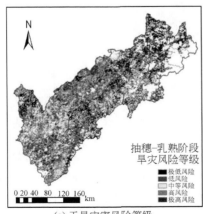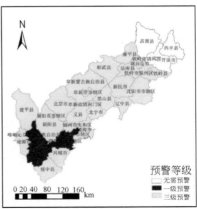

(a) 干旱灾害风险等级   (b) 各县市预警等级

图5-23 辽西北地区玉米抽穗—乳熟阶段干旱灾害风险等级及预警等级分布

降。根据玉米种植面积比例，确定各县市预警级别，结合警报发布标准，发布
警报［图 5-23（b）］。

（6）玉米乳熟—成熟阶段干旱灾害风险预警。分析辽西北地区玉米乳熟—
成熟阶段干旱灾害风险预警等级分布［图 5-24（a）］，玉米干旱灾害低风险和较
低风险面积增大，主要集中分布于研究区西部和南部，而高风险面积和极高风险
面积主要分布于沈阳北部和阜新中部。与上一生育阶段相比，朝阳市、葫芦岛市
及锦州市的中等风险面积、高风险面积和极高风险面积明显下降。根据玉米种植
面积比例，确定各县市预警级别，结合警报发布标准，发布警报［图 5-24（b）］
（刘晓静等，2012；2013）。

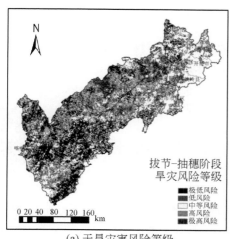
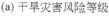
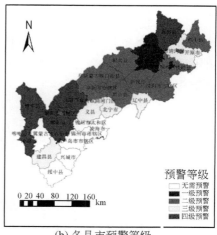

（a）干旱灾害风险等级　　　　　　　（b）各县市预警等级

图 5-24　辽西北地区玉米乳熟—成熟阶段干旱灾害风险等级及预警等级分布

5.3　综合农业气象灾害风险评估与区划

本节首先从孕灾环境和致灾因子危险性、承灾体暴露性、脆弱性和防灾减
灾能力 4 要素入手，利用自然灾害风险评估技术构建发育阶段及全生育期主要
气象灾害风险评估模型。应用系统聚类分析方法对发育阶段及全生育期主要气
象灾害风险区划，探寻不同发育阶段主要气象灾害风险分布规律。其次，综合
考虑作物对气象灾害的敏感性和适应性，以及区域环境的抗灾能力，建立了比
较科学的脆弱性评估模型。通过加权综合评分法建立了气象灾害的综合风险评
估模型，并利用 GIS 技术绘制了华北地区主要气象灾害风险分区图；针对早稻
不同发育期制订区域一致的灾害判别标准，具体判断各个发育期的受灾情况；

借鉴有害积温的计算方法构建灾害指标反映冷害、热害发生强度，然后，分别为危险性、脆弱性、暴露性和防灾减灾能力 4 个因子选择合理的评估指标或评估模型进行评估分析。最后，对于海南的橡胶，通过加权综合评分法建立了气象灾害的综合风险评估模型，并基于 GIS 默认的 Natural Breaks 分类方法，以县为研究单元，将海南岛橡胶主要气象灾害风险划分为 4 类，绘制了风险分区图。

5.3.1 东北地区玉米综合农业气象灾害风险评估与区划

5.3.1.1 东北地区玉米主要气象灾害指标的确定

1）热量指数

热量指数结合了作物的生长发育特性，考虑了作物不同发育阶段的适宜温度、下限温度和上限温度，反映了农作物对环境热量状况的响应。

热量指数公式为

$$F(T) = \left[(T - T_1)(T_2 - T)^B \right] / \left[(T_0 - T_1)(T_2 - T_0)^B \right] \tag{5.44}$$

$$B = (T_2 - T_0) / (T_0 - T_1) \tag{5.45}$$

式中，T 是日平均温度；T_0、T_1 和 T_2 分别是某日所在发育期的适宜温度、下限温度和上限温度，且当 $T \leqslant T_1$ 或 $T \geqslant T_2$ 时，$F(T) = 0$。

2）低温冷害指标

根据王春乙等（2015）的研究，东北地区一般、严重低温冷害判别指标为

$$CDY = \Delta T_{5\sim9} + 8.6116 - 0.1482(X + 0.0109H) \tag{5.46}$$

$$CDW = \Delta T_{5\sim9} + 18.3029 - 0.3270(X + 0.0109H) \tag{5.47}$$

式中，$\Delta T_{5\sim9}$ 是 5 ~ 9 月月平均温度和的距平（℃）；X 是纬度（°N）；H 是海拔高度（m）。当 $CDY \leqslant 0$ 时，出现一般低温冷害；$CDW \leqslant 0$ 时，出现严重冷害。

5.3.1.2 东北地区玉米综合农业气象灾害风险评估

1）东北地区玉米综合农业气象灾害风险指标体系的确定

利用热量指数及低温冷害积温距平监测指标构建冷害指数，识别发育阶段冷害；从水分收支平衡原理出发，构建水分盈亏指数识别发育阶段干旱、涝害。

利用层次分析法确定风险 4 要素及主要气象灾害危险性各指标的权重系数，发育阶段主要气象灾害风险评估指标体系与权重系数如表 5-15 所示。

表 5-15　东北地区玉米主要气象灾害风险评估指标体系与权重系数

因子	副因子	指标	权重
危险性 （H） （0.4237）	冷害危险性（3 种灾害的频率之比为 $C_1 : C_2 : C_3$，$W_C = C_1 / (C_1 + C_2 + C_3)$ ）	热量指数负距平百分率（%）（X_{HC1}）	0.4247
		≥0℃积温负距平（℃·d）（X_{HC2}）	0.2420
		≤适宜温度界限天数（天）（X_{HC3}）	0.1699
		少于 3 小时日照天数（天）（X_{HC4}）	0.0737
		品种熟型（X_{HC5}）	0.0387
		纬度（°N）（X_{HC6}）	0.0301
		海拔（m）（X_{HC7}）	0.0208
	干旱危险性 $W_D = C_2 / (C_1 + C_2 + C_3)$	最长连续无雨日数（天）（X_{HD1}）	0.3913
		水分亏缺百分率（%）（X_{HD2}）	0.2302
		降水负距平百分率（%）（X_{HD3}）	0.1280
		累积蒸散量（mm）（X_{HD4}）	0.1273
		累积有效降水量（mm）（X_{HD5}）	0.0835
		土壤指数（X_{HD6}）	0.0396
	涝害危险性 $W_F = C_3 / (C_1 + C_2 + C_3)$	暴雨日数（日降水量≥50mm 的日数）（天）（X_{HF1}）	0.4587
		暴雨累积量（暴雨日的降水量之和）（mm）（X_{HF2}）	0.2893
		水分盈余百分率（%）（X_{HF3}）	0.1149
		降水正距平百分率（%）（X_{HF4}）	0.0556
		累积有效降水量（mm）（X_{HF5}）	0.0541
		土壤指数（X_{HF6}）	0.0274
暴露性（E）（0.1221）		玉米种植面积占耕地面积之比（%）（X_E）	
脆弱性（V）（0.2268）		减产率分配到相应灾害阶段（%）（X_V）	
防灾减灾能力（R）（0.2269）		单产变异系数（Y）	

2）东北地区玉米综合农业气象灾害风险评估模型的构建

利用自然灾害风险指数法建立发育阶段主要农业气象灾害风险评估模型：

$$DRI_j = H_j^{W_H} \times E_j^{W_E} \times V_j^{W_V} \times (1 - R_j)^{W_R} \quad (j = 1, 2, 3, 4) \quad (5.48)$$

式中，$j(j = 1, 2, 3, 4)$ 是 4 个发育阶段；DRI_j 是发育阶段主要农业气象灾害风险指数，其值越大，则发育阶段主要农业气象灾害风险程度越大；H_j、E_j、V_j、R_j 分别是发育阶段主要农业气象灾害的危险性、暴露性、脆弱性和防灾减灾能力；W_H、W_E、W_V、W_R 分别是它们的权重系数，由层次分析法确定（蔡菁菁等，2013；高晓容等，2012；2014）。

3）东北地区玉米主要农业气象灾害风险评估结果与分析

图5-25为东北地区玉米发育过程主要气象灾害风险指数的空间分布。播种—七叶，主要气象灾害风险指数基本呈东北—西南走向的带状分布，2.20以下的中低值区分布在东北地区中部；2.20以上的中高值区主要分布在东北地区西部和东部，其中，2.40以上的高值区主要分布在黑龙江西南部的龙江、泰来、青冈，东南部的东宁，吉林西北部的白城、乾安，东南部的敦化、靖宇、和龙、长白等地。

七叶—抽雄，主要气象灾害风险指数基本由东北向西南方向递增，2.40以下的中低值区主要分布在黑龙江、吉林中部和东北部；2.40以上的中高值区主要分布在东北地区西部、吉林东南部、辽宁的东部和南部，其中，2.80以上的高值区位于辽宁的宽甸、岫岩、庄河等地。

抽雄—乳熟，主要气象灾害风险指数基本由东向西递增，2.50以上的中高值区主要位于黑龙江研究区、吉林中西部及辽宁，其中，3.00以上的高值区主要分布在黑龙江研究区西部、吉林西部及辽宁东部。

乳熟—成熟，主要气象灾害风险指数基本由东向西递增，2.70以上的中高值区主要分布在东北地区西部和辽宁大部分地区，其中，3.20以上的高值区主要分布在黑龙江研究区西部和吉林西部。

播种—成熟，主要气象灾害风险指数基本由东向西递增，2.60以上的中高值区主要位于东北地区西部和辽宁大部分地区，其中，3.00以上的高值区主要分布在黑龙江研究区西部和吉林西部。

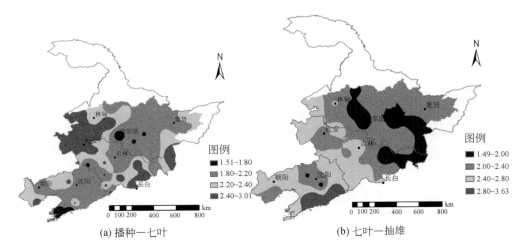

(a) 播种—七叶　　　　　　　　　　　(b) 七叶—抽雄

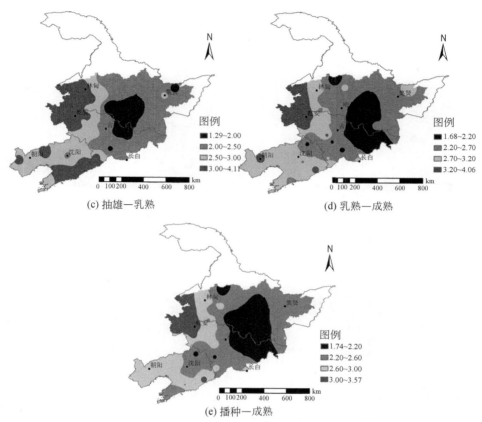

图 5-25　东北地区玉米发育过程主要气象灾害风险指数的空间分布

5.3.1.3　东北地区玉米综合农业气象灾害风险区划

播种—七叶，主要农业气象灾害低风险区大致呈条状分布在东北地区中部，高风险区零星分布在青冈、东宁、白城、乾安、长白，大部分地区为中等风险。七叶—抽雄，低风险区分布在黑龙江研究区和吉林的中西部及东北部，高风险区分布在辽宁东南部的宽甸、岫岩、庄河。抽雄—乳熟、乳熟—成熟，轻、低风险区主要分布在东北地区中东部，高风险区主要分布在黑龙江研究区西部、吉林西部及辽宁的宽甸、岫岩。全生育期，轻、低风险分布在东北地区中东部，占研究区面积的一半以上，高风险区主要分布在黑龙江研究区西部、吉林西部及辽宁的宽甸、岫岩（图 5-26）。

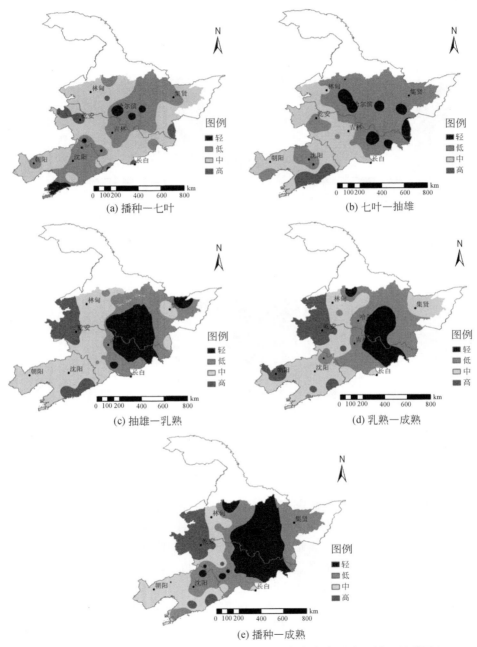

(a) 播种—七叶

(b) 七叶—抽雄

(c) 抽雄—乳熟

(d) 乳熟—成熟

(e) 播种—成熟

图 5-26　东北地区玉米发育过程主要农业气象灾害风险区划（见彩图）

5.3.2　华北地区冬小麦综合农业气象灾害风险评估与区划

5.3.2.1　华北地区冬小麦综合农业气象灾害指标的确定

SPEI 指数正是从水分亏缺量和持续时间两因素来描述干旱的，可以清晰地反映干旱发生的起止时间和程度。因此，用 *SPEI* 指数确定干旱等级；采用底墒形成期的降水距平百分率 R_f 来表征当年底墒水的盈亏状况；作物水分亏缺指数准确地反映冬小麦不同发育阶段的供需水状况及水分亏缺程度。分别以冬小麦发育阶段内的降水量和潜在蒸散量作为供需水指标，建立不同发育阶段的水分亏缺指数，以反映不同发育阶段的作物缺水状况。

5.3.2.2　华北地区冬小麦综合农业气象灾害风险评估

1）华北地区冬小麦综合农业气象灾害风险评估指标体系的确定

根据华北地区冬小麦主要气象灾害风险形成机制，全面分析华北地区冬小麦发育阶段主要气象致灾因子的危险性、承灾体的暴露性及脆弱性3个因子，底墒形成期的危险性用降水距平百分率指示，生育前期、中期、后期的干旱程度用 CWDI 指数指示，生育后期干热风危险性用干热风发生天数指示。暴露性的大小用各县冬小麦种植面积比例表示。根据华北地区冬小麦种植特点，选取恰当的指标对冬小麦的脆弱性进行评估。

2）华北地区冬小麦综合农业气象灾害风险评估模型的构建

根据自然灾害风险计算公式，建立主要气象灾害风险评估模型：

$$RI = H \cdot W_H + E \cdot W_E + V \cdot W_V \tag{5.49}$$

分别建立各发育阶段的危险性、暴露性和脆弱性模型 H、E、V，并相应地确定它们的权重系数 W_H、W_E、W_V。

3）华北地区冬小麦综合农业气象灾害风险评估结果与分析

根据华北地区冬小麦主要农业气象灾害风险形成机制，在综合分析风险的危险性、暴露性和脆弱性的基础上，建立冬小麦全生育期的风险评估模型。各评估因子的权重通过熵权法确定。图 5-27 清晰地反映了华北地区冬小麦主要农业气象灾害风险指数分布情况。风险指数的空间分布有两个高值中心。其中，一个中心位于冀鲁豫交汇处，包括菏泽、杞县和封丘等地，风险值达到 0.60 以上，气象灾害风险非常高。天津、河北除唐山外的全部地区、山东中西部及河南东北部风险指数比较高。

5.3.2.3　华北地区冬小麦主要气象灾害风险区划

基于 ArcGIS 默认的 Natural Breaks 分类方法，以县为研究单元，将华北地区

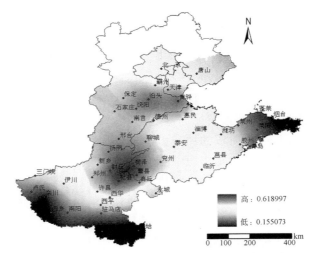

图 5-27　华北冬小麦主要农业气象灾害风险指数分布情况

冬小麦气象灾害风险划分为 5 类，通过 GIS 的空间分析功能，将研究站点数据插值到整个华北地区，即可以得到各县的综合风险等级。由图 5-28 可以看出，相同风险等级的地区呈现较好的连片性。华北中部地区风险最高，向四周逐渐降低。其中，三省交界处的封丘、杞县、菏泽、安阳和邯郸地区气象灾害风险最高，产量受气象条件的影响最大。其次，天津、河北大部分地区、山东西部和南部及河南东北部地区风险指数也较高，这主要是因为当地的气象致灾因子危险性很高，而且冬小麦的种植比例也很高，因此，这些地区应当加强灾害的监测和预警体系的建设，增强对灾害的防御能力。中等风险区包括北京、山东中部及河南东北部分地区，其风险来源主要是致灾因子的危险性与承灾体的暴露性较大，但是脆弱性较低，因此，降低了灾害风险。所以，这些地区也应当加强气象灾害的预警体系建设。除此以外，河南中部和南部的大部分地区、山东东部地区气象灾害综合风险指数普遍较低（张玉静，2014）。

5.3.3　长江中下游地区早稻综合农业气象灾害风险评估与区划

5.3.3.1　长江中下游地区早稻冷害、热害指标的确定

双季早稻受害临界温度指标有日最高气温、日最低气温和日平均气温可供选择，其中，日平均气温能够较好地反映全天温度情况，故各时期低温冷害均采用日平均温度作为判别指标；水稻遭遇高温热害一般是日最高气温高于临界值，使花粉不育或灌浆加速，因此，高温热害选用日最高气温来评估受害状况。

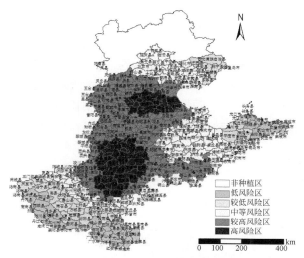

图 5-28　华北地区冬小麦主要农业气象灾害风险区划

5.3.3.2　长江中下游地区早稻综合农业气象灾害风险评估

1）长江中下游地区早稻综合农业气象灾害风险评估指标体系的确定

以灾损作为评估某发育期某灾种对早稻危险性的贡献指标；对于双季早稻脆弱性评估指标，应选择能够表现出在灾害年份脆弱性低的地区产量受影响小特点，所以选用产量变异程度指标来评估；本书从暴露性的意义出发，以植被覆盖度为指标，选用播种面积占耕地面积的比重（播面比）表示该县的暴露性；选择统计年鉴中农业部分的农业机械总动力、农民人均纯收入和化肥施用量来作为防灾减灾能力的评估指标。

2）长江中下游地区早稻综合农业气象灾害风险评估模型的构建

灾害综合风险评估需要研究区域内各因子的综合状况构建综合风险评估模型。从各因子的定义来看，危险性越高，脆弱性越大，暴露性越大，区域的灾害风险就越大，所以，危险性、脆弱性、暴露性为正向因子；而防灾减灾能力越低，风险越大，其为逆向因子。利用熵权综合评估法确定各评估因子的权重进而构建综合风险评估模型：

$$R = H^{W_H} \cdot V^{W_V} \cdot E^{W_E} \cdot \left(\frac{1}{C}\right)^{W_C} \tag{5.50}$$

式中，H、V、E、C 分别是危险性、脆弱性、暴露性和防灾减灾能力评估值；W_H、W_V、W_E、W_C 分别是危险性、脆弱性、暴露性和防灾减灾能力在综合风险评估中的权重系数。

3）长江中下游地区早稻综合农业气象灾害风险评估结果与分析

按照风险评估模型，计算得到研究区内各县的风险度。将 217 个县多年平均减产率与相应的风险度进行相关分析（图 5-29），线性拟合的均方根误差为 0.1192，相关系数为 0.3453。查找显著性临界值表，显著性水平为 0.01 的相关系数临界值为 0.141<0.3453，所以，综合风险评估结果与多年平均减产率之间存在着极显著的相关关系。这表明按照本书构建的风险评估模型分析长江中下游地区的双季早稻在生长过程中的风险贴合实际生产情况，可以对农业生产起到很好的指导作用。

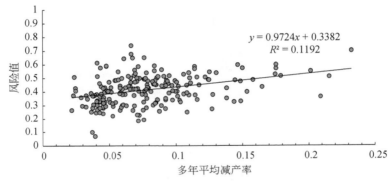

图 5-29　风险值与多年平均减产率的回归分析

5.3.3.3　长江中下游地区早稻综合农业气象灾害风险区划

利用综合风险评估模型得到风险度，按照 ArcMap 中自然断点法（Natural Breaks）对研究区域的早稻冷害、热害风险度划分等级。按照组内差异最小和组间差异最大的原则，将风险划分为低风险、中等风险和高风险 3 个等级。风险区划结果显示见图 5-30。从研究区域整体来看，高风险区主要分布在江西东北部、浙江中东部和湖南中东部地区。低风险区主要分布在湖南南部、江西东南部和浙江东北部地区。湖北东南部风险高于中部地区，主要由于危险度在此处很高，而且暴露度也偏高。湖南南部危险度、暴露度和脆弱度都很低，是研究区域内的低风险区，而湖南中部为高风险区，主要是危险度、脆弱度和暴露度偏高且防灾减灾能力偏低造成的，冷害和热害容易影响湖南地区的早稻生产，而且较高的暴露性使早稻避之不及，再加上防灾减灾能力较差，风险较大。江西东北部地区脆弱度和暴露度很高，危险度较高再加上防灾减灾能力偏低，使风险度基本在 0.4 以上，所以为降低风险需要注意分蘖期冷害和灌浆期热害，同时，降低作物自身脆弱性，提高社会防灾减灾能力；江西东南部冷害和热害综合危险度很低、脆弱度

不高，使这里成为研究区低风险重要地区，早稻生长风险很小；江西中部处于中
等风险区，危险度较高，较易受到分蘖期冷害和灌浆期热害的威胁，而且暴露度
也偏高。浙江中西部地区综合风险很高，具体来看主要原因在于该地区开花期冷
害、开花期热害和灌浆期热害经常发生，所以这里危险度非常高，不适合早稻种
植；而浙江东北部地区危险度不高，脆弱度偏低且暴露度也不高，是风险低
值区。

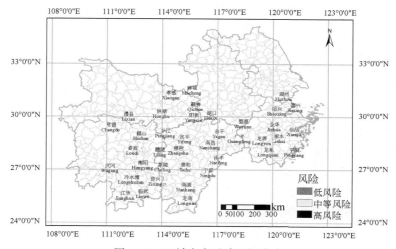

图 5-30　区域灾害风险空间分布

5.3.4　海南橡胶综合农业气象灾害风险评估与区划

5.3.4.1　海南橡胶主要气象灾害指标确定

1）橡胶风害指标确定

本书利用风力等级与橡胶风害受害率的平均值作为海南岛橡胶风害的风力等
级指标，风力在 8 级以下，橡胶树没有风害，在 8 ~ 12 级时，橡胶风害受害率随
着风力逐级递增，8 级，风害较轻；9 级，一般严重；10 级，中等严重；11 级，
次严重；12 级，非常严重。

2）橡胶寒害指标确定

根据中华人民共和国气象行业标准《橡胶寒害等级》（QXT 169—2012）设
定橡胶寒害标准为：当日最低气温≤5.0℃（橡胶树辐射型寒害的临界温度）时，
橡胶树出现辐射型寒害；在日照时数不大于 2h 的情况下，日平均气温≤15.0℃
（橡胶树平流型寒害的临界温度）时，橡胶树出现平流型寒害（陈瑶等，2013）。

本节参照该行业标准选取 6 个致灾因子，即年度极端最低气温、年度最大降温幅度、年度寒害持续日数、年度辐射型积寒和年度平流型积寒、年度最长平流型低温天气过程的持续日数来构建寒害指数。

5.3.4.2 海南橡胶农业气象灾害风险评估

1）海南橡胶综合农业气象灾害风险评估指标体系的确定

参考橡胶风害致灾特征，并结合海南岛台风灾害的特点，进行风害危险性指标选取。以橡胶风害致灾指标为依据，结合单站热带气旋影响标准，分别统计热带气旋登陆或影响时各站 8 级、9 级、10 级、11 级、12 级及以上大风出现频数和概率，统计各站点瞬时最大风速及台风过程最大降水量，其中，大风频数和概率作为主要致灾危险性指标，瞬时最大风速和过程最大降水量作为致灾危险性辅助指标，利用灾害判别结果与典型年份灾情资料相结合的方式，确立合理的权重，进行危险性评估。

橡胶树是最直接的成灾体，不同树龄的橡胶树受树形和木质影响，抗风性差异较大，一般 5 龄以下的幼树易倒不易折，风害轻；6~15 龄的成龄树，易断杆倒伏，是风害最严重的阶段；15~30 龄的中龄树，多以断主杆为主；30 龄以上的老龄树，树杆粗，风害显著减轻。

综合考虑敏感性、自身恢复能力与抗灾能力，选取灾年产量变异系数、区域农业经济发展水平和区域防风林面积与橡胶种植面积之比表示。

2）海南橡胶综合农业气象灾害风险评估模型的构建

气象灾害风险一般由灾害危险性（H）、承载体暴露性（E）和承载体脆弱性（V）构成，可以表示为

$$R = H^{W_H} \times E^{W_V} \times V^{W_E} \tag{5.51}$$

分别建立橡胶风害的危险性、承载体暴露性及脆弱性，构建灾害风险评估模型，确定相应权重指数。

3）海南橡胶综合农业气象灾害风险评估结果与分析

（1）海南橡胶风害风险区划。基于 GIS 默认的 Natural Breaks 分类方法，以县为研究单元，将海南橡胶风害风险划分为 4 类：高风险区、较高风险区、中等风险区和低风险区。由图 5-31 可以看出：海南橡胶高风险区主要为北部的海口和西部的儋州，其中，儋州虽不是致灾危险性最大的地区，但此区为暴露性最大的地区，且脆弱性较大，因此，可以通过发展农业经济、营造防风林、改良橡胶品种等方式来降低脆弱性，从而降低风害风险。海口地区虽不是橡胶种植的密集地区，但是此区为致灾危险性最大地区之一，同时，该区脆弱性也相对较高。因此，除采取降低脆弱性的方式外，农业部门还应该合理调整种植布局，降低因灾

损失。橡胶寒害的较高风险区主要分布在沿海地区（白沙除外），包括文昌、琼海、万宁、陵水、定安、澄迈、临高、昌江及白沙。沿海地区为致灾因子的高风险区，此区台风影响较为频繁，出现大风和强降水的概率较高。近年来橡胶种植政策的调整，使东部沿海地区橡胶种植面积显著减少，暴露性降低，但此区沿海大面积的商业开发，使得防风林面积大大降低，影响了风害抵抗能力，使此区脆弱性增大，综合评估此区为较高风险区。除上述区域外，其他区域或为低暴露区（南部三亚、乐东及西部东方），或为致灾危险性较低地区（中部五指山、琼中和屯昌），综合评估此区除五指山为低风险区外，其他地区均为中等风险区。

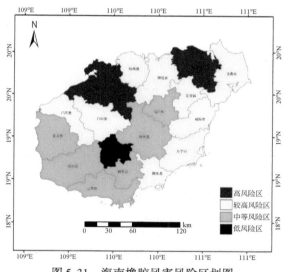

图 5-31　海南橡胶风害风险区划图

（2）海南橡胶寒害风险区划。基于 GIS 默认的 Natural Breaks 分类方法，以县为研究单元，将海南岛橡胶寒害风险划分为 4 类，得出海南橡胶寒害风险区划图（图 5-32）。由图中可以看出，高风险区和中等风险区具有较好的区域性，低风险和较低风险区较为分散。海南岛北部地区风险最高，向南部逐渐降低。其中，北部的儋州、澄迈、临高和屯昌橡胶寒害风险等级最高，遭受寒害威胁最严重。中部白沙、琼中，东部的文昌、琼海，以及北部的定安是橡胶寒害风险次高的地区，该地区的高风险主要是由于高危险性和高暴露性。除此以外，海南的其他市县寒害风险指数普遍较低，因寒害造成的减产相对较低。低风险区和较低风险区主要分布在海南岛南部地区，以及北部的海口。海南岛南部地区低风险主要是因为寒害危险性较低。北部海口市的危险性虽然较高，但由于经济水平和作物结构等原因，其暴露性和脆弱性都较低，因此，综合寒害风险较低。南部的三亚和陵水为无寒害风险地区。

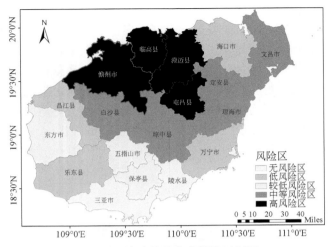

图 5-32　海南橡胶寒害风险区划图

5.3.4.3　海南橡胶农业气象灾害风险区划

基于 GIS 默认的 Natural Breaks 分类方法，以县为研究单元，将海南岛橡胶综合气象灾害风险划分为 4 类（图 5-33）。海南橡胶主要农业气象灾害风险最高的地区位于儋州。较高风险区主要包括北部的临高、澄迈、海口、文昌、定安，东部的琼海，以及西部的白沙、昌江，此部分区域致灾危险性相对较强，但此区暴露性相对较低，综合风险虽有所降低，但同样需要加强灾害风险管理，做好防灾减灾工作。中等风险区包括中部的屯昌、琼中，东部的万宁、陵水及西部的东方，此部分区域虽存在一定的致灾危险性，但暴露性低或是橡胶种植适宜性较低地区，此区域需做好灾害风险管理的同时，还需做好橡胶种植的合理布局。低风险区域主要包括中部五指山，南部陵水、三亚和乐东，此区域均为暴露性较低地区，南部三亚无寒害影响，中部五指山地区受风害影响小，此区域可根据自身实际情况，做好灾害风险管理。

5.4　农业气象灾害综合风险管理技术对策

本节首先在非参数法基础上厘定了冬小麦单产保险纯费率，结合冬小麦干旱综合风险指数，修正了实际保险费率。从空间尺度上表明了自然水分亏缺率指数和所构建的干旱综合风险指数对于纯保险费率的修正有一定的应用价值。其次，借鉴美国 2004 年 9 月正式颁布的《内部控制管理框架》和《全面风险管理框架》，结合干旱灾害的特点，从灾前、灾中、灾后三方面进行全面考虑，构建了

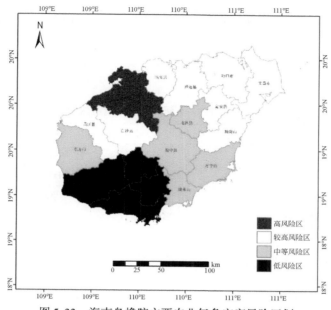

图 5-33　海南岛橡胶主要农业气象灾害风险区划

干旱风险管理框架体系和模型，并结合上文开展的干旱灾害风险综合指数和费率厘定的区划结果，以河北作为研究区，开展干旱灾害的风险管理研究，为地方政府开展防灾减灾和应急服务提供决策参考。然后，介绍了以辽宁为实验区域，利用 GIS 组件开发技术开发的农业气象灾害风险分析与评价系统，主要功能包括系统管理、数据管理、查询与分析、单序列数值建模、多序列数值建模和灾害产品分析等，为更高效的农业气象灾害风险管理提供技术支持。最后，系统介绍了农业气象灾害综合风险管理体系，主要是对农业气象灾害综合风险管理的基本内涵和本质、农业气象灾害综合风险管理的对策、实施过程和实施途径进行了论述，提出了结合中国实际情况，构建符合中国国情的农业气象灾害综合风险管理体制和战略，可以全面提升政府和全社会的农业气象灾害综合风险管理能力，是中国构造和谐社会和全面实现小康社会及现代化的基本保障。

5.4.1　基于风险区划的农业干旱灾害保险费率厘定

1）农业干旱灾害的纯保险费率厘定

本书利用表 5-16 计算出各市的趋势单产，结合 Matlab-R2009a 软件的编程功能计算出 2010 年河北 9 个市冬小麦单产的期望损失，最后利用公式求出冬小麦单产保险的纯保险费率水平。

从表 5-16 可以看出，河北各市纯保险费率的关系是：沧州>秦皇岛>邢台>衡水>邯郸>唐山>廊坊>石家庄>保定，与各市粮食单产灾损期望值 E（Loss）的关系基本一致，说明纯保险费率的变化正比于 E（Loss）的变化。纯保险费率最高值出现在沧州、秦皇岛等市，即这些市的冬小麦种植农户需支付高于其他市的保险金额。

表 5-16 1993～2009 年河北各市产量纯保险费率

市	S_i（kg/hm²）	Q_i（kg/hm²）	H_n（kg/hm²）	E（Loss）（kg/hm²）	R（%）
石家庄	364.1247	385	146.7265	83.0489	1.3113
唐山	391.3084	381	145.2021	93.7433	1.8362
秦皇岛	589.8785	781	297.6453	193.2353	3.7342
邯郸	557.2264	397	151.2998	95.3287	1.8867
邢台	630.165	471	179.5018	118.551	2.4361
保定	366.3112	333	126.9089	70.6181	1.3054
沧州	635.2524	674	256.8667	153.9998	4.1611
廊坊	357.9934	284	108.2346	84.6389	1.6440
衡水	500.8261	328	125.0034	117.0184	2.1609

注：S_i 表示各市样本标准差；Q_i 表示四分位数间距；H_n 表示带宽；E（Loss）表示粮食单产灾损期望值；R（%）表示单产纯保险费率

2）基于不同干旱指数的纯保险费率修正

由于实际保险费率不仅与冬小麦旱灾风险指数有关，还涉及安全系数、营业费、预定节余率等问题，故通过对纯保险费率的修正得到实际保险费率，公式如下：

$$R_i\% = R_i \cdot (1 + 安全系数) \cdot (1 + 营业费用) \cdot (1 + 预定节余率) \cdot 区域风险系数$$

$$(5.52)$$

式中，$R_i\%$ 是各市的修正纯费率；R_i 是各市的纯保险费率；安全系数为 15%；营业费用为 20%；预定节余率为 5%。

根据各个站点得到的自然水分亏缺率指数、降水距平百分率指数、抗旱指数及所构建的干旱综合风险指数，求出河北冬麦区 9 个市的对应干旱指数，再利用 K-均值聚类法将其分别聚类为 4 个等级，这里假设低风险区的风险系数为 1.0，中等风险区为 1.4，较高风险区为 1.8，高风险区为 2.2。本书选取保障水平在100% 的纯费率，分别建立了河北冬麦区的纯保险费率修正图（图 5-34～图 5-37）。图 5-34 为河北冬麦区冬小麦全生育期自然水分亏缺率指数修正下的纯保险费率，可以看出，冬小麦保险的修正纯保险费率在河北区域内呈现中西部地区偏低、南部有高的邢台和低的邯郸，以及东部地区有高的沧州和衡水，也有低的唐山的分布特点。

图 5-35 为基于降水距平百分率指数的纯保险费率修正，可以看出，冬小麦保险的修正纯保险费率在河北区域内基本上呈现由西向东逐渐递增的分布特点。

图 5-36 为基于抗旱指数的纯保险费率修正，可以看出，冬小麦保险的修正纯保险费率在河北区域内呈现中西部地区偏低、南部和东部地区偏高的分布特点。

图 5-37 为基于河北冬麦区各市干旱综合风险指数的纯保险费率修正，可以看出，冬小麦保险的修正纯保险费率在河北区域内呈现中西部地区偏低、南部和

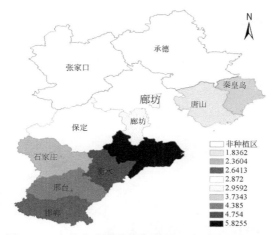

图 5-34　自然水分亏缺率指数修正下的纯保险费率

东部地区偏高的分布特点，这与河北各市风险发生的实际情况基本一致。

5.4.2　农业干旱灾害风险管理技术与对策

本节借鉴美国 2004 年 9 月正式颁布的《内部控制管理框架》和《全面风险管理框架》（Williamson，2007；Lance，2009），结合干旱灾害的特点，从灾前、灾中、灾后三方面进行全面考虑，构建了干旱风险管理框架体系和模型，并结合上文开展的干旱灾害风险综合指数和费率厘定的区划结果，以河北为研究区，开展干旱灾害的风险管理研究，为地方政府开展防灾减灾和应急服务提供决策参考。

5.4.2.1　干旱风险管理模型

从灾前、灾中、灾后三个方面考虑，构建了包括防灾防备系统、应急响应系

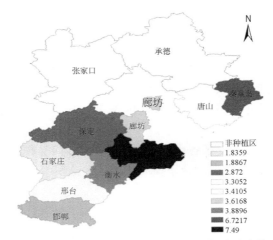

图 5-35　基于降水距平百分率指数的纯保险费率修正

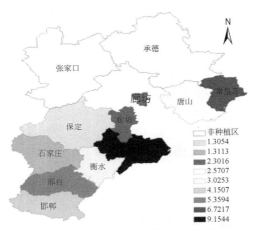

图 5-36　基于抗旱指数的纯保险费率修正

统和恢复救助系统为一体的干旱风险管理模型。以往的干旱风险管理研究多偏重于灾害发生后的补救措施，而本书前面所做研究发现，防灾工程、农业保险制度和风险区划在灾前、灾中均起到了重要的作用，基于此，该干旱风险管理模型将这三部分着重予以考虑，对完善干旱风险管理模型及防灾减灾工作有一定的应用价值和现实意义。

5.4.2.2　干旱风险管理模型的应用

以河北为代表，对干旱风险管理模型进行说明。河北干旱风险管理包括河北

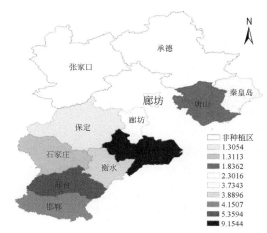

图 5-37　基于干旱综合风险指数的纯保险费率修正

干旱防灾/防备系统、河北干旱应急/响应系统和河北干旱恢复/救助系统。

1）河北干旱防灾/防备系统

干旱防灾/防备系统的正式启动始于河北省气象预报部门对旱灾的预报，提前告知旱灾发生的时间和强度等级；相关部门在接到预报信号后，组织专业人员对旱灾发生地区进行监测并实时预警，对相关单位进行紧急通报，并让其及时通过电视、新闻、报纸、手机短信、网络电子显示屏等渠道，让人民大众获悉，争取做好灾害到来前的一切准备工作。

其次，对旱灾程度进行风险识别，根据预报和监测结果，并结合河北当地干旱损失情况分析风险成因、识别风险类型，作出风险判断，并将结果输入下一系统。根据温克刚和臧建升（2008）的研究，将河北由干旱造成的损失类型划分为 4 种风险，见表 5-17。

表 5-17　河北干旱损失类型

风险 1	风险 2	风险 3	风险 4
农业、畜牧业生产经济损失	人、牲畜饮水困难	农产品价格上升	引发衍生灾害和生态问题
有	有	有	有

由表 5-17 可知，河北干旱风险对策：风险 1 对策为因地制宜修建中小微型蓄水、引水、提水工程和雨水集蓄利用工程，及时对农户进行旱灾方面的防灾减灾教育工作，以及因地制宜安排种植制度；风险 2 对策为及时向民众进行旱灾预报预警，加大抗旱应急水源建设；风险 3 对策为国家加强宏观调控抑制农产品等

的价格上涨，维持在较小波动范围内；风险 4 对策为植树造林、防风固沙、平整土地、深耕改土等。

防灾工程从农田基本建设角度出发，兴修水利可以遇干旱及时灌溉，遇洪涝及时排掉。图 5-38 是采用归一化方法对 1975～2009 年的农田水利建设 6 个指标进行的归一化处理结果，可以看出河北基于农田水利建设的防灾工程工作做得还是很到位的，体现了河北干旱防灾/防备系统在干旱风险管理中的应用价值。图 5-39 和图 5-40 为基于水库数量和水库容量的均一化处理值（张家口和承德为冬小麦非种植区，廊坊和衡水缺失数据），可以看出，基于水库数量的均一化处理值在河北区域内基本上呈现由南向北，逐渐递增的分布特点；基于水库容量的均一化处理值在河北区域内基本上呈现由东向西，逐渐递增的分布特点。因此，沧州、邯郸和邢台等市要在以后的水利建设中加大对水库数量和水库容量的投入，有效预防干旱的发生。

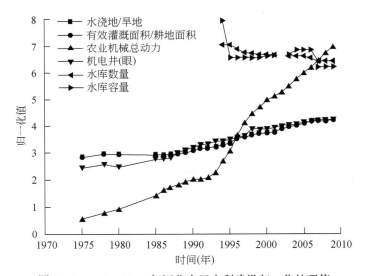

图 5-38　1975～2009 年河北农田水利建设归一化处理值

建立和完善农业保险制度，既是灾害发生前能主动选择的一种手段，也是对农户参保的一个重要依据。本节基于纯保险费率值和基于不同干旱指数修正下的纯保险费率图，得到纯保险费率的空间分布图（图 5-41）和基于不同干旱指数修正的纯保险费率值（表 5-18）。

可以看出，河北冬麦区的纯保险费率在河北区域内呈现中西部地区偏低、南部地区偏高和东部有高的沧州和秦皇岛，也有低的唐山和廊坊的分布特点。河北冬麦区各市冬小麦保险的纯保险费率水平差异不大。秦皇岛的纯保险费率在河北

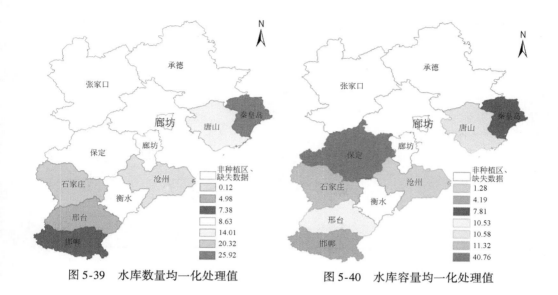

图 5-39　水库数量均一化处理值　　　　　图 5-40　水库容量均一化处理值

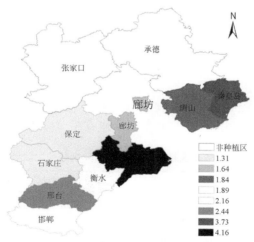

图 5-41　河北冬麦区的纯保险费率

冬麦区是偏高的，而通过干旱综合风险指数修正后的纯保险费率趋于平均水平；邯郸的纯保险费率在河北冬麦区低于平均水平，而通过干旱综合风险指数修正后的纯保险费率高于平均水平，基于干旱综合风险指数修正的纯保险费率较高值分布在沧州、邢台、邯郸、衡水等市，即这些市的冬小麦种植农户相对于其他市的冬小麦种植农户应支付稍高保险金额。

表 5-18　基于不同干旱指数修正的保险费率值

市	不同指数修正的纯保险费率			
	自然水分亏缺率指数	降水距平百分率指数	抗旱指数	干旱综合风险指数
石家庄	2.36	1.84	1.31	1.31
唐山	1.84	3.31	2.57	1.84
秦皇岛	3.73	6.72	6.72	3.73
邯郸	2.64	1.89	4.15	4.15
邢台	4.38	3.41	5.36	5.36
保定	2.87	2.87	1.31	1.31
沧州	7.49	7.49	9.15	9.15
廊坊	3.62	3.62	2.30	2.30
衡水	3.89	3.89	3.03	3.89

2）河北干旱应急/响应系统

河北干旱风险评估实际上就是计算干旱风险指数，参照表 5-19 得出干旱风险等级，进行风险反馈。每种风险对应不同的风险措施，根据不同的风险等级采取相应的风险措施。同时，根据每种风险等级对河北冬麦区进行再保险，使得保险费率更准确。在前面内容中，基于自然水分亏缺率指数、降水距平百分率指数和抗旱指数，以及由三者构建的干旱综合风险指数对河北纯保险费率进行了修正，具体见表 5-18。

最后是加强风险控制。此系统硬实力为河北冬麦区的相关公共服务体系，核心为政府体系。这些与当地经济、政治等因素有关（姜大海等，2012）。

表 5-19　河北冬麦区基于干旱综合风险指数的风险等级区划

风险等级	风险指数	分布地区
低风险区	<0.2	石家庄、遵化、涞源、阜平、井陉、新乐、保定、乐亭、迁安、涿州、三河、唐海、安国、辛集
中风险区	0.2~0.4	青龙、秦皇岛、廊坊、饶阳、唐山、文安
较高风险区	0.4~0.6	冀州
高风险区	>0.6	临城、宁晋、涉县、邯郸、清河、吴桥、大名、黄骅、南宫、邢台、沧州、任丘

3）河北干旱恢复/救助系统

根据温克刚和臧建升（2008）的研究，河北省政府主要的灾后救助工作是：开展人影增（雨）雪作业；政府加大救助受灾群众的力度，保障灾区困难群众的生活需求；政府要控制物价的高涨，保持在正常波动范围内；对造成的生态问题，政府要加大力度，加大投资，努力保持生态平衡。

5.4.3　农业低温灾害风险管理技术与对策

低温灾害是影响我国农产品产量和质量安全的重要气象灾害之一，近年来各种低温灾害的频率有不断增加的趋势，并且呈现出明显的新特点和现象。因此，针对低温灾害必须树立长期的减灾思想，并结合不同地区的自然地理条件、农业种植结构、减灾管理能力等实际情况，从灾前（防灾/防备系统）、灾中（应急/响应系统）、灾后（恢复/救助系统）等方面，因地制宜地采取相应的减灾对策。

1）灾前（防灾/防备系统）管理措施与对策

（1）低温灾害风险管理贯穿整个农业生产过程。提高认识，健全机构，引进风险管理理念，实现防御低温灾害行动的有序化、规程化和系统化（张继权和李宁，2007）。实施低温灾害风险管理，有效降低低温灾害风险。低温灾害风险管理在低温发生前就已开展了预测、早期警报、准备、预防等工作，对降低随后而来的低温影响更加有效。当有可能出现低温冷害天气时，气象部门就要发布低温冷害预警预报信息，提请相关部门，特别是农业部门，以及农民要及时采取应对措施。

（2）构建国家统一的低温灾害综合信息系统，提高对低温灾害的反应速度和统一行动能力。该系统能够充分集中全国低温监测、预报、灾情和其他方面的数据信息资源，对低温灾害进行综合预测、追踪、评估和应对，并开展针对低温灾害的国民教育和网络互动（张强等，2014）。

（3）发展低温预测和评估方法，准确预测低温发生的时间和地点，客观评估低温的影响程度，以便采取恰当的低温灾害预防措施。

（4）科学选用抗寒品种，增强抗寒防御能力。选用抗寒性强的品种是防御低温灾害的最基本方法之一，一般应选择通过省审或国审、适宜当地种植、抗寒性好的优良品种。

（5）采取农业措施，促进早熟。掌握当地的气候规律，选择适宜于本地种植的耐低温的早熟高产品种，加强田间管理，增施暖性肥料，促进作物早熟，可以避免低温灾害。

2）灾中（应急/响应系统）管理措施与对策

（1）以水调温，改善农田小气候。积极关注当地天气预报，在寒流袭来之前进行灌水以提高土壤含水量和大气相对湿度，提高近地面和叶面附近的气温，形成小气候，能防御或减轻危害。一般在降温前1~3天灌水效果最好，灌水防冻以选择微风或静风天气效果显著。

（2）喷水、喷磷，防止低温灾害。此方法对抗御干冷型的低温灾害比较有效，两广地区应用较为普遍，喷磷不仅能防低温，还能达到及时给水稻补充养分的目的。

（3）还有熏烟法，当发生霜冻时，采用田间地头熏烟的办法有良好的防霜冻效果。另外，使用增温剂等，对防御低温灾害均有一定效果。

3）灾后（恢复/救助系统）管理措施与对策

（1）建立低温灾害风险共担和转移制度。低温灾害风险共担制度可以降低个体的低温灾害风险性，低温灾害风险转移制度可以降低短期的低温灾害风险性，从而提高全社会整体对低温灾害风险的承担能力。保险业也应积极完善行业风险自救机制-保险保障金制度，以便更好地为农业气象灾害管理服务。大力开展有偿救灾，将保险正式纳入气象灾害风险管理体制之中加以利用和规划，逐步建立以气象灾害保险为主、国家财政后备为辅、自保自救及社会捐赠等其他多种形式为补充的综合救灾保障体系。

（2）低温灾害一旦发生，要及时检查受冻情况，并采取相应的补救措施。以冬小麦为例，小麦具有很强的适应能力，当主茎和大分蘖冻死后，根系仍然吸收养分和水分，基部分蘖节的潜伏芽迅速萌发滋长，只要及时采取补救措施，它们都有可能抽穗结实；对茎秆受冻程度较轻、幼穗未冻死的麦田，可及时浇水并追施速效肥料，也可喷洒微肥和植物生长调节剂，一般可用磷酸二氢钾150g/hm²兑水 50 kg 进行叶面喷洒，使受害小麦尽快恢复生长，切实加强麦田后期管理工作，弥补灾害损失。

5.4.4　农业气象灾害风险分析与评估系统

1）系统构建平台

本系统采用 C#作为编程语言，借助 . NET 平台和面向对象编程的优势（Archer，2002）。数据库方面采用 SQL Server 2005 关系型数据库和空间数据引擎 ArcSDE 相结合来进行属性数据和空间数据的高效存储（隆华软件工作室，2001；冯克忠等，2007）。系统采用主流的地理信息系统组件开发软件 ArcEngine 10 进行开发。在数据分析方面，系统借助 Matlab 2010a 强大的数据分析优势，通过在 Matlab 2010a 编程中定制好相关的分析功能，构建动态链接库，在 . NET 平台中实现调用。

2）系统模块功能

（1）系统管理模块。系统管理模块主要包括系统用户信息的增删改查、用户权限设定。具体功能划分为添加用户、删除用户、修改用户信息、退出系统等。

（2）地图图层操作模块。地图图层操作模块主要包括对地图图层的基本操作，包括添加图层、查看图层属性、图层的放大缩小、查看图层元素信息、撤销操作、全景查看、图层导出等功能，界面如图 5-42 所示。其中，对图层的操作主要是通过加载 ArcGIS Engine 中的组件来实现，包括 MapControl、TOCControl、ToolbarControl、LicenseControl 等。

图 5-42　地图图层操作界面

（3）数据管理模块。数据管理模块主要包括气象数据管理、产量数据管理、台站管理、农业气象指标管理。气象数据管理实现了对气象数据的增加、删除、修改和查询功能，同时，实现了按照不同字段的数据排序功能。产量数据管理实现了对不同作物产量数据逐条及批量维护更新。台站管理实现了观测台站空间数据分布及相关属性数据维护更新。农业气象指标管理实现了对重大农业气象灾害风险评估模式的动态更新与调整。

（4）查询与分析模块。查询与分析模块主要实现了气象数据分析与查询功能。该模块在气象数据查询与分析上具有很好的灵活性。用户可以灵活地选择查询的时间段、查询站点。用户在对气象数据进行分析时，可以选择不同的指标，如选用年平均、年极大值、年极小值、方差、标准差等来进行数据分析。在结果输出方面，可以以折线或者柱状图来动态显示分析结果，基本界面如图 5-43 所示。

（5）单序列数值建模模块。单序列数值建模主要是研究单气象要素与农业产量的关系。该模块实现了对气象要素与产量的动态建模功能。用户可动态地选择作物种类，自定义生长季，选择分析的年份和相应的站点，界面如图 5-44 所示。用户在进行相关分析之前，首先要对数据进行预处理，然后点击相应的分析按钮，得到分析结果（图 5-45）。

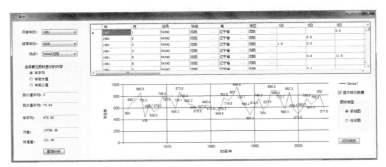

图 5-43　气象数据查询分析界面

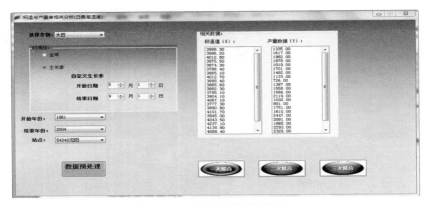

图 5-44　单序列数值建模界面

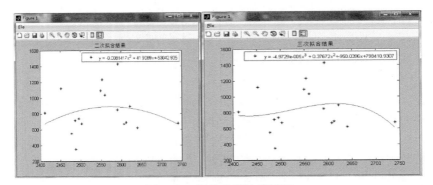

图 5-45　相关分析结果界面

建模的过程主要是借助 Matlab 2010a 实现。在 Matlab 2010a 中编程实现相关分析，并打包为动态链接库（DLL）。C#平台的系统工程中添加其为引用，从而实现在 GIS 平台中对 Matlab 2010a 的调用。借用 Matlab 对数据处理的强大优势可实现对气象数据和农业产量数据的相关分析。

（6）多序列数值建模模块。该模块实现了对多气象要素和农业产量的建模分析。用户可以动态指定生长季、站点、时间，并以任意组合不同的气象要素进行建模分析。为了消除不同气象要素之间的量纲关系，对数据要进行归一化处理。因此，该模块提供了对相应公式的选择功能。建模分析后，会显示各个气象要素和产量之间的系数因子，界面如图 5-46 所示。

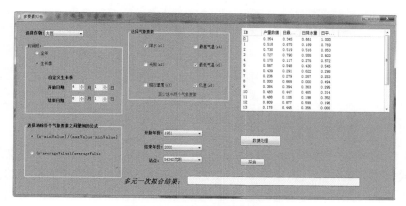

图 5-46　单序列数值建模界面

（7）灾害产品模块。该模块实现了对各类农业气象灾害的统计分析，并以图表和地图可视化的方式显示出来。用户可以自定义灾害指标、时间，然后系统会自动调用对气象数据库的统计功能，统计出各个地区发生灾害的次数，并以图表和表格的形式显示出来，界面如图 5-47 所示。同时，还可实现灾害频率的地图显示功能，用户可以自定义显示的颜色及大小（图 5-48）。

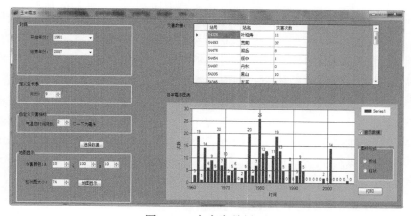

图 5-47　灾害产品界面

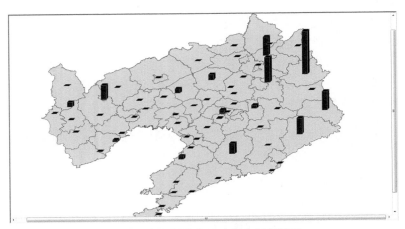

图 5-48　地图动态显示灾害频率界面

（8）帮助模块。该模块主要实现对系统的帮助功能，方便用户的操作与学习。该模块主要工作就是对整个系统的使用方法文档化，详细介绍系统功能，快速解决用户在使用系统时所遇到的问题，提高用户的使用效率。帮助文档的制作遵循了易阅读性原则，用户无须较强的专业知识，就可以轻松理解。

5.4.5　农业气象灾害综合风险管理体系

5.4.5.1　农业气象灾害综合风险管理的内涵和原则

1）农业气象灾害综合风险管理的基本内涵和本质

农业气象灾害综合风险管理指人们对可能遇到的各种农业气象灾害风险进行识别、估计和评估，并在此基础上综合利用法律、行政、经济、技术、教育与工程手段，优化组合各类防灾措施以求最大限度地降低农业气象灾害造成的损失，通过整合的组织和社会协作，通过全过程的灾害管理，提升农业气象灾害管理和防灾减灾的能力，以有效地预防、回应、减轻各种农业气象灾害，从而保障农业生产系统、公共利益及人民的生命、财产安全，实现农业系统的可持续发展。农业气象灾害综合风险管理以对农业气象灾害风险的科学评估为基础，能够为评估各地区农业气象灾害的危险性、暴露性、脆弱性和防灾减灾能力提供科学的计算方法，又能够用系统的方法比较各种防灾减灾措施的成本及取得的减灾效益，从而得到各种防灾减灾措施的最佳组合。

2）农业气象灾害综合风险管理的原则

（1）全灾害的管理。农业系统所面临的气象灾害是各种各样的。尽管每一种气象灾害的成因不同、特点不同，但是，从风险管理的角度来说都是相同的。此外，各种农业气象灾害之间也有相互的关联性，灾害之间的相互关联使得某一种单一的灾变会转化为复杂性灾害。因此，农业气象灾害综合风险管理要从单一灾害处理的方式转化为全灾害管理的方式，这包括了制定统一的战略、统一的政策、统一的灾害管理计划、统一的组织安排、统一的资源支持系统等。全灾害管理有助于利用有限的资源达到最大的效果（张继权等，2012c）。

（2）全过程的灾害管理。风险管理过程是不断循环和完善的过程，主要包括 4 个阶段：疏缓（防灾/减灾）、准备、回应（应急和救助）和恢复/重建（图 5-49）。它表明农业气象灾害综合风险管理是从农业气象灾害风险的结构和形成机制出发，将农业气象灾害风险管理看成是一个系统的灾前预防和缓解风险、灾中高效地防灾抗灾、遇灾后合理地恢复与救济的周期过程（图 5-50）。也就是说，农业气象灾害的发生和发展有其生命的周期，农业气象灾害综合风险管理也是一个系统的过程和循环。按照风险管理的理论，农业气象灾害综合风险管理与通常灾害管理的主要不同之处在于：前者倡导灾害的准备，并要使之纳入疏缓、准备、回应、恢复四大循环进程中。之所以在灾害风险管理中更多地强调"准备"，是因为它包括管理规划、危机训练、危机资源储备等重大预防的事项（张继权等，2006；张继权和李宁，2007）。因此，农业气象灾害综合风险管理是一个整体的、动态的、过程的和复合的管理。

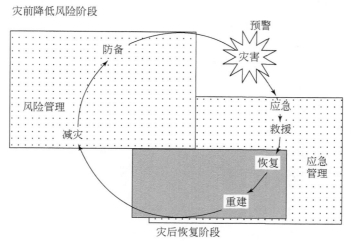

图 5-49　农业气象灾害综合风险管理周期

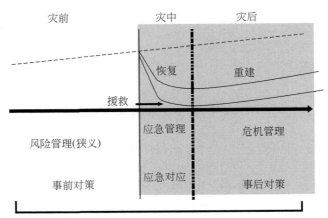

图 5-50　农业气象灾害综合风险管理全过程的风险管理模式

（3）成本与效益分析原则。农业气象灾害综合风险管理需要成本投入，成本投入越高，相应的风险管理能力也越强。当农业气象灾害综合风险管理成本投入一定程度时，成本的增加带来的收益增加很小或者不再增加。因此，风险管理的目标就是以最小的风险管理成本获得最大的安全保障，从而实现成本最小-效益最大化。

（4）整合的灾害管理。整合的灾害管理强调政府、公民、社会、企业、国际社会和国际组织的不同利益主体的灾害管理的组织整合、灾害管理的信息整合和灾害管理的资源整合，形成一个统一领导、分工协作、利益共享、责任共担的机制。通过激发在防灾减灾方面不同利益主体间的多层次、多方位（跨部门）和多学科的沟通与合作，确保公众共同参与、不同利益主体行动的整合和有限资源的合理利用。

（5）全面周到原则。全面周到的农业气象灾害综合风险管理，是指围绕农业气象灾害综合风险管理的总体目标，通过在风险管理的各个环节和风险处理过程中执行风险管理的基本流程，培育良好的风险管理意识，建立健全风险管理体系，包括风险管理策略、风险管理措施、风险管理的组织职能体系、风险管理信息系统和内部控制系统，从而为实现风险管理的总体目标提供合理保证的过程和方法。

（6）灾害管理的综合绩效原则。农业气象灾害综合风险管理所强调的是以绩效为基础的管理，也就是说，为了实现有效的灾害管理，政府必须设立灾害管理的综合绩效指标。在灾害风险管理中随时关注灾害风险的发生、变化状况，多方位检测和考察灾害风险管理部门和机构的管理目标、管理手段及主要职能部门和相关人员的业绩表现。特别是要针对灾害风险管理过程中的主要风险、多元风险、动态变化的风险等监测和预警工作，加强备灾、响应、恢复与减灾等各环节工作，全面掌握灾害风险预警与管理行为的实际效果，减少灾害风险漏警和误警造成的危害。同时，也要通过制定正确的激励机制来强化灾害风险控制能力，加强灾害的风险管理工作。

5.4.5.2　农业气象灾害综合风险管理的对策和实施过程

表 5-20 概括了基于全过程的农业气象灾害管理的途径和对策。概括而言，农业气象灾害综合风险管理的途径和对策主要有两大类：控制型风险管理对策和财务型风险管理对策。控制型风险管理对策是在损失发生之前，实施各种对策，力求消除各种隐患，减少风险发生的原因，将损失的严重后果降低到最低程度，属于"防患于未然"的方法，主要通过两种途径来实现：一是通过降低气象灾害的危险度，即控制灾害强度和频度，实施防灾减灾措施来降低风险；二是通过降低区域脆弱性，即合理布局和统筹规划区域内的作物品种来降低风险，包括风险回避、防御和风险减轻（损失控制）等。财务型风险管理对策是通过灾害发生前所作的财务安排，以经济手段对风险事件造成的损失给予补偿的各种手段，包括风险的自留和转嫁。

表 5-20　基于全过程的农业气象灾害管理的途径和对策

灾害类型	灾害风险所处阶段	风险管理对策的采用	具体措施
旱灾	潜在阶段（灾前）	控制型风险管理对策	风险回避和防御措施：①加强农田基本建设，进行综合治理，建设旱涝保收的基本农田。修建水利工程，广开水源，扩大农田浇灌面积。节约用水，采取滴灌、喷灌等节水技术。平整土地，减少径流，防止水土流失，增加土壤有效蓄水量，改良土壤结构，增加土壤蓄水、保肥、保水能力。②因地制宜种植耐旱作物和耐旱品种。③建立比较完善的农业旱灾预警系统，可以实时准确地发布预警信息。④掌握好农业旱灾风险评估技术、风险防范技术
	发生阶段（灾中）	控制型风险管理对策	损失控制措施：①根据不同作物的需水临界期，灌溉关键水，如小麦是孕穗到抽穗期、玉米是抽雄期到乳熟期、水稻是孕穗期到灌浆期、高粱和谷子是孕穗到灌浆期、马铃薯是开花到块茎形成期等。②对叶片喷施黄腐酸等抗旱剂，以减少水分蒸腾，使抗旱增产效果明显。③土壤掺入保水剂，抑制土壤水分蒸发。④必要时，可进行人工降水
	造成后果阶段（灾后）	财务型风险管理对策	风险转移措施：农业保险、责任合同、灾害债券等 风险自留措施：预留农业防旱基金。 政府风险管理措施：政府财政补贴

灾害类型	灾害风险所处阶段	风险管理对策的采用	具体措施
洪涝灾害	潜在阶段（灾前）	控制型风险管理对策	风险回避和防御措施：①在河流中上游地区恢复植被，起到保持水土、调峰的作用，削减洪峰。②在河流中下游疏浚河道，修筑堤坝、水库等水利设施，在低洼处完善排涝设施。③农作物抗洪涝减灾技术包括研究开发耐淹涝基因型的品种，探索与品种和生产环境相适应的耐涝稳产的栽培技术，减少受灾的概率和危害的程度。还要根据主要农作物耐淹涝能力差异和地域类型的不同来科学地规划、布局农业结构，减小农业生产的风险。④加强天气的监测，对强降雨天气提前预报，建立预警机制。⑤制定并完善防汛预案。⑥提高农民的防灾减灾意识
	发生阶段（灾中）	控制型风险管理对策	损失控制措施：①对受灾严重地块，要及时清理田内排水沟，做到尽快排除地面积水，保证农作物正常生长发育和成熟。②及时中耕除草。涝灾后田间杂草易旺长，土壤易板结，要抓紧中耕除草，破除板结，为后期生长创造适宜的环境条件。③及时增肥，保证农作物对养分的需求。由于洪涝灾害土壤养分流失严重。可适当喷施一些 0.5% 的磷酸二氢钾，有条件的地方也可补充适量的微肥。④小心扶正植株，并适当培土。清理残碎叶片，减少植株养分的损失。同时，清理掉叶片上残存的淤泥、杂物。⑤加强病虫害防治。田间积水，植株损伤，土壤水分较大，空气湿度大，易引起各种病虫害，如茎腐病、大小斑病及螟虫等虫害的发生，应及早除治，力求减小损失
	造成后果阶段（灾后）	财务型风险管理对策	风险转移措施：农业保险、责任合同、灾害债券等 风险自留措施：预留农业防涝基金 政府风险管理措施：政府财政补贴
低温冷害	潜在阶段（灾前）	控制型风险管理对策	风险回避和防御措施：①合理布局农作物的种植，遵循当地的种植规律和作物生长规律。在气候变化的背景下，不能盲目地把中晚熟品种向北推进。②培育和选用耐冷的作物品种。播种前，对种子进行处理，提高种子生命力，提高发芽率。③适时地早播，适期早播可延迟。④目前，科学技术发展水平还无法控制气候环境变化，所以有待于进一步研究农作物低温冷害的发生规律，做到准确预测、超前预测、及时对灾害性天气进行预报。建立健全农业气象灾害预测警报系统，通过电视信息、广播信息、手机信息，及时把对农作物生产不利的气象信息和应对措施传送给种植户，避免和尽可能降低水稻生产灾害的损失

灾害类型	灾害风险所处阶段	风险管理对策的采用	具体措施
低温冷害	发生阶段（灾中）	控制型风险管理对策	水稻损失控制措施：①合理施肥、提高抗冷性。水稻营养生长时期，如果氮肥施用量过多，水稻生长速度过快，导致茎叶幼嫩，幼嫩细胞组织含水量高，不抗冻，容易受到冷害。低温影响磷素营养的吸收，抑制水稻在低温条件下正常生长，一旦气温升高，由于氮肥吸收过快，植株生长过于繁茂，抗寒能力降低，所以要增施磷钾肥，可提高水稻抗寒能力，促进水稻根系生长，插秧后返青快，不仅有助于插后返青，还可促进植株的出穗、开花、成熟。增施农家肥，既能改良土壤，又能促进早熟。注意，过量施用氮肥会加重冷害的程度，冷害年减少氮肥使用量的 20%～30%。施肥时间要合适，不要偏晚，施肥量不能偏高，以免贪青晚熟。②提高水温和地温，覆盖薄膜或浇灌水晒过。③幼穗分化时期，遇低温灌深水保胎。抽穗前 10～15 天保持深水层 20cm 以上，吉林地区 7 月 15～25 日深灌水为宜，清除渠道、池便的杂草，提高水温。施用促早熟的生长调节剂，如磷酸二氢钾和尿素混合液叶面喷施，收效较好 玉米低温冷害损失控制措施：①增施磷、钾肥。基施磷、钾肥；若遇低温冷害，用 0.3%～0.5% 磷酸二氢钾及时叶面喷施。②覆盖地膜。地膜覆盖栽培，具有明显的增温、保墒、保肥、保全苗、抑制杂草生长、减少虫害，促进玉米生长发育、早熟、增产的作用。地膜覆盖栽培是防治低温危害最有效的措施。③提早追肥。早追肥可以弥补因地温低造成的土壤微生物活性弱、土壤养分稀少、底肥及种肥不能及时满足玉米对肥料需求量的问题，从而促进玉米早生快发，起到促熟和增产的作用
	造成后果阶段（灾后）	财务型风险管理对策	风险转移措施：农业保险、责任合同、灾害债券等 风险自留措施：预留农业防冷害基金 政府风险管理措施：政府财政补贴

根据风险管理理论和农业气象灾害风险的形成机制，表 5-21 概括了基于农业气象灾害风险形成理论的风险管理途径和对策。

表 5-21　基于农业气象灾害风险形成理论的风险管理的途径和对策

农业气象灾害风险四因子	工程措施	非工程措施
危险性	小尺度区域短时人工影响天气	①建立农业气象灾害危险性评价标准，提高农业气象灾害危险性评价精度；②完善监测网络，调整监测布局，加强气候变化与极端事件及其影响的监测和预警，建立严格的灾害性天气预报预防预警机制；③制定具有约束力的减排计划和减排义务
暴露性	引进国外先进技术，扩大设施农业规模	①调整种植制度：复种指数的调整；间作套种模式的调整；作物配置（不同作物的搭配）的调整；②调整作物布局结构：调整区域内部农作物种植比例；调整农作物种植边界；调整农作物种植区域；③加快精细化农业发展进程
脆弱性	发展生物工程技术，提高作物抗逆性：开发耐淹涝基因型、耐寒基因型、耐旱基因型及抗病虫害基因型品种	调整品种布局：气候暖干化地区加大耐旱节水品种的选育和推广；极端气候多发区，灾后推广种植特早熟品种；加强抗病虫害品种的推广；推广中种植晚熟品种
防灾减灾能力	①营造农田林网，优化生态环境；②推广细流灌溉、波涌灌溉、喷灌和微灌等田间灌水技术，扩大有效灌溉面积；大力发展雨水集蓄利用工程；发展渠井结合的灌排模式；③调整新建水利工程的布局，维修已有水利设施，完善灌排系统；修建蓄滞洪区和堤坝建设；④推广旱作节水农业技术：耕作保墒、地膜覆盖、沟植垄盖、秸秆还田、抗旱保水和抑制蒸发的化学制剂、水肥耦合等农艺节水技术；⑤化学抗寒新技术的应用	①建立统一的农业气象灾害防治管理机构；②加快农业气象灾害防治立法建设；③完善农业气象灾害有偿救助体制；④调整减灾工作部署，全面编制和修订各类农业气象灾害的减灾应急预案；⑤健全水资源管理体系，完善水库调度管理系统建设，提高水资源的利用率；⑥加强灾后补救措施的教育推广工作：推广品种和生产环境相适应的耐旱、耐涝、耐低温冷害及稳产的栽培技术；⑦提高农民的防灾减灾意识；⑧推广农业气象灾害保险，探索具有中国特色的农业气象灾害保险模式

5.4.5.3　中国农业气象灾害综合风险管理的战略选择

与国际上发达国家先进的农业气象灾害综合风险管理体制相比，我国的农业气象灾害综合风险管理问题研究还存在一定不足之处，其主要是：管理体制以分领域、分部门的分散管理为主，缺乏整合和统一的组织协调；农业气象灾害管理的重点在灾害治理和危机管理而不是风险管理，缺乏整合的农业气象灾害风险管理对策；农业气象灾害风险管理以政府为主，没有充分发挥非政府组织、学术机构和普通民众等的作用；缺乏独立的、常设的农业气象灾害综合风险管理机制和机构；整个社会缺乏足够的农业气象灾害风险管理意识；缺乏有效的信息支持和信息沟通的机智；缺乏统一的农业气象灾害综合风险管理体系和系统化、制度化的灾害风险教育和训练机制。因此，改革我国现有的农业气象灾害管理体制，建立健全农业气象灾害综合风险管理体制，是提高我国农业气象灾害综合风险管理水平的关键。从我国的农业气象灾害综合风险管理的现状出发，借鉴国际上发达国家和有关组织等先进的农业气象灾害综合风险管理经验，结合我国的实际情况，构建符合我国国情的农业气象灾害综合风险管理体制和战略，全面提升政府和全社会的农业气象灾害综合风险管理能力，是我国构造和谐社会和全面实现小康社会及现代化的基本保障。针对我国未来的农业气象灾害综合风险管理战略提出如下建议。

（1）健全农业防灾减灾的法律法规。

（2）建立健全农业气象灾害风险管理的组织机构。

（3）提高农民的防灾减灾意识。

（4）建立和完善生态环境保护机制。

（5）建设农业气象灾害综合风险管理体系。对灾害预警、预报、灾害评估，灾害规划，灾害应急处置（应急预案、救援队伍等）进行系统和综合管理。

（6）重视科学技术，加大科研投入，不断提高农业气象灾害的风险管理水平。

参 考 文 献

白向历 . 2009. 玉米抗旱机制及鉴定指标筛选的研究 . 沈阳：沈阳农业大学博士学位论文 .

包玉龙，张继权，刘晓静，等 . 2013. 受风灾影响后的农作物冠层反射信息测量与分析 . 光谱学与光谱分析，33（4）：1-4.

蔡菁菁，王春乙，张继权 . 2013a. 东北地区玉米不同生长阶段干旱冷害危险性评价 . 气象学报，71（5）：976-986.

蔡菁菁 . 2013b. 东北地区玉米干旱、冷害风险评价 . 北京：中国气象科学研究院 .

董姝娜，庞泽源，张继权，等 . 2014. 基于 CERES-Maize 模型的吉林西部玉米干旱脆弱性曲线研究 . 灾害学，29（3）：115-119.

多々納裕一 . 2003. 災害リスクの特徴とそのマネジメント戦略 . 社会技術研究論文集，（1）：141-148.

冯克忠，姜遵锋，徐扬，等．2007. ArcObjects 开发指南（VB 篇）．北京：电子工业出版社．

高晓容，王春乙，张继权，等．2012c. 近 50 年东北玉米生育阶段需水量及旱涝时空变化．农业工程学报，28（12）：101-109.

高晓容，王春乙，张继权，等．2014. 东北地区玉米主要气象灾害风险评价与区划．中国农业科学，47（24）：4805-4820.

高晓容，王春乙，张继权．2012a. 东北玉米低温冷害时空分布与多时间尺度变化规律分析．灾害学，27（4）：65-70.

高晓容，王春乙，张继权．2012b. 气候变暖对东北玉米低温冷害分布规律的影响．生态学报，32（7）：2110-2118.

贾慧聪，王静爱，潘东华，等．2011. 基于 EPIC 模型的黄淮海夏玉米旱灾风险评价．地理学报，66（5）：543-652.

姜大海，王式功，王金艳．2012. 沙尘暴风险管理体系初探．中国沙漠，32（3）：824-831.

刘晓静．2013. 基于作物生长模拟和多源数据融合的辽西北地区玉米干旱灾害风险预警研究．长春：东北师范大学博士学位论文．

刘晓静，张继权，王春乙，等．2012. 基于遥感数据的辽西北地区玉米干旱风险时空动态格局．科技导报，30（19）：34-39.

隆华软件工作室．2001. Microsoft SQL Server 2000 程序设计．北京：清华大学出版社．

马东来．2013. 基于 GIS 的农业洪涝灾害风险评价——以沿淮地区固镇县小麦为例．长春：东北师范大学硕士学位论文．

马东来，刘兴朋，张继权，等．2012. 安徽省沿淮地区农业暴雨洪涝灾害风险区划风险分析和危机反应的创新理论和方法．中国灾害防御协会风险分析专业委员会第五届年会论文集：241-246.

庞泽源，董姝娜，张继权，等．2014. 基于 CERES-Maize 模型的吉林西部玉米干旱脆弱性评价与区划．中国生态农业学报，22（06）：705-712.

史培军．1996. 再论灾害研究的理论与实践．自然灾害学报，5（4）：6-17.

史培军．2002. 三论灾害研究的理论与实践．自然灾害学报，11（3）：1-9.

史培军．2005. 四论灾害系统研究的理论与实践．自然灾害学报，14（6）：1-7.

孙仲益，张继权，王春乙，等．2013. 基于网格 GIS 的安徽省旱涝组合风险区划．灾害学，28（1）：74-79.

孙仲益，张继权，乌兰，等．2014. 基于 Copula 的洮儿河流域干旱特征分析．中国灾害防御协会风险分析专业委员会第六届年会论文集：188-192.

孙仲益，张继权，严登华，等．2012. 基于 GIS 的安徽省旱灾风险空间演变研究．东北师大学报（自然科学版），44（4）：133-137.

王春乙，等．2010. 中国重大农业气象灾害研究．北京：气象出版社．

王春乙，张继权，霍治国，等．2015. 农业气象灾害风险评估研究进展与展望．气象学报，

73（1）:1-19.

王翠玲，宁方贵，张继权，等.2011. 辽西北玉米不同生长阶段干旱灾害风险阈值的确定. 灾害学，26（1）：43-47.

温克刚，臧建升.2008. 中国气象灾害大典（河北卷）. 北京：气象出版社.

阎莉，张继权，王春乙，等.2012. 辽西北玉米干旱脆弱性评价模型构建与区划研究. 中国生态农业学报，20（6）：788-794.

张继权，崔亮，佟志军，等.2013. 基于格网最优分割法的呼伦贝尔草原火灾风险预警阈值研究. 系统工程理论与实践，33（3）：771-775.

张继权，冈田宪夫，多々纳裕一.2006. 综合自然灾害风险管理——全面整合的模式与中国的战略选择. 自然灾害学报，15（1）：29-37.

张继权，李宁.2007. 主要气象灾害风险评价与管理的数量化方法及其应用. 北京：北京师范大学出版社.

张继权，刘兴朋，严登华，等.2012c. 综合灾害风险管理导论. 北京：北京大学出版社.

张继权，宋中山，佟志军，等.2012b. 中国北方草原火灾风险评价、预警及管理研究. 北京：中国农业出版社.

张继权，严登华，王春乙，等.2012a. 辽西北地区农业干旱灾害风险评价与风险区划研究. 防灾减灾工程学报，32（3）：300-306.

张琪，张继权，严登华，等.2011. 朝阳市玉米不同生育阶段干旱灾害风险预测. 中国农业气象，32（3）：451-455.

张强，韩兰英，张立阳，等.2014. 论气候变暖背景下干旱和干旱灾害风险特征与管理策略. 地球科学进展，29（1）：80-91.

张玉静.2014. 华北地区冬小麦主要气象灾害风险评估. 北京：中国气象科学院硕士学位论文.

中国主要农作物需水量等值线图协作组.1993. 中国主要农作物需水量等值线图研究. 北京：中国农业科技出版社.

朱萌，张继权，乌兰，等.2015. 吉林省东部水稻延迟型冷害时空分布特征分析. 灾害学，30（3）：223-228.

Archer T. 2002. c 技术内幕. 北京：清华大学出版社.

Birkmann J. 2007. Risk and vulnerability indicators at different scales：Applicability, usefulness and policy implications. Environ Hazards，7：20-31.

Blaikie P，Cannon T，Davis I，et al. 1994. At risk：natural hazards，people vulnerability，and disasters. London and New York：Routledge Publishers.

Burton I，Kates R W，White G F. 1993. The environment as hazard second edition. New York：The Guilford Press.

Cui L，Zhang J Q，Liu X P，et al. 2010. Logistic regression-based prairie fire hazard prediction in case of Hulunbuir grassland. J Saf Environ, 10 (1): 173-177.

Hu Y, Zhang J Q, Liu X P, et al. 2013. Drought risk analysis of multi hazard-bearing body based on copula function in Huai river basin. Intelligent Systems and Decision Making for Risk Analysis and Crisis Response: 487-492.

IPCC. 2012. Managing the risks of extreme events and disasters to advance climate change adaptation//A special report of working groups Ⅰ and Ⅱ of the intergovernmental panel on climate change. Cambridge: Cambridge University Press.

IUGS. 1997. Quantitative risk assessment for slopes and landslides-the state of the art// Cruden D, Fell R. Landslide risk assessment. Rotterdam: AA, Balkema.

Lance A T. 2009. Using COSO′s ERU framework. Strategic Finance, 90 (12): 25.

Liu X J, Zhang J Q, Ma D L, et al. 2013. Dynamic risk assessment of drought disaster for maize based on integrating multi-sources data in the region of the northwest of Liaoning Province, China. Natural Hazards, 65 (3): 1393-1409.

Shook G. 1997. An assessment of disaster risk and its management in Thailand. Disasters, 21 (1): 77-88.

Sun Z Y, Zhang J Q, Liu X P, et al. 2013. Quantitative evaluation of drought-flood abrupt alternation during the flood season in Fuyang, China. Intelligent Systems and Decision Making for Risk Analysis and Crisis Response: 477-482.

Tong Z J, Zhang J Q, Liu X P. 2009. GIS-based risk assessment of grassland fire disaster in western Jilin province, China. Stoch Environ Res and Risk Assess, 23 (4): 463-471.

UN/ISDR. 2004. Living with risk: A global review of disaster reduction initiatives 2004 version. Geneva: United Nations publication.

United Nations Department of Humanitarian Affairs (UNDHA) . 1991. Mitigating Natural Disasters: Phenomena, Effects and Options: A Manual for Policy Makers and Planners. New York: United Nations: 1-164.

United Nations Development Programme (UNDP) . 2004. A Global Report Reducing Disaster Risk: A Challenge for Development. New York: UNDP, 1-144.

Williamson D. 2007. The COSO ERU framework: a critique from system theory of management control. International Journal of Risk Assessment and Managment, 7 (8): 1089-1119.

Zhang J Q, Liang J D, Liu X P, et al. 2009. GIS-based risk assessment of ecological disasters in Jilin province, northeast China. Hum Ecol Risk Assess, 15 (4): 727-745 .

Zhang Q, Zhang J Q, Guo E L, et al. 2015. The impacts of long-term and year-to-year temperature change on corn yield in China. Theor Appl Climatol, 119 (1): 77-82.

Zhang J Q, Zhang Q, Yan D H, et al. 2011. A study on dynamic risk assessment of maize drought disaster in northwestern Liaoning province, China. Beyond Experience in Risk Analysis and Crisis,

5： 196-206.

Zhang Q, Zhang J Q, Wang C Y, et al. 2014. Risk early warning of maize drought disaster in north-western Liaoning province, China. Nat Hazards, 72 (2)： 701-710.

Zhang Q, Zhang J Q, Yan D H, et al. 2013. Dynamic risk prediction based on discriminant analysis for maize drought disaster. Nat Hazards, 65 (3)： 1275-1284.

Zhang Q, Zhang J Q, Yan D H, et al. 2014. Extreme precipitation events identified using detrended fluctuation analysis (DFA) in Anhui, China. Theor Appl Climatol, 117 (1-2)：169-174.

第6章　森林火灾风险评价与防范技术

营林抚育、防火林带建设是生物防火的主要内容。生物防火是利用植物、动物、微生物的理化性质及生物学和生态学特性上的差异，结合林业生产措施，达到增强林分的抗火性和阻火能力的目的。目前已经受到广泛的关注。如今，生物防火的领域在不断发展，利用微生物的生物学及生态学特性的生物降解技术为减少可燃物负荷量的研究提供了一个新的途径（Pausas et al.，2004；Pandey et al.，2007；彭徐建，2009）。

任何一种可燃物调控技术都发挥着不可替代的作用。基于不同营林目的、调控目标、林分状况及立地条件，应采用与之相对应的不同的调控手段。即使在相同的条件下，对不同树种进行处理也可能呈现出不同的变化规律。因此，在选用调控技术时应该充分考虑这些调控技术自身的特点。建议在今后的森林可燃物调控中，从以下几个方面考虑。

（1）应以营林技术为主的生物防火工程建设为主要手段。提高林分对林火的抗性、实现森林可持续经营是进行可燃物调控的最终目标。营林抚育技术可以优化林分结构，提高森林健康性及稳定性。营林抚育技术不仅仅在森林防火中，在整个森林经营管理中都起着重要的作用。

（2）根据实际情况适当地进行计划烧除。林火作为一种特殊的生态因子，具有两面性，即高强度、大面积的森林火灾给森林资源带来巨大损失灾害，而低强度、小面积的林火又可被当作保持林分健康的一种手段，其效应是机械疏伐不可比拟的。机械疏伐可以创造林火一样的条件，但并不能模拟林火带来的一些生态效益。目前，国内外关于计划烧除做了大量的研究，在适当的条件下进行计划烧除为经营森林生态系统提供了一种重要方法。

（3）在选择适当的方法进行可燃物调控时，应强调超出林分尺度，在景观尺度上进行可燃物调控。尤其在建设防火林带时，应该综合考虑林分所处大区域上的地形、主风向、原有的防火道路等。只有在大范围区域上整体把握，扩大可燃物的调控区域面积，才能真正实现森林火灾的长期预防、实现森林的可持续经营。同时，利用景观生态调控的基本原理（谢晨岚等，2005）。例如，把废物循环利用原理、生态适应性原理、景观多样性与稳定性理论等理念与可燃物在景观尺度上调控技术相融合，从长远的角度出发，有策略地全面把握，制定适宜森林健康的调控技术。

（4）选择调控技术时应该综合考虑对生态环境的影响。不同的可燃物调控技术虽然对于提高和维持森林健康是可行的，但在现如今森林资源遭到严重破坏、生态系统十分脆弱的背景下，大尺度范围内调控可燃物，须慎重选择合适的调控技术。不仅要考虑对森林生态系统的短期影响，更要兼顾长期效应。自 20 世纪 90 年代以来，我国林业建设中心也逐步转移到了以生态建设为主的更高层次上（梁军和张星耀，2005）。在森林生态效益备受关注的今天，只有大力实施"生态调控"，才能真正达到增加森林稳定性、维持森林健康的目的。因此，在进行调控前应充分了解不同技术的生态效应，根据调控地区的可燃物情况及环境，因地制宜地选择相应的技术，借鉴相同或相似林分、立地条件下的成功案例，为可燃物的调控提出科学的规程。

6.1 森林可燃物调控与燃烧性

6.1.1 森林可燃物综合调控主要方法和理论

森林可燃物是森林燃烧的物质基础，它是指森林中一切可以燃烧的植物体，包括乔木、灌木、草本、地衣、苔藓、枯枝落叶及地表以下的腐殖质和泥炭等（高国平等，1998）。森林可燃物的负荷量、含水率、床层结构及理化性质等都与林火行为密切相关（Pausas et al.，2004；Knapp et al.，2005；Schmidt et al.，2008）。作为森林燃烧三要素之一，与其他两个要素（火源与火环境）相比，森林可燃物更易于人为控制，并且便于对森林防火的有效性进行合理的定量评价（金琳等，2012）。通过对森林可燃物进行有效调控，不仅可以减少森林火灾的发生、增加森林生态系统的抗性、维持生物多样性、提高森林健康，同时调控下来的残余物质为提取生物质能源等提供了大量原料（Farnsworth et al.，2003；Moghaddas and Stephens，2008a；Demchik et al.，2009）。如今，在森林生态系统受到严重破坏及全球气候变化的背景下，又对林火管理提出了新的挑战，也更加突显出森林可燃物调控的重要性。

对森林可燃物调控技术的研究可以追溯到 20 世纪初，20 世纪 20 年代就有人提出：调控森林可燃物负荷量可以有效地控制森林火灾的发生（Show and Kotok，1929）。在这一研究领域，北美一直处于领先地位，我国的研究相对起步较晚。

目前，国内外可燃物调控技术的研究领域在不断扩展，在对调控技术的总结之上，更加注重可燃物在景观水平上的处理及对生态环境的影响（舒立福等，1999a；Finney，2001；Dodson et al.，2008；Hurteau and North，2009；Schwilk et al.，2009）。本章在对国内外大量研究文献分析的基础上，对森林可燃物调控技术方法、不同景观尺度上的可燃物处理及可燃物调控的生态效应 3 个方面进行论述，并以此为基础，探讨适合我国的森林可燃物调控方法，为实现森林可燃物的科学管理提供参考。

6.1.1.1 调控技术方法概述

可燃物调控技术方法直接关系调控的效率、效果及经济成本等。Agee 和 Skinner（2005）归纳了调控森林可燃物 4 个较为基础的原则，即减少地表可燃物、增加活枝高、降低林冠密度、保留大径级抗火林木。林火管理者通常通过机械处理、计划烧除等手段调控可燃物负荷量，以达到控制林火行为的目的，这在美国的西部、澳大利亚东南部及南欧等地区已经得到了广泛应用（Kobziar and Stephens，2006；Loucks et al.，2008；Potts and Stephens，2009，Shepherd et al.，2009）。此外，通过营林技术、防火林带建设等方法改变可燃物床层结构及可燃物的燃烧环境，也为可燃物的调控提供了一条重要途径（田晓瑞和宋光辉，2000；Brown and Agee，2004；Lezberg et al.，2008）。概括起来，可燃物调控技术方法主要有以下几种形式。

1）机械处理

机械处理主要是指机械粉碎及其清理工作。对于地被物分解速率较慢的地区，一般可以采用该方法（Collins et al.，2007）。机械粉碎的对象可以为地表覆盖物、灌木，也可为胸径≤2.5cm 的小乔木（Kobziar and Stephens，2006）。对灌木及小乔木进行机械粉碎处理可以改变森林可燃物垂直分布的连续性，在一定程度上避免林火在垂直方向上的蔓延。根据粉碎物的理化性质不同可采用不同的清理方式，可将其移除，也可将其平铺在林地内（Kobziar and Stephens，2006）。在商品林的可燃物调控中，移除木材也是机械清理的一个方面。森林采伐过后，及时地移除木材及小径级原木，对减少可燃物负荷量具有直接作用，并在很大程度上降低了林火所带来的经济损失（Mason et al.，2006；Stephens et al.，2009b）。该方法的适用条件、使用工具、优缺点等应阐明。

2）计划烧除

计划烧除，又叫规定火烧（prescribed burning）是指按照预定方案有计划地在指定地点或地段上，在人为控制下，为达到某种经营目的而对森林可燃物进行的火烧。

早在 20 世纪 50 年代，美国的林业部门就已经采用该方法对西部森林进行可燃物调控（Biswell，1989）。如今，国内外围绕计划烧除进行了大量的研究，发现反复的计划烧除可以降低林火带来的危害，采用低强度（≤500 kW/m）的火能有效减少森林可燃物的积累（马志贵等，1998；Hart et al.，2005；Schwilk et al.，2009；柴红玲等，2010）。这种技术主要应用于具有较厚的保护性树皮、树冠耐轻度灼伤的森林（舒立福等，1998）。Schmidt 等（2008）的研究表明，在针叶林和硬阔叶林中运用计划烧除可以显著地减少可燃物的积累量。在我国，利用计划烧除进行可燃物调控的林分主要分布在西南林区的云南松林及东北、内蒙古林区的人工针叶林和针阔混交林（肖功武等，1996；马志贵等，2000；梁峻等，2009）。此外，田晓瑞等（2007）提出，在长白山林区蒙古栎林内，采用低强度火烧来调控可燃物，能有效降低该林区的火险等级。

计划烧除季节的选择要根据林区的气候状况、立地条件、林分组成及可燃物性质等确定，因地制宜进行选择。舒立福等（1999b）较为系统地提出了适宜计划烧除的几个时间段：春季积雪融化时可采用跟雪点烧的方法；秋季第一次枯霜后的几天可利用雨雪后沟塘中恢复燃烧性快的时差选择点烧时机；对于多年积累干草的踏头草甸可在夏末进行点烧等。Knapp 等（2005）基于可燃物含水率的季节变化，认为在秋季进行火烧处理可能更利于枯枝落叶的燃烧。Potts 等（2009）发现秋季火烧、春季火烧、冬季火烧各有其优势，不能断定哪个季节为处理的最佳时期，由于季节的变化对可燃物及其燃烧环境的影响具有一定的复杂性，在进行可燃物调控时要综合考虑各个方面因素。现如今，通过林火物候和生物与气象水文物候相来确定用火时段的物候点烧技术已经成为我国降低林内可燃物负荷量、预防重大森林火灾的有效技术之一。东北林区在利用"雪后阳春期"点烧面积较大的沟塘来减少火灾隐患这一方面取得比较突出的成果（刘广菊等，2008）。马爱丽等（2009）提出在进行计划烧除时应充分考虑天气条件、火险等级、林地状况、地形地势、可燃物结构、可燃物分布、可燃物湿度等方面因素。刘广菊等（2008）提出了在东北林区进行物候点烧时应从树木休眠期、积雪厚度、表土冻结厚度、土壤含水率和可燃物含水率这 5 个方面予以考虑。只有充分考虑各个因素，才能使计划火烧达到预期目标。同样，该方法的适用条件、优缺点等应阐明。

3）营林抚育

营林抚育措施主要是通过调整林分结构，改变林内光照、湿度、温度等条件来控制可燃物的燃烧环境（屈宇等，2002）。疏伐是营林抚育措施中最为重要也是最为常见的一种手段。此外，林分改造、林木修枝、林地管理等也都起着十分重要的作用。营林抚育技术不仅是森林可燃物调控的常用方法，更是维持森林生态系统健康的重要途径。

森林结构和林内光照对可燃物的影响是决定林火烈度和林火生态效应的主要因素（Lezberg et al.，2008）。疏伐可以改变林分结构。机械疏伐通过控制林分郁闭度，降低树冠火发生的可能性。并且，疏伐对于地表可燃物的增加并无显著影响（Brown and Agee，2004；Agee and Skinner，2005）。对于以树冠火为主的寒温带针叶林区，尤其是郁闭度较高的林区，疏伐是比较理想的手段（屈宇等，2002）。屈宇等（2002）提出了在华北地区郁闭度大于 0.7 的油松林和郁闭度大于 0.8 的侧柏林中均应该进行疏伐；Huggett Jr 等（2008）在美国西部的海滩松林和云冷杉林分别进行了研究，认为在同龄林中、下层疏伐的调控效果要优于上层疏伐和选择疏伐；Brown 和 Agee（2004）认为异龄林中，伐除小径级林木、保留大径级的抗火林木既可以增加整个林分的抗火性，又易于灾后恢复原有的林分结构。在实际过程中，林火管理者往往将机械疏伐与计划烧除相结合，来提高其调控效率。机械疏伐后进行堆烧是减少树冠火最有效的方法，同时能大大地改变森林结构，使调控后林分的林木胸径、活立木材积、灌木高度、灌木盖度均优于单一处理（Schmidt et al.，2008；Collins et al.，2007；Stephens et al.，2009a）。

　　林分改造。乔木，作为森林生态系统的主体，自身也是可燃物的组成部分，对乔木进行管理，对于可燃物调控来说具有重要意义。阔叶树大多抗火性较强，根据植物或树种的不同燃烧性，利用"近自然林"的理论进行林分改造，营造混交林，实行针叶林阔叶化，可以使针叶树冠呈不连续分布，优化空中可燃物结构，有效降低林分的燃烧性。尤以块状、带状混交作用效果明显（于汝元，1997；徐高福，2009；肖化顺等，2009）。这也是南方的杉松中幼龄林提高抗火性的重要途径（陈存及，1994）。

　　林木的修枝抚育。对林木进行修枝抚育可以增加林木的活枝高，加大林冠与林地的间隔性，降低由地表火引发树冠火的可能性，同时减少林分内的死可燃物，降低林分的燃烧性（Schwilk et al.，2009）。对于自然整枝较差的针叶林，其林分郁闭后大部分轮生枝枯死，但仍有一部分残留在活立木上，使其可燃物的垂直分布呈金字塔形，这为地表火衍生为树冠火创造了一定的条件（赵凤君等，2010）。对于中郁闭度的针叶林林分，林木的修枝抚育为常见的调控措施（屈宇等，2002）。

　　林地管理。整地、除草等一些林地管理措施对减少地表可燃物、控制林火行为能产生一定积极的影响。Lezberg 等（2008）发现，整地可以降低地表可燃物的负荷量，并且可以降低幼苗的烧伤程度。同时，有助于土壤保持优良结构，利于微生物的生存，加速地被物的分解，这对地被物分解缓慢的地区具有重要的意义。铲除杂草可以减少林火的入侵，尤其在火灾频发的地区造林前进行林地的全面清理，按照技术规范进行造林整地、挖穴，可以有效地控制杂草滋生、减少可燃物（郝文琼，2000；徐高福，2009）。

4）防火林带营造

营造防火林带是景观尺度的可燃物管理措施之一（王明玉等，2008）。它能有效地控制林火蔓延，并且由于林带的遮阴作用，可减少林内活地被物的生物量，增加其含水率（陈富强，2008）。防火林带的建设要与当地的火灾情况相联系，综合可燃物、林带高度、地形、气象等区域因素（王明玉等，2010）。应选用抗火性强、含水量高、不易燃烧的树种，且可以形成林带内的小环境。在景观尺度上设置高郁闭度的防火林带，如加利福尼亚的针叶混交林所设置的宽度为 90～400m、灌木盖度 ≤40%、高郁闭度的防火林带，其防火效果十分显著（Agee et al.，2000），且可以根据林分、道路、河流、山脉、地形等自然条件，因地制宜，制造防火隔离带可以有效减少火灾的燃烧面积，阻止林火的发生（陈富强，2008；Schmidt et al.，2008；Suffling et al.，2008）。

6.1.1.2　不同景观尺度上的可燃物处理

景观尺度是一个空间度量，景观范围一般指 104～107hm^2，它是一个整体性的生态学研究单位，具有明显形态特征与边界，是生态系统的载体（肖化顺等，2009）。林火对森林生态系统的干扰往往超出林分尺度，在景观尺度上造成一定的影响（Agee and Skinner，2005）。由于在极端林火条件下，林火行为涉及较广区域的可燃物和着火点（肖化顺等，2009）。因此，对于重大的森林火灾，小范围区域或孤立林分的调控并不能达到理想的效果，在适当的景观尺度上进行可燃物的调控是成功减少可燃物、降低火险损失的关键。美国的 Wenatchee 国家森林公园在 1994 年遭受重大森林火灾后曾在小范围区域（5～20hm^2）内进行可燃物调控。当相邻的未经过调控的林分再次遭受高强度林火时，调控过的林分也未幸免于难，这就引起了当地林火管理者对区域范围的深度思考（Agee and Skinner，2005）。此外，美国科罗拉多 2002 年的 Hayman 火灾资料显示，在不太恶劣的林火气候下，较大范围（大于 100hm^2）内，对可燃物进行调控，在林分遭受林火时可以降低火烈度，而较小范围（小于 100hm^2）的处理则没有什么效果（Agee and Skinner，2005）。

如今，国内外的研究已经逐步跨出林分尺度，从景观范围角度出发进行可燃物调控，这样才能更有效地控制林火行为（Stephens et al.，2009a；肖化顺等，2009）。Agee 等（2000）曾多次举例证明了在景观上进行可燃物调控的必要性；Schmidt 等（2008）曾在加利福尼亚的针叶混交林中分析比较了疏伐与计划烧除在景观尺度上（280hm^2）调控可燃物对林火行为的影响；我国的刘志华等（2009）也通过景观生态 LANDIS 模型研究不同森林可燃物的处理在景观尺度上对大兴安岭潜在林火发生的影响。应该注意的是，景观尺度下有策略地调控可燃物可以达到事半功倍的效果，较少的处理面积便可以达到预期的目标，其可燃的处理方式、处理次数及分布等对林火蔓延和林火烈度都有明显影响（Finney，2003；Schmidt et al.，2008）。曾有人提出，在景观尺度上对可燃物进行鲱鱼鱼骨状分布的处理，这样能够阻止早期的林火蔓延，并且形成易于救火人员扑救林火的隔离带（Brackebusch，1973；肖化顺等，2009）。同时，在对景观尺度上调控可燃物要考虑时间间隔的问题，两次调控时间间隔过长（10 年以上）则无任何意义（Agee and Skinner，2005）。Syphard 等（2011）证明，在针叶林内每 5 年进行一次景观尺度上的可燃物调控，能有效减少高强度林火造成的危害。

由于传统的野外调查作业受到诸多因素限制，并且方法和经济同样受到了限制，目前一些学者利用模型来模拟可燃物在景观尺度上的调控，并努力把这些原则和模拟的成果应用到实际当中（Finney，2001；He et al.，2004）。其中，景观生态 LANDIS 模型和火行为 FARSITE 模型就为研究景观尺度上可燃物的调控提供了很好的平台。LANDIS 是一个用于模拟、探讨森林在景观尺度上（104 ~ 106hm²）和长时间范围内（50 ~ 1000 年）生态干扰与演替进程的相互作用的模型，在其可燃物模块中，明确了树种组成、不同的干扰因子及林火动态之间的相互作用（Sturtevant et al.，2004）。He 等（2004）曾利用该模型估测森林可燃物和林火动态；Shang 等（2007）也利用该模型在北美中部阔叶林模拟抑制火灾的长期效应。FARSITE 为新一代火行为模型，与 GIS 配合使用。该模型对可燃物垂直结构及载量有较高的要求，是在时间尺度和空间尺度上对具有景观异质性的地形、可燃物和天气条件下的林火行为及蔓延进行模拟（王秋华等，2009；贺红士等，2010）。目前，该模型在国外也有了较为广泛的应用。Duguy 等（2007）、Schmidt 等（2008）、Moghaddas 等（2010）都曾用该模型模拟景观尺度上可燃物调控对林火行为的影响。

从区域尺度上分析，对森林可燃物进行调控都具有一定的针对性，一般都是侧重于干旱地区或干湿两季分明的中低海拔针叶林，如北美地区的西部针叶林、我国的东北大兴安岭及云南的松林地区（Shang et al.，2004；马志贵等，2000；刘志华等，2009），也有一些管理者在硬阔叶林中做过类似的处理，如澳大利亚东南部的硬阔叶林（Penman et al.，2007；Penman et al.，2008）。针叶林与硬阔叶林的可燃物存在很大的差异，因此，应针对不同的林分特点及其地理环境特点探讨符合不同林分特征的调控技术。

6.1.1.3　可燃物调控的生态效应

如今对可燃物的研究不仅仅拘泥于调控技术上的探讨，更有学者根据不同的研究目标，对不同的调控技术进行定量分析比较，探讨不同可燃物调控技术对于生态系统的影响，在减少森林火灾的基础之上，较好地维持了森林生态系统。

1）对土壤、水文的影响

土壤是森林生态系统重要的组成部分，为森林生物的生存提供了必要的物质基础，保护土壤对于实现森林可持续经营具有重要意义。研究发现，长期间断性地计划烧除对于细根的长度、地下生物量和土壤的养分循环均有一定的负面影响。并且，火烧处理促使林地温度上升，加快土壤水分蒸发，使土壤含水量显著降低（Hart et al.，2005；Moghaddas et al.，2008b）。马志贵等（2000）在云南松林中调查发现，计划烧除对土壤团粒结构有一定的破坏作用，虽引起的水土流失量低于国家的最低允许流失量标准，但团粒结构的破坏使林地土壤的渗透性有所下降。贾丹等（2010）在兴安落叶松林中做的调查发现，计划烧除对土壤生态影响相对较大。相对而言，机械粉碎对土壤呼吸作用的影响是短暂的，并只在短时期内使土壤湿度有所下降（Moghaddas et al.，2008b）。Moghaddas 和 Stephens（2008a）发现，20 年频繁的森林采伐收获并没有对土壤的容重、密度等造成明显伤害，因此，进行间断性地机械疏伐对土壤的伤害是可以忽略的。但由于机械清理减少了林地地表的枯枝落叶层，使林地持水功能减弱，增加了地表径流，因此，建议在较干旱的地区，尤其是土壤含水率较低的地区，机械粉碎后的可燃物可适量平铺在林地内，以达到保持水土的目的。

2）对林下植被的影响

可燃物的调控技术对林下植被的生长有着显著的影响。国外研究证明，机械粉碎在短时期内虽然能加剧外来物种的生产力，但从长远的角度考虑可以保存乡土植物的种源。相对而言，计划烧除能有效地抵抗外来种的入侵，其处理后的物种数相对于机械粉碎要显著降低，但却不能有效保存乡土植物的种源，不利于原有林分结构的恢复（Kuenzi et al.，2008；Potts and Stephens，2009）。机械疏伐在短期内对于林下植被的植物种类和生物量均有较大的影响，并且短期内中强度的疏伐有利于植物多样性的提高（李春义等，2007）。同时，段劼等（2010）提出，疏伐的强度应与立地条件相一致，在我国华北地区的侧柏林，好的立地条件应采取轻度抚育，差的立地条件应采取中弱度抚育。利用机械疏伐与计划烧除相结合来调控可燃物能在较大程度上增加林下草本的丰富度和多度，尤其在物种多样性较低的地区，效果十分明显。但是，调控后的林分易受外来种的入侵，所以在使用这种方法的时候需要进行长期监测（Dodson et al.，2008；Schwilk et al.，2009）。

3）对森林碳储量的影响

近十几年来，全球气候显著变暖，碳排放问题一直引起各国生态学家的注意，森林作为一个巨大的碳汇，同时又是个不可忽视的碳源。森林可燃物是森林碳汇的重要组成部分，因此，基于森林碳储量角度，一些学者对森林可燃物调控技术做了重新的定位。Hurteau 和 North（2009）发现对可燃物进行调控可以减少林分遭受火灾后的碳释放。影响林木固碳效果的最大因素是可燃物调控后初步形成的林分结构，在火灾多发的林带，对可燃物进行调控、形成低密度林分结构有助于提高森林的碳储量。经实验证明，在针叶混交林中，经机械疏伐与计划火烧相结合处理的林分，其林分过火后碳排放量明显减少（Stephens et al.，2009b）。高仲亮等（2010）通过分析计划烧除对种子、叶子、树种、森林群落演替的作用和影响，肯定计划烧除，特别是低强度的计划烧除可以促进森林碳的吸收和固定，提高森林碳汇能力。

6.1.2 地表可燃物负荷量及其影响因子

森林地表可燃物是林火发生的物质基础，地表可燃物负荷量影响着森林火灾发生时的潜在火强度等林火行为指标。森林地表可燃物的燃烧是林火的初始阶段，地表可燃物的燃烧不仅取决于自身的尺寸大小、结构状态等理化性质，还取决于地表可燃物的数量及其分布格局（周涧青等，2014；单延龙等，2004）。在既定的环境条件下，森林可燃物的负荷量大小显著影响着林火的行为特征（高国平等，1998；Sah et al.，2006；云丽丽等，2001）。因此，林火生态研究领域的热点一直包括对森林可燃物负荷量及其影响因子的研究（Pearce et al.，2010）。利用林分因子来建立可燃物负荷量模型的研究最早始于美国（Brown，1965；Grosby，1961）；Ryu 等（2006）提出通过火烧减少可燃物负荷量从而降低森林的燃烧性；Finney（2001）认为应制定长期有效的可燃物管理措施，定期监测林内的可燃物，从而采取相应的措施，清理可燃物来降低森林火险。我国对可燃物及其管理的研究起步相对较晚，邱雪颖等（1994）、刘晓东等（1995）建立了大兴安岭林区 1h、10h 和 100h 时滞的地表可燃物负荷量数学模型。田晓瑞等（2009a）对大兴安岭南部地区春季火烧后可燃物消耗的研究发现，地表可燃物负荷量在不同火烧程度下有差异，而可燃物与林火间关系的研究是探究森林火灾碳排放的基础。王明玉等（2010）对北京西山的可燃物进行研究后，认为草类和其他枯落物的负荷量及分布对森林火灾初始蔓延速度具有重要决定作用。舒立福等（2004）认为，由于可燃物的特性不同，其对林火行为的影响也不同，可以通过清理采伐现场或其他林火管理措施来减少可燃物。陈宏伟等（2008）在分析不同时滞及总可燃物负荷量的基础上，建立了大兴安岭呼中林区典型森林地表死可燃物负荷量及其影响因子的多元线性回归方程。郭利峰等（2007）对北京八达岭林场人工油松林内地表死可燃物负荷量与立地、林分因子进行相关性研究后认为，可燃物负荷量与平均胸径、平均树高和密度呈正相关，与郁闭度、坡度呈负相关。胡海清（2005）研究了大兴安岭森林地被可燃物负荷量与林分因子之间的关系，建立了各类可燃物负荷量模型，证明了利用林分特征因子估测地表可燃物负荷量是可行的。

　　大兴安岭南部地区气候寒冷，地表可燃物分解速率慢，林下可燃物大量累积，一遇火源即有可能发生较强的火灾，本地区火灾类型以地表火为主（田晓瑞等，2009b；田晓瑞等，2009c）。本章对该地区主要森林类型兴安落叶松和白桦林内的地表可燃物负荷量及其影响因子进行了分析，以期为该地区森林可燃物的管理、林火行为预报及生物防火林带的建设提供依据。

6.1.2.1　研究区概况

　　加格达奇位于大兴安岭南部余脉，属低山丘陵地带，地理坐标为 123°45′E ~ 124°26′E，50°09′N ~ 50°35′N。地势西北偏高，东南偏低，平均海拔为 472m，土壤为棕色森林土，平均厚度为 22cm。加格达奇地处高纬度寒温带地区，属大陆性季风气候。夏季短暂，不超过 1 个月；冬季寒冷而漫长，冰冻期长达半年之久；春秋两季天气变化强烈，高温、干燥和大风天气常见，因而春季和秋季是林火的高发期。全年平均温度为 −2 ~ 4℃，年温差较大，年有效积温为 1700 ~ 2100℃，无霜期为 85 ~ 130 天。年降水量为 450 ~ 500mm，且多集中在夏季，7 ~ 8 月降水量占全年降水量的 85% ~ 90%（徐化成，1998）。

　　该区地带性植被类型为寒温性针叶林，森林类型以兴安落叶松（*Larix gmelinii*）及其混交林为主，主要的针叶乔木树种有兴安落叶松和樟子松（*Pinussylvestris* var. mongolica），阔叶乔木树种由白桦（*Betula platyphylla*）、蒙古栎（*Quercus mongolica*）、山杨（*Populus davidiana*）等组成。林下植被由偃松（*Pinus pumila*）、杜香（*Ledum palustre*）、兴安杜鹃（*Rhododendron dauricum*）、越橘（*Vaccinium vitis−idaea*）等为主的灌木层和以地榆（*Sanguisorba officinalis*）、球果唐松草（*Thalictrum baicalense*）、苔草（*Carex tristachya*）等为主的草本层组成。

6.1.2.2　研究方法

1）林分选择

　　于 2012 年 9 月在大兴安岭加格达奇林业局境内选择具有代表性的兴安落叶松林和白桦林，根据立地因子（海拔、坡度、坡位）和林分特征（林龄、郁闭度、密度、平均树高、平均胸径等），各设置样地 6 块。样地面积均为 20m×20m，记录样地的海拔、坡度、坡位等立地因子，同时，记录郁闭度、胸径、树高、林龄等林分因子和林下的凋落物层厚度及腐殖质层厚度。具体如下：①郁闭度测定。在每个样地的四角拉 2 条对角线，计算树冠投影到其中一条对角线上的长度之和与对角线长度（28m）之比，得出的值即为郁闭度（姜孟霞等，1998）。②平均胸径测定。在每个样地内对所有树木进行每木检尺测得胸径（cm）并求其平均值。③平均树高测定。在每个样地内选取 3 株标准木，使用勃鲁莱氏测高仪测量每株标准木的树高（m），并求其平均值。④平均林龄测定。在每个样地选取 3 株标准木，使用生长锥测其林龄并求其平均值。⑤凋落物及腐殖质厚度测定。使用切刀切取死地被物层剖面，最大限度保持凋落物及腐殖质的结构形态，用刻度尺测量其厚度（胡海清，1995）。所选取样地的基本概况见表 6-1。

表 6-1　大兴安岭南部兴安落叶松林与白桦林样地的基本概况

样地号	海拔（m）	坡度（°）	林龄（年）	郁闭度	密度（株/hm²）	胸径（cm）	树高（m）	凋落物厚度（cm）	腐殖质厚度（cm）
1	432.10	0	25.00	0.60	1532	11.50	13.20	7.00	7.00
2	421.40	7	23.00	0.80	1426	16.30	18.00	9.00	8.00
3	410.30	4	24.00	0.70	1733	14.00	15.00	8.00	6.00
4	416.50	5	25.00	0.85	2125	14.50	22.10	7.50	5.00
5	426.50	7	23.00	0.80	2046	14.00	18.60	6.00	5.50
6	421.70	3	27.00	0.80	1975	15.10	21.50	8.00	9.50
7	410.00	3	30.00	0.70	1225	18.10	10.10	1.50	4.50
8	432.50	5	45.00	0.70	1127	22.70	12.50	2.00	7.00
9	425.30	7	50.00	0.80	1258	20.50	11.40	4.00	5.00
10	414.50	5	45.00	0.80	1125	10.30	10.90	3.50	2.50
11	410.60	7	40.00	0.70	1275	14.50	13.70	1.00	2.00
12	415.30	3	44.00	0.60	1175	12.10	10.50	1.00	1.00

注：1~6 号为兴安落叶松林样地；7~12 号为白桦林样地

2）可燃物调查

对以灌木、幼树、草本、枯落物为主的地表可燃物负荷量进行了测定。在样地对角线上设置 3 块 1m×1m 小样方，用纸袋对样方内的地表可燃物按照 1h 时滞（直径<0.64cm）、10h 时滞（0.64 cm≤直径≤2.54cm）、100h 时滞（2.54 cm<直径≤7.62cm）的标准分级采集（Burrows and Mccaw，1990），在野外称量其湿重并取样带回实验室测定含水率。

易燃可燃物又称为细小可燃物，本章所指主要包括大部分位于地表的枯草、枯叶、枯枝等死可燃物，这些可燃物轻薄细小，形成结构疏松的可燃物层，彼此间空隙大，水分易流失，干燥、易燃，含水率随大气湿度变化而变化（胡海清等，2005）。大部分草本、幼树叶和小枝（基径>1cm）、灌木叶和小枝（基径<

1cm）等小直径活可燃物，在气象条件发生改变时，含水率降至临界点也极易燃烧。分布在林下地表的不同种类的易燃可燃物是森林火灾的引火物和地表火水平蔓延的基础。

3）室内分析

将野外采集的样品放入烘箱内，恒温 105℃下连续烘干 24~72h 至恒质量，用电子天平称得可燃物绝干质量。本书采用北京林业大学王晓丽等（2009）建立的公式通过计算每个样方内地表可燃物的含水率来推算可燃物负荷量，其公式如下：

$$Fl = \sum_{i=1}^{5} \frac{(W_{ig} - W_B) W_{in}}{W_{iG} - W_A} \tag{6.1}$$

式中，Fl 是可燃物负荷量（g/m²）；i 是可燃物类别，代表灌木、草本可燃物、1h 时滞可燃物、10h 时滞可燃物、100h 时滞可燃物；W_{ig} 是第 i 类可燃物样品烘干后的质量（g）；W_{in} 是 n 个样方单位面积第 i 类可燃物的平均湿质量（g），其中，灌木 $n=5$，草本、枯枝 $n=10$；W_{iG} 是第 i 类可燃物在野外采集时称得的样品质量（g）；W_B 是信封干质量（g）；W_A 是信封湿质量（g）；

4）数据处理

使用 SPSS 21.0（IBM，2012）对兴安落叶松和白桦林下各类别的森林地表可燃物与立地和林分因子进行相关性分析，使用 Origin 8.0 绘制兴安落叶松和白桦林下各级别地表可燃物的数量分布图。

6.1.2.3　结果与分析

1）大兴安岭南部兴安落叶松林与白桦林的地表可燃物负荷量

根据公式（6.1）计算 12 块样地的地表可燃物负荷量，结果如表 6-2 所示。

表 6-2　大兴安岭南部兴安落叶松林与白桦林的各类地表可燃物负荷量　　　　（单位：t/hm²）

样地号	灌木可燃物	草本可燃物	1h 时滞可燃物	10h 时滞可燃物	100h 时滞可燃物	地表总可燃物
1	2.071	1.833	4.343	1.215	1.165	10.626
2	2.310	2.072	7.433	3.975	3.687	19.478
3	2.050	1.587	5.047	3.169	2.962	14.815
4	0.740	0.741	6.936	4.280	3.823	16.520
5	0.881	0.696	6.243	3.653	3.017	14.489

续表

样地号	灌木可燃物	草本可燃物	1h时滞可燃物	10h时滞可燃物	100h时滞可燃物	地表总可燃物
6	1.401	1.035	8.014	4.772	3.665	18.886
7	0.953	0.833	2.522	2.135	1.685	8.128
8	1.657	1.342	3.803	2.581	2.045	11.428
9	0.893	0.744	3.527	2.252	1.974	9.390
10	1.376	1.546	1.853	1.656	1.183	7.614
11	0.864	0.692	2.753	1.941	1.517	7.767
12	1.369	1.275	1.461	1.376	1.072	6.552

注：1~6号为兴安落叶松样地；7~12号为白桦林样地

对表6-2的样地数据进行整理求得兴安落叶松林和白桦林内地表可燃物平均负荷量，结果见图6-1。

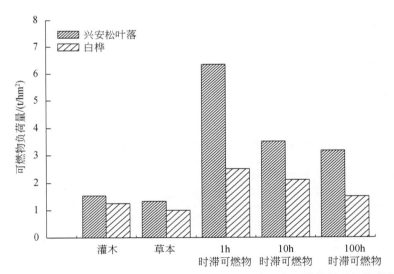

图 6-1　大兴安岭南部兴安落叶松林与白桦林下各类地表可燃物的平均负荷量

由图6-1可知，在兴安落叶松林下，灌草平均可燃物负荷量为2.90t/hm²，白桦林下此类可燃物平均负荷量为2.26t/hm²；兴安落叶松林下1h时滞平均可燃物负荷量为6.34t/hm²，白桦林下此类可燃物平均负荷量为2.65t/hm²；兴安落叶松林下10h时滞平均可燃物负荷量为3.51t/hm²，白桦林下此类可燃物平均负荷量为 2.00t/hm²；兴安落叶松林下 100h 时滞平均可燃物负荷量为 3.05t/hm²，白桦林下此类可燃物平均负荷量为 1.58t/hm²。兴安落叶松林下的平均可燃物负荷总量为 15.80 t/hm²，其中，58.46% 为易燃可燃物（灌木小枝、草本和 1h 时滞可燃物）。白桦林下的平均可燃物负荷总量为 8.48 t/hm²，其中，57.91% 为易燃可燃物。

由图 6-1 还可知，兴安落叶松林下的可燃物负荷量明显高于白桦林。大兴安岭南部地区白桦林受火干扰影响较大（田晓瑞等，2009a），地表可燃物有所损耗，林下更新较多。而兴安落叶松林在充分郁闭前，林下生长着许多喜光易燃杂草，随着林分密度的增大，林冠郁闭程度也随之增加，林内温度变低使林下枯落物分解速度减慢，林内的可燃物大量积累，因而各类可燃物负荷量水平较高。

2）大兴安岭南部兴安落叶松林地表可燃物负荷量的影响因子

对整个兴安落叶松林的立地因子、林分因子与各类地表可燃物的负荷量进行相关分析，其相关系数见表 6-3。由表 6-3 可知，地形因子与各类地表可燃物负荷量相关性较低。就整个兴安落叶松林而言，灌木可燃物负荷量与林分密度呈极显著负相关，表明林分平均密度越大，林下的光线越弱，林下灌木生长受上层乔木压制，因此，密度较大的林分灌木可燃物负荷量相对较小。草本可燃物负荷量也与林分密度呈极显著负相关，这是由于在林分未郁闭前，林下具备耐阴、喜阴草本植物的生长条件，随后林分密度逐渐增大，林下小环境发生改变，林下光线十分微弱，加之乔冠层生长所吸取的养分增多，草本可燃物负荷量逐渐减少。1h 时滞可燃物、10h 时滞可燃物负荷量与林分郁闭度、平均胸径和平均树高呈显著正相关，这是因为随着林分平均胸径和树高的增加，林分的冠幅越来越大，林下的枯落物逐渐增加，从而使得 10h 时滞可燃物越来越多。100h 时滞可燃物负荷量与林分的郁闭度、平均树高和平均胸径呈显著正相关，是因为随着树高和胸径的增加，单位面积内树木的生长空间减小，自然稀疏现象在林分内就越明显，较大的枯枝越来越多地出现在林下（Harmon et al.，1987），使得 100h 时滞可燃物负荷量增加。

地表的自然情况也可会影响林内的地表可燃物负荷量，对兴安落叶松林下的地表可燃物与凋落物厚度、腐殖质厚度的关系进行进一步研究，从表 6-3 可以看出，灌木与草本可燃物负荷量与地被物层无显著相关性，1h 时滞、10h 时滞、100h 时滞可燃物与凋落物厚度、腐殖质厚度呈显著或极显著正相关，凋落物厚度越大，细小凋落物在林内的积累越多，林内草本植物生长越旺盛，腐殖质厚度越大。

表 6-3　大兴安岭南部兴安落叶松林各因子与地表可燃物负荷量的相关系数

可燃物负荷量	海拔	坡度	坡位	林龄	郁闭度	密度	平均胸径	平均树高	凋落物厚度	腐殖质厚度
灌木	0.021	−0.285	−0.439	−0.179	−0.616	−0.953**	−0.030	−0.707	−0.093	−0.323
草本	0.094	−0.255	−0.287	−0.242	−0.584	−0.987**	−0.036	−0.685	−0.101	−0.337
1h时滞可燃物	−0.185	0.527	0.338	0.246	0.858*	0.332	0.856*	0.875*	0.871*	0.967**
10h时滞可燃物	−0.494	0.633	0.366	0.174	0.928**	0.540	0.863*	0.900*	0.903*	0.963**
100h时滞可燃物	−0.609	0.719	0.489	0.016	0.932**	0.436	0.914*	0.838*	0.953**	0.934**
总计	−0.260	0.739	−0.054	−0.212	0.667	−0.015	0.923**	0.488	0.863*	0.753

注：* 代表相关性在 $P<0.05$ 水平显著；** 代表相关性在 $P<0.01$ 水平显著

3）大兴安岭南部白桦林地表可燃物负荷量的影响因子

对白桦林的林分、地形因子与各类地表可燃物的负荷量进行相关分析，结果见表 6-4。由表 6-4 可知，立地因子对白桦林各类可燃物负荷量无显著影响。白桦林中灌木和草本可燃物负荷量与林分密度呈极显著负相关，这是因为随着林分密度的增加郁闭度增大，使林内光线减弱不宜灌草生长，同时，密度大的林分，物种的生长竞争也较为激烈，随着林分密度增大可燃物负荷量减小。1h时滞、10h时滞和100h时滞可燃物负荷量与林分平均胸径、腐殖质层厚度呈极显著或显著正相关，因为随着平均胸径的增大，林分的冠幅逐渐增加，郁闭度的增加使林内温度降低，林木自然整枝产生的枯枝在林下积累不易分解，使腐殖质层也随之增加。

表 6-4　大兴安岭南部白桦林各因子与地表可燃物负荷量的相关系数

可燃物负荷量	海拔	坡度 t	坡位	林龄	郁闭度	密度	平均胸径	平均树高	凋落物厚度	腐殖质厚度
灌木	0.530	0.304	−0.410	0.309	−0.231	−0.942**	0.004	−0.081	−0.021	0.223
草本	0.251	0.307	−0.569	0.296	−0.043	−0.972**	−0.352	−0.281	0.151	−0.049
1h时滞可燃物	0.717	−0.070	0.435	0.225	0.368	0.204	0.917**	0.507	0.289	0.868*

可燃物 负荷量	海拔	坡度 t	坡位	林龄	郁闭度	密度	平均 胸径	平均 树高	凋落物 厚度	腐殖质 厚度
10h 时 滞可燃物	0.647	−0.232	0.279	0.000	0.334	0.088	0.934 **	0.366	0.221	0.947 **
100h 时 滞可燃物	0.669	−0.087	0.287	0.088	0.336	0.224	0.968 **	0.326	0.275	0.916 *
总计	0.857 *	0.006	0.172	0.262	0.307	−0.201	0.879 *	0.365	0.303	0.949 **

注：* 代表相关性 $P<0.05$ 水平显著；** 代表相关性在 $P<0.01$ 水平显著

6.1.2.4　小结

在大兴安岭南部地区，兴安落叶松林下的平均可燃物负荷总量为 15.80t/hm²，其中，58.46% 为易燃可燃物。白桦林下的平均可燃物负荷总量为 8.48 t/hm²，其中，57.91% 为易燃可燃物。总体而言，大兴安岭南部地区的地表可燃物负荷量水平较低；郁闭度、平均树高和平均胸径是影响林分地表可燃物负荷量的主要因子。相关分析结果表明，兴安落叶松林下灌木与草本可燃物负荷量主要与林分密度呈负相关；1h 时滞、10h 时滞和 100h 时滞可燃物负荷量与郁闭度、平均胸径、平均树高呈正相关。白桦林下灌木、草本可燃物负荷量与林分密度呈负相关，1h 时滞、10h 时滞和 100h 时滞可燃物负荷量主要与平均胸径呈正相关。这与以往研究所得出的结论一致。胡海清等（2005）、陈宏伟等（2008）、郭利峰等（2007）的研究认为，可燃物负荷量与海拔、坡度、坡向等立地因子的相关性也较高。本书虽然也涉及地形因子与可燃物负荷量的相关性分析，但相关性并不显著，这可能是大兴安岭南部地区地形的整体差异较小所致。国内也有学者研究认为林下可燃物负荷量及其分布与林龄密切相关（周志权，2000；王叁等，2013；刘艳红和马炜，2013），而本章研究结果与林龄无明显的相关关系，可能是研究区兴安落叶松林与白桦林的林分龄级比较接近造成的。

森林地表可燃物主要包括林下植被、枯落物层和地被物层，其生物量是地表可燃物负荷量的重要组成部分。研究森林地表可燃物负荷量的影响因子，可以对大兴安岭南部地区相似林分类型的可燃物管理提供一定的参考依据。本章结果表明，可燃物负荷量在不同林分内的分布特点各有不同，因此，在进行可燃物管理时应选择合理适宜的措施。例如，郁闭度显著影响着林下可燃物的负荷量，因此，在郁闭度较高、人类活动频繁的林分应该定期清理林下可燃物，可以通过这种机械处理的方法来减少可燃物的负荷量。在现今森林生态系统不断受到危害的严峻形势下，森林经营活动应逐渐重视保护森林物种的多样性与森林生态系统的稳定性，对森林可燃物的管理应更加突出生态效益，选择有针对性的可燃物管理措施，降低潜在森林火灾风险，在营林工作中应注重保护森林物种多样性，提高生态系统稳定性，从而为实现大兴安岭南部地区森林可燃物的生态管理提供依据（金琳等，2012）。

6.1.3 森林可燃物燃烧性

森林燃烧性是判断森林火灾发生难易的一个重要指标，也是森林可燃物类型划分的重要依据（何中华等，2013）。可燃物是森林火灾的物质基础，可燃物的性质在很大程度上取决于构成森林的树种。树种种类不同，其燃烧性质也有差异。树种燃烧性，狭义上可以被叙述为树种着火蔓延和燃烧的程度，以燃烧时的火行为表示不同树种的燃烧特征，火行为指标还表明不同植物的燃烧程度。国内外学者在可燃物的理化性质、化学组成对燃烧的影响方面做了大量的研究工作，并从中得出以下规律：可燃物的含水率较高则不易燃烧。可燃物的燃点较高则不易燃烧。可燃物的热值影响着着火温度和蔓延速度；热值越大，火强度越大。灰分对有焰燃烧起阻滞作用，使挥发性可燃物产量降低，抽提物大部分在低温下挥发，呈有焰燃烧，且热值较高、火线高度、亮度都与其含量成正比。

森林火灾的发生受气候、天气、植被、林区可燃物及地理环境和人类活动等社会因素的综合影响。因此，随着各因子变化，特别是气候和植物物候的季节变化，使森林火灾在一年内发生的次数和危害程度表现出一定的规律性；森林类型和地理环境的区域性差异，也使发生火灾的地点表现出一定的规律性。

6.1.3.1 研究地区概况

将乐地处福建三明地区北部，26°26′N～27°04′N，117°05′E～117°40′E，是我国最绿的县份之一，境内多山，山地面积为 288 万亩，其中，有林地面积为 283 万亩，森林资源极为丰富，森林覆盖率达 84.5%，活立木蓄积量为 $1690 \times 10^4 \mathrm{m}^3$，毛竹林为 44 万亩，立竹量为 4600 多万根，为我国南方重点林业县、"中国毛竹之乡"。将乐县属亚热带季风气候，具有海洋性和大陆性气候特点，年平均气温为 18.7℃，1 月均温为 18.6℃，7 月均温为 28.6℃，年降水量为 1697mm。全年的降水集中在夏季，6、7 月常有暴雨甚至泛滥成灾。然而在冬春两季，由于降水较少天气干旱，加之农事春耕活动增多、火源管理难度加大，森林火灾时有发生。2000～2011 年，将乐共计发生森林火灾 53 起，过火面积有 555.6hm²，过火有林地面积为 441.36hm²，烧毁林木成林蓄积 27 763.7m³，幼林株数 19.89 万株。1～3 月共发生森林火灾 30 起，占林火总数的 56.6%。其中，49 起火灾查明了起火原因，4 起火灾未查明火因。查明火因的森林火灾均是人为火源，其中，生产性火源占59.18%，生活用火占 38.77%，其他火源占 2.04%。生活用火的重点火源是吸烟和上坟烧纸，比例最大的是吸烟，占 12.24%，其次是上坟烧纸，占 4.08%，生产性火源的重点火源是烧荒，占 38.77%。上坟烧纸、吸烟和烧荒是最主要的火源，共占 55.1%。这些森林火灾造成过火总面积 219.5hm²，过火有林地面积186.8hm²，烧毁林木成林蓄积 12 962m³，幼林株数 2.6 万株。造成了巨大的经济损失，间接经济损失如生态环境变劣引起的气象灾害、地质灾害等更是不易估算，生态环境受到严重破坏。

6.1.3.2　数据来源及研究方法

收集了将乐地区 2000～2011 森林火灾统计数据，包括火灾发生时间、地点、火因、过火面积、过火有林地面积等因子，结合最新的二类调查数据及相关的气象数据，运用统计分析方法和地理信息系统软件 ArcGIS 空间分析方法对研究区域内森林燃烧性（舒立福等，2000；鲁绍伟，2006；王晓丽等，2009）及林火时空分布规律进行了研究（杨广斌等，2009；吴志伟等，2011）。具体方法是把将乐地区主要树种燃烧特性用层次分析法将各因素进行综合评判，先将各项评判指标按类目的大小及隶属关系分成 3 个层次，其中，树种燃烧特性又细化为炭化速度、鲜叶发热量、叶质、树皮厚度 4 个指标；树种生物学、生态学特性又包括生长速度、叶面积相对重叠指数、树冠结构、自然整枝能力、萌芽能力、适度性、叶质、树皮厚度 8 个指标；造林学特性又分萌芽能力、适应性、种苗来源、造林技术、自然更新能力 5 个指标，结合最新的二类调查数据，用打分法将定性指标定量化，打分采用 4 分或 3 分制，得出将乐地区主要树种抗火能力的综合评价值，进而按照可燃、易燃、难燃 3 个等级将森林可燃性划分为 3 个等级。然后，分别以起火年度、月季、时点为自变量，结合气象数据分析将乐县各乡镇不同地区林火次数和过火面积的林火时空分布规律。

6.1.3.3　将乐地区森林燃烧性

森林燃烧是自然界中燃烧的一种现象。森林中的任何可燃物在氧化时能放出热和发出光的化学反应称为森林燃烧。森林燃烧性（forest combustibility）是描述一个有多种树木和植被所构成的森林群落对火的反应，是指森林被引燃着火的难易程度，以及着火后所表现出来的燃烧状态和燃烧速度的综合。森林燃烧性是判断森林火灾发生难易的一个重要指标，也是森林可燃物划分的基础。森林主要是由多个树种和其他植物构成的复合体，林木是森林的主体，制约着森林的燃烧特性。不同可燃物的易燃特性不尽相同，即便是相同可燃物在不同的时间季节、空间排序和比例构成也会表现出不同的森林燃烧性，并直接影响着森林火灾的类型及林火灾害的蔓延程度。不同的可燃物类型具有不同的森林燃烧性，预示着发生森林火灾的难易程度、林火种类和能量的释放强度。树木和林下植物种类的不同，形成不同的林分结构，也影响着林火的种类、强度及森林火灾的损失程度，所以，依据这种差异可以划分若干个可燃物类型。田晓瑞、舒立福等选取了48个树种，对南方林区防火树种进行了筛选研究。按其方法结合将乐地区主要树种林型及最新的二类调查数据可得出将乐地区主要树种抗火能力综合评价值（表6-5）和将乐县树种抗火能力综合评价（图6-2）。

表6-5　将乐地区主要树种抗火能力综合评价值

树种	综合值	顺序	树种	综合值	顺序
木荷	0.915 1	1	柳杉	0.4715	12
油茶	0.8417	2	建柏	0.4580	13
毛竹	0.6264	3	樟树	0.4427	14
青冈栎	0.6127	4	大叶桉	0.4299	15
柑橘	0.6018	5	苦槠	0.4017	16
石栎	0.5713	6	杉木	0.3807	17
尾叶桉	0.5414	7	柏木	0.3220	18
楠木	0.5350	8	马尾松	0.2998	19
茶树	0.5292	9	针叶林平均值	0.3864	20
枫香	0.5021	10	阔叶林平均值	0.5525	21
枇杷	0.4755	11	（杂灌）	0.4605	22

由表6-5可知，木荷的综合评价值为0.9151，是抗火能力最好的树种，而马尾松的综合评价值为0.2998，是最不易抗火的树种。按抗火能力综合值由高到低进行树种排序为：木荷>油茶>毛竹>青冈栎>柑橘>石栎>尾叶桉>楠木>茶树>枫香>枇杷>柳杉>建柏>樟树>大叶桉>苦槠>杉木>柏木>马尾松。阔叶林平均值>（杂灌）>针叶林平均值。

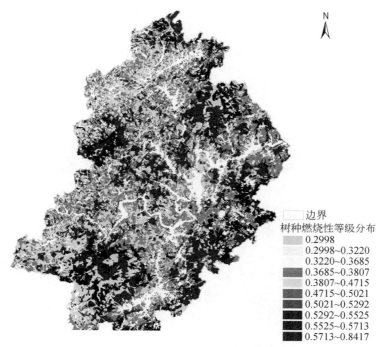

图 6-2　将乐县树种抗火能力综合评价

　　将乐县各小班的树种抗火能力分布见图 6-3，从图中可以明显看出，抗火能力较差的马尾松在三明地区占有绝大比例，尤其是分布在比较干燥的立地上的马尾松，因其含有大量松脂和挥发性油类，枝叶中灰分含量低，热值高，易燃物数量比例较大，可燃物结构疏松地被物紧密度小，含水率低，极易引发火灾。以杉木的综合评价值 0.3807 为阈值，小于其值的为易燃类型，总面积为 6.0×10^7 hm²，占林地面积的 37%，小班有 11 250 个，分布面积较集中，并且连片，火灾隐患较大。杉木、柳杉等树种松脂和挥发油含量中等，灰分含量居中，热值中等，易燃可燃物比例居中，可燃物结构较紧密，含水率较多，树冠较密集，多为中性树种，所处立地条件较湿润，土壤较肥沃，为可燃类型，还有一般的落叶阔叶林等也属于此可燃类型。其阈值为 0.5292，该类型面积有 4.5×10^7 hm²，占林地面积的 28%，共有小班 10 002 个。油茶、毛竹等经济林及常绿阔叶林等多属于不燃或难燃类型，因为大多数常绿阔叶树的枝、叶、干内含有大量水分，不易燃烧，其中，许多树又有较强烈的萌发和根蘖能力，能够忍耐火烧。该类型面积有 5.7×10^7 hm²，占林地面积的 35%，小班共有 10 102 个，尤其是毛竹类经济林在将乐县分布较广，其分布面积有 44 万亩，占森林植被总面积的 15.54%。

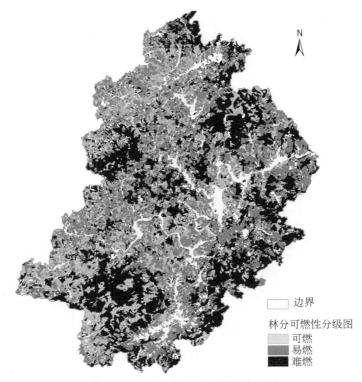

图 6-3　将乐地区林分可燃性分级图

6.1.3.4　将乐林火时空分布规律

1) 森林火灾时间变化规律

2000~2011 年,从每年发生林火次数看,年际间波动较大,但总的趋势是在逐渐减少。2005 年和 2007 年全年均未发生森林火灾,林火发生最多的年份集中在 2003 年、2004 年和 2009 年,分别为 9、8 和 16 次,占火灾总数的 62.26%。从月季发生的林火次数来看,一年内森林火灾次数的月份分布有很大差异,一年当中 6 月和 9 月从未发生森林火灾,林火发生的高峰期主要集中在 2 月、3 月,分别发生林火 12、13 次,占火灾总数的 22.64%、24.52%。从往年 10 月至来年 3 月发生林火次数占全年的 79.24% 来看,将乐地区森林火灾的发生多集中于春季。原因主要是气候因素与人为活动的影响。春季的干旱少雨、气温升高和大风天气决定了林火发生的客观环境;而此时农事春耕时期农民烧荒整地及旅游踏青的人员增多,也加大了森林火灾的可能性。从一天当中的时点变化规律看,12:00~15:00 是峰值,自此分别向两端降低,最高峰为 14:00。在此时段内发生的森林火灾有 42 起，占总数的 79.24%。这种变化规律的形成与一天中的气温变化和人为活动有关。日出之后随着气温逐渐增高，到 14：00 左右达到一天中的温度峰值，此时可燃物的温度也较高，相对湿度较小，因此，森林火灾容易发生。

　　2）森林火灾空间分布规律

　　将乐地区辖 6 个镇、7 个乡：古镛镇、万安镇、高唐镇、白莲镇、黄潭镇、水南镇、光明乡、漠源乡、南口乡、万全乡、安仁乡、大源乡、余坊乡。从森林火灾的行政区划分布特征来看，2000～2011 年将乐县的 13 个乡镇中，安仁乡发生的火灾次数最多，共发生森林火灾 9 次，过火面积为 88.5hm²，过火有林地为 63.7hm²，烧毁林木成林蓄积 3061m³，幼林株数 1.6 万株。其次是万全乡和大源乡，分别发生森林火灾 6 次和 7 次，过火面积分别为 88.8hm² 和 60.6hm²，过火有林地分别为 72.3hm² 和 55.7hm²；再次是古镛镇、水南镇、南口乡、余坊乡、漠源乡等乡镇发生森林火灾的次数在 3 次以下，黄潭镇从未发生森林火灾。从森林火灾着火地点的自然地理分布特征上看，将乐地区林火大多集中分布在东、南、西、北 4 个方向行政边界的低山区相接的林缘地带。这是因为道路与山地相接的林缘地带一方面具有一定的森林植被覆盖，另一方面人为活动相对于山地内部也较为频繁，容易引起森林火灾；然而在山地深处，由于道路难行人迹罕至，因此不易引发森林火灾。此外，将乐地区生物防火林带网络建设也对林火的形成和蔓延起到了有效的阻碍作用。

　　3）气象因素对将乐森林火灾的影响

　　近年来随着全球气候的变化，气象因素与我国森林火灾发生发展的关联日益紧密。森林火灾不仅危害森林资源造成巨大的经济损失，还会导致生态环境恶化甚至促使自然灾害频繁发生，使森林火灾与气候变化形成恶性循环。一方面森林火灾的增多会释放更多的二氧化碳从而加剧了全球气候的变化；另一方面全球气候的变化会使林火更易发生。不同的地域、不同的季节发生森林火灾的天气气候背景有所不同；有利和不利的气候背景和气象条件对火灾的作用是：减缓或加剧火灾燃烧势，并能影响灾害面积的大小。气象是受气候条件决定的，它直接影响可燃物的湿度变化和林火发生的可能性。在诸多气象因子中与林火密切相关的因子主要有相对湿度、降雨量、最高气温、风速等，结合将乐地区 2000～2009 年的气象数据可得图 6-4。

　　研究表明：将乐地区 2000～2009 年森林火灾在干旱年份更容易发生（如 2003 年、2004 年、2009 年），而在暴雨、低温和高湿度气候条件下，则较不容易发生森林火灾。如图 6-4（a）所示：随着温度的逐年升高，降水量和相对湿度则逐年递减。这表明近年来将乐地区高温少雨、天气干燥，不利的气象条件使森林火灾更易发生，森林防火形势日益严峻。如图 6-4（b）所示：随着温度的逐年升高，风速则逐年递增。风速的增加更能加强水分蒸发，促使森林可燃物更为干燥，有利于火的发生。"火借风势，风助火威"。一旦发生森林火灾，将乐地区的林火蔓延将更为恶化。结合图6-4（a）、（b）则更能说明2009年将乐发生林火次数多的原因，主要是2009年的平均气温为10年来最高，为27.08℃，降水较少，风速较快，此外，2008年我国南方地区遭受了百年一遇的冰雪自然灾害，极端的气候使得将乐林内可燃物载量增多，森林火灾形势日益严峻。

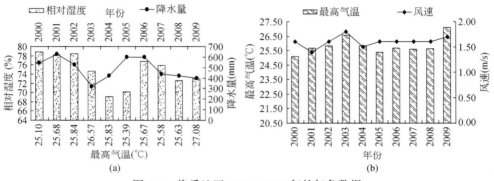

图6-4　将乐地区2000～2009年的气象数据

6.1.3.5　小结

根据将乐地区最新的二类调查数据和主要树种抗火能力的研究，通过GIS平台建立防火系统数据库，计算出了该区各小班的抗火能力综合评价值。结果表明，将乐地区易燃类型林分面积占林地总面积的37%；可燃类型林分面积占林地面积的28%；难燃类型林分面积占35%（表6-6）。由于该县难燃林分较多，所以多年以来发生林火灾害相对较少，这有利于树种综合抗火能力值作为评价指标纳入森林生态系统林火评价体系中，并在此基础上进行森林生态系统稳定性评价。

表6-6　将乐地区易燃类型林分面积

燃烧等级	树种组成	小班个数	面积（hm²）	百分比（%）
易燃	马尾松、柏木	11 250	60 416 048.44	37
可燃	杉木、苦槠、大叶桉、樟树	10 002	45 393 706.15	28
	建柏、柳杉、枇杷、枫香、茶树			
难燃	木荷、油茶、毛竹、青冈栎	10 102	56 727 240.22	35
	柑橘、石栎、尾叶桉、楠木			

2000~2011 年, 将乐森林火灾年际间波动较大, 虽然在气候变化的不利条件下, 但总的趋势是在逐渐减少, 反映出该地森林防火工作卓有成效。就森林火灾发生季节来看, 多集中于春季的 1~3 月, 共发生森林火灾 30 起, 占林火总数的 56.6%。此时, 应当加强在农事春耕重点时期的野外火源防控力度。从林火的时点变化规律看, 一天当中 12:00~15:00 是森林火灾高发期, 占总数的79.24%。此刻, 应当加强在此重点时段的林火监控与管理。将乐森林火灾空间分布特征明显: 就地理分布来看, 森林火灾着火地点大多集中分布在低山区相接的林缘地带和小平原与周围山地相接的边缘地带。就行政区划来看, 安仁乡发生的火灾次数最多, 其次是万全乡和大源乡, 黄潭镇多年以来从未发生过森林火灾。就交通地理分布来看, 距离公路越远, 发生的森林火灾越少, 主要是人为活动影响和该地森林燃烧性的差异所致, 尤其是生物防火林带对林火的形成和蔓延起到了有效的作用。

6.2　森林火灾监测预警技术

6.2.1　卫星热点火情监测误差评估技术

卫星林火监测本质上就是利用卫星探测到的高温热源点预报林火的发生地及相关属性, 但它不能有效区别林火与非林火, 还需要基层单位开展与之相配套的地面核查工作 (黄甫则等, 2012)。云南的农区与林区交错镶嵌, 农业用火与少数民族用火多, 国境线长, 林区交通与通信不便, "十里不同天, 一山分四季"是云南的复杂地形与气候条件的真实描述。在大林区中的卫星热点核查实践中, 人们往往需要驱车赶几个小时的山间险路, 再步行几个小时的山路才能到达目标区。国家林业局林火监测中心通报给云南的卫星热点中往往含有大量的非林火点, 云南的卫星热点地面核查需要花费相当多的人力物力, 由于缺乏可行的技术支持, 地面核查工作可能存在一定的浪费。开发地理信息系统, 在风险较小的条件下, 进行科学的地面核查辅助决策, 分类核查和管理具有不同危险级别的卫星热点, 减少核查的成本支出, 提高效率, 是卫星林火监测技术发展的方向, 也是生产实践中的重要应用需求。评估卫星热点测报森林火灾的准确性, 可为研发科学的辅助决策提供支持。卫星火情监测在中国已有 10 多年的应用历史, 云南始于 20 世纪 90 年代中期, 但直到今天也无人做过森林火灾卫星监测准确性的相关分析。

国家林业局卫星监测中心使用目视解译的方法预报热点。一般将热红外、近红外、可见光 3 个波段分别赋予红色、绿色、蓝色, 合成假彩色图像, 人机交互浏览假彩色图像, 如果存在较为红亮的点并且像素达到 3 个以上, 则将该点解译为一个潜在的森林火灾点，并测量其中心位置的经纬度，最后将所采集的热点数据通报给所对应的各省森林防火指挥部办公室。各省森林防火指挥部又将热点通报给州（市）、县森林防火指挥部，基层单位最后派人员到相应的区域进行实地核实。

6.2.1.1　原理与方法

设总体满足 2 点分布，

$$P_\theta(X=1) = 1 - P_\theta(X=0), \quad (0 \leqslant 0 \leqslant 1) \tag{6.2}$$

式中，X_1、X_2、$\cdots$、X_n 是来自总体的独立随机样本。如果样本数 n 非常大，按中心极限定理，统计量 $n^{1/2}[X(w+u_a^2/2n) - \theta] / [\theta(1-\theta)]^{1/2}$ 近似服从标准正态 $N(0, 1)$ 分布，即

$$P_\theta[n^{1/2}X(w+u_a^2/2n) - \theta] / [\theta(1-\theta)]^{1/2} \approx 1 - \alpha \quad (当 n 足够大时)$$

这里 α 是正态分布的上侧分位点，$1-\alpha$ 是估计的置信度，$X[(w+u_a^2/2n)]$ 是 θ 的点估计值。估计的置信区间为

$$\left[\frac{n}{n+u_a^2}\left(w+\frac{u_a^2}{2n}\right) - u_a\sqrt{\frac{w(1-w)}{n}+\frac{u_a^2}{4n^2}}, \quad \frac{n}{n+u_a^2}\left(w+\frac{u_a^2}{2n}\right) - u_a\sqrt{\frac{w(1-w)}{n}+\frac{u_a^2}{4n^2}} \right]$$

如果 n 足够大，并且 θ 不接近于 0 或 1 时，该估计方法是可用的。

6.2.1.2　森林火灾热点的比估计

收集了云南省森林防火指挥部办公室1998 ~2002 年和2004 年卫星热点核查反馈数据11 251 条，利用 Excel 将其编辑为一个数据表。该数据库的样式与部分数据见表6-7。

表6-7　云南历年卫星热点统计数据

时间			单位		位置		热点类型								通报单位
年	月	日	州市	县市	经度	纬度	农事用火	计划烧除	荒火	查无火	林火	炼山造林	境外火	其他	
2004	3	1	大理州	漾濞县	99°50′06″	25°31′30″	1	0	0	0	0	0	0	0	国家
2004	3	1	大理州	漾濞县	99°47′06″	25°39′3″	1	0	0	0	0	0	0	0	国家
2004	3	1	文山州	富宁县	105°42′36″	25°48′18″	1	0	0	0	0	0	0	0	国家
2004	3	1	文山州	富宁县	105°40′48″	25°48′18″	1	0	0	0	0	0	0	0	国家
2004	3	1	文山州	广南县	105°24′36″	25°57′00″	1	0	0	0	0	0	0	0	国家
2004	3	1	文山州	文山县	105°58′30″	25°06′54″	1	0	0	0	0	0	0	0	国家

续表

时间			单位		位置		热点类型								通报单位
年	月	日	州市	县市	经度	纬度	农事用火	计划烧除	荒火	查无火	林火	炼山造林	境外火	其他	
2004	3	1	文山州	邱北县	105°51′00″	25°01′12″	1	0	0	0	0	0	0	0	国家
2004	3	1	文山州	弥勒县	105°36′18″	25°10′12″	1	0	0	0	0	0	0	0	国家
2004	3	1	文山州	普洱县	105°08′42″	25°52′12″	1	0	0	0	0	0	0	0	国家

表6-7中火点按照其来源性质分为八大类型，分别为林火、荒火、计划烧除、农事月火、炼山造林、查无火、境外火和其他。①林火是指落在林区内，在地面核查人员到达时已经引起森林火灾的火点；②荒火是人为对荒地进行的火烧行为所造成的火点；③计划烧除是指在人为控制下，按照森林经营目的、降低林下可燃物载量等要求对森林进行有计划地烧除；④农事用火是指因开展生产经营活动而造成的火点，尤其是在西南地区，常有刀耕火种习俗，如在调查中发现的烧甘蔗地、烧麦地、烧包谷地、烧橡胶地、烧轮歇地等；⑤炼山造林是指林业部门为进入雨季搞好植树造林，对宜林地或采伐迹地进行有计划烧除火点的类型；⑥查无火是指地面核查人员在所报火点若干公里范围内没有发现火点，通常为农事用火熄灭后查找对象不明的反馈情况，或者由于热点预报有位置误差，该点周边没有热点；⑦境外火是指火点落在靠近国界 5 ~ 10 km 范围内或省界以外，对国内或省内森林资源有严重或潜在威胁区域的火点；⑧其他是指上述火点类型之外的火点，如房屋起火、烧炭、烧窑、烧垃圾等。

按 8 种热源进行分类统计，得到分年度各种热源比例关系和不分年度的总体比例关系（表6-8）。

表6-8　卫星热点反馈情况统计

年份	项目	林火	荒火	计划烧除	农事用火	炼山造林	查无火	境外火	其他	小计
1998	次数（次）	93	140	225	1149	15	204	7	6	1839
	百分比（%）	5.1	7.6	12.2	62.5	0.8	11.1	0.4	0.3	100
1999	次数（次）	524	192	83	899	12	326	256	18	2310
	百分比（%）	22.7	8.3	3.6	38.9	0.5	14.1	11.1	0.8	100
2000	次数（次）	54	140	232	686	15	136	4	6	1273
	百分比（%）	4.2	10.9	18.1	53.5	1.2	10.6	0.3	1.2	100

年份	项目	林火	荒火	计划烧除	农事用火	炼山造林	查无火	境外火	其他	小计
2001	次数（次）	183	184	132	905	—	92	11	5	1512
	百分比（%）	12.1	12.2	8.7	59.9	0	6.1	0.7	0.3	100
2002	次数（次）	111	178	142	1255	30	120	14	25	1875
	百分比（%）	5.9	9.5	7.6	66.9	1.6	6.4	0.7	1.3	100
2004	次数（次）	182	210	290	1586	—	91	50	23	2432
	百分比（%）	7.5	8.6	11.9	65.2	0	3.7	2.1	0.9	100
合计	次数（次）	1147	1044	1104	6480	72	969	342	93	11251
	百分比（%）	10.2	9.3	9.8	57.6	0.6	8.6	3	0.8	100

6.2.1.3 研究方法

将所采集的 11 251 条卫星热点反馈数据作为一个大样本，利用数理统计中的总体比例估计模型，对样本数据中的 8 种热源分林火和农事用火的比例进行估计。

设总体中的 P 个单元按某种特征可分成 2 类：其中，A 个单元具有所考虑特征的比例 $P = A/N$，由于 11 251 个数据已构成特大样本，依据大数定理，P 服从正态分布，对于给定的可靠性 $1-a$，用 P 估计某特征在总体中的比例，

其误差限为 $\Delta(p) = u_a\sqrt{\dfrac{p(1-p)}{n}}$

置信区间为

$$\left[\frac{n}{n+u_a^2}\left(w+\frac{u_a^2}{2n}\right)-u_a\sqrt{\frac{w(1-w)}{n}+\frac{u_a^2}{4n^2}},\ \frac{n}{n+u_a^2}\left(w+\frac{u_a^2}{2n}\right)-u_a\sqrt{\frac{w(1-w)}{n}+\frac{u_a^2}{4n^2}}\right]$$

就林火的报准率 p_1，即通报为热点后地面核实为林火的百分比，以及农事用火比例 p_2，即通报为热点后地面核实为农事用火的热源，用上述模型进行分析研究。

1）卫星监测中的林火报准率

以 90% 作为估计可靠性，查标准正态双侧分位数表，得 $u_a = 1.6448$

设 P_1 为林火在热源总数中所占的百分比例，它包含林火、荒火、计划烧除。经过计算求得其在整个总体中所占的个数 $A = 3295$，总体总数 $N = 11\,252$，

计算得 $P_1 = \dfrac{A}{N} = \dfrac{3295}{11251} = 0.293$

估计误差限 $\Delta(p) = u_a\sqrt{\dfrac{p(1-p)}{n}} = 0.007\,058$

依据置信区间计算公式，90% 的置信区间为

$$\left[\frac{n}{n+u_a^2}\left(w+\frac{u_a^2}{2n}\right)-u_a\sqrt{\frac{w\;(1-w)}{n}+\frac{u_a^2}{4n^2}},\;\frac{n}{n+u_a^2}\left(w+\frac{u_a^2}{2n}\right)-u_a\sqrt{\frac{w\;(1-w)}{n}+\frac{u_a^2}{4n^2}}\right]$$

$= [0.286, 0.3001]$

2）农事用火比例

以 90% 作为估计可靠性，查标准正态双侧分位数表，得 $u_a = 1.6448$。

设 P 为农事用火所占的比例，经过计算求得其在整个总体中所占的个数 $A = 1149$，总体总数 $N = 11\ 252$，计算得 $P_1 = \frac{A}{N} = \frac{1149}{11252} = 0.576$。

估计误差限 $P_1 = \frac{A}{N} = \frac{2395}{11251} = 0.007\ 664$。

依据置信区间计算公式，90% 的置信区间为

$$\left[\frac{n}{n+u_a^2}\left(w+\frac{u_a^2}{2n}\right)-u_a\sqrt{\frac{w\;(1-w)}{n}+\frac{u_a^2}{4n^2}},\;\frac{n}{n+u_a^2}\left(w+\frac{u_a^2}{2n}\right)-u_a\sqrt{\frac{w\;(1-w)}{n}+\frac{u_a^2}{4n^2}}\right]$$

$= [0.5682, 0.5836]$

3）其他热源比例

此外，还做了分年度与不分年度的各种热源的比例计算，结果见表6-8。其中，2001 年共接收通报卫星热点 1512 个，实地核查反馈林火为 183 个，占 12.1%；荒火为 184 个，占 12.2%；农事用火为 905 个，占 59.9%；查无火为 92 个，占 6.1%；计划烧除为 132 个，占 8.7%；境外热点 11 个，点 0.7%；其他（如烧窑、房屋起火等）5 个，占 0.3%。

卫星热点在森林防火期分月情况：2000 年 12 月 25 个；2001 年 1 月 183 个、2 月 245 个、3 月 355 个、4 月 667 个、5 月 37 个。卫星热点与森林火灾的时间分布比较：2001 年云南森林火灾主要集中在 3～4 月戒严期，共发生 576 次，占年度的 85.6%；通报的卫星热点 3～4 月为 1022 个，占全部的 67.6%。云南森林火灾分月发生情况：1 月 36 次；2 月 47 次；3 月 127 次；4 月 449 次；5 月 14 次。云南通报的卫星热点个数与全省森林火灾发生次数与时间分布大体一致。

6.2.1.4　小结

应充分利用 GIS 等技术手段，开发计算机辅助决策系统来制定科学的核查决策。从实际工作经验得知，每个高温热源属于森林火灾的可能性是不一样的，利用 GIS 系统可以确定其属于森林火灾的可能性大小。属于森林火灾可能性或大或小的热点，在地面核查工作中应采用不同的核查方案，以减少整个核查的经济成本，但由于缺乏相应的技术方法与技术工具，这样的工作思路难以实现。

由于农林交错严重，云南的卫星火情热点中属于林火的比例不高。在具体的核查管理中，应充分注意这个现象，以制定可行的核查管理办法来减少核查成本的支出。云南大多数县乡财政依靠国家补贴，公用事业经费短缺，森林防火车辆少，往往还要与其他部门共用，防火办人员少，多次野外核查需要的经费支出较大。在防火戒严期通报热点集中、次数多，有时个别县市一天需要核 10 多个热点，每个热点需要防火专职人员到实地观察，这几乎是不可能的，所以，目前基层单位卫星热点的实地核查工作面临许多困难。利用 GIS 在室内尽可能多地排除非林火，将潜在林火的报准率提高，对潜在林火做出危险程度预警，并解决空间半径过大的问题，缩小地面核查区域，提高卫星热点定位的精度。

6.2.2　卫星热点火情监测分级预警模型

6.2.2.1　建立分级预警计算的空间数据标准

分级预警就是将卫星探测出来的热点进行危险程度的等级划分，让基层防火部门的地面核查人员，可根据卫星热点的不同危险等级，按照区别对待、突出重点的核查方式进行地面核查。要实现分级预警这样一个功能，就需要建立一个模型来处理和分析空间数据，依靠该模型来计算该热点的危险等级。分级预警模型是指对接收的卫星热点数据进行分析，对分析出来的热点按一定的标准和算法进行危险等级的划分，并按照不同的等级分别给出不同的警示，为地面核实提供管理支持。

分级预警模型将使用地形、行政区划、林区分布、可燃物分布、气象因子等一系列数据为自变量，根据一定的标准和算法进行火险计算。这些数据都是空间电子地图，其数据的格式、数据采集精度、信息的规范化管理等都是空间分析计算的要素和依据，因此，必须给出这些数据的相关标准和规定。

1）林区区划

依据《中华人民共和国森林法》《森林防火条例》和《云南省森林消防条例》等有关规定，并结合云南实际情况，特制定云南林区的区划标准。

（1）极重点林区区划标准：凡是国界两侧 5km 以内的林区；国家级、省级自然保护区，风景名胜区和国家级森林公园；省、州（市）行政交界危险性大的林区；昆明市及州、市所在地城市面山；铁路、公路主干道（含高速公路）两旁第一层山脊以内或平地 100m 范围内的林区；未开发的原始林区；危及重点林区、重点保护对象或居民、重要设施（如军事储备库等）的林区；国务院批准的自然与人文遗产地和具有特殊保护意义的林区；天然林保护工程区的禁伐天然林。

（2）重点林区区划标准：州市、县级建立的自然保护区；城镇居民的水源林区；州市、县行政交界处危险性的林区；封山育林、飞播育林的林区；面积大于 10hm^2 的新造林地。

（3）一般林区的区划：任何林区，如果它既不是极重点林区，又不是重点林区。

（4）非林区：指的是农田水利用地，城镇居民点，交通、建设用地，裸岩、冰川等地。

2）林区区划电子地图的采集

以精度不低于 1∶50 000 比例尺的电子地图为基础地理地图，在 GIS 系统中加载行政区划图、自然保护区、二类调查的森林分布图等，依据区划标准，区划出的林区分布图。

（1）行政区划电子地图采集。利用 1∶50 000 比例尺的地形图，采集地州、县的行政区划图；以 1∶50 000 比例尺的县级行政区划图为数据源，在省、州、现有的行政界线上，再添加乡行政区划图。数据编码采用国家基础测绘规定的编码。

（2）森林可燃物电子地图的采集。依据云南制定的森林可燃物分类标准（现还未制定完毕），以融合到 5m 的 ETM（美国陆地卫星的增强主题制图仪）卫星图像为参照，基于消除地形影响的 RGB543 假彩色遥感图像基础，采用自动、半自动的卫星图像解译方法，解译可燃物类别，并生成可燃物分布电子地图。

（3）地物、地名数据的采集。以 1∶50 000 比例尺的电子地图为基础，采集地形图上所标绘的所有地物、地名，构成地名库。

3）分级预警模型的分级标准

根据《森林防火条例》规定的森林火灾大小等级分类标准，受害森林面积小于 1hm^2 的林火为一般森林火灾，受害森林面积大于或等于 1hm^2 并小于 100hm^2 的林火为较大森林火灾，受害森林面积大于或等于 100hm^2 并小于 1000hm^2 的林火为重大森林火灾，受害森林面积大于或等于 1000hm^2 的林火为特别重大森林火灾。

6.2.2.2　卫星热点分级方法

结合不同林区，如保护区、国家森林公园等在管理上的重要性，将卫星热点的危险等级分为 4 个等级：一般热点、重要热点、危险热点和极度危险热点。

1）卫星热点误差半径

卫星热点的分级是一种基于空间信息的热点危险级别划分，其需要通过室内的 GIS 软件分析处理实现，卫星热点的可靠半径，是空间分析的区域搜索尺度。依据本书的统计分析，该报准半径为 2593.301m。

2）一般热点

一般热点是指至多只能引发火情或不超过一般森林火灾的热点。在热点半径范围内，一般热点主要落在非林区或小面积林区或与农地交错的区域；其分级计算方法为：以该热点为圆心、半径为 2593.301m 范围内，没有连续的面积超过 1hm² 的林区。

3）重要热点

重要热点是指能引起一般森林火灾或较大森林火灾的热点。重要热点主要落在一般林区；其分级计算方法为：以该热点为圆心、半径为 2593.301m 范围内，没有连续面积超过 100hm² 林区，仅与一般林区相交。如果有连续的面积超过 100hm²，一般林区与之相交，该热点应预报为危险热点。

4）危险热点

危险热点是指能引发较大森林火灾或重大森林火灾的热点，是州市级防火部门需向省级防火部门报告的"8 种火灾"（表 6-9）。危险热点主要落在重点林区；其分级计算方法为：以该热点为圆心、半径为 2593.301m 范围内，没有连续面积超过 100hm² 以上或含有重点林区的区域。

5）极度危险热点

极度危险热点是指能引起发生重大、特别重大森林火灾的热点，能引起省级防火部门向国家林业局森林防火办报告的"8 种火灾"（表 6-9）。极度危险热点主要落在极重点林区；其分级计算方法为：以该热点为圆心、半径为 2593.301m 范围内，包括或与之相交的极重点林区。

表 6-9　中央省级森林防火指挥部报告的 8 种森林火灾

序号	省级林业主管部门应当立即报告中央的森林火灾	市、州森林防火指挥部应当立即报告省森林指挥部的森林火灾
1	国界附近的森林火灾	国界两侧 5km 以内的森林火灾
2	重大、特别重大森林火灾	省、州（市）交界地区的森林火灾
3	造成 1 人以上死亡或者 3 人以上重伤的森林火灾	国家级、省级自然保护区、风景名胜区和原始林区的森林火灾
4	威胁居民区和重要设施的森林火灾	受害森林面积 10hm² 以上的森林火灾
5	24h 尚未扑灭明火的森林火灾	造成 1 人以上死亡或者 3 人以上重伤的森林火灾
6	未开发原始林区的森林火灾	威胁居民区（点）和重要设施的森林火灾
7	省、自治区、直辖市交界地区危险性大的森林火灾	起火 24h 尚未扑灭明火的森林火灾
8	需要中央支援扑救的森林火灾	需要省支援扑救的森林火灾

6.2.2.3 分级预警的地面核查与管理模式

我国森林防火工作的组织机构从中央到地方大致分为5个管理层次，都设有组织指挥机构。这5个层次是：国家、省（直辖市、自治区）、市（州、森工局）、县（市、区、直属林场）森林防火指挥部及乡（镇、林场）级森林防火领导小组。县级以上森林防火指挥部设立办公室，配备专职干部，负责日常工作。

森林防火组织机构的层次越高，管理职能越强；层次越低，具体工作越重。根据以往的实践和记录，实施预防和扑救一般森林火灾的工作量大都集中在县（林业局）级森林防火指挥部办公室一级，而扑救较大森林火灾的工作一般是由州（市）、县级森林防火指挥部来完成，扑救极重要林区的森林火灾，省森林防火指挥部将牵头组织协调指挥扑救。

根据我国的森林防火工作组织机构的组成情况，分级预警系统的决策管理按照不同的热点等级给出不同的处理意见。

1）一般热点的核查方法

对于一般热点，县级防火办通知乡林业站，由林业站通知村委会组织人员负责核实，乡林业站为核查责任人。

2）重要热点的核查方法

对于重要热点，县级防火办通知乡政府，由乡政府组织乡林业站组织人员负责核实，乡政府为核查责任人；并在县级森林防火指挥部办公室的统筹安排下，乡镇民兵应急扑火队做好准备工作。

3）危险热点的核查方法

对于危险热点，县级防火办通知乡政府，县防火办值班人员负责要求乡镇工作人员对火点周围1~3km进行全面核查，并作好灭火的准备工作；县防火办值班人员为核查责任人，在核查过程中如存在火情时，应随时向带班领导或县级森林防火指挥部领导汇报情况，采取扑救措施。

4）极度危险热点的核查方法

对于极度危险热点，县级防火办带班领导组织人员核查，并及时落实该火点的核查反馈情况；县防火办值班领导为核查责任人，存在火情时，应立即向州市级或省级森林防火指挥部办公室汇报情况，调动各类扑火队在第一时间内直接处置，并及时做好需要上级扑救力量进行支援的申请。

6.2.2.4 分级预警地图数据库

在预警的过程中，由于对火点有明确的分级要求，即通过对火点的分析，给出火点的危险等级和与等级相应的措施，需要用计算机根据一定的算法，结合相关的数据对火点的情况进行计算，这些数据有行政区划电子地图（1∶50 000）、地名地物电子地图（1∶50 000）、地形地貌电子沙盘（1∶50 000）、火灾区划电子地图（1∶50 000）、可燃物分布电子地图（1∶50 000）、卫星热点电子地图（1∶50 000）、道路网电子地图（1∶50 000）、水系网电子地图（1∶50 000）和防火基础设施电子地图（1∶50 000）。

卫星热点电子地图、行政区划电子地图和地名地物电子地图，主要用于确定卫星热点的具体位置，确定卫星热点所属行政区划，便于进一步确定核查火点的责任人。

地形地貌电子地图为地面核查人员进行地面核查工作提供空间参照，便于确定选择核查的路线、制定核查的方案、快速到达热点区域。可燃物分布电子地图，帮助用户查询和浏览辖区内可燃物载量和可燃物类别。地形地貌电子沙盘、可燃物分布电子地图和火灾区划电子地图，3 种数据叠加确定卫星热点的潜在危险性，判断可能引起的森林火灾危险级别，做到范防有备。

道路网电子地图、水系网电子地图和防火基础设施电子地图，结合这 3 种叠加数据可以为地面核查与扑救决策提供参考，从而体现卫星热点火情监测分级预警系统在森林防火中所体现的宏观、快速、经济、客观等优势。

6.2.2.5　分级预警的计算流程

热点预警的计算逻辑流程包含：热点数据的录入与管理，热点的分级预警计算，预警结果的显示，预警地图报告的输出。下面是各个功能模块的计算机处理的逻辑流程。

1）热点预警处理

热点数据的录入与管理包含热点信息录入、删除、修改和查询等功能。其计算机处理的流程逻辑为：打开表单，在表单初始化的时候，如果已有当天热点信息，则显示当天全部热点信息在热点数据栏中，并默认将第一条显示在页面各显示控件中。如果没有当天记录则各显示控件显示空值。

记录移动与数据浏览热点，数据管理与录入的流程图如图6-5 和图6-6 所示。用户输入热点信息并行的设计在表单上的功能有：根据某些信息查找符合条件的热点，添加新热点信息，修改热点信息，删除热点信息。

热点的分级别预警计算是利用行政区划电子地图、森林植被图、可燃物分布图和分级预警方法，来完成热点类别的预报。其执行的逻辑流程为，切换到表单的第 2 页面，用数据库指针所指的当前记录，对界面的对话框进行初始化。用法通过与表单交互，并列执行如下功能，选定任意一个热点，上下滚动记录，计算选定热点的预警级别。其流程如图6-7 所示。

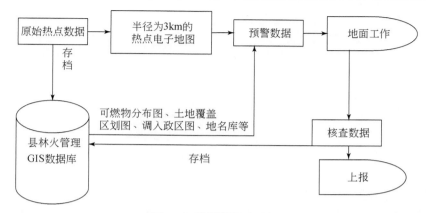

图 6-5　数据管理流程图

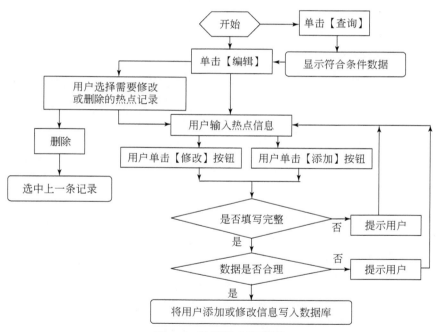

图 6-6　数据录入流程图

2）热点分级预警计算

热点计算分级预警的计算流程为：依据热点坐标数据和卫星数据的误差半径，生成由圆构成的地图层 Circles，将 Circles 与行政区划电子地图进行叠加分析，得到每个圆所落入的行政区划位置的属性数据，将其写入数据库中；再将 Circles 与林区电子地图叠加，得到每个圆所落入的林区区划位置的属性数据，再将 Circles 与

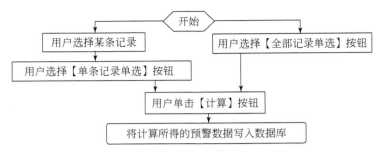

图 6-7　热点的分级预警操作流程图

可燃物电子地图叠加，得到每个圆所落入的可燃物地图位置的属性数据；依据热点的可燃物属性和林区属性，计算每个热点的预警类别；利用空间最近距离搜索方法，查找到热点周边的最近地名点，其计算的流程逻辑如图 6-8 所示。

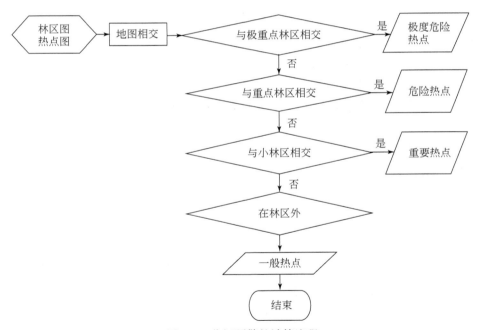

图 6-8　分级预警的计算流程

3）分级预警结果显示

预警结果的显示就是将预警级别及其通过空间分析计算所得到的属性数据，显示在工作视窗上。其整个的计算流程为：利用当前记录，初始化表单的显示项，并行的功能包含：比例尺设定，记录选取与滚动，利用规定图例，将热点地图画在视窗上，利用热点坐标进行空间位置搜索，按设定比例尺，把地图移动到以该热点为中心的区域内显示。其计算的流程逻辑如图 6-9 所示。

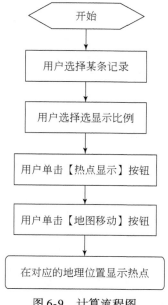

图 6-9　计算流程图

4）分级预警地图生成

预警地图与报告模块将完成预警地图的制作、计算机打印输出、硬拷贝输出的功能。其实现过程包含利用当前记录进行表单初始化，并行的功能包含：比例尺设定，记录选取与滚动，利用热点坐标进行空间位置搜索，按设定比例尺，把地图移动到以该热点为中心的区域内显示，硬拷贝输出或打印输出每个热点的分级预警图，使地面工作可以使用该预警图开展地面核查工作。其计算机计算的逻辑流程如图 6-10 所示。

热点管理的数据流程主要反映接收的卫星热点数据和地面核查数据在分级预警这个功能模块中的传递过程。

预警级别的计算流程主要是反映实现分级预警的算法过程，通过编程在软件系统中实现。

在上面运算中，可能会出现热点圆既与重点林区相交、又与重要林区相交等情况，这时以最高预警级别为最终级别，即选取最高预警级别。

预警电子地图的计算流程主要反映在将分级预警计算的结果以地图的形式输出的算法流程。通过这个流程，使复杂的数据转换成直观的图像，便于决策人员从宏观上把握火点的整体布局。

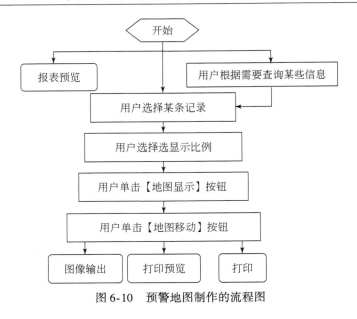

图 6-10　预警地图制作的流程图

在预警电子地图计算流程结束之后，便生成相应的火点等级分布图，并通过网络传送给相应的林业局，由它们根据等级进行实地的核查。

6.2.2.6　分级预警模型的应用

在以安宁市作为试点开发的林火管理系统中，作为林火管理 GIS 系统中的一个功能模块，分级预警的各种功能、模型的运算结果在软件中以功能界面来实现。由于分级预警模型更多的是体现一种思想和方法渗透在林火管理系统中，所以，在软件设计编写时将分级预警的模块功能分散在一些其他的子模块中。分级预警功能开发就是始于安宁市的火点分布的电子地图，在界面上将火点分为 4 种：林火、未经核查热点、计划烧除和其他用火，分别以 4 种不同的图示表示。卫星热点输入系统经过计算分析后生成的热点分布图，将呆板的文本转化成形象直观的图形，便于决策人员从宏观上把握火点分布。

对云南卫星热点火情监测系统应用现状的分析，以及对热点数据的统计分析表明，现有的卫星热点火情监测系统虽然能够探测到地面的高温热源，但不能区分热源的类型、危险程度。热源中通常还包含大量的非林火，研究表明，在云南热源中林火只占热点总数的 29.3%，农事用火所占的比例就高达 56.7%。热点预报时，只给基层单位一个经纬度坐标，缺乏其他详细的地理参考，在相当大的程度上增加了地面核查的工作量，火点的平均报准半径达 2593m，90% 的置信区间为 [1843.197，3343.404]，所以，在云南进行林火监测时，应在 3343m 的半径范围内进行核查，以免漏查、错报而导致森林火灾的发生。由于加大了核查面积，必然会导致核查工作量的增加，解决该问题的最科学办法就是将核查半径地图与具有详细森林分布、地物和地貌信息的电子地图、电子沙盘叠加，利用 GIS 在室内进行分析，规划可行的地面核查路线、地面观测点，以此来减少地面工作量。在热点报准半径的基础上，给出了热点分级预警的标准、预警模型、基于 GIS 系统的计算方法、预警电子地图生成的逻辑流程等，最后还提出了基层单位实现分级预警的工作方法。

6.2.3　森林火险预警技术

森林火险天气等级预报主要根据能反映天气干湿程度的气象因子来预报天气条件引起森林火灾的可能性，对实现有针对性地排兵布阵、扑救资源调度、火源检查与巡护、火情监测与瞭望等，对全社会涉林人员杜绝林区火源、警惕并预防林火发生，都具有十分重要的现实意义（舒立福等，2003a）。作为影响森林火灾的主要因素之一，降水可增加可燃物的含水量从而降低火险系数，是各国火险天气等级预报的必要因子（林其钊和舒立福，2003）。因此，较为准确地描述地表实际水分状态，特别是复杂多变的山地区域，对进一步提高中长期火险天气等级预报的准确性和可靠性具有较大的意义（王艳霞等，2014）。

目前，许多研究者提出了森林火险天气等级预报的方法，但针对中长期火险天气等级预报的文献较少见，更尚未见广泛应用于森林火灾预测工作的方法。张学艺和李凤霞（2006）参考国内外火险天气等级预报方法研究的思路及森林火险等级划分标准，针对宁夏的实际情况对指标体系进行逐月调整，运用多个气象因子和综合因子之间的相关关系来确定森林火险天气等级标准。冯家沛和刘步宽（1998），通过对连云港市 1987～1993 年大小不同的 111 次林火查找原因并进行天气分析，指出原全国森林火险天气等级方法的不合理部分，并加以改进，增加了实效雨量、积雪深度等预报因子。高仲亮等（2012）选取 1950～2010 年云南各地州的降水量、平均相对湿度、蒸发量、温度和风速数据，建立了蒸发量的线性回归模型，进而以降雨量和蒸发量之间的差值作为有效保水量，预报云南森林火险天气等级。以上预报方法，对行业标准中的不准确问题做了改进，但改进模型的普遍适应性，实际应用中技术经济的可行性还存在一定不足或不全面，如降雨量在下垫面作用下的径流分配与土壤渗透问题、无积雪区域预报问题、降水在连续干旱条件下的蒸发与再吸水问题、经验统计回归模型的跨区域实用性问题等，都有待于进一步解决。王艳霞等（2007）使用 1950～1980 年云南气象观测数据，采用高桥公式计算了蒸发量，通过累积求和计算有效保水量，提出了预报云南森林火险等级方法，但是其使用蒸发力代替蒸发量，在预报因子的计算精度上还有进一步提高的可能性。

　　当前，我国开展的《全国森林火险天气等级》（易浩若，2004）取最高空气温度、最小相对湿度、前期或当日的降雨量及其后的连续无降水日数、最大风力等级和物候因子预报森林火险天气等级，已为我国森林防火工作做出了很大的贡献（杨崇军，2005；周明昆等，2012）。现有标准以每日为时间单位进行短期火险天气等级预报。当森林防火工作需中长期（如以旬、月为时间单位）火险天气等级预报时，气温、湿度、风力、物候等预报因子可根据气象站台观测资料获取，而降雨量及其后连旱天数所代表的降水火险指标难以直接用于预报工作。一方面，现有标准认为降雨过后如果连续无雨日数越多，火灾危险越大，这种方式忽略了降雨量及地表蒸散发量多少对可燃物含水率的影响，不能很好地区分空间、时间连续时不同气象条件下的水分散失情况，从而不适合开展中长期森林火险天气等级预报。另一方面，现有国家标准指数计算的本质是分段函数模型，存在严重的阶跃问题，往往微小差异数据计算出来的火险等级差异较大，存在较大的预报误差。

6.2.3.1　研究区概况与研究方法

1）研究区概况

　　云南地处中国西南边陲，位于 $21°8'32''N \sim 29°15'8''N$ 和 $97°31'39''E \sim 106°11'47''E$，北回归线横贯本省南部，东西横跨 864.9km，南北纵距 990km，总面积为 $39.4×10^4 km^2$，其山地区域地形复杂，高差起伏大，山地微气候特征突出，"十里不同天，一山分四季"是云南山地微气候时空分布格局的真实写照。同时，云南干湿季分明、冬春季节几乎无降水，造成了森林火灾高发、频发的自然格局。云南山地地形复杂多样，森林可燃物类型多样、载量变化快，山区林地与农地、居民区交错分布，火源多而复杂，在这些因素共同作用下，云南森林火灾以测报难、预防难，森林火情变化快、火灾扑救难、扑救人员易伤亡而闻名于全国。

2）数据收集

　　收集云南 119 个常规气象站台 1993 ~ 2007 年的观测数据，主要包括 1 ~ 12 月月均降雨量、温度、湿度等指标。收集山地环境梯度数据，主要为 DEM、纬度、坡度、坡向、沟谷指数、纬度、坡向指数等。

　　研究区地形及山地微气候复杂，气象观测站稀少，分布不均匀。为了尽可能反映山区地形对气象要素分布的影响，本书使用 1 : 250 000 比例尺的 DEM，其数据空间分辨率重采样为 100m。利用地理信息系统中的空间模拟方法（如关联函数法、克里金法）对温度、湿度、风速等气象因子进行空间连续化模拟，收集除降水火险因子之外的其他因子的空间分布数据。

3）模型与方法

（1）陆面蒸发量的计算。气象台直接观测的蒸发量不代表陆面蒸发，而偏大 10% 至 6 倍（舒立福等，2003b）。由于蒸发量观测的准确资料很少，蒸发量的计算依赖于间接计算。根据谭冠日（1985）的检验，认为傅抱璞（1996）蒸发量计算公式误差较小，且公式较严格，具有普遍意义，故采用傅抱璞根据水热平衡原理提出的陆面蒸发量计算公式计算陆面蒸发量，如下：

$$
\begin{cases}
E = E_0 \left\{ 1 + \dfrac{R}{E_0} - \left[1 + \left(\dfrac{R}{E_0} \right)^m \right]^{\frac{1}{m}} \right\} & \infty > m > 1 \\
E = 0 & m = 1 \\
E = R & m \sim \infty\ \&\ E_0 > R \\
E = E_0 & m \sim \infty\ \&\ E_0 < R
\end{cases}
\tag{6.3}
$$

其中，E 是陆面蒸发量；E_0 是蒸发力；R 是降雨量；m 是下垫面参数。

根据《应用气候》一书，使用对高桥公式进行修正并增加了海拔高度订正项后 E_0 模型：

$$
E_0 = \frac{31 \exp\left(\dfrac{17.2 t_a}{235 + t_a} \right)}{1 + AR \cdot \exp\left(-\dfrac{17.2 t_a}{235 + t_a} \right)} \ (1 + Bh)
\tag{6.4}
$$

其中，t_a 是温度；R 是降雨量；h 是海拔；A、B 是订正系数，$A = 1.2 \times 10^{-3}$，$B = 8 \times 10^{-5}$。

（2）下垫面参数的空间模拟。地表径流越大，森林土壤的含水率越少，降水对降低火险的作用越小。傅抱璞（1996）认为下垫面的透水性好坏决定了地表植被、地表径流的情况，故将下垫面参数（m）引入陆面蒸发计算模型中。当 m 取极小值 1 时，表示下垫面透水性最差，植被最少，地面坡度最大，地表径流最强，陆面蒸发为 0，即降雨量全部以地表径流形式流走，未参加地面蒸发过程。反之，下垫面透水性好，其覆盖的植被多，地形平坦，地面径流就小，m 值就越大，表示全部降水都参加了地面蒸发过程。

谭冠日（1985）以云南为研究对象，指出下垫面参数与地形起伏度有较好的关系，提出了 m 的计算公式：

$$
m = \frac{225}{U} + 1
\tag{6.5}
$$

其中，m 是下垫面参数；U 是地形起伏度。地形起伏度是由研究区域经纬线与等高线的交点总数 C_t、经纬线总长度 L_m、等高线间距 ΔH、地图比例尺 K_m 四个变量来表征：

$$U = \frac{C_t \times |\Delta H|}{L_m \div K_m} \qquad (6.6)$$

本书利用 ArcInfo 的栅格运算功能，采用 DEM 的窗口分析法，在 GRID 模块下基于 DEM 提取地形起伏度，其计算理论为一定区域内最大高程和最小高程的差（汤国安等，2005），即

$$U = H_{max} - H_{min} \qquad (6.7)$$

其中，H_{max} 是分析窗口中的最大高程值；H_{min} 是分析窗口中的最小高程值。对于 1∶250000 的 DEM 做地形起伏度计算时最佳分析窗口取 21×21 大小（郎玲玲等，2007），本书选用此窗口大小，提取地形起伏度。

（3）地表有效保水量计算模型。将地表有效保水量近似地估算为地表降水量与同时期陆面蒸发量差值的动态累加值，即

$$R_{效} = \sum_{i=1}^{n} (R_i - E_i) \qquad (6.8)$$

其中，$R_{效}$ 是有效降水量；R_i 是降雨量；E_i 是陆面蒸发量。

云南 11 月至次年 4 月为旱季，在此期间，地面蒸发量很大，当年的雨季所保有的水分大部分在旱季结束前蒸发。本书视旱季结束雨季到来之前，即前一年 4 月结束时，森林火灾常发地区的地面有效保水量达最小值，从 5 月开始，从 0 值开始重新计算地表有效保有水分。

（4）地表有效降水火险天气指标模型的建立。

表 6-10　有效保水量与火险指数对应表

降水等级	有效保水量	森林火险天气指数 $F_3(R)$
一	<180	45
二	180~306	40
三	306~432	35
四	432~558	30
五	558~684	25
六	684~810	20
七	>810	0

由于森林火险指数的确定主观因素比较大，没有客观定量的评述标准来定义，因此，将降水火险指标按照 [0, 50] 的取值范围，根据经验确定其打分值 $F_3(R_{效})$、按研究区多年月平均保水量的总体情况，定义有效保水量的区间取值 $R_{效}$，结果如表 6-10 所示。采用表 6-10 地表有效保水量各区间的中间值和

其对应森林火险指数建立样本点集合：{（117，45），（243，40），（369，35）（495，30），（621，25），（687，20）}。由于火险有最高和最低限制，本书采用 S 形曲线形状的 Logistic 生长曲线模型（章文波和陈红艳，2006）（函数形式为 $Y=\dfrac{1}{(1/u+b_0 b_1^x)}$，其中，$u$ 为上限值），则 $u=50$。将表 6-10 所反映的分段打分函数改为连续函数形式，得到有效保水量的森林火险天气指数计算模型：

$$F_3(R_效)=\frac{50}{1+50\times0.002\times1.004^{R_效}} \tag{6.9}$$

其中，$F_3(R_效)$ 是有效保水量的森林火险指数；$R_效$ 是地表有效保水量。

（5）气象因子的空间连续化模拟。预报因子的空间连续化是实现森林火险天气等级预报精细化的重要步骤。周汝良等（2008）提出"对于许多宏观生态学、气象学、地表过程中一些物理指标的连续化模拟，如果只有少量稀疏样本数据，关联函数法应该是最好的内插方法"。因此，本章基于前人研究基础，使用关联函数法，对降雨量、温度、湿度、风速等预报因子进行空间模拟，其本质是逐步回归分析方法，通用函数表达式如下：

$$y=\beta_0+\beta_1 x_1+\cdots+\beta_p x_p+\varepsilon \tag{6.10}$$

其中，p 是自变量的个数；β_i 是系数。

6.2.3.2　结果与分析

1）降雨量空间模拟结果

使用 SPSS 软件，将气象站点观测的降雨量数据及其环境梯度因子数据构成的样本集使用逐步回归方法建立降雨量关联函数内插模型，以 4 月月均降雨量为例，如下式所示：

$$R=1692.276-58.729\cdot A+2.342\cdot CUV+9.896\cdot SLP \tag{6.11}$$

其中，R 是降雨量（单位：0.1mm）；A 是纬度；CUV 是沟谷指数；SLP 是坡度，该方程和系数均通过显著性和有效性检验。将纬度、沟谷指数、坡度栅格数据代入上述模型，使用 ArcGIS 软件的栅格计算功能，计算得出连续化的降雨量空间分布，如图 6-11 所示。

2）地表有效保水量计算结果

（1）下垫面参数空间模拟结果。云南下垫面参数结果如图 6-12 所示，滇西、滇北的地形坡度大，下垫面透水性差，地表径流强，下垫面参数小，集中在 1.1~2.5。滇东地形比滇西北平坦，植被覆盖多，下垫面透水性较好，m 值大，集中在 3 以上。特别地区的 m 值在图中显示为 nodata，表示 U 值为 0，m 值为无穷大，这表明地形平坦的地方，地表径流影响很小。

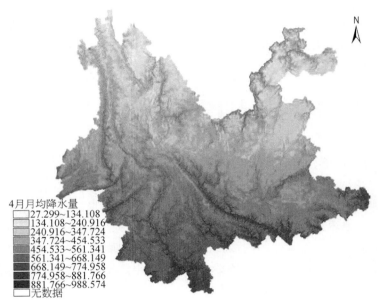

图 6-11　连续化降水量空间分布图

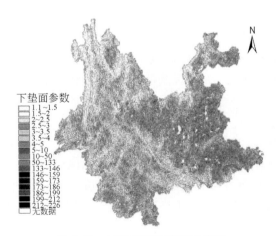

图 6-12　云南下垫面参数分布图

（2）蒸发量计算结果。当下垫面参数 m 为无穷大，在蒸发力空间分布（图 6-13）上以 NODATA 值显示时，表明降水参加地表径流的部分很少，可视为没有。这种情况下，如果这些区域蒸发力值 E_0 大于降水量 R，则 $E=R$；如果这些区域的蒸发力 E_0 小于等于降水量 R 时，则 $E=E_0$。

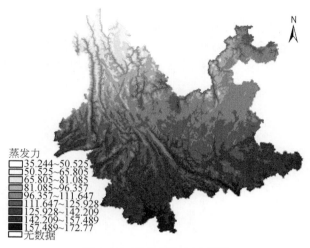

蒸发力
35.244~50.525
50.525~65.805
65.805~81.085
81.085~96.357
96.357~111.647
111.647~125.928
125.928~142.209
142.209~157.489
157.489~172.77
无数据

图 6-13 蒸发力分布示意图

在旱季时，即使当降水为 0 时，云南陆面蒸发量也能达到 5～15mm。因此，本章在计算蒸发量时若遇到降水量为零或计算蒸发量不足 15mm 的月份时，默认此月的蒸发量为 15mm。将降雨量、下垫面参数、蒸发力代入蒸发量计算模型得到蒸发量的空间连续化分布图，如图 6-14 所示。从中可以看出，纬度越低，气温越高，蒸发能力越强，蒸发量也就越大。总体上滇北温度、降水低于滇南，蒸发力小于滇南，其蒸发量也相对小。

4月蒸发量
15~23
24~31
32~40
41~48
49~56
57~65
66~73
74~81
82~90
无数据

图 6-14 蒸发量分布示意图

（3）地表有效保水量计算结果。从图 6-15 看出，某些地方保水量值为负值，仅仅表示截止 4 月的蒸发量值大于降水量，该地区比较干旱。当雨季到来，大规模的降水便会为这些地区补充水分。另外，林内植物夜间反吸水作用也缓解了蒸发对干旱的贡献。保水量为负值的地区的天气条件与保水量为正值的地区比较起来，干旱较严重，火险等级指数较高。从中可以看出，保水量分布总体上为南部多北部少，西部多东部少，这与云南旱季降水量分布趋势大体一致。

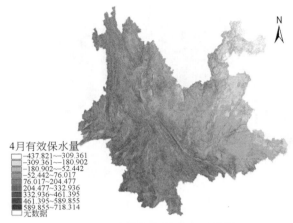

4月有效保水量
- -437.821~-309.361
- -309.361~-180.902
- -180.902~-52.442
- -52.442~76.017
- 76.017~204.477
- 204.477~332.936
- 332.936~461.395
- 461.395~589.855
- 589.855~718.314
- 无数据

图 6-15　有效保水量分布示意图

3) 基于地表有效保水量的森林火险天气等级预报结果

云南 4 月月均地表有效保水量对应的火险天气指数见图 6-16。从图中可以看出，由保水量计算出的地表降水火险天气指数呈现空间连续变化，不存在因一个县只有一个气象站点而出现的整个县域只有一个火险天气指数值的情况。火险天气指数分布较好地反映了云南历年因降水而表现出的森林火灾风险程度：全区域分东西两大阶梯变化，绥江、昭通、金沙江河谷地带的元谋一线的滇东北至以哀牢山为分水岭的滇东大部分地区具有较大的火险天气指数，但具有大河谷存在的落雪和玉溪东南部地区火险天气指数相对较小；滇西北、哀牢山以西的滇西和滇南火险天气指数相对较小，红河干热河谷地带具有明显较高的火险天气指数，呈条带状沿元江、红河从滇中延伸至滇东南。

根据云南中长期火险天气等级预报模型，计算得出云南历年 4 月月均森林火险天气等级。较现有以行政区划为单位的火险天气等级预报结果（图 6-17），本章的预报结果因地理环境的不同而表现出连续变化的火险等级，从图 6-18 可以看出，火险等级呈逐级过渡，不存在相邻地区跨越两级的地方。云南 4 月月均森林火险等级均较高，没有火险天气等级是 1 级、2 级的区域，省内大部分地区为 5 级火险，火灾发生的危险性很高。滇北火险天气等级较滇南高，河谷火险天气等级却比较周围地区高。各大河流域内火险等级相对低，但也在 3~4 级，火灾较易发生。

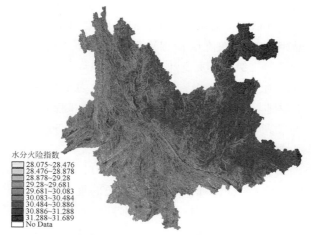

图 6-16 地表有效保水量对应的火险天气指数分布图

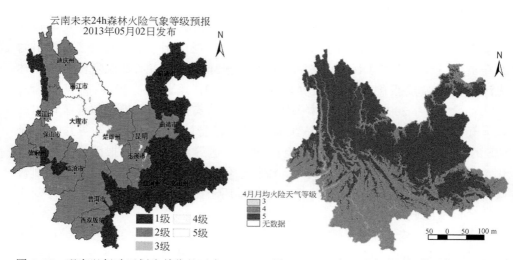

图 6-17 现有以行政区划为单位的云南
森林火险天气等级预报示意图（见彩图）

图 6-18 云南 4 月火险天气等级预报图
（见彩图）

6.2.3.3 小结

基于地表有效保水量计算降水因子对应的火险天气指数模型，在考虑了预报前期地表保有水分的同时，充分考虑火险期内连续时间上的地表降雨与蒸发的补充和消耗，细化了地表水分预报因子，解决了分区间打分法所存在的阶跃现象严重的问题。例如，当某两地的天气条件（最高气温、最小相对湿度、降雨量、连旱天、最大风力、纬度、地表有效保水量）取值为记录 1（20，51，5.1，3，5.4，22.9，600）、记录 2（10，61，5.0，3，5.5，22.2，900），记录 1 和记录 2 气温相差 10，在降雨量和连旱天差别不大的情况下，其计算出来的火险级别相同，均为二级，但是记录 1 的前期地表保水比记录 2 少，导致了火险级别不同，分别为三级和二级，显然以保水量为干旱因子时的预报结果更符合温度越高的干旱地区，其森林火灾发生的危险性越高的认知。又如，当某两地的天气条件（最高气温、最小相对湿度、降雨量、连旱天、最大风力、纬度、地表有效保水量）取值为记录 3（20，51，5.1，2，10.7，24.4，600）和记录 4（20.1，50，5.0，6，10.8，24.5，900）时，其具有相似的气温、湿度、风力等气象条件。但是，记录 3 具有较短的连旱天，根据国家标准计算出的火险等级较记录 4 小一个级别；记录 4 前期的地表保水较多以致其虽然连续干旱的天数较长，却在预报时地表的干旱程度与记录 3 相近，则以地表保水量为干旱指征因子的预报结果更符合温度、湿度、风力、地表干湿程度相近的两个地区具有相似的火险等级的认知。

地表有效保水量代替降雨量和连旱天，实现精细化和业务化的中长期森林火险天气等级预报，更适用于现代"3S"技术广泛应用于森林防火工作提出的新需求。与现有的国家森林火险天气等级预报标准、云南及其他省份关于森林火险天气等级预报的改进方法（郭文等，2010；王超等，2010；杨广斌等，2008；徐虹等，2007）相比，本书所提出的地表有效保水量模型和连续化的火险天气指数模型，输入因子容易获取，方便建立计算机可实现的算法，结合GIS 的空间分析、地学统计分析、空间数据表达等功能，将预报因子空间连续化，可得到连续化分布的火险天气等级精细化预报图。预报结果能够预报出行政单位内部微地理区域上的火险情况，更适用于山地起伏变化复杂、气候变化多端的地理区域。

在降水量和考虑了地表径流的陆面蒸发量的基础上，探讨了适用于云南计算地表有效保水量的机理模型，提出了使用表征干旱程度的地表有效保水量来衡量地表水分对森林可燃物的影响，进而建立了基于地表有效保水量计算中长期森林火险天气指数的连续化模型，并以栅格像素大小为单元预报了森林火险天气等级。具体得到以下几点结论。

（1）本章使用地表有效保水量代替降雨量和连旱天数，弥补了现有国家标准中关于地表水分火险天气指标因子未能很好地反映地表水分盈亏状态的不足，更适用于连续时间段内地表降水有补充和损耗时预报，具有较强的可推广性。本章提出的地表有效保水量，充分考虑了不同下垫面上的地表径流，通过前人所提出的机理模型计算陆面蒸发量，由模型的本质可以知道，较经典回归模型计算蒸发量（杨崇军，2005）或者使用蒸发力简单代替蒸发量（周明昆等，2012）更加准确，适用性更强。

（2）改进国家火险天气等级预报标准中的地表水分火险指数计算方法，连续化的火险指数模型，将分段函数改进为连续曲线函数，在忠于原有预报因子和火险指数数值对应的基础上克服了原有指标存在的阶跃性问题，使其更加符合物理学规律。

（3）陆面蒸发量计算方法，改进了使用传统下垫面参数的计算方法，使用 ArcGIS 专业软件利用云南 DEM 数据计算地形起伏度，得到连续化的下垫面参数。此方法克服了利用地形纸图进行计算的传统手工方法的缺点，计算结果以电子地图为基础，能更准确地计算研究区任意一点上的下垫面参数。

（4）本章以 1∶250 000 比例尺的 DEM 和稀疏观测站点所测得的气象数据为基础开展研究，本底数据的精度还有进一步提高的空间。由于计算保水量的关键模型——陆面蒸发量计算模型，是传统较成熟的机理模型，且获取一年内有效保水量的实测数据较为困难，因此，本章未对蒸发量和保水量进行定量的真实性检验。如何结合热红外卫星影像反演地表温度、地表湿度等技术方法，缩短预报期限，进一步提高火险天气预报的实时性、准确性是后续研究的方向之一。

6.3　森林火灾风险评估与防范技术

6.3.1　森林火灾火险区划

三明林业局自然条件优越，森林资源丰富，是国务院批准建立的全国集体林区改革试验区，也是国家林业局批复同意设立的全国集体林区林业产权制度改革试点和海峡两岸现代林业合作实验区。因此，林业在当地国民经济中占有十分重要的地位。据资料统计，过去 10 年中，三明地区的森林火灾造成过火总面积 12 122.9hm^2，过火有林地面积 9436.6hm^2，烧毁成林蓄积 319 298.3m^3，幼林损失 682.9 万株，造成的经济损失及气象灾害、地质灾害等无法估算，对国家的生态资源安全和人民的生命财产安全造成了严重的威胁。特别是集体林权制度改革后，森林防火出现了巡山护林难、火源管控难、设施投入建设难、防控能力低等新情况、新问题。因此，以个县（区）为单位，研究三明地区的森林火灾时空分布特征具有重要意义。

森林火灾受气候变化、植被分布、人为活动等的影响，呈现出不同的地域分布特征。为了控制林火的发生，掌握林火的地理分布规律，对森林火险区划是行之有效的方法之一（谷建才等，2006）。柴造坡等（2009）根据黑河地区 1987～2006 年林火资料，利用地理信息系统等工具分析了林火空间分布规律。尹海伟等（2005）以 GIS 技术为支撑，选取植被类型、海拔、坡度、坡向和离居住区远近作为主要林火影响因子，采用因子加权叠置法，对研究区森林火险情况进行了定量评价，将火险等级分为无、低、中、高和极高 5 类。刘桂英和杜嘉林（2010）对 2000～2002 年 3 年黑龙江林火时空分布及火因上做了统计分析，并针对近 3 年的林火发生规律，在防火策略、措施上提出建议，以供开展森林防火工作者参考。总体来看，国内外学者基于气象资料和森林火灾资料来研究林火的时空发展规律是行之有效的方法（车克均等，1994；郑焕能，1993；Amparoand Oscar，2003；Emilio and Rusell，1989）。长期以来，国内林火时空分布的研究已经取得了长足的进展，但现有的研究尺度较大（金森，2002），以林业局为单位的针对性研究较少（郭福涛等，2009）。尤其通过区划结果分析森林火灾预防和扑救特点并提出具有实效性对策的研究更少。因此，研究三明地区林火发生的空间分布规律，分析火灾预防和扑救特点，探讨林火预防扑救对策，具有十分重要的意义，可为当地的林火管理和森林防火工程建设提供科学依据。

6.3.1.1　研究地区概况

三明市地处福建西北部，25°29′N～27°7′N，116°22′E～118°39′E。东西宽 230 多公里，南北长 180 多公里，总面积为 22 928.8km^2，山地占总面积的 82%，耕地占 8.3%，水域及其他占 9.7%，素有"八山一水一分田"之称。该区属于中亚热带大陆性与海洋性兼并的季风气候。年平均气温约为 18℃，雨量充沛，年平均降水量约为 1680mm；年平均相对湿度为 87%。全市现有森林面积 178.61 万 hm^2，森林覆盖率为 76.8%；活立木蓄积量为 1.15 亿 m^3，其中，商品林占 74.96%，生态林占 25.04%，立竹储量为 3.66 亿株。境内有高等植物 267 科 1062 属 2843 种，其中，国家重点保护野生植物有 34 种，一级保护植物有南方红豆杉（*Taxus mairei*）、银杏（*Ginkgo biloba*）、水杉（*Metasequoia glyptostroboides*）等 6 种，此外，还有成片的格氏栲（*Castanopsis kawakamii* Hay）、长苞铁杉（*Tsuga longibracteata* Cheng）、柳杉（*Cryptomeria fortunei*）等珍贵树种。主要植被类型有常绿阔叶林、常绿针叶林、针阔混交林、竹林、经济林、灌木林和草丛等。

6.3.1.2　研究方法

收集三明地区 2000～2009 年每次火灾的林火数据，通过数据整理，选取区划因子平均火灾过火面积、平均单次火灾过火面积、平均损失蓄积量、森林活蓄积量，用聚类分析的方法进行分类（关文忠和韩丹，2004；高颖仪和杨美和，1987；栾港和李畅宇，1997；谭三清，2008；高兆蔚，1995）。在综合分析评价的基础上利用计算机技术绘制森林火险等级区划。

1）区划参数选择

在选取区划参数时，主要从各县区林火预防能力、地区扑救水平、林火危害程度、林业资源的比重几个方面来考虑，每一个方面分别选用一个指标量化，将三明地区各县区进行聚类区划。通过数据整理选取以下区划参数：

平均单位面积林火发生次数计算公式：$\overline{N} = \dfrac{N}{A}$　　　　　　　　　（6.12）

式中，$\overline{N}$ 是单位林地面积上火灾发生的次数（次/hm²），反映火源管控情况，体现了林火预防能力；N 是火灾发生次数；A 是有林地面积（hm²）。

平均单次火灾过火面积计算公式：$\overline{A} = \dfrac{A_b}{N}$　　　　　　　　　（6.13）

式中，$\overline{A}$ 是平均每一次火灾燃烧的面积（hm²/次），是林火扑救效率表征；A_b 是总过火面积（hm²）。

平均单位过火面积损失蓄积量计算公式：$\overline{G} = \dfrac{G_b}{A}$　　　　　　　　　（6.14）

式中，$\overline{G}$ 是平均单位过火面积损失蓄积量（m³/hm²），表征单位面积林地受害程度；G_b 是燃烧掉的森林蓄积量（m³）

森林蓄积量——各县（市）活立木的蓄积量，是衡量森林资源的指标，用字母 G_f 表示。

2）聚类方法

聚类分析法是将样本单元按照它们在性质（用因子体现）上的亲疏程度进行分类。由于各个因子的量纲不同，数据大小相差也较大，在进行分类之前要先进行标准化变换。该方法主要是对变量的属性进行变换处理，首先对列进行中心化，然后用标准差给予标准化。即

$$x_{ij} = (x_{ij} - \overline{x}) / S_j \qquad (6.15)$$

式中，$\overline{x}$ 是某一指标的平均值；i 是行数；j 是列数；S_j 是某一指标的标准差。

经过变换处理后，每列数据的平均值为 0，方差为 1。使用标准差作标准化处理后，在抽样样本改变时仍保持变量属性的相对稳定性。在研究样本间亲疏程度的数量指标时，一般用样本间的距离表示。本书用欧氏距离进行计算。

$$d_{ij} = \sqrt{\sum_{k=1}^{m} (X_{ik} - X_{jk})^2} \qquad (6.16)$$

式中，$i \neq j$；m 是指标个数；k 是指标次序；d_{ij} 是样本之间的距离；X 是样本。

根据样本之间的距离，依次将距离最小的样本合并为一类，逐步连接成聚类分析图。

6.3.1.3　结果与分析

1）三明林火数据统计

三明地区各区县平均单次火灾过火面积（$\bar{A}$）、平均单位面积林火发生次数（$\bar{N}$）、平均单位面积损失蓄积量（$\bar{G}$）、森林活蓄积量（G_f）数据的统计结果见表 6-11。

表 6-11　2000～2009 年三明地区林火数据

地点	$\bar{A}$（hm²/次）	G_f（10^4/m³）	$\bar{N}$（次/hm²）	$\bar{G}$（m³/hm²）
大田	0.805	526.9	0.136	1094
尤溪	0.495	1679.0	0.091	451
宁化	0.560	850.0	0.061	414
沙县	0.705	1001.0	0.041	375
清流	0.672	1200.0	0.050	333
永安	0.308	2106.0	0.046	142
建宁	0.522	736.4	0.048	248
将乐	0.368	1309.1	0.036	132
明溪	0.294	1679.0	0.028	81
泰宁	0.227	638.2	0.064	145
市区	0.011	995.0	0.016	91

2）聚类分析

首先利用标准化公式（6.15）对所有样本数据进行标准化处理，然后再利用公式（6.16）得到欧式距离。整个过程可用 SPSS 软件进行分析求解，得出的聚类树状，如图 6-19 所示。

聚合系数随分类数变化的曲线如图 6-20 所示。

从图 6-20 可以看出，当分类数为 4 时，曲线变得平缓，聚类效果好，因此，将分类结果划分为 4 类。按照 4 类划分方法，在树状图中大约 10 的位置向下切割。切割线每相交一条树状线即分为一类。最终分类结果如下：一类（大田）；二类（尤溪）；三类（建宁、泰宁、清流、宁化、沙县）；四类（将乐、明溪、永安、市区）。

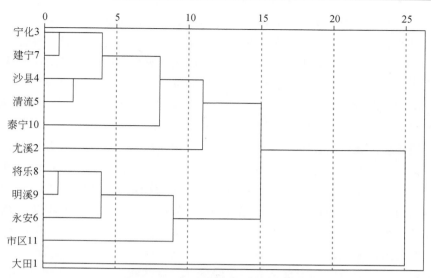

图 6-19 林火数据聚类分析树状图

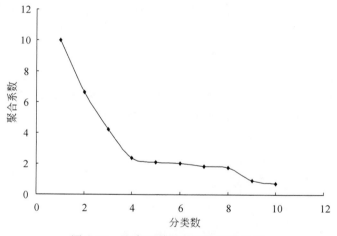

图 6-20 聚合系数随分类数变化曲线

根据划分结果，针对三明地区具体情况，对 4 类地区进行分析。

一类防火区域为大田县。火险最高，是过去 10 年中受灾最严重的林区。从数据分析看，大田县林地面积不大，约为 16.12 万 hm²，林木蓄积量虽然低，但是火灾发生次数较多，特别是大田县发生重特大火灾的次数明显高于其他县（市），从 2000～2009 年，三明市总共发生 11 起重特大森林火灾，其中，6 起在大田县发生。大田县平均单位面积发生林火次数、平均单位面积损失蓄积量及平均单次火灾过火面积都明显高于其他地区，因此将大田县划分为一级火险区。

二类防火区域为尤溪县。尤溪县森林储蓄量较高，仅次于永安市，有林地面积为全地区最大，属于三明地区森林资源分布较集中的地方，生态条件优越，但面临的火灾形势严峻，防火任务较重。平均单次火灾过火面积和平均单位面积损失蓄积量偏大，该地区林火扑救情况居于中等偏下水平，发生林火次数为全市最多，平均林火发生次数仅次于大田县，说明尤溪县火源管控难度大，林火易发，扑救效率偏低，为二级火险区。

三类防火区域包括建宁、泰宁、清流、宁化、沙县。这几个县有林地面积和森林储蓄量为（736.4～1200）×10^4 m^3，基本为全市的平均水平，森林资源和生态条件居中，平均单次火灾过火面积和平均单位面积损失蓄积量分别为0.041～0.064 次/hm^{2}和145～414 m^3/hm^2，都属于中等水平，说明三级火险区的林火预防和扑救水平代表了全市的平均水平。因此，将这几个地区划分为三级火险区。

四类防火区域包括将乐、明溪、永安、市区。这些地区属于三明市市区为中心的辐射地带，森林资源丰富，生态条件良好，森林蓄积量大，占全市森林蓄积量的一半，是三明市林分集中地带，属于重点林区。平均单位面积林火次数在0.016～0.046 次/hm^2，属于比较低的水平。平均火灾过火面积在0.368hm^2/次以下，平均单位面积损失蓄积量仅在81～142 m^3/hm^2，各项林火指标都处于较低水平。因此，将其划分为四级火险区。

3）防火区划图

根据区划结果将一级火险区用红色表示，二级火险区用黄色表示，三级火险区用浅红色表示，四级火险区用浅黄色表示，如图6-21所示。

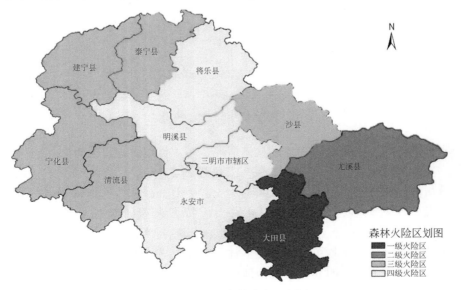

图6-21　三明森林火灾区划图

其中，一级火险区面积为 2227hm²，约占总面积的 10%；二级火险区面积为 3425hm²，约占总面积的 15%；三级火险区面积为 7430hm²，约占总面积的 40%；四级火险区面积为 9847hm²，占总面积的 35%。

4）防火对策

（1）针对一级防火区，即大田县，从林火管控角度分析，大田县平均过火面积远远高于其他县（市），即单次发生火灾过火面积较大，说明林火扑救效率不高，火灾发展成为重大、特大火灾的概率较高，造成林地受害面积较多。因此，要提高一级防火区扑救林火效率，做到在火灾发生初期能迅速到达火场，快速灭火，减少损失，必须完善防火路设施。林区公路网密度，是衡量该地区扑火能力的一个重要指标，要改善林区交通条件，开设、修建林区公路，特别是火灾易发和防火薄弱地带要增设、加宽防火路。大田县平均单位面积林火发生次数最高，充分说明大田县火源管控难度较大，火灾频繁发生。密集分布的火点和林火的频繁发生导致天然次生林结构的破坏，林相残破，林内卫生条件极差，森林蓄积量较低，降低了林地的抗火性。同时，农林交错分布也是林火频发的主要原因。因此，加强林火管理，严格控制火源是一级火险区的一项重要防火对策。在引发火灾的火源中，主要包括生产用火如烧田埂、烧荒、炼山等；非生产用火如吸烟、取火煮饭等火源占绝大多数，由于人为忽视或缺乏防火意识而酿成火灾。因此，应依据《森林法》及有关的护林防火条例，依法治火，依法管火。在防火期内，要严格用火审批制度，并在用火现场配置足够的人员和打火工具，以防跑火。

（2）针对二级防火区，即尤溪县，该县面积为 3425.3km²，管辖 8 个镇，7 个乡，人口约 43 万，人口密度约为 125 人/km²。公路通车里程达 1851 km²，县乡已经形成公路网络。较高的人口密度和高密度公路网络导致尤溪县火灾发生次数为各县市之首，居高的平均单位面积发生火灾次数反映出林火预防工作为该县的薄弱环节。尤溪县首先应该加强火源管理，尤其在防火期，做好防火宣传，各级护林防火部门应日夜值班，严格控制野外用火，层层落实，实行划片包干责任制，建立健全各项防火规章制度，使火灾次数及损失降到最低限度。

（3）三级火险区预防水平和扑救能力都处于中间水平。防火人力、物资在保障一、二级防火区的情况下要重点投放在三级火险区，要逐步完善防火实施，坚持"预防为主，积极消灭"的方针，整体上提高预防和扑救能力。要逐步建立适合本地区的林火预测预报机制，完善护林防火设施建设，进一步降低林火发生水平。

（4）四级防火区森林蓄积量占全市森林蓄积量的一半，森林资源丰富，生态条件好，要充分发挥营林防火的优势，推广营林防火技术，增强森林自身抗火、阻火效能。营林防火具有防火效能强、时效长、增加森林覆盖率、节省林地、有利于水土保持、保持自然景观等优点。要对林分及时定期抚育间伐，减少可燃物的积累，及时清理采伐迹地。此外，可营造混交林和选择女贞（*Ligustrum lucidum Ait.*）、木荷（*Schima superba Gardn. et Champ.*）、油茶（*Camelia oleifera*）等耐火树营造防火林带，使防火林带与沟渠、林道等组成防火阻火网络。在造林规划时，也应兼顾防火的因素，营造针阔混交林和防火林带，以提高森林自身的抗火、隔火效能。

6.3.1.4　小结

用聚类分析的方法将三明地区划为四级火险区，一级火险区为大田县，其面积占10%；二级火险区为尤溪县，占15%；三级火险区包括建宁、泰宁、清流、宁化、沙县，占40%；四级火险区包括将乐、明溪、永安、市区，占35%。划分结果显示，三明市总体林火控制较好，但局部地区受害严重。东西部边缘地区火灾形势相对较重，重灾区占总面积的57%。尤其是东南地区林火发生率和森林燃烧率明显高于其他地区，重特大森林火灾多发，防火形势严峻。

区划选取的平均单次火灾过火面积、平均单位面积林火次数、平均损失蓄积量、森林活蓄积量4个因子分别体现了林火预防能力、扑救水平、危害程度和森林资源比重4个方面，选择的因子具有针对性。

目前，全国范围、福建省级范围的森林火险区划已经存在，但针对三明地区小尺度的研究还未见报道。本章针对三明地区具体情况进行火险区划，其结果可以作为制定森林防火体系建设规划时分配防火人力、装备、物资投放的依据，在制定和落实森林防火的有效措施时实行分类指导，以利于促进森林防火工作科学化、规范化、制度化。

6.3.2　森林火灾扑救一氧化碳危险性和安全防范

一氧化碳是森林可燃物燃烧产生的一种污染物质，直接危害人体及动植物。由于一氧化碳是无色、无臭、无味的气体，故易于忽略而致中毒。常见于森林火灾燃烧中通风差的情况下，由烟气阻塞、倒烟及封闭地形所引起。当森林可燃物燃烧不完全时，如清晨发生的草甸火；陡峭、闭塞谷地中发生的林火；粗大死地被物或腐烂物发生的林火；常绿植物类型中发生的林火，往往浓烟滚滚，在浓烟中含有大量一氧化碳——这一对人体危害最严重的气体。

凡是含碳的森林可燃物等在燃烧不完全时都可产生一氧化碳，一氧化碳进入人体后很快与血红蛋白结合，形成碳氧血红蛋白，而且不易解离。一氧化碳的浓度高时还可与细胞色素氧化酶的铁结合，抑制细胞呼吸而中毒。一氧化碳中毒使火场中人员感到身体不适，头痛、乏力或恶心。

6.3.2.1　一氧化碳引发人体中毒机理

所有森林可燃物均是含碳的物质，在燃烧不完全时都可产生一氧化碳（CO）。一氧化碳进入人体后很快与血红蛋白结合，形成碳氧血红蛋白，而且不易解离。一氧化碳的浓度高时还可与细胞色素氧化酶的铁结合，抑制细胞呼吸而中毒。

1）人体内含有一定的一氧化碳量

正常人体内含有一定的一氧化碳储存量，其来源有二，即内源产生及外源摄取。体内大部分一氧化碳存在于血中，与血红蛋白相结合；有10%～15%的一氧化碳存在于细胞外间隙内，与肌红蛋白、细胞色素、过氧化氢酶、过氧化物酶及其他血红素相结合；不足1%的一氧化碳溶解于体液中。如果人体中含有的一氧化碳超标，就会产生中毒现象（李志红，2010）。

2）一氧化碳引发人体中毒过程

森林燃烧产生的一氧化碳一旦经呼吸道吸入肺泡，可迅速透过肺泡壁进入血液循环，然后再穿透红细胞壁，与红细胞内的血红蛋白结合，形成没有携带氧能力的碳氧血红蛋白（HbCO）。由于碳氧血红蛋白不能将肺泡内的氧气运送到全身各个部位，使得血液中的氧气含量急剧减少，造成人体急性缺氧，多个脏器功能失调，很快出现呼吸、循环和神经系统功能障碍。因为一氧化碳是看不见也摸不着的气体，对人的危害极大（刘方等，2009）。

当人体吸入一氧化碳后，一氧化碳很快通过肺泡毛细血管膜而弥散入血，并向体内分布。一般认为，一氧化碳对机体的毒害作用，主要取决于空气中一氧化碳的浓度和接触时间、血液中碳氧血红蛋白的含量与空气中一氧化碳浓度呈正比，中毒症状又与血中碳氧血红蛋白含量相关。一氧化碳、碳氧血红蛋白与人体反应之间的关系见表6-12。

表6-12　空气中一氧化碳（CO）浓度和血液中碳氧血红蛋白（HbCO）的饱和度

空气中的 CO 浓度（ppm）	吸收半量时间（min）	平衡状态时 HbCO 的含量（%）	人体反应
50	150	7	轻度头痛
100	120	12	中度头痛、眩晕
250	120	25	严重头痛、眩晕
500	90	45	恶心、呕吐、虚脱
1000	60	60	昏迷
10 000	5	90	死亡

一般认为，体内储存多量的一氧化碳所产生的毒性作用在于使血红蛋白（Hb）发生了化学改变。在血液中，一氧化碳的溶解度小于氧气，但一氧化碳能迅速与血红蛋白相结合。一氧化碳中毒后，由于氧合血红蛋白（HbO_2）的减少引起低氧症，又由于碳氧血红蛋白的形成致使氧解离曲线左移而加重了低氧症。由这两种因素所造成的低氧症，是长期以来对一氧化碳中毒发病机理的基本认识。一氧化碳中毒对各个器官组织均有损害，尤其是大脑受损最为严重（邱榕和范维澄，2001）。

6.3.2.2 一氧化碳引发中毒症状

造成一氧化碳中毒的环境，如燃烧、浓烟等，且缺乏良好的通风设备。伤员有头痛、心悸、恶心、呕吐、全身乏力、昏厥等症状体征，重者昏迷、抽搐，甚至死亡，见表 6-13。

正常情况下空气中一氧化碳的浓度<0.01%，当空气中一氧化碳浓度达到0.04%~0.06%时，可出现轻度中毒表现。开始时可有头痛、头晕、眼花、四肢无力等症状；继而会出现恶心、呕吐、眩晕等中度中毒的表现。如果此时脱离引起中毒的现场，呼吸新鲜空气，仍然可以迅速好转。但有时却被粗心或无经验忽视，判断不出这就是一氧化碳中毒，往往失去了宝贵的治疗时机。长时间缺氧会使脑、心脏、肺脏等重要器官功能逐渐衰竭，进入重度中毒阶段，出现昏迷、抽风、呼吸困难等脑水肿、肺水肿、心力衰竭、低血压休克等危及生命的表现。应特别留意一氧化碳中毒的可能，尽快采取措施，以免病情进一步发展，危及生命或遗留智力低下、癫痫等神经系统后遗症（赵杰等，2004）。

表 6-13　一氧化碳中毒程度及症状

中毒程度	症状	碳氧血红蛋白含量	后遗症
轻度中毒	患者可出现头痛、头晕、失眠、视物模糊、耳鸣、恶心、呕吐、全身乏力、心动过速、短暂昏厥	血中碳氧血红蛋白含量达 10%~20%	脱离环境可迅速消除
中度中毒	除上述症状加重外，口唇、指甲、皮肤黏膜出现樱桃红色，脉快，烦躁，常有昏迷或虚脱	血中碳氧血红蛋白约在 30%~40%	经及时抢救，可较快清醒，一般无并发症和后遗症
重度中毒	除上述症状加重外，病人可突然昏倒，继而昏迷。可伴有心肌损害，高热惊厥、肺水肿、脑水肿等	血中碳氧血红蛋白超过40%	经抢救存活者可有严重合并症及后遗症

6.3.2.3　一氧化碳中毒预防措施

空气中一氧化碳浓度达 0.002% 时，就能使人体组织缺氧，浓度达到 0.2%，能使人在几分钟内死亡。森林火灾中，每千克可燃物可产生 10～295g 一氧化碳，闷烧产生的一氧化碳量比明燃要多 10 倍，完全燃烧越彻底，产生的一氧化碳量就越少。一氧化碳浓度达到 1000ppm 时可使人致死。当空气中的一氧化碳含量达到 1% 以上时，身体较弱者 1min 即可死亡，身体较强者 2min 即会死亡。根据火场测定，距离火焰越近，一氧化碳量越大。因此，扑火任务要防止一氧化碳中毒昏迷或死亡。

（1）应利用各种社会媒体，宣传预防一氧化碳中毒常识，加强对一氧化碳中毒后自救意识的宣传和现场急救知识的普及。

（2）对火场地形、风速风向掌握清楚，选择通风良好的地形扑火，防止出现烟雾聚集和倒烟现象。

（3）认真执行扑火安全制度和操作规程，要经常进行培训教育和实际扑火演练。

（4）加强个人防护，进入高浓度一氧化碳的环境扑火时，要戴好特制防毒面具。

6.3.2.4　一氧化碳中毒救治措施

现场急救是一氧化碳中毒治疗中的重要环节。现场急救应掌握原则，因地制宜，创造条件，实施救治。实践证明，现场急救得当与否，在很大程度上将直接关系病人救治的成败。

（1）立即断绝一氧化碳之来源。若中毒现场一氧化碳浓度很高，救护人员须戴防毒面具，方可进入现场抢救。尽快将病人移离中毒现场，置于新鲜空气处，或打开门窗，尽快通风换气。

（2）轻度者解开衣领、腰带、松开衣服，喝浓茶、咖啡，注意观察。轻症者予以呼吸新鲜空气，对症处理（止吐、止痛等），病人多可迅速恢复。

（3）针对重度中毒者，应采取平卧位，同时将病人衣扣解开，松开腰带，尽可能使其呼吸道通畅。还应特别注意为病人保暖，防止着凉。

（4）对呼吸心跳停止者立即行人工呼吸和胸外心脏按压，并肌注呼吸兴奋剂，同时给氧。昏迷者针刺人中、十宣、涌泉等穴。病人自主呼吸、心跳恢复后方可送医院。

6.3.2.5　小结

（1）凡是森林可燃物在燃烧不完全时都可产生一氧化碳，一氧化碳是森林可燃物燃烧产生的一种污染物质，直接危害人体及动植物。由于一氧化碳是无色、无臭、无味的气体，故易于忽略而致中毒。

（2）一氧化碳中毒使火场中人员感到身体不适，头痛、乏力或恶心。常见于森林火灾燃烧中通风差的情况下，由烟气阻塞、倒烟及封闭地形所引起。

（3）森林扑火过程中要防止一氧化碳中毒昏迷或死亡，现场急救是一氧化碳中毒治疗中的重要环节，现场急救应掌握原则，因地制宜，创造条件，实施救治。

6.3.3 森林火灾扑救安全防范技术

6.3.3.1 紧急避险指挥技术

1）危险火环境

地形包括坡度、坡位、海拔、地貌或地表形状之类的要素。地形通常是非常缓慢地改变的，因而地形被认为是静态的。然而，这些静态的因素却能够引起火行为的不稳定性。在灭火作战中，如果指挥员不能够充分认识地形要素对火行为的影响，那么在决策时，可能会造成灭火作战人员的伤亡。

坡度：坡度影响火的蔓延速度。当火线向上坡蔓延时，向上的火焰比较贴近火线上方的可燃物，可以将可燃物预热导致燃烧加快。上山火（冲火）的蔓延速度是随着坡度的增加而加快的，坡度每升高5°，林火的蔓延速度就要加快1倍。另外，据观察，同样是山坡火和山脊火，其蔓延速度是不同的，山脊火快，山坡火慢；当山坡超过40°以后，上山火的蔓延形态呈跳跃式发展以产生飞火，直接扑打非常危险。下坡火则相反，其燃烧缓慢，火行为稳定，在可燃物条件允许情况下，可采取直接扑打方式（寇晓军等，1998），但当坡度大于35°时，坡顶燃烧的可燃物容易滚落引燃山脚未燃可燃物而形成新的火场，对于实施直接扑火的扑火队员来说非常危险。

地形能够产生地形风进而影响着火行为，因此也决定着灭火方式。云南高山林区特殊的地形决定了林火行为的变化，因此，人们常说"云南打火打地形"。在决定采用何种扑火方法时，要特别注意地形带来的潜在隐患。因此，在确定直接灭火战术时，应避开以下地形（姚树人和文定元，2002）。

（1）陡坡。坡度大于35°时，陡坡会自然改变林火的行为，火向山上燃烧时，火焰由垂直状态发展为水平状态，所产生的热辐射和热对流促使树冠和坡上的可燃物加速预热，容易产生飞火。因此，越过山顶直接迎火扑打或沿山坡向山上逃生十分危险，见图6-22。

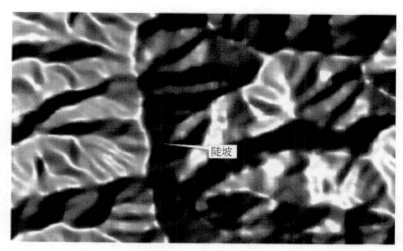

图 6-22　陡坡示意图

（2）狭窄山脊线。狭窄的山脊线受热辐射或热对流的影响，温度极高，林火燃烧强度大。在山脊线附近燃烧的林火受风的影响容易越过山脊，在山脉背面形成涡流，在涡流作用下，火行为瞬息万变，难以预测。山脊两侧坡度大，是发生二次燃烧最为强烈的区域，在灭火人员遭遇危险时，转移撤退困难，几乎没有安全避险的可能，见图 6-23。

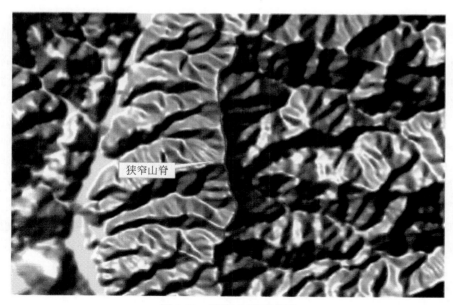

图 6-23　狭窄山脊示意图

（3）鞍部。两山的鞍部也称鞍形场，鞍形部位一般与山谷相连。鞍部受昼夜气流的影响，风向不定，是火行为变化最为活跃的地段，森林火灾最容易通过鞍形场向背坡蔓延。风通过鞍形场时常形成涡流，产生火旋风，造成林火发生方向紊乱和造成飞火。若主风向与鞍部平行，必将产生强度大、速度快的林火，对灭火作战部队威胁很大，不安全因素增多，见图6-24。

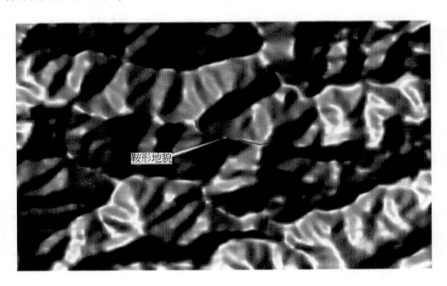

图 6-24　鞍形地貌

（4）狭窄山谷。云南高山林区山体走势复杂，特别是滇西北的纵谷区，狭窄山谷纵横交错。另外，分布全省的干热河谷狭长纵深，兼具狭窄山谷特征。狭窄山谷通风条件不佳，火势发展较慢，会产生大量烟尘在谷内沉积，产生大量一氧化碳。随着时间的推移，林火对两侧陡坡上的可燃物进行预热，热量逐渐累积。一旦风向、风速发生变化，烟尘消失，火势突变形成火爆，若灭火队员处于其中极难逃生，见图6-25。

（5）单口山谷。三面环山，只有一个进口的山谷，成为"单口山谷"，俗称"葫芦峪"。单口山谷的作用如同排烟管道，为强烈的上升气流提供通道，很容易产生爆发火。在云南，虽然具有明显"单口山谷"特征的地形不是十分突出，但相似地形形态和合并地形交错，使林火形态变化更为复杂，如处置不当，也很容易发生人员伤亡，见图6-26。

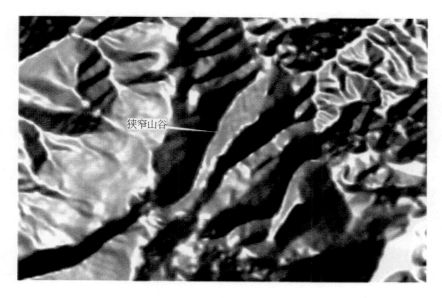

图 6-25　狭窄山谷示意图

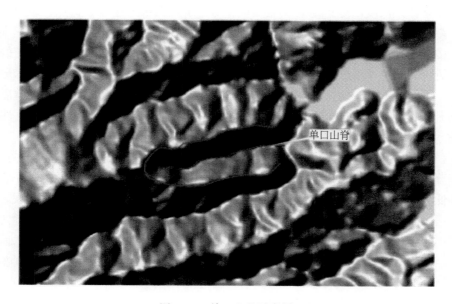

图 6-26　单口山谷示意图

（6）山岩凸起地形。山岩凸起地形，由于地形条件特殊，产生强烈的空气涡流，林火在涡流作用下，易产生多个方向不定的火头，极易使灭火人员被大火围困。在此地形范围内，易燃灌木和地盘松分布多，燃烧强度大，危险性极高。

（7）合并地形。岩石裂缝、鞍部、山岩凸起地形和陡坡并存，会使火焰由垂直发展改为水平发展，受热空气传播速度加快，导致火行为突变，易发生伤亡。云南高山林区单一地形形态分布少，绝大多数属合并地形。

2）危险气象条件

（1）风。风速是指单位时间内空气在水平方向上流动的距离。风是影响林火蔓延和发展的最重要的因子。风不仅能加速可燃物水分蒸发而干燥，补充火场的氧气，同时增加火线前方的热量，使火烧得更旺，蔓延得更快。在连旱高温的天气条件下，风是决定发生森林大火的最重要的因子。对于复杂地形条件下的低空风场研究，近年来大都集中在用雷达数据进行反演、用大气动力-热力学方程组进行求解。这些方法对大、中尺度的大气运动模拟情况较好，但这些方法包含的物理过程多，对初始资料及计算机条件要求高，需要许多难以准确获取、只能假定的边界条件，并且在这些方法中通常只考虑了海拔对风场的影响，而对于坡度、坡向等小地形因子对风场的影响研究较少，对微尺度大气运动模拟程度有限，特别是对复杂地形条件下的微尺度和像元尺度的大气运动模拟程度有限。因此，建立像元尺度山地近地表风速模型，对于了解山区风速分布特点、风资源评估、森林火灾的预防和控制等具有重要的意义。

（2）温度。气温是表示空气冷热程度的物理量，直接影响空气湿度的变化，进而影响可燃物的水分蒸发。一般来讲，气温升高，促使可燃物的水分蒸发而干燥，使可燃物达到燃点所需的热量减少。在防火期内，森林火灾随着气温的升高而增多。气温越高，其火险指数越高，森林火灾发生的危险性就越高。

（3）湿度。空气相对湿度是空气中实有水汽压与当时温度下的饱和水汽压的百分比。空气相对湿度的变化主要取决于温度。温度增高，相对湿度减小；温度降低，相对湿度增大。空气相对湿度一般最高值出现在清晨，最低值出现在午后。它的变化直接影响可燃物的含水率：空气湿度越大，可燃物含水率就随之变大，不易燃烧；空气湿度越小，表明空气越干燥，可燃物含水率少，森林火险性就越高。另外，有种特殊情况，空气相对湿度很低的同时，若温度也很低（如温度低于0℃），则不容易发生火灾。

（4）降水。降水是影响森林火灾的主要因素之一。从云中降到地面的降水量和水平降水量之和称为雨量。降水增加可燃物的含水量，使火险系数降低。通常年降水量在1500mm之上，且分布均匀，就不会发生或很少发生火灾。当温度很高，但降水也很多时，不容易发生火灾。云南分干季和湿季，干季降水少，植被越干燥，火灾常发生在干季。降水降到地面上，部分参与了蒸发过程，部分参与地表径流，部分被植被所吸收。因此，直接利用气象站点测报的降雨量来预报火险等级，误差较大。可采用截止预报时间上的地表有效水分，即有效保水量，来表征水分对火险的影响。

（5）风。风是指空气的水平运动。风加快可燃物的蒸发，加速干燥而使可燃物易燃。在连旱、高温的天气下，风对火险的决定作用很大。例如，云南 3 月、4 月处于旱季，且风速很高，为森林防火工作的戒严期。

3）危险可燃物

森林的燃烧性研究的是森林群落的燃烧程度，它包括难易程度、林火能否蔓延，以及蔓延的速度、释放的能量多少和火强度、燃烧持续时间、火烈度、火灾的种类等。森林可燃物是森林中可以燃烧的物质，它是发生森林火灾的物质基础。危险可燃物载量越大、含水率越低、形体越细小、易燃性越强，发生火灾后的林火蔓延速度越高、火焰越高、危险性越强。森林可燃物的种类、组成、结构和载量影响着火行为和扑火安全。因此，一个能够准确反映森林可燃物种类、组成、结构和载量的森林可燃物电子地图的生成是非常必要的。

在云南林区，云南松是分布较广的针叶树种，其枝叶含有一定的松脂，立地条件干燥极易燃烧。此外，思茅松、华山松和高山松也属于易燃树种。

云杉、冷杉和铁杉则分布在海拔较高的地区，立地条件潮湿、林下阴暗，易燃物较少，落叶细小，属难燃树种，但其抗火性较差，一旦燃烧，危害严重，难以恢复，是保护的重点。

以栲、青冈类为主的长绿阔叶林分布在比较湿润的立地条件上，其郁闭度较高，属于难燃类型，不易发生森林火灾。

在云南林区，还有大量的荒地荒坡上长满了大量的茅草、杂草、蕨类和灌丛，特别是阳性一年生草类，火蔓延速度最快。一般来说，当草高超过 1m 时，就不宜直接扑打。

对于易燃灌丛，特别是地盘松，它是在云南松的生长过程中，受水热条件的影响，林木分化，在高海拔地区由于干旱、热量充足，部分云南松变种匍匐生长，矮小，属强阳性树种，极易着火燃烧。其枝叶树脂含量多，燃烧猛烈，烟雾浓度大且烟雾中有毒气体含量高，威胁人身安全。一般，灌木高超过 1.2m 或稠密的灌木林地，不能直接扑打。

在该系统中，根据云南可燃物种类、可燃物的载荷、可燃物的立地条件、可燃物的紧实度和可燃物的易燃程度，将可燃物类型分为以下几种，不同的可燃物其引燃系数如表 6-14 所示。

表 6-14　可燃物分类及其引燃系数

类型	引燃系数
茅草杂草	2.8
华山松	1.1
栎类灌木	1.6
栎类乔木	1.0
旱冬瓜	0.7
云南松	1.2
地盘松	1.8
其他阔叶	0.8
油杉、杉木	1.3
云南松混交林	1.2

云南高山林区，可燃物垂直分布明显。不同山体，各类可燃物垂直分布的界限，因山体地形不同，气候因素的差异，垂直分布的可燃物类型的界限也不尽一致。一般来说，海拔 1300m 以下为灌丛草坡；海拔 1300～2400m 为松栎混交林和云南松林；海拔 2400～3000m 为湿性常绿阔叶林和高山栎类林；局部有华山松；海拔 3000m 以上多为云南松灌丛，但滇中地区由于人为影响，对植被分布造成影响，大部分以混交林为主。这种呈梯次分布的可燃物容易产生树冠火形成立体燃烧，在风速、风向、坡度的影响下，甚至会造成飞火。

可燃物载量：可燃物载荷是指能够着火的可燃物的量。它通常是以 1hm² 内有多少 t 可燃物来计算。一个地区的可燃物的体积或数量是必须考虑的因素。可燃物越多，产生的热量就越多，它影响着可燃物火强度的大小。一般地，可燃物体积越大，火强度越大。草本可燃物载荷的变化范围是每公顷 2.5～12t；灌木可燃物载荷的变化范围是每公顷 250～100t，废材（枝桠）可燃物载量的变化范围是每公顷 75～500t；圆木可燃物载量的变化是每公顷 250～1500t。重型可燃物载荷增加了灭火的难度。

6.3.3.2　紧急避险措施

1）快速转移避险

若发生人力无法控制的大火袭击时，应预估转移时间，组织人员按照一定的撤离路线快速转移至河流、农田等无植被区或火头侧翼安全地带。

2）点火解围避险

当风速较大，火强度较大时，人与火头有一定的距离，此时，应根据风向组织点顺风火，在火蔓延接近时烧处一定面积的火烧迹地，供人员紧急避险。

3）卧倒避险

当林火速度过快，无法及时撤离时，应就近寻找耕地、裸露地带、无林地区域，用水浸湿衣服蒙住头部，卧倒避火。

4）利用有利地形避险

进入河流、湖泊、沼泽等地进行避险。

5）逆风冲越火线避险

选择可燃物较少、地势平坦、火势较弱的地带，逆风冲越火线。

6）进入火烧迹地避险

若遇风向突变或火燃烧速度突然加大时，在存在被火包围的危险情况下，应立即进入火烧迹地避险。

6.3.3.3　紧急避险辅助决策

1）林火蔓延时间预测

林火蔓延时间 T 是由火线至控制线之间的距离 D 与林火蔓延的速度 V 决定的：

$$T = D/V$$

而蔓延速度 V 的公式在原王正非教授提出的计算火头速度模型的基础上做了改进。原林火蔓延速度的计算是将火蔓延初速度乘以风力更正系数、地形坡度更正系数、可燃物类型引燃系数得到的，但该模型中提供的风力更正系数和地形坡度更正系数是离散化的。在该系统中，将原来离散化的风力更正系数和地形坡度更正系数改进为连续函数，并引入风向与火蔓延方向夹角的余弦值作为参数。公式如下：

$$V_1 = V_o V_s K_s K_w K_f K_n \tag{6.17}$$

式中，V_1 是火头速度（m/min）；V_o 是林火蔓延速度（m/min）；K_s 是可燃物引燃系数；K_w 是连续的坡度更正系数；K_f 是连续的风力更正系数；K_n 是风向与火线蔓延方向夹角的余弦值。

由于模型中引入了风向与火蔓延方向夹角的余弦值，此模型不仅可用于计算林火火头速度，还可计算出林火向各个方向蔓延的速度，并且在将风力更正系数和坡度更正系数改为连续函数之后，避免了这两个系数因离散而造成的在计算火蔓延速度时，可能产生的阶跃。

2）扑救行军路线或紧急撤离路线制定

在三维或者二维半立体地形地貌场景中，根据增值集成后的地形地貌数据、植被属性数据、道路数据、河流数据、可燃物分布数据、森林覆盖率数据等制定行军路线或者紧急撤离路线。使用地理信息系统所具有的矢量编辑、地物浏览、查询、专题图制作等功能，按照森林火灾应急扑救指挥地图符号标准，制定行军路线专题图或紧急撤离路线专题图，并及时发布。

3）土地利用类型遥感影像解译

（1）光谱复原。地物的光谱颜色在遥感图像的计算机自动识别和目视判读中都占据着非常重要的位置。但是，位于不同坡面、不同坡向的地物，由于接受到太阳照度不一样，导致同样的地物有不同光谱和影像特征，不同的地物又有相同的光谱和影像特征（俗称同物异谱和异物同谱，又称物谱混淆）。特别是在阴坡的植被，由于阴影的遮挡，会覆盖植被本身的颜色，容易导致识别或判读的困难和较大的误差。以卫星传感的物理模型为指导，开发了一种复原算法，先对遥感影像进行光谱复原。复原前后的影像对比见图6-27。

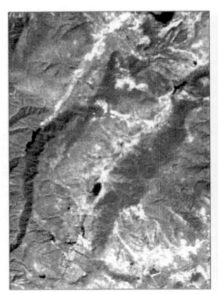

图6-27　光谱复原对比图

（2）生成矢量多边形数据。传统手工勾绘的植被图边界不准，且需花费大量的人力、物力、财力。模拟人们对遥感图像的认知和判断过程，深入研究遥感图像的光谱特点、空间结构和纹理特性，使用计算机对图像进行自动识别，让机为人用，具有较大的应用前景。

根据安宁市的实际需求，以遥感图像的自动识别技术为基础，提出了一种以行政界线、林权界线等为固定分界的遥感图像自动识别技术。计算机自动识别的多边形元地图层与和地面调查勾绘的对比见图6-28。

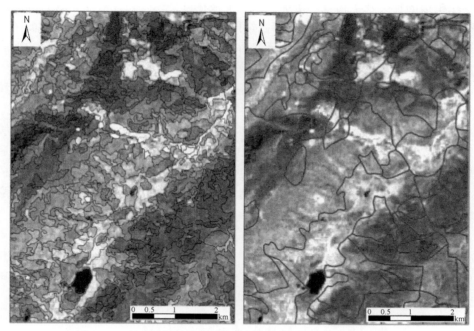

图 6-28　自动识别的多边形与地面调查勾绘的植被图的对比图

（3）添加属性表的数据项。添加属性表数据项的主要目的是尽量提取遥感图像、DEM 和其他相关信息，提高决然推理和似然推理的准确性和精度。在安宁市可燃物的电子地图中，添加的数据项主要有海拔、坡度、坡向、坡形指数、汇水指数、色彩度量、植被指数（归一化植被指数、差值指数、比值指数）、近红外指数、绿光反射率指数、红外反射率。

其中，海拔是影响可燃物分布及其生长特性的重要环境因子，而且在云南，植被的垂直地带分布性非常明显，处于同一水平地带的不同海拔位置，具有明显不同的植被分布，所以，在可燃物制图中首先考虑海拔的影响；坡度主要决定植被的水热收支状况，也是影响植被分布及生长的重要因子；坡向主要通过地表获取热量差异性影响植被，所以坡向也是决定植被分布及生长状况的又一重要因子；坡形指数是反映地表隆起或下降的定量指数；汇水指数反映了地表汇水情况，也是反映地表植被分布及生长状况的重要指数。

上述因子的计算方法均如下：先从 DEM 上计算出每个像元的值，然后计算每个多边形中各个像元的几何平均值，即得出最后的结果。

在相同的环境梯度下，色彩度量可直接反映遥感图像上可燃物的类型；植被指数是植被多少的度量；绿色植被都具有对近红外光高反射的能力，近红外指数能反映植被的种类及生物量的情况；绿色植被在可见光区间，对绿光具有最高反射率，利用绿光反射率指数也能起到对可燃物种类及载量的估计；绿色植被在可见光区间，由于自身光合作用需能量，对红光有强烈的吸收，红外反射率的提取也能反映植被即可燃物的信息。

上述因子的计算方法均如下：先从遥感影像上计算出每个像元的值，然后计算每个多边形中各个像元的几何平均值，即得出最后的结果。

（4）最近取水路径规划。根据河流、湖泊等矢量数据，使用距离量测、缓冲区分析等功能，从森林防火背景数据中选择出火点附近的可取水之处、可躲避之处，并计算各个可避险之处与火点之间的距离，比较最近的有水地点。根据植被分布情况、道路情况、火情信息，制定出最佳的取水路径或者最佳的避险路线。

在云南林火管理信息系统中，提供了最近水源搜索功能，它将距离火场最近的水源查找出来高亮度地显示在屏幕上，并标注出该水源的名字、大小、深度和水源距火场的距离等信息，决策指挥人员可利用这些信息判断是否可使用灭火水泵、消防水车等灭火器具，使用时，应该去哪里取水。

6.4　森林火灾风险与防控系统

6.4.1　森林火环境可视化与空间显示技术

6.4.1.1　Skyline 技术简介

Skyline 是美国 Skyline 软件公司发布的地理信息三维显示、浏览与分析软件，隶属三维地理信息系统范畴。它通过三维交互的方式展示海量空间地理数据，已在城市应急、国土资源、测绘、电力、海洋等行业的三维可视化方面得到了广泛的应用。Skyline 主要有 3 个模块：用于三维浏览与显示的 TerraExplorer Pro 模块，三维数据生产与制作 TerraBuilder 模块，管理数据传输和接收的服务器程序 TerraGate 模块。TerraExplorer Pro 模块与 TerraBuilder 模块所创建的地形库相连接，通过 TerraGate 在局域网或者互联网发布，用户可以访问到地形库并通过 TerraExplorer Pro 实现三维可视化。

TerraBuilder 融合大量的图片、高程和矢量数据，以此来创建有精确三维模型的景区地形数据库，可以实现高效的海量数据库处理；通过 TerraBuilder 代理支持多处理器及网络负载均衡；通过数据压缩降低数据存储量，可自制定压缩比率；支持大多数标准源数据格式；通过插件（PLUG-IN）形式支持读取新数据格式源数据；64 位文件指针支持超过 TB 级数据库数据快速存取；自动融合不同空间分辨率的源数据；提供高效用户接口用于自动或手工实现客户化定制等功能。

TerraExplorer Pro 是一个桌面应用程序，所产生的三维可视场景由航空和卫星影像、地形高程数据和其他的二维及三维信息层融合而成。Skyline 不需要数据预处理，以一站式服务，快速融合不同的、分布式的实时传输的源数据，可以快速创建实时的三维交互式环境。主要功能包括：以网络数据流形式高效展现地形及叠加地面信息；提供创建和发布 3D 地形可视化信息的所有工具；支持交互式绘图工具，用于在 3D 地形模型中创建几何图形、用户自定义对象、建筑物、文本、位图和动画；产生和输入静态、动态的 2D 或者 3D 对象、符号、地理配准信息图层；在线或离线导入、导出标准 GIS 数据图层；提供全套 3D 测量及其地形分析工具。

Terra Gate 是实时流畅地传输三维地理数据的网络服务器软件，主要功能包括：对三维地形数据以独有的流数据形式传输于局域网或互联网，实现低宽带条件下的优化；良好的可扩展性，可与防火墙及代理服务器协作；能充分利用多服务器硬件；可高效处理海量数据；能高速访问超大规模的海量地形数据。

Skyline 技术主要包括以下几个方面。

（1）景观和地形的三维可视化。Skyline 强大的可视化引擎可以生成海量、真实地形模型，用户可通过互联网查看该模型。它用巧妙的图像处理过程把地物等其他元素在航片上凸显出来，从而实现三维景观。

（2）大范围数据的融合。TerraBuilder 通过处理工作流分给多台电脑，压缩数据，并且用 64 位文件指针来处理数千兆的文件，以此来高效地操作大型的数据库。

（3）按需求创建地形。Skyline 的直接连接技术允许按三维的需求来处理原始图片，而这个过程根本不需要一个地形库。TerraBuilder 能实现按照用户自定义的飞行路线来融合地理空间数据，建立实时的三维模型，并支持通过网络输出结果。TerraExplorer 可直接访问 GIS 数据层并用 3D 地形模型覆盖它们。

（4）简单易用的客户端。TerraExplorer 浏览器是一个小型的桌面应用程序，可免费下载，可以作为一个 ActiveX 控件来使用。TerraExplorer 的飞行、分析、编辑工具简单易懂。

（5）地理分析工具。TerraExplorer 提供了如面积量算、距离测量、高度测量等基本工具，此外，还提供了比较复杂的地理分析工具，如最佳路径分析、通视性分析等。

6.4.1.2　三维火环境浏览技术

以三维立体场景显示林火发生时的地形、地貌、植被信息是森林火灾扑救指挥 GIS 系统的一大功能之一。与二维地形图、植被专题图、道路、河流等数据相比，三维火环境场景对火场的描述更符合人的真实感受，能更好地向扑火指挥人员展现地理空间现象和可燃物分布情况。另外，它不仅能表达空间地物的平面关系，而且能够描述和表达垂直火环境信息。目前，在地理信息系统领域中，常用的实现三维数据浏览的软件主要有 ArcGlobe、Skyline 软件。通常，在三维浏览窗体中，可以放大、缩小、漫游、旋转、飞行设置视点，更加直观地从多角度、全方位地观察林场的地形、地貌和火情等情况。例如，以云南安宁市"3.29"火灾扑救时的三维火环境图像为例，如图 6-29 所示，将起火点、火线、隔离带等矢量数据与三维卫星影像叠加显示后，用户在该场景下可以综合很直观、形象地了解火场态势、灭火扑救部署等内容。

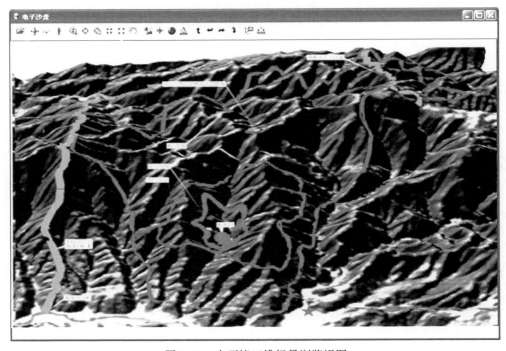

图 6-29　火环境三维场景浏览视图

如图 6-30 所示，三维场景的卫星影像可以以综合制图的方式，以专题图的形式输出、打印，在综合任意地理信息数据之后，既可供决策者从总体上把握某一区域的地形地貌信息，又能查询某一地理位置处的详细信息，如海拔、坡度、坡向、植被种类等信息。

图 6-30　三维立体场景浏览技术应用实例之一

6.4.1.3　二维半立体可视化技术

二维半立体可视化技术解决了基层林业单位人员不熟悉、不习惯原卫星图像固有的反视觉地形表达的问题。原对地观测数据图像是一个反立体视觉图像，其立体效应不明显，可视性差。通过消除原多光谱数据的地形影响，将原反视觉立体的卫星影像改造为正视觉立体卫星影像，可以增加信息的可读性、易理解性，增加业务系统的易用性、可视性。

二维半立体可视化技术重点是将卫星遥感图像与 DEM 进行增值集成，以增加遥感图像的信息量，增加遥感图像的可视性和综合分辨率。由于使用了与人的视觉感受一致的彩色合成，所以，合成后的遥感图像既反映了地物覆盖信息，又反映了地形信息，是真实的地面三维景观的再现。

具体过程如下。

（1）以 1/4 等高距作为像元尺度，对 DEM 进行重采样。

（2）选取遥感图像的近红外、短波红外和红光波段，进行 1/3 亚像元分解。

（3）比较 DEM 和对地观测卫星数据的像元大小，将最小像元设定为分析窗口的像元。分别将 DEM 与各波段卫星数据融合。

（4）进行图像增强变换。

（5）通过彩色变换和图像格式转换，将融合图像转变为通用格式的正立体卫星图像。

二维半立体可视化图像，又称遥感图像电子沙盘，是遥感图像与传统的电子沙盘合成的结果，主要表现在地形和对敌观测获得的地物覆盖信息，可以在图上进行面积或距离的几何量测。相较于三维立体场景数据，数据量小，显示速度快，可进行火情标绘、扑火辅助决策专题图制作等操作。在制作二维半立体影像时，注意：①选取 1/4 等高距或 1/4 遥感图像的像元尺寸作为电子沙盘的像元，使其取得 DEM 或对地观测数据的最高分辨率；②彩色合成时，以短波热红外为红色分量，近红外为绿色分量，红光为蓝色分量，使合成的电子沙盘具有近似真彩色的视觉效果。对 30m 分辨率的 TM 影像，进行二维半立体可视化处理后得到立体影像如图 6-31 所示，处理后的立体影像既保留了地物的颜色信息，又能表达出含有更多细节的、符合地物高低规律、可视化效果更加良好的立体场景。

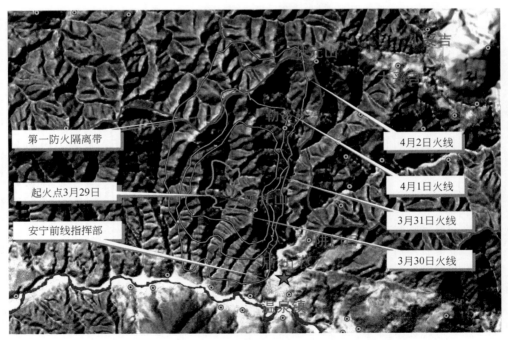

图 6-31　基于 TM 影像的二维半立体火场态势图（见彩图）

　　人是视觉感受型动物，正立体卫星影像、可视化环境梯度、可视化气象规律数据的分发，将有利于推动基层人员快速掌握、使用遥感数据，开展集成化应用，如灾害监测、预报，灾害控制的辅助决策支持等。使用二维半可视化技术处

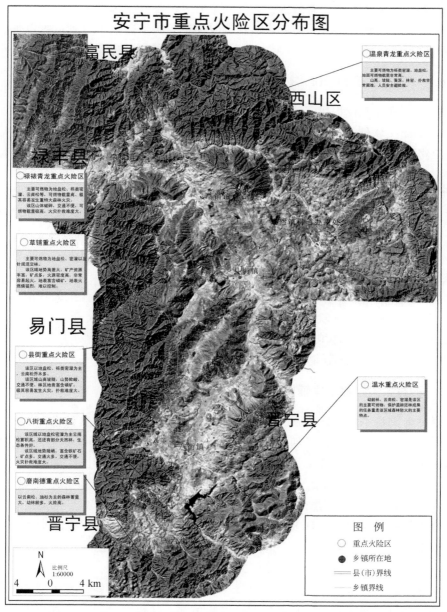

图 6-32　基于二维半立体影像的安宁市森林重点火险区分布示意图

理后的卫星影像，可以作为森林火灾扑救指挥中态势图制作、决策制定的背景数据，在实际灭火扑救工作中发挥了巨大的作用。例如，在 2006 年扑救云南安宁"3.29"火灾中，"云南省林火管理地理信息系统"装载的安宁市二维半立体卫星影像图，以非常直观、有效的方式为国家领导、扑救指挥员了解火场地形、地貌、植被信息、制定扑火兵力部署、挖掘隔离带等决策提供了背景数据条件，如图 6-32 所示。另外，该数据也可为日常防火政策的制定和区划服务。

6.4.1.4　基于 Skyline 技术的三维可视化系统

Skyline 软件不仅提供了直接可用的三维地理信息显示、浏览与分析技术，其 TerraDeveloper 软件开发工具以 ActiveX 控件形式提供丰富的 TerraExplorer Pro 应用客户化定制功能。开发人员可在 TerraExplorer Pro 环境中，利用 TerraDeveloper 开发工具，集成 TerraExplorer Pro 软件系统的全部功能，开发自己的 3D 可视化应用系统。TerraExplorer Pro API 属于增强的 COM 接口，可以控制三维场景中所有的对象及其动作，用于客户化定制 TerraExplorer Pro 应用系统，提供扩展功能用于外部数据。TerraDeveloper 还可以将 3D 视窗和信息树控制窗口以 ActiveX 控件的形式输出，从而使应用系统脱离软件的用户界面。TerraDeveloper 支持创建运行时模块，保证客户化应用系统的独立运行。

因此，在三维显示火环境场景的需求调研后，可以结合计算机编程语言，如 C++、Visual Studio C#软件等，对 TerraExplorer Pro 进行二次开发，创建基于 Skyline 技术的专用火环境三维场景浏览系统，供全体参战人员对火环境、火线、森林植被和地形地貌状况进行可视化理解与浏览。

6.4.2　森林火灾扑救指挥辅助决策 GIS 设计与实现

森林火灾是一种突发性强、危害极大、处置救助困难的自然灾害，森林防火工作引起国内外普遍重视。随着信息技术的发展，特别是空间高新技术，已开始普遍应用于森林防火管理工作中。自 20 世纪 80 年代以来，美国、加拿大、澳大利亚、前苏联等根据国情，研制了自己的林火管理信息系统（肖炎炎等，2002）。加拿大 Petawawa 国家林研所开发了一套大型专家系统，用来预测和预报日常发生的由人为或闪电引起的森林火灾（尹建忠，2003）。近年来，我国也有一些科研院校进行了这一领域的研究（臧淑英和万鲁河，2003），但目前针对森林防火部门日常林火管理及应急指挥辅助决策的实用业务系统尚少。

在森林火灾日常管理工作中，掌握森林防火基础数据，如行政区划、主要地点、巡护人员空间位置等信息、可燃物分布情况、扑救资源和力量分布情况、火险天气及火源动态变化情况是有效预防森林火灾发生的关键。在森林火灾扑救过程中，指挥员要及时把握火场地形地貌、可燃物类型及其分布、气象、水系、交通等火环境情况，火场态势及扑火人员的位置与行动、预估火行为变化与火场安全情况等，总之，需要对错综复杂的信息进行综合分析，快速作出科学、安全的灭火作战、火场调度及安全避险部署。因此，为日常林火管理部门和扑救指挥员提供基于科学数据、科学分析的辅助决策尤为重要。基于卫星林火监测、GIS（地理信息系统）、GPS（全球定位系统）、计算机信息和网络通信等技术，建立了由应急指挥辅助决策、三维火环境浏览、火险及蔓延预报、扑火队员动态跟踪、火场动态网络发布为一体的森林火灾扑救指挥辅助决策系统，为实现"预防为主，积极消灭"、"打早、打小、打了"提供科技支撑（叶江霞等，2013）。

6.4.2.1　系统总体结构

集成系统以 GIS 为核心，以 RS、GPS 为数据获取手段，综合网络通信与计算机技术，以实现森林防火部门业务中的火情接警与标绘、火灾定位查询、火场蔓延预报、三维可视化显示、火场动态网络发布等功能。GIS 数据库主要包括基础地理数据、DEM（数字地形模型）、气象动态数据录入与空间分布模拟、可燃物数据库、预防资源与人员数据库、防火基础设施专题数据。系统包括了"GPS巡护监控及火情采集"、"森林火灾扑救应急指挥辅助决策"、"森林火灾发展态势 WebGIS 发布"及"火环境三维场景浏览"等 4 个子系统，每一个子系统根据实际业务需求，执行相应功能。系统结构如图 6-33 所示。

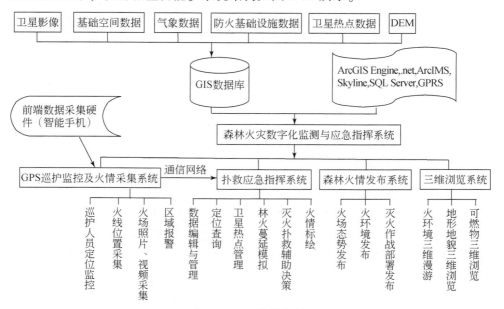

图 6-33　系统结构图

6.4.2.2 数据库设计

数据库是信息系统的核心和基础，是信息系统开发和建设的重要组成部分，它能把信息系统中大量的数据按一定的模型组织起来，提供存储、维护、检索数据的功能。表 6-15 是火场状态数据表结构。GIS 数据库包括基础地理数据，气象动态数据和防火专题数据。基础地理数据包括：①矢量数据，1∶250 000 行政区划、道路、河流、居民点、森林资源调查数据，重要地物和林区区划数据。②栅格数据，1∶250 000DEM、TM 或 SPOT 遥感影像、坡度、坡向及 1∶50 000 地形图。③气象动态数据，气温、湿度、风力及风向数据。④防火专题数据，也是防火工作密切关联的信息，如防火机构位置及防火工具信息、瞭望台、扑火队伍位置及兵力、防火公路、隔离带、森林可燃物类型分布数据、最近水源点位置及水位信息等。利用空间数据引擎 ArcSDE 和大型数据库管理工具 SQL Server，建立了基于 GIS 的电子地图管理平台，将各种矢量地图和栅格地图进行入库管理，实现了栅格地理数据、矢量地理数据的无缝链接与集成化管理。

表 6-15　火场状态数据表结构

字段	数据类型	长度	主键	空	描述
ID	nvarchar	20	√		火场 ID
Name	nvarchar	100			火场名称
CreateDate	nvarchar	50		√	创建日期
Longtitude	float	8			火场中心经度
Latitude	float	8			火场中心纬度
Area	float				火场面积
Scale	int	4		√	比例

6.4.2.3 系统主要功能及特点

1）GPS 巡护监控及火情采集子系统

针对日常地面巡护监控与火情采集需求，开发嵌入式 GPS 巡护监控及火情采集子系统。该系统由具有 GPS 定位和网络通信功能的前端硬件系统和后台 GIS 软件系统构成。通过硬件前端接收所在地的经纬度信息，借助 GPRS 网络服务，以设置时间间隔将定位数据传输至运行森林防火 GIS 系统的指挥中心，指挥中心电子地图上连续显示出所有监控对象的最新位置和运行轨迹，实现对巡护及扑火人员实时监控。另外，通过硬件设备的火情采集功能及时将火线、火行为位置及动态变化以图片或视频信息发送至指挥中心（赵瑶和周汝良，2011）。GPS 监控系统原理如图 6-34 所示。

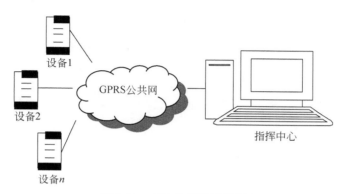

图 6-34　GPS 监控系统原理

2）扑救应急指挥辅助决策子系统

（1）定位查询。定位查询是 GIS 系统的一个最基本功能，也是决策者把握火场信息最基本的需求。该模块提供允许用户查看地图上任意位置的经纬度坐标或平面直角坐标，以及该处森林资源、道路、水源、居民点、地形地貌等，通过简单的鼠标点击即可查询该位置的可燃物类型、海拔、坡度、坡向信息。此外，系统还可根据现有地理数据，提供当前查询位置点附近 10 个最近水体和 10 个最近地名列表及地类信息，并提供示意图，实现以最简洁形式为用户提供全面的火场信息。在空间定位上系统提供 3 种定位方式，用户可通过输入一坐标位置（经纬度或平面直角坐标），将当前视图中心移动到该指定坐标位置；用户也可输入一个地名点，在系统地名库中模糊查询所有符合条件的地名点，双击任一地名记录实现地图定位；系统允许用户在以单位树形式显示全省州市、县市、乡镇单位列表中选择任何一个单位进行地图定位。

（2）卫星热点管理。为提高卫星林火热点预报可靠性及地面核查效率，对云南多年森林防火期卫星热点数据进行几何精度统计分析，得出云南林火卫星热点的报准半径为 2593.301m。另外，建立卫星林火热点分级预警模型，从而区分卫星热点属森林火灾的危险级别，按突出重点的核查方式进行地面核查处置。系统将国家林业局发布的热点信息以点文件形式导入，在电子地图上进行显示，根据定位功能将视图界缩放到特定热点，自动给出地面核查范围，并根据热点所处位置的地形、行政区划、林区分布、可燃物分布、气象因子等因素，按分级预警模型计算，将热点划分为一般热点、重要热点、危险热点和极度危险热点，并生成预警地图和报告，为地面核实提供管理支持。图 6-35 为卫星热点分级预警模型。

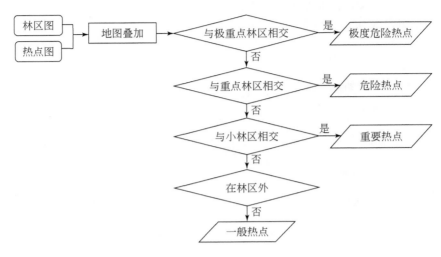

图 6-35　卫星热点分级预警模型

（3）林火蔓延模拟。林火模拟是对火行为发展的预报，目前，主要林火蔓延模型有基于能量守恒的 Rothermel 模型、加拿大的国家林火蔓延模型、澳大利亚的 McArthur 模型、我国的王正非的框架模型，以及在这些模型基础上的修正模型（王惠等，2008）。

基于能量守恒的 Rothermel 模型：

$$R = \frac{I_R \times \xi}{\rho_b \times \varepsilon \times Q_{ig}} \ (1 + \Phi_w + \Phi_s) \tag{6.18}$$

式中，R 是林火蔓延速度（m/min）；I_R 是火焰区反应强度 $[kJ/(min \cdot m^2)]$；ξ 是林火蔓延通率（无因次）；Φ_w 是风速修正系数；Φ_s 是坡度修正系数；ρ_b 是可燃物的密度（kg/m³）；ε 是有效热系数（无因次）；Q_{ig} 是点燃单位质量的可燃物所需的热量（kJ/kg）。

林火蔓延的计算机模拟主要有基于元胞自动机的模拟和基于 Huygens 空间迁移原理的模拟，近年来用惠更斯原理模拟林火蔓延取得了极大成功，现已趋向成熟（陈崇成等，2005）。

根据惠更斯原理，每个顶点可以被认为一个独立的火点，在步长内的该顶点蔓延的最终形状也被认为是椭圆，而顶点蔓延的方向由风速矢量和坡度矢量叠加决定，蔓延速率则由风速、坡向、可燃物等因子通过计算林火蔓延速率模型，如 Rothermel 模型计算而得（Vakalis et al.，2004）。Huygens 原理如图6-36所示。

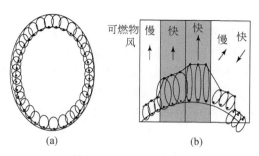

图 6-36　Huygens 原理

　　系统以 Huygens 原理为基础，综合考虑地形、气象、可燃物对林火蔓延的影响，结合国际上成熟的林火行为模型思想，在对云南林火研究的基础上，通过对模型中每类可燃物蔓延速度的调整，模拟和预测出地表火、树冠火、林火加速发生和蔓延过程。模拟中以连续化地面变量（风场、温度场、湿度场、可燃物分布场）为自变量，当森林火灾发生时，根据火灾现场采集发回的信息（GPS 点文件、线文件或多边形文件）确定起火点。

　　（4）灭火决策方案制定。系统根据森林火灾扑救辅助决策，主要设计了最近水源点查找、兵力部署、最佳路径分析和扑火方式选择功能。为查找出最近水源点和兵力分布，利用 GIS 网络分析模块中最近设施查找功能，寻找出离火场最近的水源和兵力。此外，为能在最短时间将扑火队伍及物资输送到火灾现场，利用道路交通数据进行最佳路径分析。

　　根据火场的地形地貌、火场动态、气象因子、最近水源点搜索、扑火力量空间分布及兵力等，提出基于专家系统中产生式规则的不同条件下扑火方式及兵力调度。产生式规则常用于表示具有因果关系的知识，它的基本形式是（索红军，2011）：

$$IF \quad X \quad THEN \quad Y$$

其中，X 代表前提或原因，Y 代表结论或现象，它表示当有前提 X 的时候，就一定有结论 Y 出现，通常表示为

$$X_i \rightarrow Y_i$$

　　（5）火情标绘。为直观表达火情及扑火决策，系统建立了一套标准、统一的图式符号规范和标绘地图方法。通过预设火场、火环境、兵力、灭火作战方法、航空消防、气象、文字标注 7 大类的标绘图标，用户只需选择相应的图标后在地图视图上进行鼠标单击即可实现标绘，并可对标绘的图标进行删除、移动、旋转、放大、缩小等操作，从而实现森林防火行业所有人员均用一致方法标识地图，用形象化的符号图标制作灭火部署图。同时，还可对标绘的结果进行档案化

管理，如删除、修改、显示已存档的灭火作战指挥图。

3）森林火情 WebGIS 发布子系统

系统采用 ArcIMS 技术，开发 WebGIS 火场发布系统，由森林火情电子地图发布系统、森林火情电子地图浏览和查询系统两部分组成。森林火情电子地图发布系统负责系统连接数据源的管理；森林火情电子地图浏览、查询系统负责为 Intranet 用户呈现数据源中的电子地图信息，供参考、决策，是实现当前火场态势发布、灭火作战地图发布、火场发展预报发布、火场危险场合预警发布的计算机系统。为快速、准确将指挥部的作战部署和命令传递给所有参战部队，把火场发展预报信息和人员安全预警信息传递给所有参战部队提供了技术手段。

4）火环境三维浏览子系统

Skyline 三维 GIS 是一套优秀的三维数字地球平台软件，凭借其国际领先的三维数字化显示技术，它可以利用海量的遥感航测影像数据、数字高程数据及其他二、三维数据搭建出一个对真实世界进行模拟的三维场景（刘军等，2011）。系统采用 Skyline 三维 GIS 开发技术，综合 DEM 数据、高分辨率卫星影像数据及矢量基础地理数据，开发三维浏览功能。系统通过旋转、放大、缩小、视角变化等手段，实现火环境、森林植被和地形地貌的三维场景浏览和漫游，为指挥员、非专业人员提供了直观了解三维火环境状况的技术手段。

6.4.2.4 系统设计

系统采用组件式 GIS 集成开发，组件式 GIS 构造应用系统的基本思想是：让 GIS 组件做 GIS 的工作，其他功能让其他的组件去完成，GIS 组件与其他组件之间的联系由可视化的通用开发语言来建立，如 VB、VC 等。组件式 GIS 提供了实现 GIS 功能的组件，专业模型则可以使用这些通用开发环境来实现，也可以插入其他的专业性模型分析控件（宋关福和钟耳顺，1998）。

ArcGIS Engine 是 ArcGIS 软件产品的底层组件，它是一套完备的嵌入式 GIS 组件库和工具库，用来构建定制的 GIS 和桌面制图应用程序。以它开发的应用程序可以脱离 ArcGIS Desktop 运行，而且操作简单方便。ArcIMS 是美国 ESRI 公司第二代 WebGIS 产品，它是一个分布式运行环境，由客户端和服务器端组件构成。在客户端发送请求，在服务器端处理请求，并将信息返回客户端，客户端接收信息并展示给用户（唐芬和周汝良，2008）。GPRS 网络通信技术（general packet radio service），是一种向第三代移动通信模式过渡的技术，优点为数据传输速率高，安全性较高（索红军，2011）。Skyline 是三维地理信息系统软件，它能利用数字正射影像、数字高程模型及矢量数据、3D 模型等交互式的构造三维可视化场景。系统以微软的 Visual c#及 .NET 为主要开发工具，以 Arcgis Engine

9.2、ArcIMS、Skyline 为软件开发平台，并综合 GPRS 网络技术及硬件开发技术，实现 RS、GIS 及 GPS 的无缝结合，从而完成森林防火中从火情监测、采集、人员监控及火灾应急决策的计算机数字化与辅助。

6.4.2.5　应用示范

云南作为我国第二大林区，具有丰富的物种资源，是国家生态安全的重要屏障区。而山高坡陡的地貌、交通落后、农林交错及连年干旱天气等使云南成为全国森林火灾的多发区和重灾区。近年来，在国家和地方政府的高度重视下，支持研发了适合云南山地火灾数字化监测与扑救管理的 GIS 指挥系统，并在云南多个森林防火指挥部办公室应用。系统在 2006 年安宁"3.29"重大森林火灾的实战应用中，在为决策指挥人员提供及时火场信息、火势预报、灭火决策辅助中起到重要作用，特别是西线隔离带的有效打通，系统得到了充分肯定。此外，系统在昆明市、曲靖、昭通、安宁、沾益森林防火指挥部办公室等推广应用，图 6-37 为昆明市林火地理信息系统。系统在日常森林火灾预防、监测预警、管理决策方面发挥了重要的技术支撑作用，取得了良好的防灾、减灾效益。

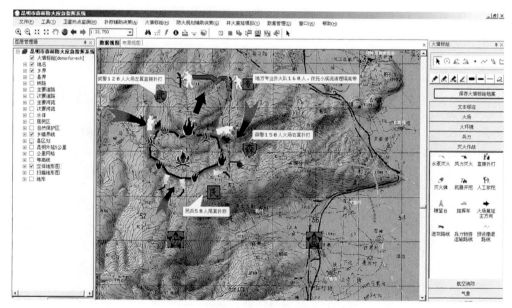

图 6-37　昆明市林火地理信息系统（见彩图）

森林防火中，林火快速数字化监测、传递、采集及安全扑救辅助决策制定一直是森林防火业务部门及决策者迫切需要解决的问题。系统基于当前流行的

ESRI 的 GIS 组件开发技术，综合 Web GIS、三维 GIS 及 GPRS 网络通信技术和硬件开发技术，实现了"3S"技术在森林防火辅助决策中的无缝结合。系统密切针对防火业务部门工作内容，功能涵盖了森林防火工作中 GPS 巡护监控、基础数据管理、查询定位、扑救决策、三维浏览及火情网络发布等，在应用示范单位的日常林火管理和应急处置中发挥了重要作用。虽然系统在技术上成熟领先、业务功能丰富，但应加大实际推广应用，并在不断应用中完善界面、功能及系统稳定性。

参 考 文 献

柴红玲，吴林森，金晓春.2000.森林可燃物计划烧除的相关分析.生物数学学报，25（1）：175-181.

柴造坡，田常兰，李凤芝，等.2009.黑河地区林火分布规律.林业科技，34（4）：38-41.

车克均，王金叶，党显荣，等.1994.祁连山北坡森林火险等级指标的研究.森林防火，（1）：8-10.

陈崇成，李建微，唐丽玉，等.2005.林火蔓延的计算机模拟与可视化研究进展.林业科学研究，41（5）：157-158.

陈存及.1994.南方林区生物防火的应用研究.福建林学院学报，14（2）：146-151.

陈富强.2008.生物防火林带的机理与技术研究.山西林业科技，（3）：14-16.

陈宏伟，常禹，胡远满，等.2008.大兴安岭呼中林区森林死可燃物载量及其影响因子.生态学杂志，27（1）：50-55.

邸雪颖，王宏良，姚树人，等.1994.大兴安岭森林地表可燃物生物量与林分因子关系的研究.森林防火，（2）：16-18.

段劼，马履一，贾黎明，等.2010.抚育间伐对侧柏人工林及林下植被生长的影响.生态学报，30（6）：1431-1441.

冯家沛，刘步宽.1998.火险天气等级预报方法的研究.森林防火，（1）：37-39.

傅抱璞.1996.山地蒸发的计算.气象科学，16（4）：328-334.

高国平，周志权，王忠友.1998.森林可燃物研究综述.辽宁林业科技，（4）：34-37.

高颖仪，杨美和.1987.长白山林区春季林火气候的模糊聚类初探.吉林林业科技，（4）：25-28.

高兆蔚.1995.福建省森林防火规划研究.福建林学院学报，15（1）：76-78.

高仲亮，周汝良，龙腾腾，等.2012.基于蒸发量模型的云南省中期火险趋势分析与应用.热带农业工程，36（5）：21-25.

高仲亮，周汝良，王军国，等.2010.计划烧除对森林碳汇的影响分析.森林防火，（2）：35-38.

谷建才，陆贵巧，吴斌，等.2006.八达岭森林健康示范区森林火险等级区划的研究.河北农业大学学报，29（3）：46-48.

关文忠，韩丹.2004.森林火险等级的模糊综合评判.森林工程，20（3）：17-29.

郭福涛，胡海清，张金辉．2009．塔河地区林火时空分布格局与影响因素．自然灾害学报，
　　18（1）：205-208.

郭利峰，牛树奎，阚振国．2007．八达岭人工油松林地表枯死可燃物负荷量的研究．林业资源
　　管理，（5）：53-58.

郭文，杨宝成，孙学庆，等．2010．内蒙古大兴安岭森林火险天气等级预报研究与应用．内蒙
　　古气象，（3）：3-5.

郝文琼．2000．浅谈森林防火贯穿森林经营全过程．山西林业，（4）：28.

何中华，刘晓东，赵辉，等．2013．福建将乐县森林燃烧性及林火时空分布规律研究．湖南农
　　业科学，（7）：108-111.

贺红士，常禹，胡远满，等．2010．森林可燃物及其管理的研究进展与展望．植物生态学报，
　　34（6）：741-752.

胡海清．1995．大兴安岭主要森林可燃物理化性质测定与分析．森林防火，（1）：27.

胡海清．2005．利用林分特征因子预测森林地被可燃物载量的研究．林业科学，41（5）：
　　96-100.

胡海清，牛树奎，金森，等．2005．林业生态与管理．北京：中国林业出版社：17-19.

黄甫则，周汝良，叶江霞，等．2012．利用卫星热点测报森林火灾的报准率统计分析．林业调
　　查规划，37（2）：65-68.

贾丹，陈迪，郝斌，等．2010．林间可燃物的不同处理方式对土壤微生物的影响．中国林副特
　　产，（3）：38-39.

姜孟霞，姜东涛．1998．森林可燃物等级标准与调查的研究．森林防火，（1）：19-21.

金琳，刘晓东，任本才，等．2012．十三陵林场低山林区针叶林地表可燃物负荷量及其影响因
　　子．林业资源管理，（2）：9.

金琳，刘晓东，张永福．2012．森林可燃物调控技术方法研究进展．林业科学，48（2）：
　　155-161.

金森．2002．黑龙江省林火规律研究Ⅲ大尺度水平林火与森林类型之间的关系研究．林业科学，
　　38（4）：171-175.

寇晓军，林其钊，王清安，等．1998．山地林火特征与扑救的若干问题．火灾科学，（6）：36-40.

郎玲玲，程维明，朱启疆，等．2007．多尺度 DEM 提取地势起伏度的对比分析——以福建低山
　　丘陵区为例．地球信息科学，（6）：1-6.

李春义，马履一，王希群，等．2007．抚育间伐对北京山区侧柏人工林林下植物多样性的短期
　　影响．北京林业大学学报，29（3）：60-66.

李志红．2010．火灾中常见有害燃烧产物的毒害机理与急救措施．安全与环境工程，17（3）：
　　93-97.

梁军，张星耀．2005．森林有害生物生态控制．林业科学，41（4）：168-176.

梁峻，周礼祥，叶枝茂．2009．云南松林内可燃物与计划烧除火行为的相关分析．福建林业科
　　技，36（1）：49-53.

林其钊，舒立福．2003．林火概论．合肥：中国科学技术大学出版社．

刘方，朱伟，王贵学．2009．火灾烟气中毒性成分 CO 的生物毒性．重庆大学学报，32（5）：577-581.

刘广菊，宋培臣，肖功武．2008．东北、内蒙古林区物候点烧技术应用的情况分析．森林工程，24（3）：36-43.

刘桂英，杜嘉林．2010．黑龙江省 2000-2009 年林火规律分析．森林防火，（4）：27-29.

刘军，钱海峰，孙永表．2011．基于 Skyline 的三维综合地下管线应用与研究．城市勘测，8（4）：44.

刘晓东，王军，张东升，等．1995．大兴安岭地区兴安落叶松林可燃物模型的研究．森林防火，（3）：8-9.

刘艳红，马炜．2013．长白落叶松人工林可燃物碳储量分布及燃烧性．北京林业大学学报，35（3）：32-38.

刘志华，常禹，贺红士，等．2009．模拟不同森林可燃物处理对大兴安岭潜在林火状况的影响．生态学杂志，28（8）：1462-1469.

鲁绍伟．2006．中国森林生态服务功能动态分析与仿真预测．北京：北京林业大学博士学位论文．

栾港，李畅宇．1997．大兴安岭林火水平地带性模糊聚类区划．森林防火，（4）：16-18.

马爱丽，李小川，王振师，等．2009．计划烧除的作用于应用研究综述．广东林业科技，25（6）：95-99.

马志贵，鄢武先，杨道贵，等．2000．云南松林计划烧除区水土流失量研究．森林防火，（1）：41-43.

彭徐建．2009．森林地被可燃物的生物降解技术研究．哈尔滨：东北林业大学硕士学位论文．

邱榕，范维澄．2001．火灾常见有害燃烧产物的生物毒理（Ⅰ）——一氧化碳、氰化氢．火灾科学，10（3）：154-158.

屈宇，于汝元，张延达，等．2002．营林防火的理论与实践．林业资源管理，（4）：13-16.

单延龙，舒立福，李长江．2004．森林可燃物参数与林分特征关系．自然灾害学报，13（6）：70-75.

舒立福，田晓瑞，寇晓军．1998．计划烧除的应用与研究．火灾科学，7（3）：61-67.

舒立福，田晓瑞，寇晓军．2003a．林火研究综述（Ⅰ）——研究热点与进展．世界林业研究，（3）：37-40.

舒立福，田晓瑞，李红，等．2000．我国亚热带若干树种的抗火性研究．火灾科学，9（2）：1-7.

舒立福，田晓瑞，吴鹏超，等．1999a．火干扰对森林水文的影响．土壤侵蚀与水土保持学报，5（6）：82-85.

舒立福，田晓瑞，徐忠忱．1999b．森林可燃物可持续管理技术理论与研究．火灾科学，8（4）：18-24.

舒立福，王明玉，田晓瑞，等．2004．关于森林燃烧火行为特征参数的计算与表述．林业科学，40（3）：179-183.

舒立福，张小罗，戴兴安，等 . 2003b. 林火预测预报 . 世界林业研究，16（4）：35-38.

宋关福，钟耳顺 . 1998. 组件式地理信息系统研究与开发 . 中国图象图形学报，3（4）：
　313-317.

索红军 . 2011. 专家系统中产生式规则研究与分析 . 渭南师范学院学报，26（6）：63-65.

谭冠日 . 1985. 应用气候 . 上海：上海科技出版社 .

谭三清 . 2008. 聚类分析法在森林火险区划中的应用 . 中南林业科技大学学报，28（1）：
　127-133.

汤国安，刘学军，闾国年 . 2005. 数字高程模型及地学分析的原理与方法 . 北京：科学出版社 .

唐芬，周汝良 . 2008. 基于 ArcIMS 的森林火情电子地图发布系统的设计与实现 . 森林防火，
　（4）：28-29.

田晓瑞，舒立福，王明玉，等 . 2009b. 大兴安岭雷击火时空分布及预报模型 . 林业科学研究，
　22（1）：14-20.

田晓瑞，宋光辉 . 2000. 我国天然林的火管理对策 . 林业资源管理，（3）：14-17.

田晓瑞，王明玉，殷丽，等 . 2009a. 大兴安岭南部春季火行为特征及可燃物消耗 . 林业科学，
　45（3）：90-95.

田晓瑞，殷丽，舒立福，等 . 2009c. 2005—2007 年大兴安岭林火释放碳量 . 应用生态学报，
　20（12）：2877-2883.

田晓瑞，赵凤君，李红，等 . 2007. 低强度火烧对长白山林区蒙古栎林的影响 . 自然灾害学报，
　16（1）：66-70.

王超，邸雪颖，杨光 . 2010. 吉林省森林火险天气等级划分 . 东北林业大学学报，（6）：60-62.

王惠，周汝良，庄娇艳，等 . 2008. 林火蔓延模型研究及应用开发 . 济南大学学报，22（3）：
　295-300.

王明玉，任云卯，赵凤君，等 . 2010. 北京西山防火林带空间布局与规划 . 林业科学研究，
　23（3）：399-404.

王明玉，舒立福，赵凤君，等 . 2010. 北京西山可燃物特点及潜在火行为 . 林业科学，46（1）：
　84-90.

王明玉，周荣武，赵凤君，等 . 2008. 北京西山森林潜在火行为及防火林带有效宽度分布研究 .
　火灾科学，17（4）：209-213.

王秋华，舒立福，李世友 . 2009. 林火生态研究方法进展 . 浙江林业科技，29（5）：78-82.

王叁，牛树奎，李德，等 . 2013. 云南松林可燃物的垂直分布及影响因子 . 应用生态学报，
　24（2）：331-337.

王晓丽，牛树奎，马钦彦，等 . 2009. 北京地区主要针叶林易燃可燃物垂直分布 . 北京林业大
　学学报，31（2）：31-35.

王艳霞，周汝良，丁琨 . 2014. 基于地表有效保水量的森林火险天气等级预报 . 东北林业大学
　学报，42（3）：60-64.

王艳霞，周汝良，何强 . 2007. 云南省森林火险等级预报系统 . 山东林业科技，（3）：13-15.

吴志伟，常禹，贺红士，等 . 2011. 大兴安岭呼中林区林火时空分布特征分析 . 广东农业科学，

（5）：189-193.

肖功武，刘志忠，李文英．1996. 东北与内蒙古林区营林用火技术．林业科技，21（1）：33-35.

肖化顺，曾思齐，谢绍锋，等．2009. 森林可燃物管理研究进展．世界林业研究，22（1）：48-53.

肖炎炎，欧阳云志，王效科．2002. GIS 在森林火灾管理中的应用研究// ArcGIS 暨 ERDAS 中国用户大会论文集．北京：地震出版社．

谢晨岚，朱晓东，李杨帆．2005. 景观生态调控：概念提出与方法研究．生态经济，（11）：34-36.

徐高福．2009. 千岛湖区森林生态防火技术措施研究．林业调查规划，23（3）：142-146.

徐虹，杨晓鹏，朱勇，等．2007. 基于 RS 和 GIS 的云南省森林火险预报研究．福建林业科技，34（2）：85-88.

徐化成．1998. 大兴安岭森林．北京：科学出版社．

杨崇军．2005. 森林火险天气等级预报与应用．森林工程，（2）：6-7.

杨广斌，唐小明，黄水生，等．2008. 动态数据驱动的北京市森林火险天气预报与发布系统研建．林业科学研究，S1：20-26.

杨广斌，唐小明，宁晋杰，等．2009. 北京市 1986—2006 年森林火灾的时空分布规律．林业科学，45（7）：90-95.

姚树人，文定元．2002. 森林消防管理学．北京：中国林业出版社．

叶江霞，舒立福，邓忠坚，等．2013. 基于 GIS 的森林火灾扑救指挥辅助决策系统的建立及应用研究．西部林业科学，42（3）：15-20.

易浩若．2004. 全国森林火险预报系统的研究与运行．林业科学，40（3）：203-207.

尹海伟，孔繁花，李秀珍．2005. 基于 GIS 的大兴安岭森林火险区划．应用生态学报，16（5）：33-37.

尹建忠．2003. 基于 ArcGIS 的土地资源信息系统开发研究．新疆石油学院学报，（6）：28-33.

于汝元．1997. 营林防火的机理、特点和简例．中国减灾，7（2）：43-46.

云丽丽，张元宏，高国平．2001. 森林地被可燃物燃烧性的研究．辽宁林业科技，（5）：15-21.

臧淑英，万鲁河．2003. 黑龙江省林火监测和评估系统鉴定报告．哈尔滨：哈尔滨师范大学．

张学艺，李凤霞．2006. 宁夏森林火险天气等级预报方法的研究．森林防火，（2）：28-30.

章文波，陈红艳．2006. 实用数据统计分析及 SPSS 12.0 应用．北京：人民邮电出版社．

赵璠，周汝良．2011. 嵌入式扑火队伍跟踪系统研究．林业实用技术，（3）：37-38.

赵凤君，王明玉，舒立福．2010. 森林火灾中树冠火的研究．世界林业研究，23（1）：39-42.

赵杰，朱明学，陆一鸣．2004. 火灾烟雾中的有毒气体及中毒机制．中华急诊医学杂志，13（7）：497-498.

郑焕能．1993. 我国森林火险区区划的研究．森林防火，（1）：14-16.

周涧青，刘晓东，郭怀文．2014. 大兴安岭南部主要林分地表可燃物负荷量及其影响因子研究．西北农林科技大学学报（自然科学版），42（6）：131-137.

周明昆，王永平，高月忠. 2012. 大理州森林火险天气预报方法. 江苏林业科技，(6)：15-18.

周汝良，丁琨，石雷. 2008. 稀疏观测数据的空间内插方法的分析与比较. 云南地理环境研究，20 (4)：1-4.

周志权. 2000. 辽东 3 种主要林型地被可燃物载量的研究. 东北林业大学学报，28 (1)：32-34.

Agee J K, Bahro B, Finney M A, et al. 2000. The use of shaded fuel break sin landscape fire management. Forest Ecology Manage, 127: 55-66.

Agee J K, Skinner C N. 2005. Basic principles of forest fuel reduction treatments. Forest Ecology and Management, 211: 83-96.

Amparo A B, Oscar F R. 2003. An intelligent system for forest fire risk prediction and fire fighting management in Galicia. Canadian Journal of Forest-Research, 25 (6): 545-554.

Biswell H H. 1989. Prescribed burning in California wildlands vegetation management. California: University of California Press.

Brackebusch A P. 1973. Fuel management-a prerequisite, not an alternative to fire control. Journal of Forest Research, 71: 637-639.

Brown J K. 1965. Estimating crown fuel weights of red pine and jaek pine// Ogden: USDA Forest Service Research Paper Ls-20: 12.

Brown R T, Agee J K. 2004. Forest restoration and fire: principles in the context of place. Conservation Biology, 18 (4): 903-912.

Burrows N D, Mccaw W L. 1990. Fuel characteristics and bushfire control in Banksia low woodlands in Western Australia. Environmental Management, 31: 229-236.

Collins B M, Moghaddas J J, Stephens S L. 2007. Initial changes in forest structure and understory plant communities following fuel reduction activities in a Sierra Nevada mixed conifer forest. Forest Ecology and Management, 239: 102-111.

Demchik M C, Abbas D, Current D, et al. 2009. Combinging biomass harvest and forest fuel reduction in the superior bational forest, Minnesota. Journal of Forestry, 107 (5): 235-241.

Dodson E K, Peterson D W, Harrod R J. 2008. Understory vegetation response to thinning and burning restoration treatments in dry conifer forests of the eastern Cascades, USA. Forest Ecology and Management, 255: 3130-3140.

Duguy B, Alloza J A, Roder A, et al. 2007. Modelling the effects of landscape fuel treatments on fire growth and behaviour in a Mediterranean landscape (eastern Spain). International Journal of Wildland Fire, 16 (5): 619-632.

Emilio C, Rusell G C. 1989. Application of remote sensing and geo-graphic information system to forest fire hazard mapping. Remote Sens Environ, (2): 147-159.

Farnsworth A, Summerfelt P, Neary D G, et al. 2003. Flagstaff's wildfire fuels treatments: prescriptions for community involvement and a source of bioenergy. Biomass and Bioenergy, 24: 269-276.

Finney M A. 2001. Design of regular landscape fuel treatment patterns for modifying fire growth and behavior. Forest Science, 47 (2): 219-228.

Finney M A. 2001. Design of regular landscape fuel treatment patterns for modifying fire growth and behavior. Forest Science, 47: 219-228.

Finney M A. 2003. Calculation of fire spread rates on random landscapes. International Journal of Wildland Fire, 12: 167-174.

Grosby J S. 1961. Litter and duff fuel in short leaf pine stands in southeast Missouri. Washington: USDA Forest Service Lent States Forest Expstn Techpap: 178.

Harmon M E, Cromack J K, Smith B G. 1987. Coarse woody debris in mixed conifer forests, Sequoia National Park. Canadian Journal of Forest Research, 17 (10): 1265-1272.

Hart S C, Classen A T, Whright R J. 2005. Long-term interval burning alters fine root and mycorrhizal dynamics in a ponderosa pine forest. Journal of Applied Ecology, 42: 752-761.

He H S, Shang B Z, Crow T R, et al. 2004. Simulating forest fuel and fire risk dynamics across landscapes—LANDIS fuel module design. Ecological Modelling, 180: 135-151.

Huggett Jr R J, Abt K L, Shepperd W. 2008. Efficacy of mechanical fuel treatments for reducing wildfire hazard. Forest Policy and Economics, 10: 408-414.

Hurteau M, North M. 2009. Fuel treatment effects on tree-based forestcarbon storage and emissions under modeled wildfire scenario. Front Ecol Environ, 7 (8): 409-414.

Knapp E E, Keeley J E, Ballenger E A, et al. 2005. Fuel reduction and coarse woody debris dynamics withearly season and late season prescribed fire in a Sierra Nevada mixed conifer forest. Forest Ecology and Management, 208: 383-397.

Kobziar L N, Stephens S L. 2006. The effects of fuels treatments on soil carbon respiration in a Sierra Nevada pine plantation. Agricultural and Forest Meteorology, 141: 161-178.

Kuenzi A M, FuléP Z, Sieg C H. 2008. Effects of fire severity and pre-fire stand treatment on plant community recovery after a large wildfire. Forest Ecology and Management, 255: 855-865.

Lezberg A L, Battaglia M A, Shepperd W D, et al. 2008. Decades-old silvicultural treatments influence surface wildfire severity and post-fire nitrogen availability in a ponderosa pine forest. Forest Ecology and Management, 255: 49-61.

Loucks E, Arthur M A, Lyons J E, et al. 2008. Character of fuel before and after a single prescribed fire in an Appalachian hardwood forest. Southern Journal of Applied Forestry, 32 (2): 80-88.

Mason C L, Lippke B R, Zobrist K W, et al. 2006. Investments in fuel removals to avoid forest fires result in substantial benefits. Journal of Forestry, 104: 27-31.

Moghaddas E E, Stephens S L. 2008a. Mechanized fuel treatment effects on soil compaction in a Sierra Nevada mixed-conifer stands. Forest Ecology and Management, 255: 3098-3106.

Moghaddas J J, Collins B M, Menning K, et al. 2010. Fuel treatment effects on modeled landscape-level fire behavior in the northern Sierra Nevada. Candian Journal of Forest Research- revue Candaienne Derecherche Forestiere, 40 (9): 1751-1765.

Moghaddas J J, York R A, Stephens S L. 2008b. Initial response of conifer and California black oak seedlings, following fuel reduction activities in a Sierra Nevada mixed conifer forest. Forest Ecology and Management, 255: 3141-3150.

Pandey R R, Sharma G, Tripathi S K, et al. 2007. Litter fall, litter decomposition and nutrient dynamics in a subtropical natural oak forest and managed plantation in northeastern India. Forest Ecology and Management, 240: 96-104.

Pausas J G, Gasals P, Romanya J. 2004. Litter decomposition and faunal activity in Mediterrannean forest soil: effects of N content and the moss layer. Soil Biochemistry, 36: 989-997.

Pearce H G, Anderson W R, Fogarty L G, et al. 2010. Linear mixed-effects models for estimating biomass and fuel loads in shrub lands. Canadian Journal of Forest Research, 40 (10): 2015-2026.

Penman T D, Binns D L, Shiels R J, et al. 2008. Changes in under storey plant species richness following logging and prescribed burning in shrubby dry sclerophyll forests of south-eastern Australia. Austral Ecology, 33 (2): 197-210.

Penman T D, Kavanagh R P, Binns D L, et al. 2007. Patchiness of prescribed burns in rysclerophyll eucalypt forests in South-eastern Australia. Forest Ecology and Management, 252: 24-32.

Potts J B, Stephens S L. 2009. Invasive and native plant responses to shrubland fuel reduction: comparing prescribed fire, mastication, and treatment season. Biological Conservation, 142: 1657-1664.

Ryu S R, Chen J Q, Zheng D L, et al. 2006. Simulating the effects of prescribed burning on fuel loading and timber production (EcoFL) in managed northern Wisconsin forests. Ecol Model, 196: 395-406.

Sah J P, Ross M S, Snyder J R, et al. 2006. Fuel loads, fire regimes and post-fire fuel dynamics in Florida keys pine forests. International Journal of Wild Land Fire, 15: 463-478.

Schmidt D A, Taylor A H, Skinner A H. 2008. The influence of fuels treatment and landscape arrangement onsimulated fire behavior, Southern Cascade range, California. Forest Ecology and Management, 255: 3170-3184.

Schwilk D W, Keeley J E, Knapp E E, et al. 2009. The national fire and fire surrogate study: effects of fuel reduction methods on forest vegetation structure and fuels. Ecological Applications, 19 (2): 285-304.

Shang B Z, He H S, Crow T R, et al. 2004. Fuel load reductions and fire risk in central hardwood forests of the United States: a spatial simulation study. Ecological Modelling, 180: 89-102.

Shepherd C, Grimsrud K, Berrens R P. 2009. Determinants of national fire plan fuels treatment expenditures: a revealed preference analysis for northern New Mexico. Environmental Management, 44: 776-788.

Show S B, Kotok E I. 1929. Cover type and fire control in the National Forests of Northern California. US Department of Agriculture, Washington, DC, Department Bulletin No. 1495.

Stephens S L, Moghaddas J J, Edminster C, et al. 2009a. Fire treatment effects on vegetation structure, fuels, and potentialfire severity in western US forests. Ecological Applications, 19 (2): 305-320.

Stephens S L, Moghaddas J J, Hartsough B R, et al. 2009b. Fuel treatment effects on stand- level carbon pools, trement-related emissions, and fire risk in a Sierra Nevada mixed-conifer forest. Canadian Journal of Forest Research- revue CandaienneDerechercheForestiere, 39 (8): 1538-1547.

Sturtevant B R, Gustafson E J, He H S. 2004. Modeling disturbance and succession in forest landscapes using LANDIS: Introduction. Ecological Modelling, 180 (1): 1-5.

Suffling R, Grant A, Feick R, et al. 2008. Modeling prescribed burns to serve as regional firebreaks to allow wildfireactivity in protected areas. Forest Ecology and Management, 256: 1815-1824.

Syphard A D, Scheller R M, Ward B C, et al. 2011. Simulating landscape- scale effects of fuels treatments in the Sierra Nevada, California, USA. International Journal of Wildland Fire, 20 (3): 364-383.

Vakalis D, Sarimveis H, Kiranoudis C, et al. 2004. A GIS based operational system for wildland fire crisis management I. Mathematical modeling and simulation. Applied Mathematical Modeling, 28: 389-410.

彩　　图

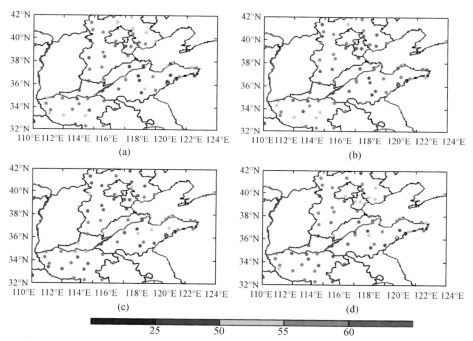

图 3-1　冬小麦不同生育期内各测站发生干旱的频数百分率空间分布图（单位:%）

（a）～（d）依次为全生育期、播种期、拔节—抽穗期和灌浆—成熟期

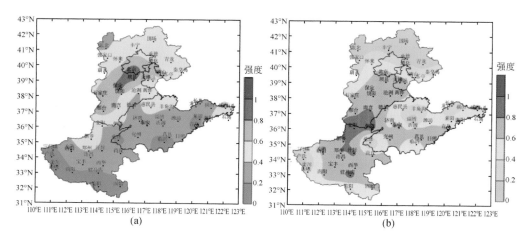

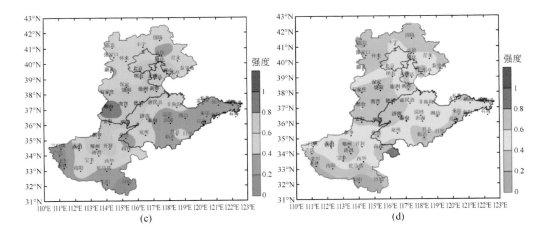

图 3-3　冬小麦干旱强度空间分布图（单位：%）

（a）～（d）依次为全生育期、播种期、拔节—抽穗期和灌浆—成熟期

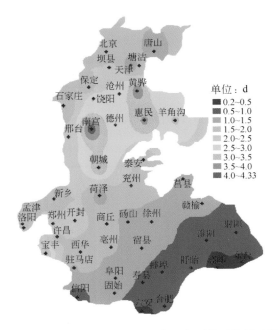

图 3-5　华北地区 1961～2008 年的年平均干热风日数

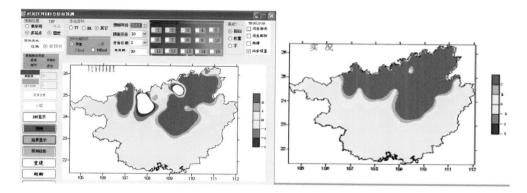

图 3-15   2013 年广西晚稻寒露风开始期预测与实况的比较

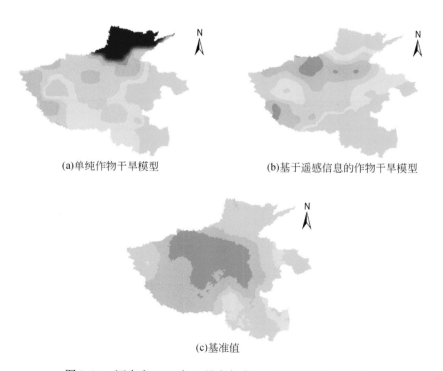

(a)单纯作物干旱模型   (b)基于遥感信息的作物干旱模型

(c)基准值

图 3-29   河南省 2004 年 5 月中旬农业干旱区域模拟与验证

■ 0~0.3   ■ 0.3~0.4   ■ 0.4~0.5   ■ 0.5~0.6   ■ 0.6~0.7   ■ 0.7~0.8   ■ 0.8~0.9   ■ 0.9~1.0

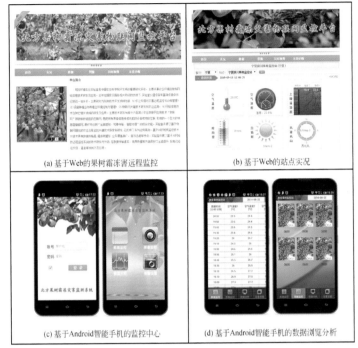

(a) 基于Web的果树霜冻害远程监控

(b) 基于Web的站点实况

(c) 基于Android智能手机的监控中心

(d) 基于Android智能手机的数据浏览分析

图 4-37　多模式的果树远程监控中心

(a) 基于Web的短信报警设置

(b)基于Web的短信报警记录

(c) 基于移动端的报警设置及浏览

(d) 短信报警信息

图 4-40　多种模式的短信报警设置及浏览方式

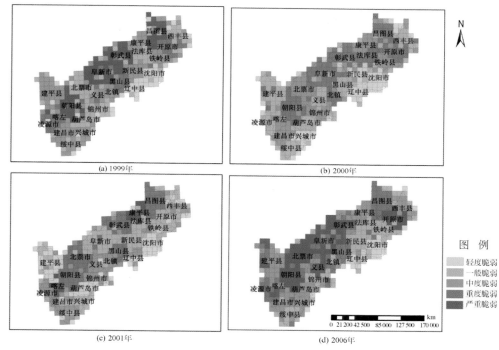

图 5-9　不同干旱年份辽西北玉米干旱脆弱性空间分布

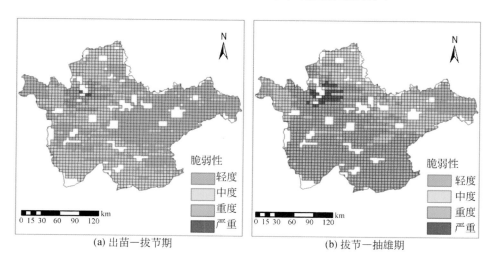

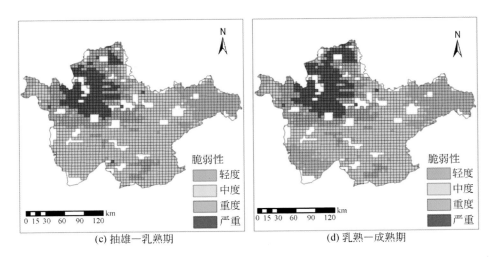

(c) 抽雄—乳熟期   (d) 乳熟—成熟期

图 5-11   2006 年玉米不同生育期干旱脆弱性空间分布图

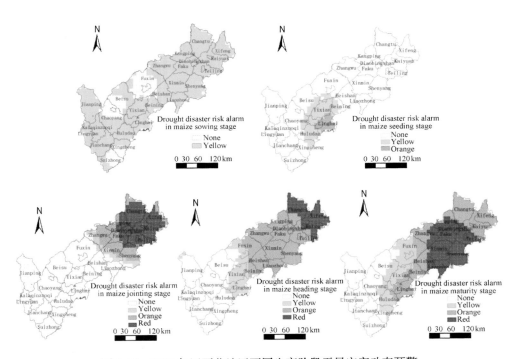

图 5-18   2009 年辽西北地区不同生育阶段干旱灾害动态预警

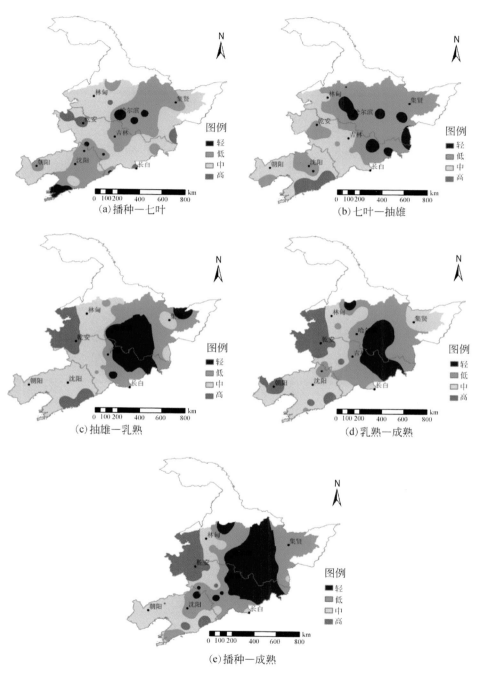

图5-26 东北地区玉米发育过程主要农业气象灾害风险区划

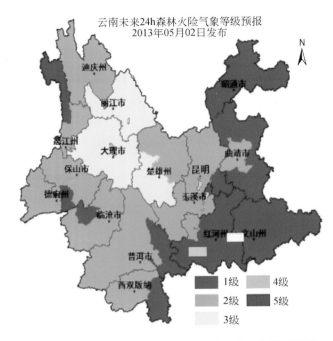

图 6-17　现有以行政区划为单位的云南森林火险天气等级预报示意图

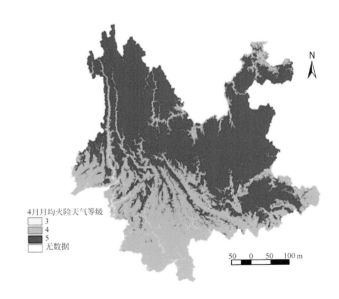

图 6-18　云南 4 月火险天气等级预报图

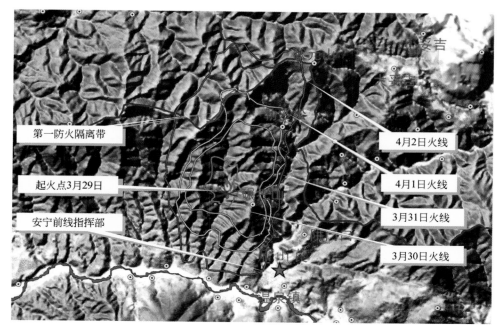

第一防火隔离带

起火点3月29日

安宁前线指挥部

4月2日火线

4月1日火线

3月31日火线

3月30日火线

图 6-31　基于 TM 影像的二维半立体火场态势图

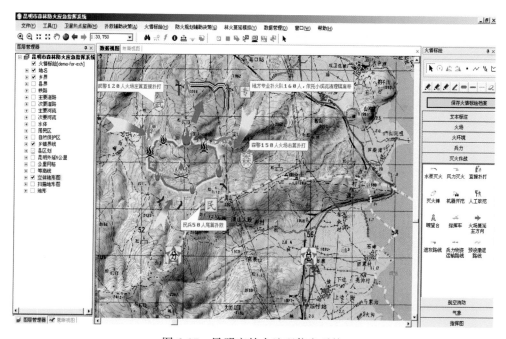

图 6-37　昆明市林火地理信息系统